面向物联网的
CC2530与传感器应用开发

廖建尚 / 编著

電子工業出版社
Publishing House of Electronics Industry
北京•BEIJING

内 容 简 介

本书主要介绍在嵌入式系统和物联网系统中常用的 CC2530 微处理器的接口开发技术，以及常见传感器的应用开发技术。全书采用任务式开发的学习方法，精选了 27 个贴近社会和生活的案例，每个案例均有完整的开发过程，分别是生动的开发场景、明确的开发目标、深入浅出的原理学习、详细的系统设计过程、详细的软/硬件设计和功能实现过程，最后进行开发验证和总结拓展，将理论学习和开发实践结合起来。每个案例均有完整的开发代码和配套 PPT 课件，读者可以在源代码的基础上快速进行二次开发，可应用于多个行业。

本书既可作为高等院校相关专业的教材或教学参考书，也可供相关领域的工程技术人员查阅，对于嵌入式开发、物联网系统开发爱好者，本书也是一本深入浅出、贴近社会应用的技术读物。

本书提供详尽的源代码及配套 PPT 课件，读者可登录华信教育资源网（www.hxedu.com.cn）免费注册后下载。

图书在版编目（CIP）数据

面向物联网的 CC2530 与传感器应用开发/廖建尚编著. —北京：电子工业出版社，2018.8
（物联网技术应用与开发“十三五”规划丛书）
ISBN 978-7-121-34658-3

Ⅰ. ①面… Ⅱ. ①廖… Ⅲ. ①无线电通信－传感器 Ⅳ. ①TP212

中国版本图书馆 CIP 数据核字（2018）第 141702 号

责任编辑：田宏峰
印　　刷：北京天宇星印刷厂
装　　订：北京天宇星印刷厂
出版发行：电子工业出版社
　　　　　北京市海淀区万寿路 173 信箱　邮编 100036
开　　本：787×1 092　1/16　印张：25　字数：640 千字
版　　次：2018 年 8 月第 1 版
印　　次：2024 年 7 月第 14 次印刷
定　　价：88.00 元

凡所购买电子工业出版社图书有缺损问题，请向购买书店调换。若书店售缺，请与本社发行部联系，联系及邮购电话：（010）88254888，88258888。

质量投诉请发邮件至 zlts@phei.com.cn，盗版侵权举报请发邮件至 dbqq@phei.com.cn。

本书咨询联系方式：tianhf@phei.com.cn。

前　言

近年来，物联网、移动互联网、大数据和云计算的迅猛发展，慢慢地改变了社会的生产方式，极大地提高了生产效率和社会生产力。工业和信息化部《物联网发展规划（2016—2020年）》总结了“十二五”规划中物联网发展所取得的成就，并提出了“十三五”面临的形势，明确了物联网的发展思路和目标，提出了物联网发展的6大任务，分别是强化产业生态布局、完善技术创新体系、推动物联网规模应用、构建完善标准体系、完善公共服务体系、提升安全保障能力；提出了4大关键技术，分别是传感器技术、体系架构共性技术、操作系统，以及物联网与移动互联网、大数据融合关键技术；提出了6大重点领域应用示范工程，分别是智能制造、智慧农业、智能家居、智能交通和车联网、智慧医疗和健康养老，以及智慧节能环保；指出要健全多层次多类型的物联网人才培养和服务体系，支持高校、科研院所加强跨学科交叉整合，加强物联网学科建设，培养物联网复合型专业人才。该发展规划为物联网发展指出了一条鲜明的道路，同时也可以看出我国在推动物联网应用方面的坚定决心，相信物联网的规模会越来越大。本书基于CC2530微处理器，详细阐述了嵌入式系统和物联网的底层开发技术，采用案例式和任务式驱动的开发方法，旨在大力推动物联网人才的培养。

嵌入式系统和物联网涉及的技术很多，底层和感知层开发需要掌握微处理器外围接口的驱动开发技术，以及相应传感器的驱动开发技术。本书将详细分析基于CC2530和各种传感器的驱动方法，理论知识点清晰，实践案例丰富，带领读者掌握CC2530的接口开发技术。

全书采用任务式开发的学习方法，精选了27个贴近社会和生活的案例，由浅入深地介绍CC2530的接口技术和传感器应用开发技术，每个案例均有完整的开发过程，分别是生动的开发场景、明确的开发目标、深入浅出的原理学习、详细的系统设计过程、详细的软/硬件设计和功能实现过程，最后进行开发验证和总结拓展。每个案例均附有完整的开发代码，读者可在源代码的基础上快速进行二次开发，将其转化为各种比赛和创新创业的案例，不仅可为高等院校相关专业师生提供教学案例，也可以为工程技术开发人员和科研工作人员进行科研项目开发提供较好的参考资料。

第1部分引导读者初步学习微处理器的发展概况，以及物联网和微处理器的关系，学习MCS-51的基本原理、功能，并进一步学习CC2530的原理、功能及片上资源，学习CC2530开发平台的构成及开发环境的搭建，初步探索IAR for 8051的开发环境和在线调试，掌握CC2530开发环境的搭建和调试。

第2部分介绍本书开发项目依托的CC2530的各种接口技术，如GPIO、外部中断、定时器、A/D转换器、电源管理、看门狗、串口和I2C总线，共8个任务，即任务4到任务11，从而实现了8个项目的设计，分别是：应用CC2530微处理器GPIO功能完成信号灯的设计与实现、应用外部中断功能完成键盘按键的设计与实现、应用定时器功能完成电子秒表的设计与实现、应用ADC功能完成万用表电压检测的设计与实现、应用电源管理的低功耗功能完成低功耗智能手环检测的设计与实现、应用看门狗功能完成监测站宕机复位重启的设计与实现、应用串口功能完成智能工厂的设备交互的设计与实现、应用I2C总线功能完成农业大棚温湿度信息采集系统的设计与实现。通过这8个任务的开发，读者可掌握CC2530的接口原理、功能和开发技术，从而具备基本的开发能力。

第 3 部分学习各种传感器技术，分别是光照度传感器、气压海拔传感器、空气质量传感器、三轴加速度传感器、红外距离传感器、人体红外传感器、可燃气体传感器、振动传感器、霍尔传感器、光电传感器、火焰传感器、触摸传感器、继电器、轴流风机等，深入学习传感器的基本原理、功能和结构。结合传感器和 CC2530 开发平台，完成任务 13 到任务 28（共 16 个任务）的设计，分别是：应用光照度传感器完成温室大棚光照度测量的设计与实现、应用气压海拔传感器完成户外气压海拔测量计的设计与实现、应用空气质量传感器完成室内空气质量检测系统的设计与实现、应用三轴加速度传感器完成电子计步器的设计与实现、应用红外距离传感器完成红外测距系统的设计与实现、应用人体红外传感器完成人体红外报警器的设计与实现、应用可燃气体传感器完成燃气报警器的设计与实现、应用振动传感器完成电动车报警器的设计与实现、应用霍尔传感器完成出租车计价器的设计与实现、应用光电传感器完成生产线计件器的设计与实现、应用火焰传感器完成火灾报警器的设计与实现、应用触摸传感器完成触摸开关的设计与实现、应用继电器完成定时开关插座的设计与实现、应用轴流风机完成笔记本电脑散热器的设计与实现、应用步进电机完成摄像机云台的设计与实现，以及应用 RGB 灯完成声光报警器的设计与实现。通过 16 个任务的设计与开发，读者可熟悉传感器的基本原理，并掌握 CC2530 驱动各种传感器的方法，为综合项目开发打下坚实的基础。

第 4 部分是综合项目，分别是任务 29 到任务 31（共 3 个任务），任务 29 综合应用 CC2530、温湿度传感器、继电器等完成农业大棚空气湿度调节系统的软/硬件设计，实现农业大棚湿度自动调节；任务 30 综合应用 CC2530、人体红外传感器、语音合成传感器和 LED 完成智能语音门铃的软/硬件设计，实现人体识别和语音提示；任务 31 应用 CC2530、按键、步进电机、轴流风机和 LED 完成多功能晾衣架的软/硬件设计，实现升降，以及风干风扇的开启和关闭。其中，每一个综合项目都遵循科学、系统的开发方法，用任务需求分析、任务实践和任务验证来组织系统的开发。

本书特色有：

（1）任务式开发。抛去传统的理论学习方法，通过生动的案例将理论与实践结合起来，通过理论学习和开发实践，快速入门，由浅入深地掌握 CC2530 和传感器应用开发技术。

（2）理论知识和案例实践相结合。将嵌入式系统的开发技术、CC2530 接口开发技术、传感器应用技术和生活中的实际案例结合起来，边学习理论知识边开发，快速掌握嵌入式系统和物联网系统开发技术。

（3）提供综合项目开发方法。综合项目为读者提供软/硬件系统的开发方法，有需求分析、项目架构、软/硬件设计等，读者可在提供的案例的基础上快速进行二次开发，很方便地将其转化为各种比赛和创新创业的案例，也可以为工程技术开发人员和科研工作人员进行科研项目开发提供较好的参考资料。

本书既可作为高等院校相关专业的教材或教学参考书、自学参考书，也可供相关领域的工程技术人员查阅之用，对于物联网开发的爱好者，本书也是一本深入浅出的读物。

在编写过程中，本书借鉴和参考了国内外专家、学者、技术人员的相关研究成果，我们尽可能按学术规范予以说明，但难免会有疏漏之处，在此谨向有关作者表示深深的敬意和谢意，如有疏漏，请及时通过出版社与作者联系。

本书得到了广东省自然科学基金项目（2018A030313195）、广东高校省级重大科研项目（2017GKTSCX021）、广东省科技计划项目（2017ZC0358）、广州市科技计划项目（201804010262）、广东交通职业技术学院重点科研项目（2017-1-001），以及广东省高等职业教育品牌专业建设项目（2016GZPP044）的资助。感谢中智讯（武汉）科技有限公司在本书编写的过程中提供的帮助，特别感谢电子工业出版社在本书出版过程中给予的大力支持。

由于本书涉及的知识面广，时间仓促，限于笔者的水平和经验，疏漏之处在所难免，恳请专家和读者批评指正。

作　者

2018 年 7 月

目　　录

第 1 部分　微处理器基本原理和开发知识

第2部分　CC2530微处理器接口开发技术

第 3 部分　基于 CC2530 和常用传感器开发

第4部分 综合应用项目开发

第1部分

微处理器基本原理和开发知识

本部分引导读者初步学习微处理器的发展概况，以及物联网和微处理器的关系，学习 MCS-51 的基本原理和功能，并进一步学习 CC2530 微处理器的原理与功能以及片上资源，学习 CC2530 微处理器开发平台的构成及开发环境的搭建，初步探索 IAR for 8051 的开发环境和在线调试，掌握 CC2530 微处理器开发环境的搭建和调试。

任务 1

微处理器

本任务重点学习微处理器的基本原理，了解微处理器的发展和应用领域。

1.1 学习场景：微处理器有哪些应用

目前，微处理器已渗透到了生活的每个领域，很难找到哪个领域没有用到微处理器，例如，导弹的导航装置、飞机上各种仪表的控制、计算机网络通信与数据传输、工业自动化过程的实时控制和数据处理、广泛使用的各种智能 IC 卡、汽车的安全保障系统、录像机、摄影机、全自动洗衣机，以及程控玩具、电子宠物，还有自动控制领域的机器人、智能仪表、医疗器械等，都离不开微处理器。在开发产品时需要对微处理器进行学习、开发与运用。图 1.1 所示为飞思卡尔 Cortex-A9 四核处理器开发板，拥有强大的处理能力和丰富的接口技术。

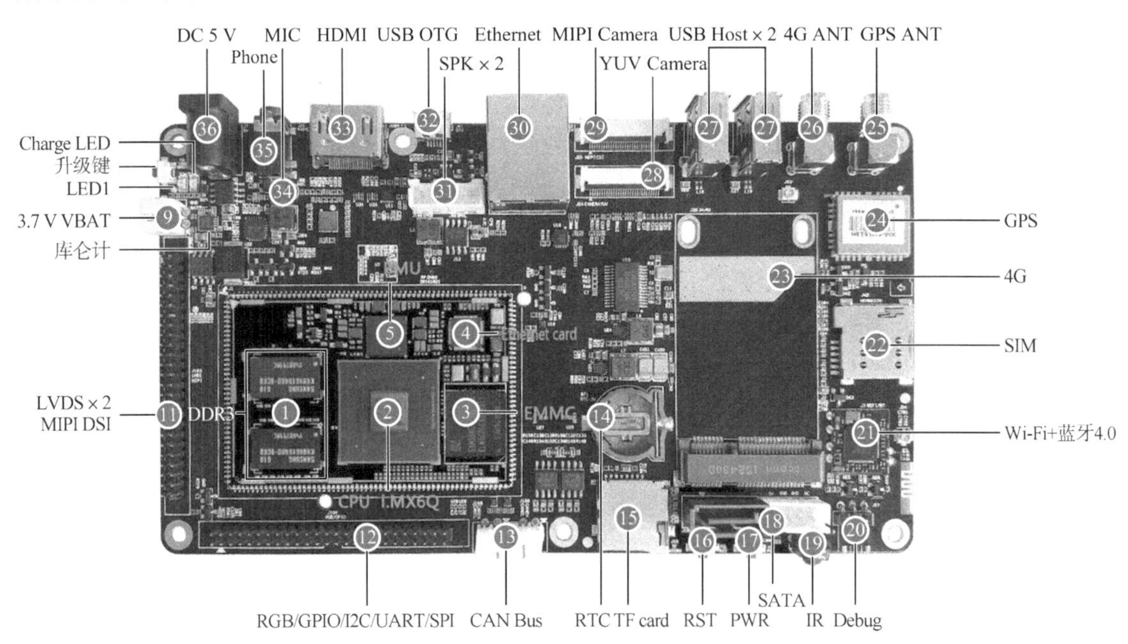

图 1.1　飞思卡尔 Cortex-A9 四核处理器开发板

1.2 学习目标

（1）知识目标：微处理器的定义与组成、微处理器系统的分类、微处理器系统的发展与

应用、微处理器与物联网。

（2）技能要点：了解微处理器的定义与组成；了解微处理器系统的分类；了解微处理器系统的发展与应用；熟悉微处理器与物联网的关系。

（3）任务目标：能列举 5 种以上微处理器应用；熟悉物联网系统中的微处理器应用。

1.3 原理学习：微处理器发展与应用

1.3.1 微处理器概述

1．微处理器定义

微处理器（Microcontrollers）是一种集成电路芯片，又称为单板机、嵌入式计算机或嵌入式微处理器。微处理器采用超大规模集成电路技术把具有数据处理能力的中央处理器（CPU）、随机存储器（RAM）、只读存储器（ROM）、多种 I/O 接口和中断系统、定时/计数器等功能（有的还包括显示驱动电路、脉宽调制电路、模拟多路转换器、A/D 转换器等电路等）集成到一块硅片上构成的一个小而完善的微型计算机系统，广泛应用在工业控制领域。从 20 世纪 80 年代起，由当时的 4 位、8 位微处理器、十几兆赫的初级微处理器，发展到了现在的 64 位、上 GHz 频率的高性能微处理器。微处理器开发板如图 1.2 所示。

图 1.2　微处理器开发板

2．微处理器的基本结构

根据计算机结构，可将微处理器的基本结构分为三个部分，分别是运算器、控制器和寄存器。

1）运算器

运算器是由算术逻辑单元（Arithmetic Logical Unit，ALU）、累加器和数据寄存器等几部分组成的。ALU 的作用是对传来的数据进行算术或逻辑运算，输入来源为两个 8 位数据，分别来自累加器和数据寄存器。ALU 能完成对这两个数据进行加、减、与、或、比较大小等操作，最后将结果存入累加器。例如，两个数 6 和 7 相加，在相加之前，操作数 6 放在累加器中，操作数 7 放在数据寄存器中，当执行加法指令时，ALU 把两个数相加并把结果 13 存入累加器，取代累加器原来的内容 6。运算器有两个功能：

- 执行各种算术运算；
- 执行各种逻辑运算，并进行逻辑测试，如零值测试或两个值的比较。

运算器所执行全部操作都是由控制器发出的控制信号来指挥的，并且一个算术操作产生一个运算结果，一个逻辑操作产生一个判决。

2）控制器

控制器是由程序计数器、指令寄存器、指令译码器、时序发生器和操作控制器等组成的，协调和指挥整个微机系统的操作。其主要功能有：

- 从内存中取出一条指令，并指出下一条指令在内存中的位置；
- 对指令进行译码和测试，并产生相应的操作控制信号，以便执行规定的动作；
- 指挥并控制 CPU、内存和输入/输出设备之间数据流动的方向。

微处理器内通过内部总线把 ALU、计数器、寄存器和控制部分连接起来，并通过外部总线与外部的存储器、输入/输出接口电路连接。外部总线又称为系统总线，分为数据总线（DB）、地址总线（AB）和控制总线（CB）。通过输入/输出接口电路，可实现与各种外围设备连接。

3）主要寄存器

（1）累加器 A。累加器 A 是微处理器中使用最频繁的寄存器，在进行算术和逻辑运算时它有两个功能：运算前，用于保存一个操作数；运算后，用于保存所得的运算结果。

（2）数据寄存器。数据寄存器是通过数据总线向存储器和输入/输出（I/O）设备送（写）或取（读）数据的暂存单元，它可以保存一条正在译码的指令，也可以保存正在送往存储器中存储的数据等。

（3）指令寄存器和指令译码器。指令包括操作码和操作数，指令寄存器用来保存当前正在执行的一条指令，当执行一条指令时，先把指令从内存中取到数据寄存器中，然后传送到指令寄存器。当系统执行给定的指令时，必须对操作码进行译码，以确定所要求的操作，指令译码器就是负责这项工作的。其中，指令寄存器中操作码字段的输出就是指令译码器的输入。

（4）程序计数器。程序计数器（PC）用于确定下一条指令的地址，以保证程序能够连续执行下去，因此通常又被称为指令地址计数器。在程序开始执行前必须将程序的第一条指令的内存单元地址（即程序的首地址）送入 PC，使它总指向下一条要执行指令的地址。

（5）地址寄存器。地址寄存器用于保存当前 CPU 所要访问的内存单元或 I/O 设备的地址。由于内存与 CPU 之间存在着速度上的差异，所以必须使用地址寄存器来保持地址信息，直到内存读/写操作完成为止。

当 CPU 向存储器存储数据、内存读取数据，以及从内存读取指令时，都要用到地址寄存器和数据寄存器。同样，如果把外围设备的地址当成内存地址单元的话，那么当 CPU 和外围设备交换信息时，也需要用到地址寄存器和数据寄存器。

3．处理器两大结构的区别

哈佛结构（见图 1.3）是一种将程序指令存储和数据存储分开的结构，中央处理器首先在程序指令寄存器中读取程序指令内容，解码后得到数据地址，再到相应的数据寄存器中读取数据，并进行下一步的操作。程序指令存储和数据存储分开，可以使指令和数据有不同的数据宽度。

目前使用哈佛结构的中央处理器和微控制器有 Microchip 公司的 PIC 系列芯片、摩托罗拉公司的 MC68 系列、Zilog 公司的 Z8 系列、ATMEL 公司的 AVR 系列和 ARM 公司的 ARM9、ARM10 和 ARM11，MCS-51 单片机也属于哈佛结构。

冯 • 诺依曼结构也称为普林斯顿结构，是一种将程序指令存储器和数据存储器合并在一起的结构。程序指令存储地址和数据存储地址指向同一个存储器的不同物理位置，因此程序指令和数据的宽度相同，如 Intel 公司的 8086 中央处理器的程序指令和数据都是 16 位。冯 •诺依曼结构如图 1.4 所示。

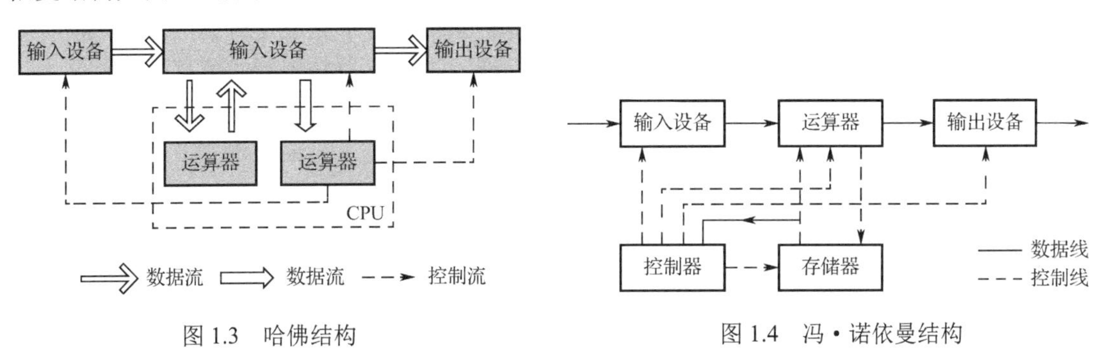

图 1.3　哈佛结构　　图 1.4　冯 • 诺依曼结构

目前使用冯 •诺依曼结构的中央处理器和微控制器有很多，除了 Intel 公司的 8086，ARM 公司的 ARM7、MIPS 公司的 MIPS 处理器等也采用了冯 • 诺依曼结构。

MCS-51 单片机有着嵌入式处理器经典的哈佛结构，这种体系结构在当前嵌入式处理器的高端 ARM 系列上仍然在延续。相对于冯 • 诺依曼结构，哈佛结构的知名度显然逊色许多，但在嵌入式应用领域，哈佛结构却拥有优势。两种结构的最大区别在于冯 • 诺依曼结构的计算机采用代码与数据的统一编址，而哈佛结构是独立编址的，代码空间与数据空间完全分开。

在通用计算机系统中，应用软件的多样性使得计算机要不断地变化所执行的代码的内容，并且频繁地对数据与代码占有的存储器进行重新分配，这种情况下，冯 • 诺依曼结构占有优势，因为统一编址可以最大限度地利用资源。

在嵌入式应用中，系统要执行的任务相对单一，程序一般固化在硬件中。冯 • 诺依曼结构也完全可以做到代码区和数据区在编译时一次性分配好，但是其灵活性得不到体现，所以现在大部分的单片机还在沿用冯 • 诺依曼结构，如 TI 的 MSP430 系列、Freescale 的 HCS08 系列等。

为什么说哈佛结构有优势呢？嵌入式微处理器在工作时与通用计算机有区别：嵌入式微处理器在工作期间的绝大部分时间是无人值守的，而通用计算机工作期间一般是有人操作的；嵌入式微处理器的故障可能会导致灾难性的后果。

对于冯 • 诺依曼结构的计算机，程序空间不封闭，程序空间的数据在运行期理论上讲

是可以被修改的，程序一旦跑飞也有可能运行到数据区。基于哈佛结构的MCS-51单片机，不需要可以对代码段进行写操作的指令，所以不会有代码区被改写的问题；程序只能在封闭的代码区中运行，不可能跑到数据区，这也是跑飞的概率减少并且跑飞后的行为有规律的原因，所以，相对于冯·诺依曼结构，哈佛结构更加适合那些程序固化、任务相对简单的控制系统。

1.3.2 微处理器的发展与应用

1. 微处理器的发展

从20世纪70年代微处理器的出现到目前各式各样的微处理器的大规模应用，嵌入式系统已经有40多年的发展历史，并且是以硬件和软件相互交替、螺旋式发展的。由于微处理器要嵌入对象体系中，实现对象的智能化控制，因此它有着与通用计算机完全不同的技术要求及技术发展方向。通用计算机系统的技术要求是高速、海量的数值计算，技术发展方向是总线速度越来越快，存储容量越来越大。嵌入式计算机系统的技术要求是对象的智能化控制能力，技术发展方向是与对象系统密切相关的嵌入性能、控制能力与控制的可靠性。正是由于技术发展方向的不同，从而形成了计算机技术发展的两大分支——通用计算机系统和嵌入式计算机系统。其中，嵌入式计算机系统简称为嵌入式系统。嵌入式系统走上了一条与通用计算机系统完全不同的发展道路，这条独立的发展道路就是单芯片化的道路。

随着微电子工艺水平的提高，集成电路制造商开始把嵌入式应用中所需要的微处理器、I/O接口、A/D转换器、D/A转换器、串行接口，以及RAM、ROM等部件统统集成到一个VLSI中，从而制造出面向I/O设计的微处理器，也就是人们俗称的微处理器，成为嵌入式系统异军突起的一支新秀。8位微处理器的代表产品为Intel公司开发的MCS-51系列8位微处理器，16位微处理器的典型产品为TI公司的MSP430系列，32位微处理器的典型产品为ST公司的STM32系列。其后发展的DSP产品则进一步提升了嵌入式系统的技术水平，并迅速地渗入消费电子、医用电子、智能控制、通信电子、仪器仪表、交通运输等各个领域。

嵌入式系统软件开发也从循环轮询系统发展到实时多任务系统，实时操作系统被越来越多地应用到嵌入式系统中。1981年开发的世界上第一个商业嵌入式实时内核（VTRX32），内核中包含了许多传统操作系统的特征，如任务管理、任务间通信、同步与相互排斥、中断支持、内存管理等功能。随后，出现了各种嵌入式操作系统，目前嵌入式（实时操作系统）已经在全球形成了一个产业。

未来嵌入式系统将向微处理器的SOC化、多处理器内核、超低功耗、超小型化的方向发展。网络化、信息化的要求随着Internet技术的成熟、带宽的加大而日益提高，网络互连成为必然趋势。21世纪，嵌入式系统将无所不在，它将为人类生产带来革命性的发展。

2. 微处理器应用特点

根据微处理器应用场合的特性，可以将其应用特点分为四个方面，这四个方面分别是控制系统的在线应用、软/硬件结合、现场应用环境恶劣，以及应用的广泛性和重要性。

1）控制系统的应用

微处理器的控制应用范围十分广泛，可概括地分为两个方面。

（1）微处理器在控制系统中的离线应用。微处理器的离线应用包括利用微处理器实现对控制系统总体的分析、设计、仿真及建模等工作，也可以把这类微处理器应用称为控制系统的微处理器辅助设计，简称控制系统 CAD。离线控制应用是针对大型复杂的控制系统的，对微处理器性能要求较高，需要微处理器的软/硬件资源较多，因此常使用高性能的微处理器实现。

（2）微处理器在控制系统中的在线应用。微处理器的在线应用就是以微处理器代替常规的模拟或数字控制电路，使微处理器位于其中并成为控制系统、测试系统或信号处理系统的一个组成部分。通常把这种带微处理器的控制系统称为微处理器控制系统。由于微处理器要身处其中，因此对微处理器有体积小、功耗低、价格廉价以及控制功能强等要求。在线控制应用中，由于微处理器与控制对象联系密切，所以不但对微处理器的性能要求高，而且对设计者的要求也很高，不但要熟练掌握微处理器，还要了解控制对象，懂得传感器技术。

2）软/硬件结合

虽然微处理器的引入使操作系统大大“软化”，但与其他计算机应用问题相比，微处理器控制应用中的硬件仍然较多，所以微处理器控制应用具有软/硬件相结合的特点。因此，在微处理器的应用设计中需要软、硬件统筹考虑，设计者不但要熟练掌握微处理器编程技术，而且还要具有较扎实的微处理器硬件方面的理论和实践知识。

3）现场应用环境恶劣

通常微处理器的现场应用环境比较恶劣，电磁干扰、电源波动、冲击振动、高/低温等因素都会影响系统工作的稳定；此外，无人值守环境对微处理器系统的稳定性和可靠性也提出了更高的要求，所以稳定性和可靠性在微处理器的应用中具有重要的意义。在微处理器芯片方面，大规模系统集成和总线结构是微处理器稳定可靠的根本保证。除此之外，为提高稳定性，微处理器的允许电压变化范围很宽。通常微处理器使用 5 V 或 3.3 V 电压，但有些特殊用途微处理器芯片能在 2.2 V，甚至 0.9～1.2 V 的低电压下正常工作。至于微处理器的温度特性，按能适应的环境温度范围划分为三个等级，即民用级为 0～+70℃、工业级为-40～+85℃、军用级为-65～+125℃。

除了芯片本身的因素，为提高微处理器应用系统的稳定性和可靠性，还要在系统的设计和工艺中，有针对性地采用一些提高稳定性和可靠性的技术，如接地技术、屏蔽技术、隔离技术、滤波技术，以及抑制反电势干扰技术等。

4）应用的广泛性和重要性

在生活和生产的各个领域中，凡是有自动控制要求的地方通常都会有微处理器的身影出现，从简单到复杂，从空中、地面到地下，凡是能想象到的地方几乎都有使用微处理器的需求。尽管微处理器的应用现在已经很普遍了，但仍有许多可以用微处理器控制而尚未实现的项目，因此，微处理器的应用大有想象和拓展空间。

微处理器的应用有利于产品的小型化、多功能化和智能化，有助于提高劳动效率、减轻劳动强度、提高产品质量、改善劳动环境、减少能源和材料消耗、保证安全等。

微处理器的应用正从根本上改变着传统的控制系统设计思想和设计方法，从前必须由模拟电路或数字电路实现的大部分控制功能，现在已能使用微处理器通过软件方法实现了。这种以软件取代硬件并能提高系统性能的控制系统“软化”技术，称为微控制技术。随着微处

理器应用的推广普及，微控制技术必将不断发展、日益完善和更加充实。

3．微处理器的应用领域

微处理器已经渗透到我们生活的各个领域，很难找到哪个领域没有使用微处理器的。例如，导弹的导航装置、飞机上各种仪表的控制、计算机网络通信与数据传输、工业自动化过程的实时控制和数据处理、广泛使用的各种智能 IC 卡、汽车的安全保障系统、录像机、摄像机、全自动洗衣机，以及程控玩具、电子宠物等，这些都离不开微处理器，更不用说自动控制领域的机器人、智能仪表、医疗器械和各种智能机械了。因此，微处理器的学习、开发与应用将造就一批计算机应用与智能化控制的科学家、工程师。

微处理器广泛应用于仪器仪表、家用电器、医用设备、航空航天、专用设备的智能化管理及过程控制等领域，大致可分如下几个范畴。

（1）智能仪器。微处理器具有体积小、功耗低、控制功能强、扩展灵活、微型化和使用方便等优点，广泛应用于仪器仪表中，结合不同类型的传感器，可实现诸如电压、电流、功率、频率、湿度、温度、流量、速度、厚度、角度、长度、硬度、元素、压力等物理量的测量。采用微处理器控制使得仪器仪表数字化、智能化、微型化，且功能比起采用电子或数字电路更加强大，例如精密的测量设备（电压表、功率计、示波器、各种分析仪）。高频示波器如图 1.5 所示。

（2）工业控制。微处理器具有体积小、控制功能强、功耗低、环境适应能力强、扩展灵活和使用方便等优点，用微处理器可以构成形式多样的控制系统、数据采集系统、通信系统、信号检测系统、无线感知系统、测控系统、机器人等应用控制系统，例如工厂流水线的智能化管理、电梯智能化控制、各种报警系统、与计算机连网构成二级控制系统等。通过与微处理器与机器的结合促使了工业生产方式从劳动密集型向自动化的转变。

自动化能使工业系统处于最佳状态、提高经济效益、改善产品质量和减轻劳动强度，广泛应用于机械、电子、电力、石油、化工、纺织、食品等领域中。而在自动化技术中，无论是过程控制技术、数据采集和测控技术，还是生产线上的机器人技术，都离不开微处理器的参与。

在工业自动化的领域中，机电一体化技术将发挥越来越重要的作用，在这种集机械、微电子和计算机技术于一体的综合技术中，微处理器将发挥越来越大的作用。快递分拣机器人如图 1.6 所示。

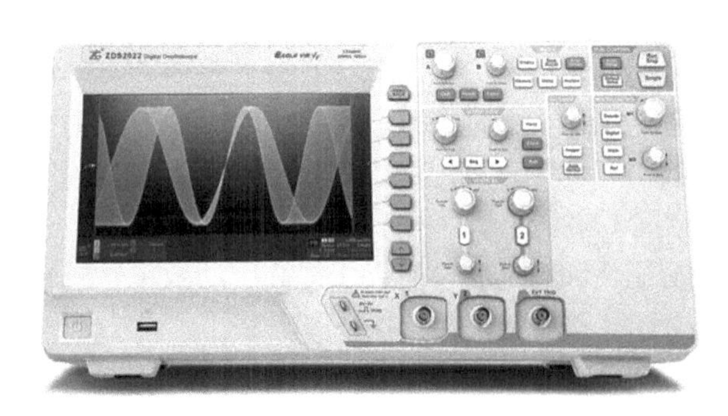

图 1.5　高频示波器

图 1.6　快递分拣机器人

（3）家用电器。家用电器广泛采用微处理器控制，从电饭煲、洗衣机、电冰箱、空调机、彩电到其他音响视频器材，再到电子秤设备和白色家电等。

当前，家用电器产品的一个重要发展趋势是不断提高其智能化程度，而家电智能化的进一步提高就需要微处理器的参与，所以生产厂家常标榜“电脑控制”以提高其产品的档次，例如洗衣机、电冰箱、空调机、微波炉、电视机和音像视频设备等，这里所说的“电脑”实际上就是微处理器。

智能化家用电器将给我们带来更大的舒适和方便，进一步提高我们的生活质量，把我们的生活变得更加丰富多彩，例如扫地机器人，如图 1.7 所示。

（4）网络和通信。现代的微处理器普遍具备通信接口，可以很方便地与计算机进行数据通信，为在计算机网络和通信设备间的应用提供了极好的硬件条件，通信设备基本上都实现了微处理器智能控制，从电话机、小型程控交换机、楼宇自动通信呼叫系统、列车无线通信，到日常工作中随处可见的移动电话、集群移动通信、无线电对讲机等，例如自动驾驶汽车，如图 1.8 所示。

图 1.7　扫地机器人

图 1.8　自动驾驶汽车

（5）设备领域。现代仪器仪表（如测试仪表和医疗仪器等）对自动化和智能化的要求越来越高，微处理器成为系统最好的改造方式，而微处理器的使用又将加速仪器仪表向数字化、智能化、多功能化和柔性化方向发展。此外，微处理器的使用还有助于提高仪器仪表的精度和准确度，简化结构、减小体积及重量，且易于携带和使用，并具有低成本、抗干扰能力强等优点，便于增加显示、报警和自诊断等功能。

微处理器在医用设备中的用途相当广泛，如医用呼吸机、各种分析仪、监护仪、超声诊断设备及病床呼叫系统等。工业中的数控机床如图 1.9 所示。

（6）模块化系统。某些专用微处理器设计用于实现特定功能，从而在各种电路中进行模块化应用，而不要求使用人员了解其内部结构，如音乐集成微处理器，看似简单的功能微缩在纯电子芯片中，但需要复杂的、类似于计算机的原理；又如音乐信号以数字的形式保存在存储器中（类似于 ROM），由微处理器读出后再转化为模拟音乐电信号（类似于声卡）。

在大型电路中，这种模块化应用极大地缩小了体积，简化了电路，降低了损坏、错误率，也便于更换。日常生活中高集成度手机主板如图 1.10 所示。

（7）汽车电子。微处理器在汽车电子中的应用非常广泛，如汽车中的发动机控制器、基于 CAN 总线的汽车发动机智能电子控制器、GPS 导航系统、ABS 防抱死系统、制动系统、胎压检测等。车辆导航仪如图 1.11 所示。

（8）军事装备。科技强军、国防现代化离不开计算机，在现代化的飞机、军舰、坦克、大炮、导弹、火箭和雷达等各种军用装备上，都有微处理器在其中。信息化坦克如图 1.12 所示。

图 1.9　数控机床

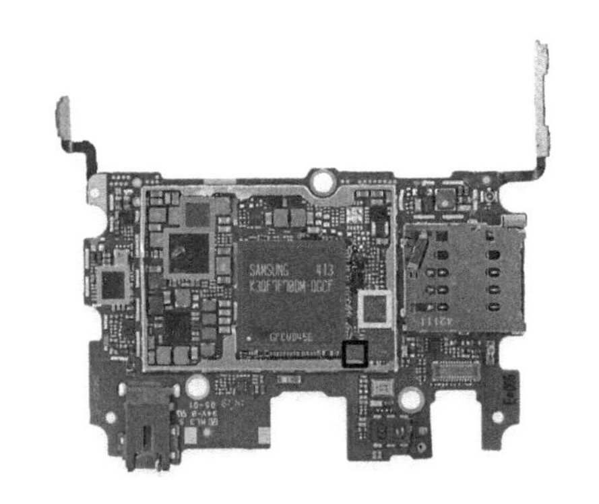

图 1.10　高集成度手机主板

图 1.11　车辆导航仪

图 1.12　信息化坦克

此外，微处理器在工商、金融、科研、教育、电力、通信、物流和航空航天等领域都有着十分广泛的用途。

1.3.3　微处理器和物联网

1．物联网

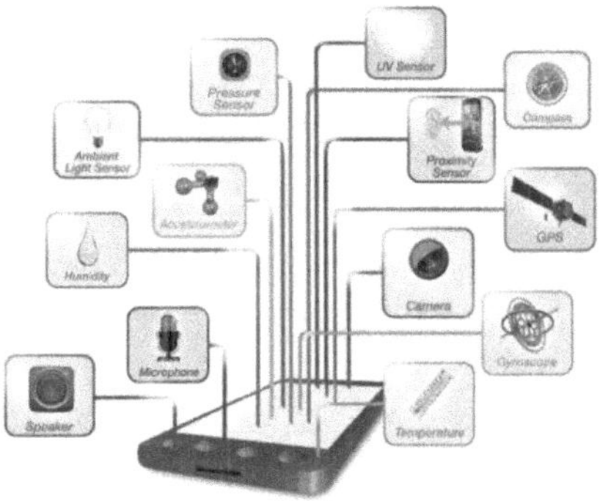

图 1.13　物联网

物联网（Internet of Things，IoT）的概念最早于 1999 年由美国麻省理工学院首次提出。2009 年年初，IBM 提出了“智慧地球”概念，使得物联网成为时下的热门话题。2009 年 8 月，温家宝总理提出启动“感知中国”建设，随后物联网在中国进一步升温，得到了政府、科研院校、电信运营商及设备提供商等的高度重视。

物联网是指利用各种信息传感设备，如射频识别（RFID）装置、无线传感器、红外感应器、全球

定位系统、激光扫描器等对现有物品信息进行感知、采集，通过网络支撑下的可靠传输技术，将各种物品的信息汇入互联网，并进行基于海量信息资源的智能决策、安全保障，以及管理技术与服务的全球公共的信息综合服务平台，如图 1.13 所示。

物联网有两层意思：第一，物联网的核心和基础仍然是互联网，是在互联网基础上延伸和扩展的网络；第二，其用户端延伸和扩展到了任何物品，物品之间可进行信息交换和通信。因此，物联网运用传感器、射频识别（RFID）、智能嵌入式等技术，使信息传感设备感知任何需要的信息，按照约定的协议，通过可能的网络（如基于 Wi-Fi 的无线局域网、3G/4G 等）接入方式，把任何物体与互联网相连接，进行信息交换通信，在进行物与物、物与人的泛在连接的基础上，实现对物体的智能化识别、定位、跟踪、控制和管理。

物联网的架构通常分为感知识别层、网络构建层、信息处理层和综合应用层，如图 1.14 所示。

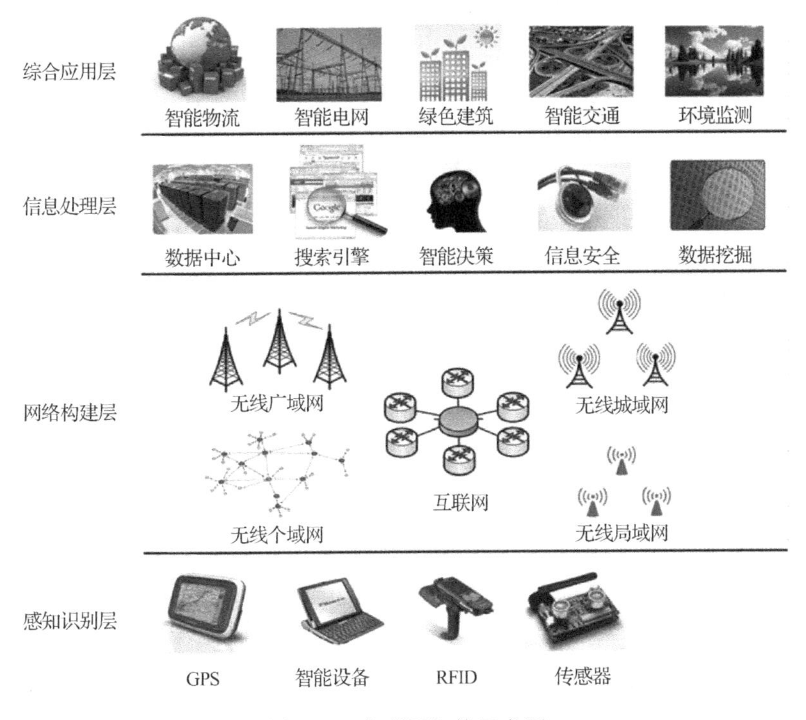

图 1.14　物联网架构示意图

其中，感知识别采集数据和设备控制就是在微处理器技术的基础上进行的。物联网作为新一代信息技术的重要组成部分，有三方面的特征：首先，物联网技术具有互联网特征，对需要用物联网技术连网的物体来说一定要有能够实现互连互通的互联网络来支撑；其次，物联网技术具有识别与通信特征，接入物联网的物体一定要具备自动识别和物物通信（M2M）的功能；最后，物联网技术具有智能化特征，使用物联网技术形成的网络应该具有自动化、自我反馈和智能控制的功能。

2. 单片机与嵌入式系统

微处理器诞生后，在微处理器基础上的现代计算机有了足够的数值计算能力和对对象系

统快捷的实时控制能力。但随后人们发现“数值计算”与“对象系统实时控制”是两个无法兼容的技术发展道路与应用环境，前者要求有一个具有高速海量数值计算能力的通用计算机系统，后者则要求有一个可以嵌入到对象系统中与对象系统紧耦合、实现对象系统实时控制的、高可靠的嵌入式计算机系统。

（1）单片机的发展。在 PC 诞生前，很早就开始了在微处理器基础上嵌入式应用的单片机道路探索，并取得成功；PC 诞生后，又开始了微型机的嵌入式应用探索，却遭遇失败。

单片微处理器的独立发展道路始于 1974 年诞生的第二代微处理器 8088。最初，8080 代替电子逻辑电路器件用于各种应用电路和设备上，带有原始的嵌入式应用印记。其后出现了一批嵌入式应用的单片机，其中最典型的是 1976 年 Intel 公司推出的 MCS-48 单片机。1980 年，在 MCS-48 单片机基础上完善的 MCS-51 单片机成为微处理器的经典体系结构，其后开始了 20 年单片机的独立发展道路。

单片机的独立发展道路不仅表现为单芯片的应用，更重要的是“忠实”于嵌入式应用要求的全新体系结构探索。例如，MCS-51 单片机经典体系结构中，突出控制要求的指令系统、能满足外部扩展的 I/O 接口与完善的串行/并行总线；哈佛结构中，实现了不受病毒侵扰的只读程序存储器，以及满足外围电路不断扩展要求的特殊功能寄存器（SFR）统一调度模式。有些不了解单片机的微处理器本质的人曾一度将单片机称为单片微型计算机，后来单片机才正名为微处理器（或微控制器）。

（2）从单片机到嵌入式系统。1976 年诞生的 MCS-48 单片机，以及 1980 年在 MCS-48 单片机基础上完善而成的 MCS-51 单片机，是专门为嵌入式应用要求设计的、具有全新体系结构的微处理器，由此开始了电子技术领域 20 多年的单片机独立发展道路。20 世纪末，随着后 PC 时代的到来，大量计算机界人士进入到单片机领域，并以计算机工程方法迅速提升了单片机的应用水平。计算机学科与微电子学科、电子技术学科的交叉融合，突出了单片机的嵌入式应用特征，将微处理器的应用从单片机时代推向嵌入式系统应用时代。

3. 微处理器的基本特点

从单片机与嵌入式系统的曲折的发展历史中可以看到，微处理器集单片、嵌入、物联三个基本特点于一身。在微处理器 30 多年的发展历程中，人们从不同角度来诠释微处理器的时代特征，于是便有了早期的单片机时代、如今的嵌入式系统时代，以及正在进入的物联网时代。无论哪个时代，单片、嵌入、物联都是微处理器不可分离的基本特点，具体表现为单芯片应用形态、嵌入式应用环境、物联的应用本质。

（1）单芯片应用形态。单芯片应用形态表明，微处理器的嵌入式应用必须走单芯片控制器的发展道路，微型机嵌入式应用探索失败是一个最好的证明，走单片机道路不只是满足体积、价位的需求，更重要的是要以单芯片形态创造出全新的微处理器体系结构。最好的例证是 MCS-48 与 MC6801 两种单片机的道路探索，MCS-48 采用了全新的控制器体系结构，突出控制的指令系统与全新的电路系统设计，获得成功；MC6801 则是 MC6800 微型机删减后的单片化改造，遭遇失败。在 MCS-48 单片机初步取得成功后，迅速完善成 MCS-51 单片机。MCS-51 单片机成为微处理器经典结构体系，并延续至今，创造了 30 多年不衰的纪录。

（2）嵌入式应用环境。单片微处理器的诞生，从根本上解决了嵌入式应用中体积、价位、可靠性、控制能力、与对象系统紧耦合的一系列技术难题。

单片微处理器的微小体积与低价位，最大限度地满足了空间环境要求与市场要求；固化的只读程序存储器、突出控制功能的指令系统与体系结构，满足了对象控制的可靠性要求。因此，单片微处理器诞生后，迅速取代经典电子系统，嵌入到对象体系（如家用电器、智能仪器、工控单元等）中实现对象体系的智能化控制。随着微处理器外围电路、接口技术的不断扩展，出现了一个个 IT 产品的公共平台，衍生出众多的 IT 产品，如智能手机、平板、PDA、MP3、MP4、电子书、数码伴侣等。这些产品没有明确的嵌入对象，体现了微处理器的内嵌式应用，即它们内部一定嵌有一个微处理器。这样一来，嵌入式应用的概念便从原来"嵌入"扩展到"内嵌"的全面嵌入式应用。

（3）物联的应用本质。微处理器为物联而生，物联是微处理器与生俱来的本质特性。早在微处理器诞生时期，通用处理器与嵌入式处理器（即微处理器）两大分支的历史性分工中，就赋予了嵌入式处理器的物联使命。

4．微处理器的三个应用时代

从 1976 年诞生 MCS-48 单片机算起，微处理器已有 40 多年的历史了。在 40 多年的发展进程中，微处理器经历了单片机与嵌入式系统两个时代，如今又进入了物联网时代。

单片机时代、嵌入式系统时代与物联网时代，是微处理器的三个不同的变革时代，在三个时代中不变的是微处理器的三个基本特点，变革的是不同学科介入后产生的巨大飞跃。

单片机的诞生，为电子技术领域提供了一个微处理器形态的归一化智力内核，开始了传统电子系统的智能化改造，开启了微处理器的单片机时代。后 PC 时代的到来，大量计算机界人士进入单片机领域，电子技术与计算机技术相结合，极大地提升了微处理器的嵌入式应用水平，将单片机时代推进到嵌入式系统时代。如今，借助微处理器的智慧物联，将互联网延伸到物理对象，使微处理器以嵌入式系统的身份进入大有作为的物联网时代。

综上所述，无论是单片机、嵌入式系统还是物联网系统，都是不同时代的同一类事件。在微处理器诞生后，经历了 20 多年的单片机时代、10 多年的嵌入式系统时代，如今又进入物联网系统时代。微处理器的三个时代，展现了微处理器的三个不同历史时期，体现了微处理器的不断深化、不断变革。在这三个历史时期中，微处理器始终保持单片形态、嵌入式应用与物联本质这三个基本特点，形成了微处理器发展史上的两次华丽转身，即从单片机到嵌入式系统的华丽转身，以及从嵌入式系统到物联网的华丽转身。

5．单片机到嵌入式系统发展

1974 年，第二代微处理器 8080 诞生后，半导体产业领域中迅速掀起了一股单片微处理器的应用热潮，出现了众多型号的单片微处理器，为电子技术领域提供一个个智能化改造的智力内核。由于半导体厂商的技术支持，低廉的硬件成本与开发装置，易被电子工程师掌握的汇编语言编程技术，很快便掀起了传统电子系统智能化的改造热潮。

传统电子系统的智能化改造，是专业领域（如自动控制、消费电子、家用电器等）对象系统的智能化改造，是半导体厂商与对象系统领域电子工程师的合作应用模式。计算机界专业人士很难介入这种对象系统的智能化产品开发，形成了电子技术领域电子工程师"单打独斗"的局面。这是一个 20 多年微处理器应用的缓慢发展期。计算机工程方法的欠缺，电子技术应用模式的局限性，严重制约了微处理器应用技术的发展。

正当单片机时代陷入困境时，计算机专业领域迎来了后 PC 时代，即以 PC 为代表的微型计算机技术已进入到大企业（Intel 公司和 Microsoft 公司）垄断性的发展时代，受日益高涨的微处理器市场吸引，大批计算机专业人士进入微处理器领域，改变了微处理器的电子工程技术应用的印记，将微处理器的单片机概念变更到嵌入式系统的概念上来。这不是一般概念上的简易变更，而是体现了微处理器应用技术的变革，即从电子工程应用模式变更到计算机工程应用模式。这是微处理器应用从单片机时代到嵌入式系统时代的第一次华丽转身，这是因为计算机学科介入后，引入的计算机高级语言、操作系统、集成开发环境、计算机工程方法，极大地提高了微处理器的应用水平，嵌入式系统成为多学科的综合应用领域。

6．从嵌入式系统到物联网

微处理器经历了 20 多年单片机的缓慢发展期后，在 10 多年的嵌入式系统时代中有了突飞猛进的发展。从单机应用、分布式总线应用到局域网应用，微处理器芯片技术从数字集成、数模混合集成、软件集成到大规模的 SoC 集成；与此同时，具有 TCP/IP 协议栈的内嵌式单元与方便外接的互联网接口技术大量涌现，无论是嵌入式系统的单机还是嵌入式系统的局域网，与互联网、GPS 的连接成为常态，从而将互联网顺利地延伸到物理对象，变革成物联网。

物联网时代，唯有嵌入式系统可以承担起物联网繁重的物联任务。在物联网应用中，首要任务是嵌入式系统物联基础上的物联网系统建设。大量的物联网系统开发任务与物联网中嵌入式系统复合人才的培养，都要求嵌入式系统迅速转向物联网，积极推动物联网、云计算技术与产业的发展。

7．新时代物联网处理器的发展要求

工业和信息化部《物联网发展规划（2016—2020 年）》（以下简称《发展规划》）在报告中总结了“十二五”期间我国在物联网关键技术研发、应用示范推广、产业协调发展和政策环境建设等方面取得的成果。

《发展规划》认为，我国物联网将加速进入“跨界融合、集成创新和规模化发展”的新阶段，与我国新型工业化、城镇化、信息化、农业现代化建设深度交汇，面临广阔的发展前景。另一方面，我国物联网发展又面临国际竞争的巨大压力，核心产品全球化、应用需求本地化的趋势将更加凸显，机遇与挑战并存。

（1）万物互联时代开启。物联网将进入万物互联发展新阶段，智能可穿戴设备、智能家电、智能网联汽车、智能机器人等数以万亿计的新设备将接入网络，形成海量数据，应用呈现爆发性的增长，促进生产生活和社会管理方式进一步向智能化、精细化、网络化方向转变，经济社会发展更加智能、高效。第五代移动通信技术（5G）、窄带物联网（NB-IoT）等新技术为万物互联提供了强大的基础设施支撑能力。万物互联的泛在接入、高效传输、海量异构信息处理和设备智能控制，以及由此引发的安全问题等，都对发展物联网技术和应用提出了更高的要求。

（2）应用需求全面升级。物联网万亿级的垂直行业市场正在不断兴起，制造业成为物联网的重要应用领域，相关国家纷纷提触发展“工业互联网”“工业 4.0”，我国提出建设制造强国、网络强国，推进供给侧结构性改革，以信息物理系统（CPS）为代表的物联网智能信息技术将在制造业智能化、网络化、服务化等转型升级方面发挥重要作用。车联网、健康、家

居、智能硬件、可穿戴设备等消费市场需求更加活跃，驱动物联网和其他前沿技术不断融合，人工智能、虚拟现实、自动驾驶、智能机器人等技术不断取得新突破。智慧城市建设将成为全球热点，物联网是智慧城市构架中的基本要素和模块单元，已成为实现智慧城市“自动感知、快速反应、科学决策”的关键基础设施和重要支撑。

（3）产业生态竞争日趋激烈。物联网成为互联网之后又一个产业竞争制高点，生态构建和产业布局正在全球加速展开。国际企业利用自身优势加快互联网服务、整机设备、核心芯片、操作系统、传感器件等产业链布局，操作系统与云平台一体化成为掌控生态主导权的重要手段，工业制造、车联网和智能家居成为产业竞争的重点领域。我国电信、互联网和制造企业也在加大力度整合平台服务和产品制造等资源，积极构建产业生态体系。

《发展规划》指出需要进一步突破关键核心技术，**研究低功耗处理器技术和面向物联网应用的集成电路设计工艺**，开展面向重点领域的高性能、低成本、集成化、微型化、低功耗智能传感器技术和产品研发，提升智能传感器设计、制造、封装与集成、多传感器集成与数据融合，以及可靠性领域技术水平。研究面向服务的物联网网络体系架构、通信技术及组网等智能传输技术，加快发展 NB-IoT 等低功耗广域网技术和网络虚拟化技术。研究物联网感知数据与知识表达、智能决策、跨平台和能力开放处理、开放式公共数据服务等智能信息处理技术，支持物联网操作系统、数据共享服务平台的研发和产业化，进一步完善基础功能组件、应用开发环境和外围模块。发展支持多应用、安全可控的标识管理体系。加强物联网与移动互联网、云计算、大数据等领域的集成创新，重点研发满足物联网服务需求的智能信息服务系统及其关键技术。

1.4　任务小结

通过本项目的学习和实践，读者可以了解微处理器的发展和演变历程。通过对经典计算机的结构认识、了解微处理器的种类，不同种类微处理器的使用环境和场景，了解微处理器微操作系统的功能和用途。

1.5　思考与拓展

（1）微处理器有哪些种类？
（2）微处理器的微操作系统是什么？
（3）微处理器都应用在哪些地方？

任务 2

MCS-51 微处理器

本任务重点学习 MCS-51 微处理器（单片机）的基本原理、功能和结构，并进一步学习 CC2530 的原理、功能及片上资源，学习 CC2530 开发平台的构成及开发环境的搭建。

2.1　学习场景：MCS-51 微处理器有哪些应用

MCS-51 微处理器是最早的且开始运用于工业的 8 位微处理器，当今的许多微处理器都借鉴了 MCS-51 微处理器的设计思路，如图 2.1 所示。

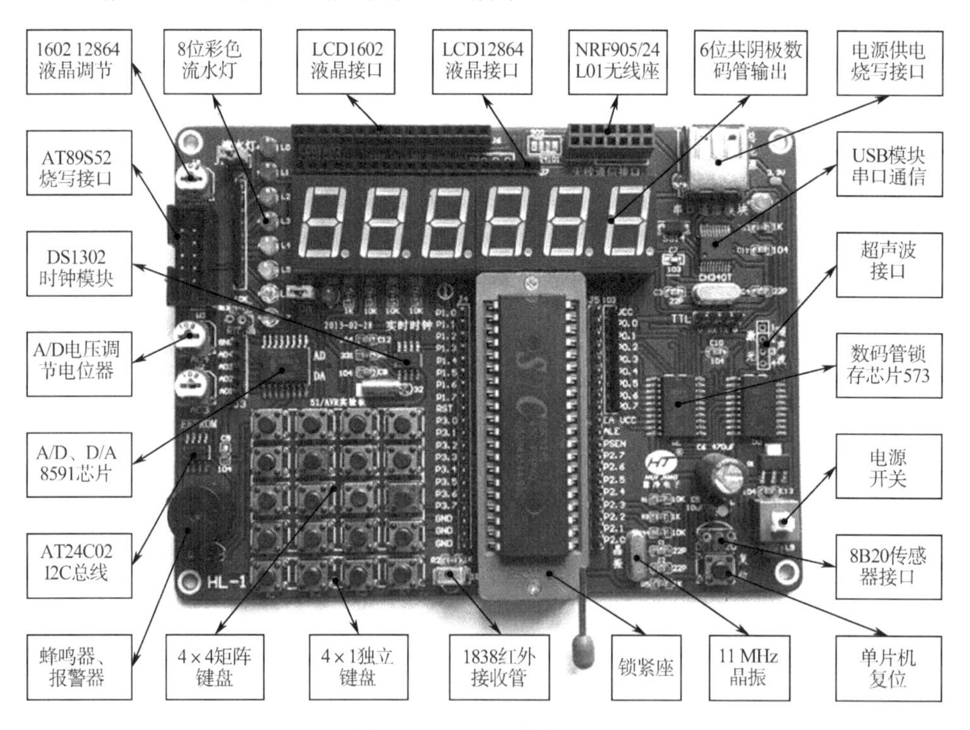

图 2.1　MCS-51 微处理器

随着时代的发展，出现了许多高性能微处理器，具有特殊功能的微处理器运用在了各个不同行业，这其中就有集成有物联网 ZigBee 网络单元的、广泛使用的 CC2530 微处理器。CC2530 微处理器开发板如图 2.2 所示。

图 2.2　CC2530 微处理器开发板

要使任何一款微处理器运作起来，仅有微处理器硬件本身是不够的，如果将微处理器比做人，那么微处理器硬件本身就好比人的躯体，然而人如果要能够正常生活和工作就必须要有思考能力，这种思考能力对于微处理器也同样重要，这种思考能力的实现依靠运行在微处理器内部的程序。向微处理器写入具有一定逻辑功能的程序，当微处理器上电运行起来后就能实现相应的逻辑功能。那么微处理器的逻辑程序是如何开发和写入微处理器内部的呢？这需要相应的代码开发环境。在工程开发中，将这种开发环境称为集成开发环境（IDE），通过 IDE 实现对微处理器代码的开发，使用相应的烧录工具可将代码烧录到微处理器中。SmartRF04EB 调试工具如图 2.3 所示。

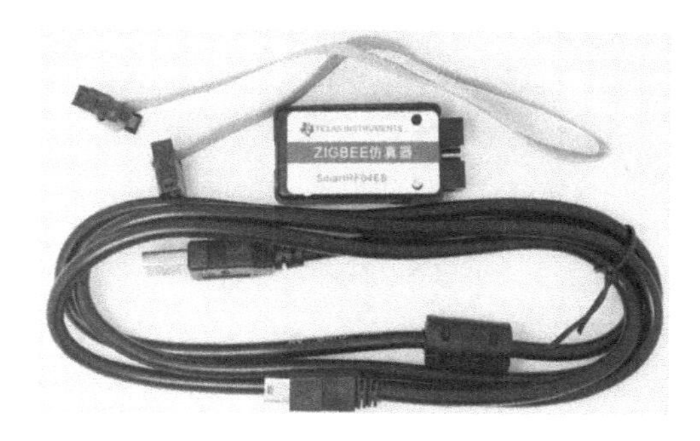

图 2.3　SmartRF04EB 调试工具

2.2　学习目标

（1）知识要点：MCS-51 微处理器基本原理、功能和结构；CC2530 微处理器功能、结构和开发平台；C2530 微处理器的开发环境。

（2）技能要点：熟悉 MCS-51 微处理器基本原理、功能和结构；掌握 CC2530 微处理器功能、结构和开发平台；熟悉 CC2530 微处理器的开发环境。

（3）任务目标：了解 CC2530 微处理器的优势和使用场景；能够独立安装 CC2530 微处理器程序开发环境。

2.3　原理学习：MCS-51 微处理器和 CC2530 微处理器

2.3.1　MCS-51 微处理器

1. MCS-51 微处理器系列

MCS-51 是 Intel 公司生产的一系列 51 内核的微处理器总称，这一系列微处理器的产品众

多，包括 8031、8051、8751、8032、8052、8752 等多个种类，其中 8051 是最早、最典型的产品，该系列其他微处理器都是在 8051 的基础上进行功能的增减而来的，因此 MCS-51 系列微处理器又通称为 8051 微处理器。后来 Intel 公司将 MCS-51 的核心技术进行了技术授权，很多公司都推出了 8051 核心相关的微处理器产品。

Intel 公司早期在 51 内核下开发的微处理器中主要有两个微处理器系列，分别是 51 系列和 52 系列。

51 系列是基本型，包括 8051、8751、8031、8951，其区别仅在于片内程序储存器。8051 为 4 KB 的 ROM，8751 为 4 KB 的 EPROM，8031 片内无程序储存器，8951 为 4 KB 的 EEPROM，其他性能结构一样，如片内 128 B 的 RAM、2 个 16 位定时器/计数器、5 个中断源，其中 8051 的性价比较高且易于开发，所以应用面较为广泛，51 系列微处理器如图 2.4 所示。

52 系列是增强型，包括 8032、8052、8752、8952，8052 的 ROM 为 8 KB，RAM 为 256 B；8032 的 RAM 也是 256B，但没有 ROM，这两种微处理器比 8051 和 8031 多了 1 个定时器/计数器，增加了 1 个中断源。52 系列微处理器如图 2.5 所示。

图 2.4　51 系列微处理器

图 2.5　52 系列微处理器

2．MCS-51 微处理器的基本组成

MCS-51 微处理器由中央处理器（CPU）、振荡器和时序电路、程序存储器（ROM/EEPROM）、数据存储器（RAM）、并行 I/O 接口（P0～P3 接口）、串行通信接口、定时器/计数器，以及内外中断系统多个部件组成。这些部件通过总线连接，并集成在一块半导体芯片上，即可构成单片微型计算机（Single-Chip Microcomputer）。8051 功能框图如图 2.6 所示。

MCS-51 微处理器包含硬件系统所必需的各种功能部件，几个重要的功能部件如下。

- 1 个 8 位的中央处理器（CPU，具有位处理功能）和 1 个全双工的异步串行接口；
- 2 个 16 位定时器/计数器；
- 3 个逻辑存储空间，即 64 KB 的程序存储器空间（包括 4 KB 的片内程序存储器 ROM）、128 B 的内部数据存储器（RAM）、64 KB 的数据存储器空间；
- 4 个双向并可按位寻址的 I/O 接口；
- 5 个中断源，具有 2 个优先级；
- 片内具有振荡器和时钟电路。

（1）中央处理器。MCS-51 内部有一个 8 位 CPU（8 位是 CPU 的字长，指 CPU 对数据的处理是按一个字节进行的），它和通常的微处理器一样，也是由算术逻辑运算单元（ALU）、定时控制部件（即控制器）和各种专用寄存器等组成的。

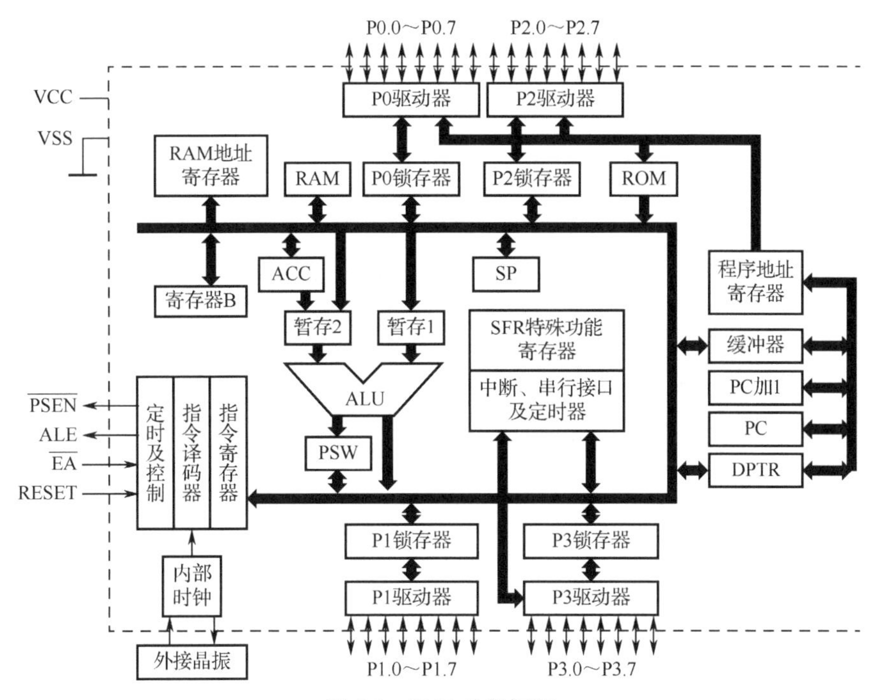

图 2.6　8051 功能框图

运算器：运算器是计算机的运算部件，用于实现算术逻辑运算、位变量处理、移位和数据传送等操作。它是以 ALU 为核心，加上累加器（ACC）、寄存器 B、程序状态字（PSW），以及十进制调整电路和专门用于位操作的布尔处理器等组成的。

控制器：控制器是计算机的控制部件，包括程序计数器（PC）、指令寄存器（IR）、指令译码器（ID）、数据指针（DPTR）、堆栈指针（SP），以及定时控制与条件转移逻辑电路等。控制器对来自存储器中的指令进行译码，并通过定时控制电路在规定的时刻发出各种操作所需要的控制信号，使各部件协调工作，完成指令所规定的操作。

（2）定时器/计数器。8051 内有 2 个 16 位的定时器/计数器，即定时器/计数器 0 和定时器/计数器 1。它们分别由两个 8 位寄存器组成，即 T0 由 TH0（高 8 位）和 TL0（低 8 位）构成，同样 T1 由 TH1（高 8 位）和 TL1（低 8 位）构成，地址依次是 8AH～8DH。这些寄存器用来存放定时器或计数器的初值。

（3）串行通信接口。8051 内部有 1 个串行数据缓冲寄存器（SBUF），它是可直接寻址的特殊功能寄存器，地址为 99H。在机器内部实际是由 2 个 8 位寄存器组成的，一个作为发送缓冲寄存器，另一个作为接收缓冲寄存器，二者由读写信号区分，但都是使用同一个地址 99H。8051 内部还有串行接口控制寄存器（SCON），以及电源控制及波特率选择寄存器（PCON），它们分别用于在串行数据通信中控制和监视串行接口的工作状态，以及串行接口波特率的倍增控制。

（4）中断系统。8051 共有 5 个中断源，分别是外部中断 0、定时器中断 0、外部中断 1、定时器中断 1 和串口中断，每个中断分为高级和低级 2 个优先级别，常用于实时控制、故障自动处理、计算机与外设间传送数据，以及人机对话等。

（5）并行 I/O 接口。接口电路是微机应用系统中必不可少的组成部分，其中并行 I/O 接口

是 CPU 与外部进行信息交换的主要通道。MCS-51 单片机内部有 4 个并行 I/O 接口电路，即 P0、P1、P2、P3，它们都是双向接口，既可以输入又可以输出。P0、P2 接口经常用于外部扩展存储器时的数据、地址总线，P3 接口除了可用于 I/O 接口，每一根都有其他功能。通过这些 I/O 接口，单片机可以外接键盘、显示器等设备，还可以进行系统扩展，以解决片内硬件资源不足问题。P0 接口内部结构如图 2.7 所示。

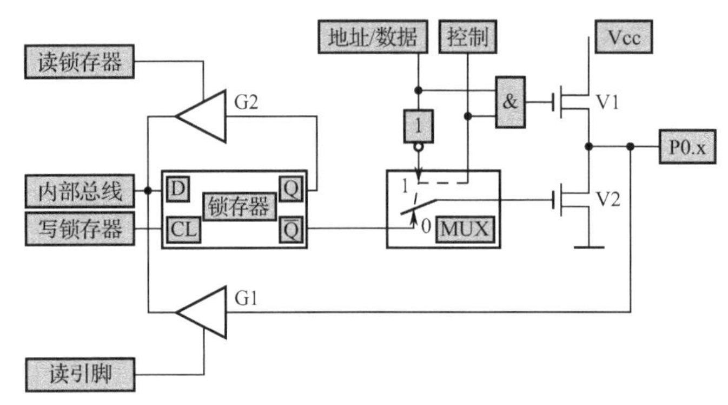

图 2.7 P0 接口内部结构示意图

2.3.2 CC2530 微处理器

1. CC2530 微处理器基本知识

CC2530 是一款功能强大和被深度定制的微处理器，其硬件设计和部件均用相关的英文缩写来表示，后文中也将大量使用硬件的缩写对 CC2530 微处理器的硬件进行描述，因此了解 CC2530 微处理器相关硬件结构的缩写有利于对后文的阅读和理解。CC2530 微处理器英文缩写与含义如表 2.1 所示。

表 2.1 CC2530 微处理器英文缩写与含义

编 号	缩 写	含 义	编 号	缩 写	含 义
1	AAF	抗混叠过滤器	14	CFB	密码反馈
2	ADC	模/数转换器	15	CFR	联邦法规
3	AES	高级加密标准	16	CMRR	共模抑制比
4	AGC	自动增益控制	17	CPU	中央处理器单元
5	ARIB	工业和商业无线电协会	18	CRC	循环冗余校验
6	BCD	二进制编码的十进制数	19	CSMA-CA	载波监听多路访问/冲突避免
7	BER	误码率	20	CSP	CSMA/CA 选通处理器
8	BOD	布朗输出探测器	21	CTR	计数器模式（加密）
9	BOM	材料清单	22	CW	连续波
10	CBC	密码块连接	23	DAC	数/模转换器
11	CBC-MAC	密码块连接信息验证代码	24	DC	直流
12	CCA	空闲信道评估	25	DMA	直接存储器存取
13	CCM	计数器模式+ CBC-MAC	26	DSM	Delta Sigma 调制器

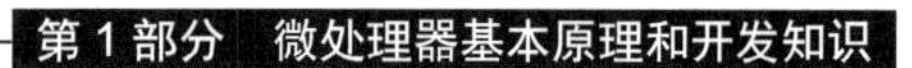

续表

编　号	缩　写	含　义	编　号	缩　写	含　义
27	DSSS	直接序列扩频	62	MHR	MAC 头
28	ECB	电子密码本（加密）	63	MIC	信息完整性代码
29	EM	评估模块	64	MISO	主机输入从机输出
30	ENOB	有效位数	65	MOSI	主机输出从机输入
31	ETSI	欧洲电信标准协会	66	MPDU	MAC 层协议数据单元
32	EVM	误差矢量幅度	67	MSB	最高有效字节
33	FCC	联邦通信委员会	68	MSDU	MAC 层服务数据单元
34	FCF	帧控制域	69	MUX	复用器
35	FCS	帧校验序列	70	NA	不可用
36	FFCTRL	FIFO 和帧控制	71	NC	未连接
37	FIFO	先进先出	72	OFB	输出反馈（加密）
38	GPIO	通用输入/输出	73	O-QPSK	偏移-正交相移键控
39	HF	高频	74	PA	功率放大器
40	HSSD	高速串行数据	75	PC	程序计数器
41	I/O	输入/输出	76	PCB	印制电路板
42	I/Q	同相/正交	77	PER	封装错误率
43	IEEE	电气和电子工程师协会	78	PHR	PHY 首部
44	IF	中频	79	PHY	物理层
45	IOC	I/O 控制器	80	PLL	锁相环
46	IRQ	中断请求	81	PM1、PM2、PM3	供电模式 1、2、3
47	IR	红外	82	PMC	电源管理控制器
48	ISM	工业、科学、医疗	83	POR	上电复位
49	ITU-T	国际电信联盟-电信标准局	84	PSDU	PHY 服务数据单元
50	IV	初始化向量	85	PWM	脉宽调制器
51	KB	1024 字节	86	RAM	随机存储器
52	kbps	千比特每秒	87	RBW	分辨率带宽
53	LFSR	线性反馈移位寄存器	88	RC	电阻-电容器
54	LNA	低噪声放大器	89	RCOSC	RC 振荡器
55	LO	本机振荡器	90	RF	射频
56	LQI	链路质量指示	91	RSSI	接收信号强度指示器
57	LSB	最低有效位/字节	92	RTC	实时时钟
58	MAC	媒体访问控制	93	RX	接收
59	MAC	信息验证代码	94	SCK	串行时钟
60	MCU	微处理器单元	95	SFD	帧首定界符
61	MFR	MAC 尾	96	SFR	特殊功能寄存器

续表

编　号	缩　写	含　义	编　号	缩　写	含　义
97	SHR	同步首部	105	TX	发送
98	SINAD	信号-噪声及失真比	106	UART	通用异步收发器
99	SPI	串行外设接口	107	USART	通用同步/异步收发器
100	SRAM	静态随机存储器	108	VCO	电压可控振荡器
101	ST	睡眠计时器	109	VGA	可变增益放大器
102	T/R	发送/接收	110	WDT	看门狗
103	THD	总谐波失真	111	XOSC	晶体振荡器
104	TI	德州仪器	—	—	—

2．CC2530微处理器

CC2530微处理器是TI（德州仪器）公司生产的一种系统级SoC芯片，适用于2.4 GHz的IEEE 802.15.4、ZigBee和RF4CE应用。CC2530包括性能极好的RF收发器、工业标准增强型8051 MCU、可编程的闪存、8 KB的RAM，以及许多其他功能强大的特性，具有不同的运行模式，使得它特别适合超低功耗要求的系统，结合德州仪器的业界领先的ZigBee协议栈（Z-Stack），提供了一个强大和完整的ZigBee解决方案。CC2530微处理器如图2.8所示。

图2.8　CC2530微处理器

CC2530可广泛应用在2.4 GHz的IEEE 802.15.4系统、家庭/建筑物自动化、照明系统、工业控制和监视、农业养殖、远程控制、消费型电子、家庭控制、计量和智能能源、楼宇自动化、医疗等领域，在物联网中有着极为广泛的应用，具有以下特性。

（1）功能强大的无线前端。具有2.4 GHz的IEEE 802.15.4标准射频收发器，出色的接收器灵敏度和抗干扰能力，可编程输出功率为+4.5 dBm，总体无线连接为102 dBm，仅需极少量的外部元件，支持运行网状网络系统，适合系统配置，符合世界范围的无线电频率法规，如欧洲电信标准协会ETSI EN300 328和EN 300 440（欧洲）、FCC的CFR47第15部分（美国）和ARIB STD-T-66（日本）。

（2）功耗低，接收模式为24 mA，发送模式（1 dBm）为29 mA，功耗模式1（4 μs唤醒）为0.2 mA，功耗模式2（睡眠计时器运行）为1 μA，功耗模式3（外部中断）为0.4 μA，宽电源电压范围为2～3.6 V。

（3）微处理器，采用高性能和低功耗8051微处理器内核，具有32/64/128/256 KB的系统可编程闪存，8 KB的内存保持在所有功率模式，支持硬件调试。

（4）具有丰富的外设接口。例如，强大的5通道DMA，IEEE 802.15.4标准的MAC定时器，通用定时器（1个16位、2个8位），红外发生电路，32 kHz的睡眠计时器和定时捕获，CSMA/CA硬件支持，精确的数字接收信号强度指示/LQI支持，电池监视器和温度传感器，8通道12位ADC（可配置分辨率），AES加密安全协处理器，2个强大的通用同步串口，21个通用 I/O 引脚，看门狗定时器。

（5）应用领域广泛，例如，2.4 GHz 的 IEEE 802.15.4 标准系统、RF4CE 遥控控制系统（需要大于 64 KB）、ZigBee 系统、楼宇自动化、照明系统、工业控制和监测、低功率无线传感器网络、消费电子、健康照顾和医疗保健。

3．CC2530 微处理器与 8051

CC2530 微处理器采用增强型 8051 内核，该内核使用标准的 8051 指令集。因为以下原因，其指令执行比标准的 8051 更快。

- 每个指令周期是 1 个时钟，而标准的 8051 内核每个指令周期是 12 个时钟；
- 消除了总线状态的浪费。

因为一个指令周期与可能的内存存取是一致的，所以大多数单字节指令可以在 1 个时钟周期内执行。除了提高了速度，增强型 8051 内核还在结构上进行了改善，例如：

- 第二个数据指针；
- 一个扩展的 18 个中断单元。

8051 内核的对象代码兼容业界标准的 8051 微处理器，即对象代码使用业界标准的 8051 编译器或汇编器进行编译，在功能上是相同的。但是，因为 8051 内核使用了不同于许多其他 8051 类型的一个指令时序，带有时序循环的代码可能需要修改，而且由于定时器和串行接口等外设单元不同于其他的 8051 内核，使用外设单元 SFR 的指令的代码可能会无法正确运行。

CC2530 的内核在计算能力、执行效率、内存空间、片上资源等方面，相较于传统的 8051 微处理器有了较大的提升。

4．CC2530 资源

CC2530 微处理器有着丰富的片上外设和内存资源，除了使用增强型 8051 内核，还有众多的总线结构上的优化。CC2530 微处理器结构框图如图 2.9 所示。

由图 2.9 可知，CC2530 微处理器硬件结构大致可以分为三个部分：CPU 和内存相关的模块，外设、时钟和电源管理相关的模块，无线电相关的模块。下面对 CC2530 微处理器相关部分结构进行介绍。

1）CPU 与内存

CC2530 微处理器使用的 8051 内核是一个单周期的 8051 兼容内核，它有三个不同的存储器访问总线（SFR、DATA 和 CODE/XDATA），能够以单周期的形式访问 SFR、DATA 和主 SRAM，还包括一个调试接口和一个 18 位输入的扩展中断单元。

中断控制器提供了 18 个中断源，分为 6 个中断组，每组都与 4 个中断优先级相关。当设备从空闲模式回到活动模式，也会发出一个中断服务请求；一些中断还可以从睡眠模式唤醒设备（供电模式 1、2、3）。

内存仲裁器位于系统中心，它通过 SFR 总线把 CPU 和 DMA 控制器、物理存储器、所有外设连接在一起；内存仲裁器有 4 个存取访问点，可访问每一个可以映射到 3 个物理存储器之一，即 1 个 8 KB 的 SRAM、1 个闪存存储器和 1 个 XREG/SFR 寄存器；还负责执行仲裁，并确定同时到达同一个物理存储器的内存访问的顺序。

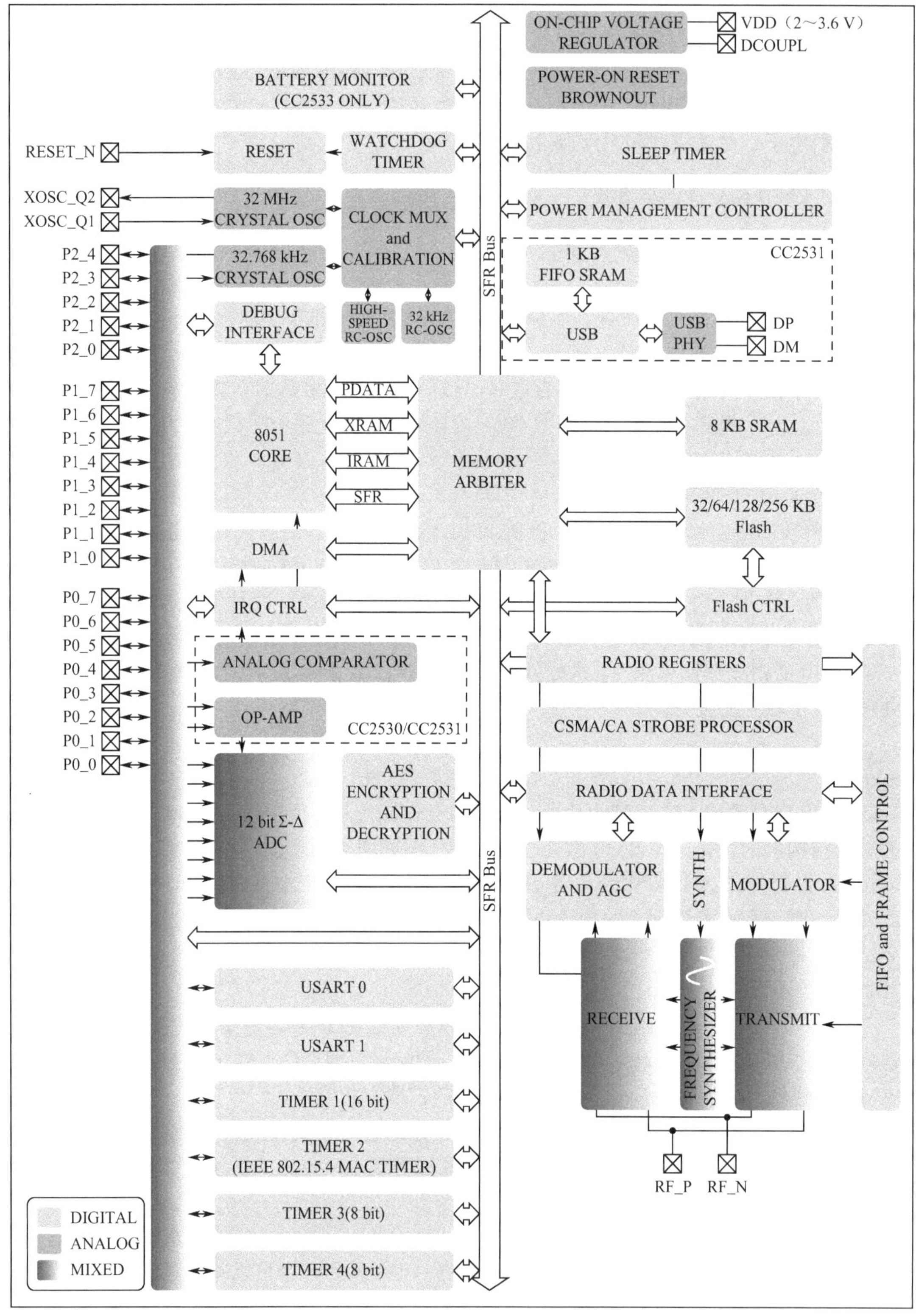

图 2.9　CC2530 微处理器结构框图

8 KB 的 SRAM 映射到 DATA 存储空间和 XDATA 存储空间的一部分；8 KB 的 SRAM 是

一个超低功耗的 SRAM，当数字电路部分掉电时（供电模式 2 和 3）能够保留自己的内容，这对于低功耗应用而言是一个很重要的功能。

32/64/128/256 KB 的闪存块为设备提供了可编程的非易失性程序存储器，可以映射到 CODE 和 XDATA 存储空间。除了可以保存程序代码和常量，非易失性程序存储器还允许应用程序保存必须保留的数据，这样在设备重新启动之后就可以使用这些数据。使用这个功能，例如，利用已经保存的网络数据，就不需要经过完整的启动、网络寻找和加入过程。

2）时钟与电源管理

数字内核和外设由一个 1.8 V 低差稳压器供电，另外 CC2530 微处理器具有电源管理功能，可以使用不同供电模式实现长电池寿命的低功耗应用运行；CC2530 共有 5 种不同的复位源可以用来复位设备。

3）片上外设

CC2530 包括许多不同的外设，可以开发先进的应用。例如：

（1）I/O 控制器。I/O 控制器负责所有通用 I/O 引脚，CPU 可以配置外设模块是否受某个引脚控制或受软件控制。如果是则每个引脚均可配置为输入或输出，是否连接衬垫里的上拉或下拉电阻。CPU 中断可以分别在每个引脚上使能，每个连接到 I/O 引脚的外设可以在两个不同的 I/O 引脚位置之间选择，以确保在不同应用程序中的灵活性。

（2）DMA 控制器。系统可以使用一个多功能的五通道 DMA 控制器，使用 XDATA 存储空间访问存储器，因此能够访问所有物理存储器。每个通道（触发器、优先级、传输模式、寻址模式、源和目标指针及传输计数）可用 DMA 描述符并在存储器任何地方进行配置，许多硬件外设（如 AES 内核、闪存控制器、USART、定时器、ADC 接口）均通过使用 DMA 控制器在 SFR、XREG 地址，以及闪存/SRAM 之间进行数据传输，实现获得高效率操作。

（3）定时器。定时器 1 是一个 16 位定时器，具有定时器、计数器、PWM 功能。它有 1 个可编程的分频器，1 个 16 位周期值和 5 个各自可编程的计数器/捕获通道，每个都有 1 个 16 位比较值。每个计数器/捕获通道可以用作 PWM 输出或捕获输入信号边沿的时序，还可以配置 IR 产生模式、计算定时器 3 周期、使输出和定时器 3 的输出进行相与、用最小的 CPU 互动产生调制的消费型 IR 信号。

定时器 2（MAC 定时器）是专门为支持 IEEE 802.15.4 MAC 或软件中其他时槽的协议设计的，有 1 个可配置的定时器周期和 1 个 8 位溢出计数器，可以用于保持跟踪已经经过的周期数；1 个 16 位捕获寄存器，用于记录收到/发送一个帧开始界定符的精确时间，或传输结束的精确时间；还有 1 个 16 位输出比较寄存器，可以在具体时间产生不同的选通命令（RX 或 TX 等）到无线模块。

定时器 3 和定时器 4 是 8 位定时器，具有定时器/计数器/PWM 功能，它们有 1 个可编程的分频器，1 个 8 位的周期值，1 个可编程的计数器通道，1 个 8 位的比较值，每个计数器通道均可以当成一个 PWM 输出。

睡眠定时器是一个超低功耗的定时器，用于计算 32 kHz 晶体振荡器或 32 kHz 的 RC 振荡器的周期。睡眠定时器可以在除供电模式 3 以外的所有工作模式下不断运行。该定时器的典型应用是作为实时计数器，或作为一个唤醒定时器跳出供电模式 1 或 2。

（4）ADC 外设。ADC 支持 7～12 位的分辨率，分别为 30 kHz 或 4 kHz 的带宽，DC 和音频转换可以使用高达 8 个输入通道（端口 0），输入可以选择作为单端或差分，参考电压可以

是内部电压、AVDD或者1个单端或差分的外部信号；ADC还有1个温度传感输入通道，可以自动执行定期抽样或转换通道序列的程序。

（5）随机数发生器。随机数发生器使用一个16位LFSR来产生伪随机数，它可以被CPU读取或由选通命令处理器直接使用。例如，随机数可以用于产生随机密钥。

（6）AES协处理器。AES协处理器允许用户使用带有128位密钥的AES算法加密和解密数据，能够支持IEEE 802.15.4 MAC安全、ZigBee网络层和应用层要求的AES 操作。

（7）看门狗。CC2530具有1个内置的看门狗定时器，允许设备在固件挂起的情况下复位自身。当看门狗定时器由软件使能时，则必须定期清除，当它超时时就复位设备；也可以配置成1个通用的32 kHz定时器。

（8）串口（USART）。USART0和USART1可被配置为主从SPI或USART，它们为RX和TX提供了双缓冲，以及硬件流控制，非常适合高吞吐量的全双工应用。每个USART都有自己的高精度波特率发生器，因此可以使普通定时器空闲出来用作其他用途。

4）无线射频收发器

CC2530提供了一个兼容IEEE 802.15.4的无线收发器，RF内核可控制模拟无线模块；另外CC2530还提供了MCU和无线设备之间的一个接口，这使得可以发出命令、读取状态、自动操作和确定无线设备事件的顺序；无线设备还包括一个数据包过滤和地址识别模块。

2.3.3 CC2530开发平台

本书采用的开发平台为xLab未来开发平台，提供两种类型的智能节点（经典型无线节点ZXBeeLite-B、增强型无线节点 ZXBeePlus-B），集成锂电池供电接口、调试接口、外设控制电路、RJ45传感器接口等。本书所使用的节点类型为经典型无线节点ZXBeeLite-B。

xLab未来开发平台采用CC2530作为微处理器主控，具有丰富的板载信号指示灯（如电源、电池、网络、数据），两路功能按键，集成了锂电池接口和电源管理芯片（支持电池的充电管理和电量测量），提供USB串口（如TI仿真器接口和ARM仿真器接口），集成了两路RJ45工业接口（提供主芯片P0_0～P0_7输出，包含I/O、DC 3.3 V、DC 5 V、UART、RS-485、两路继电器等功能），提供两路3.3 V、5 V、12 V电源输出。xLab未来开发平台如图2.10所示。

图2.10　xLab未来开发平台

xLab 未来开发平台按照传感器的类别提供了丰富的传感设备，涉及采集类、控制类、安防类等开发平台。

1. 采集类开发平台

采集类开发平台包括：温湿度传感器、光照度传感器、空气质量传感器、气压高度传感器、三轴传感器、距离传感器、继电器、语音识别传感器等，如图 2.11 所示。

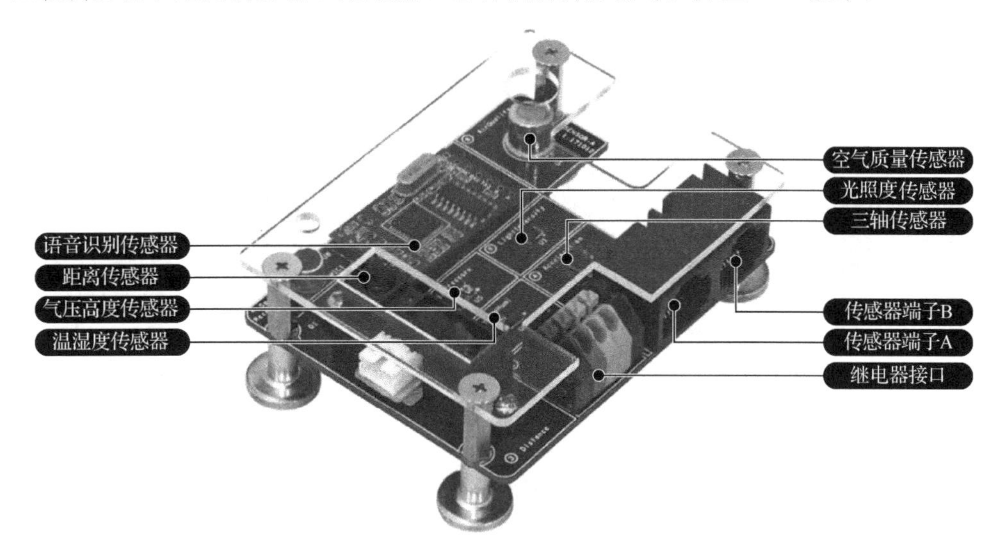

图 2.11　采集类开发平台

- 两路 RJ45 工业接口，包含 I/O、DC 3.3 V、DC 5 V、UART、RS-485、两路继电器输出等功能，提供两路 3.3 V、5 V、12 V 电源输出。
- 采用磁吸附设计，可通过磁力吸附并通过 RJ45 工业接口接入到无线节点进行数据通信。
- 温湿度传感器的型号为 HTU21D，采用数字信号输出和 I2C 通信接口，测量范围为 -40～125 ℃，以及 5%RH～95%RH。
- 光强传感器的型号为 BH1750，采用数字信号输出和 I2C 通信接口，对应广泛的输入光范围，相当于 1～65535 lx。
- 空气质量传感器的型号为 MP503，采用模拟信号输出，可以检测气体酒精、烟雾、异丁烷、甲醛，检测浓度为 10～1000 ppm（酒精）。
- 气压高度传感器的型号为 FBM320，采用数字信号输出和 I2C 通信接口，测量范围为 300～1100 hPa。
- 三轴传感器的型号为 LIS3DH，采用数字信号输出和 I2C 通信接口，量程可设置为±2*g*、±4*g*、±8*g*、±16*g*（*g* 为重力加速度），16 位数据输出。
- 红外测距传感器的型号为 GP2D12，采用模拟信号输出，测量范围为 10～80 cm，更新频率为 40 ms。
- 采用继电器控制，输出无线节点有两路继电器接口，支持 5 V 电源开关控制。
- 语音识别传感器的型号为 LD3320，支持非特定人识别，具有 50 条识别容量，返回形

式丰富，采用串口通信。

2. 控制类开发平台

控制类开发平台包括：风扇、步进电机、蜂鸣器、LED、RGB 灯、继电器设备，如图 2.12 所示。

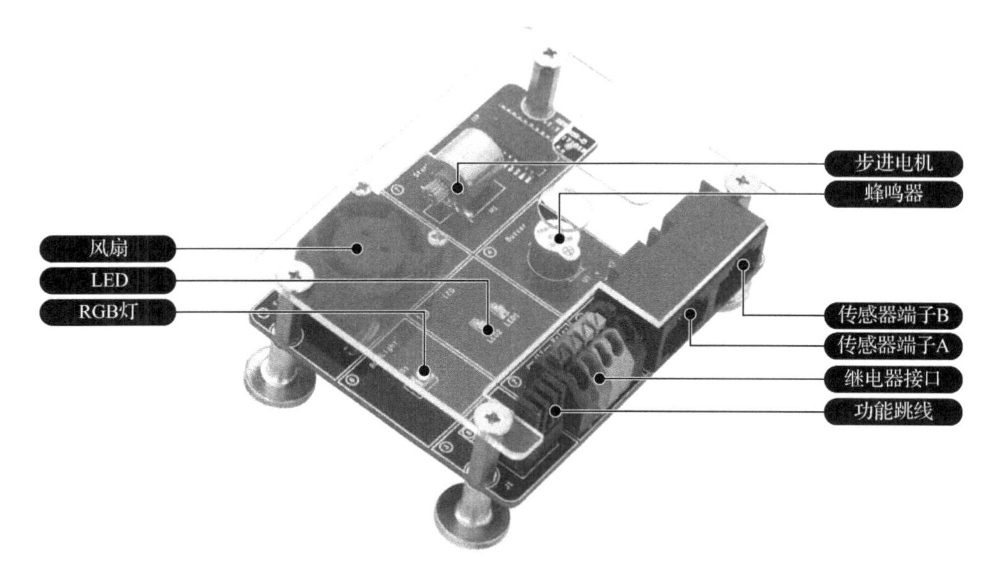

图 2.12　控制类开发平台

- 两路 RJ45 工业接口，包含 IO、DC 3.3 V、DC 5 V、UART、RS-485、两路继电器输出等功能，提供两路 3.3 V、5 V、12 V 电源输出。
- 采用磁吸附设计，可通过磁力吸附并通过 RJ45 工业接口接入到无线节点进行数据通信。
- 风扇为小型风扇，采用低电平驱动。
- 步进电机为小型 42 步进电机，驱动芯片为 A3967SLB，逻辑电源电压范围为 3.0～5.5 V。
- 使用小型蜂鸣器，采用低电平驱动。
- 两路高亮 LED 灯，采用低电平驱动。
- RGB 灯采用低电平驱动，可组合出任何颜色。
- 采用继电器控制，输出无线节点有两路继电器接口，支持 5 V 电源开关控制。

3. 安防类开发平台

安防类开发平台包括：火焰传感器、光栅传感器、人体红外传感器、燃气传感器、触摸传感器、振动传感器、霍尔传感器、继电器、语音合成传感器等，如图 2.13 所示。

- 两路 RJ45 工业接口，包含 IO、DC 3.3 V、DC 5 V、UART、RS-485、两路继电器输出等功能，提供两路 3.3 V、5 V、12 V 电源输出。
- 采用磁吸附设计，可通过磁力吸附并通过 RJ45 工业接口接入到无线节点进行数据通信。
- 火焰传感器采用 5 mm 的探头，可检测火焰或波长为 760～1100 nm 的光源，探测温度

为 60℃左右，采用数字开关量输出。

- 光栅传感器的槽形光耦槽宽 10 mm，工作电压为 5 V，采用数字开关量信号输出。
- 人体红外传感器的型号为 AS312，电源电压为 3 V，感应距离为 12 m，采用数字开关量信号输出。

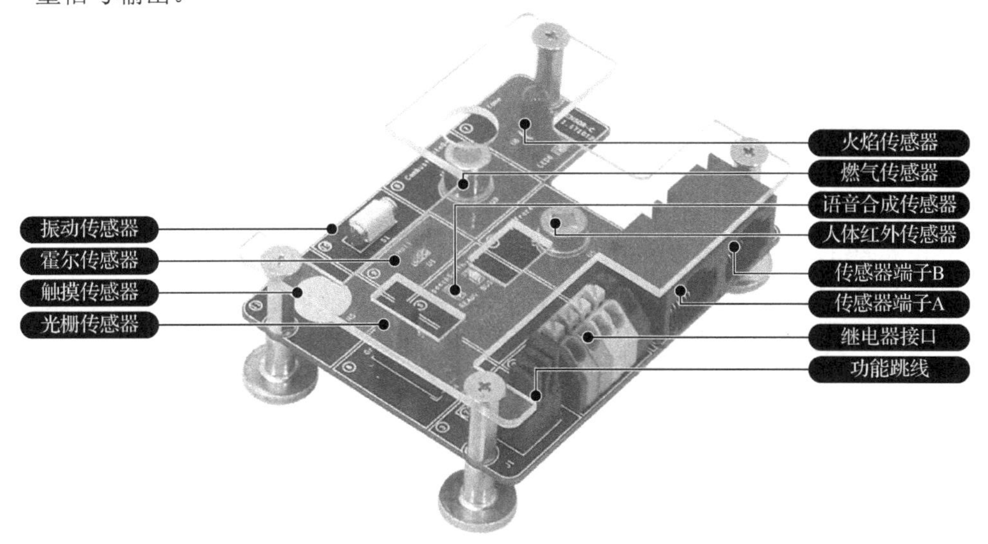

图 2.13　安防类开发平台

- 燃气传感器的型号为 MP-4，采用模拟信号输出，传感器加热电压为 5 V，供电电压为 5 V，可测量天然气、甲烷、瓦斯气、沼气等。
- 触摸传感器的型号为 SOT23-6，采用数字开关量信号输出，检测到触摸时，输出电平翻转。
- 振动传感器，低电平有效，采用数字开关量信号输出。
- 霍尔传感器的型号为 AH3144，电源电压为 5 V，采用数字开关量输出，工作频率宽（DC～100 kHz）。
- 采用继电器控制，输出无线节点有两路继电器接口，支持 5 V 电源开关控制。
- 语音合成传感器的芯片型号为 SYN6288，采用串口通信，支持 GB2312、GBK、UNICODE 等编码，可设置音量、背景音乐等。

2.3.4　CC2530 开发环境

1．集成开发环境

1）什么是集成开发环境

集成开发环境（Integrated Development Environment，IDE）是用于提供应用程序开发环境的，通常包括代码编辑器、编译器、调试器和图形用户界面等工具，集成代码编写功能、分析功能、编译功能、调试功能等的开发软件服务套件。所有具备这一特性的开发软件服务套（组）件都可以称为集成开发环境，如微软的 Visual Studio 系列，Borland 的 C++ Builder、Delphi 系列等。该程序可以独立运行，也可以和其他程序并用。IDE 可用于多种开发场合，在开发项目时可自动生成多种组合文件和最终执行文件。目前常用的集成开发环境有 VC++、KEIL、IAR、

Eclipse、WebStorm、VisualStudio、AndroidStudio 等。集成开发环境如图 2.14 所示。

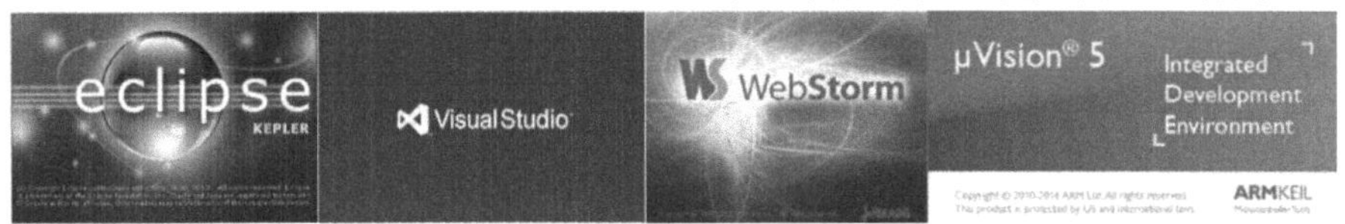

图 2.14 集成开发环境

2）集成开发环境的优势

集成开发环境相较于文本开发有众多优势，总结起来有以下三点。

（1）节省时间和精力。IDE 的目的就是要让开发更加快捷方便，通过提供工具和各种功能来帮助开发者组织资源，减少失误，提供捷径。

（2）建立统一标准。当一组开发人员使用同一个开发环境时，就建立了统一的工作标准，当 IDE 提供预设的模板，或者不同团队分享代码库时，这一效果就更加明显了。

（3）管理开发工作。首先，IDE 提供文档工具，可以自动输入开发者评论，或者迫使开发者在不同区域编写评论；其次，IDE 可以展示资源，便于发现应用所处位置。

2．IAR 集成开发环境

CC2530 微处理器的开发环境使用的是 IAR 开发环境系列下的 IAR for 8051 开发环境，IAR for 8051 除了支持 TI 官方提供的 ZStack 协议栈，还拥有诸多优点。

在众多的集成开发环境中，针对微处理器程序开发的开发环境有三种，分别是 GCC、KEIL 系列与 IAR 系列。相较于 GCC 与 KEIL 系列开发环境，IAR 开发环境涵盖的芯片种类更加齐全，功能更加强大，适合大型微处理器程序的综合开发和管理。IAR 集成开发环境如图 2.15 所示。

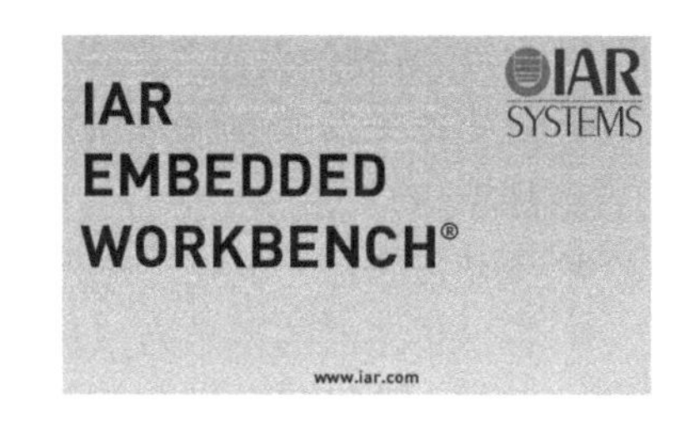

图 2.15 IAR 集成开发环境

相对于其他两种开发环境，一套 IAR 开发环境可以胜任更多的微处理器开发任务，可以兼容 20 多种内核的微处理器的代码开发工作，如 8051、ARM、STM8、AVR、MSP430 等，拥有更加全面的微处理器种类开发条件和环境基础，同时在移植到其他微处理器上时，能够尽快通过 IAR 开发环境进入其他微处理器的工程开发状态。IAR 开发环境支持的芯片种类如图 2.16 所示。

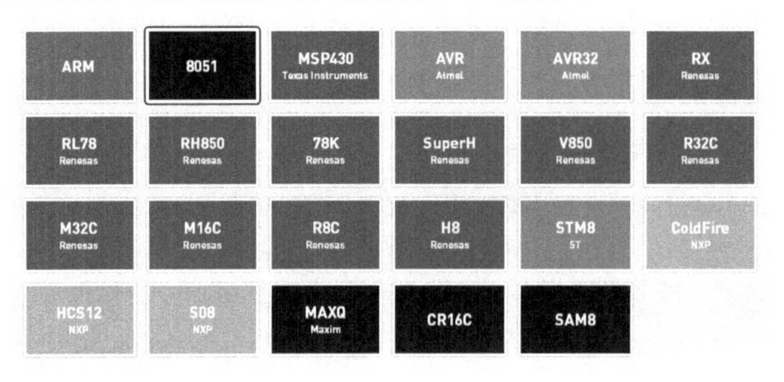

图 2.16 IAR 开发环境支持的芯片种类

IAR 开发环境因其简洁的操作界面、丰富的调试资源，更加受到开发者的青睐。在开发过程中，可以在代码调试阶段直接重新编译相关代码并实现快速的代码烧录，相比于 KEIL，IAR 开发环境专门设定的调试功能要方便许多，可以提高代码的开发效率。IAR 开发环境界面如图 2.17 所示。

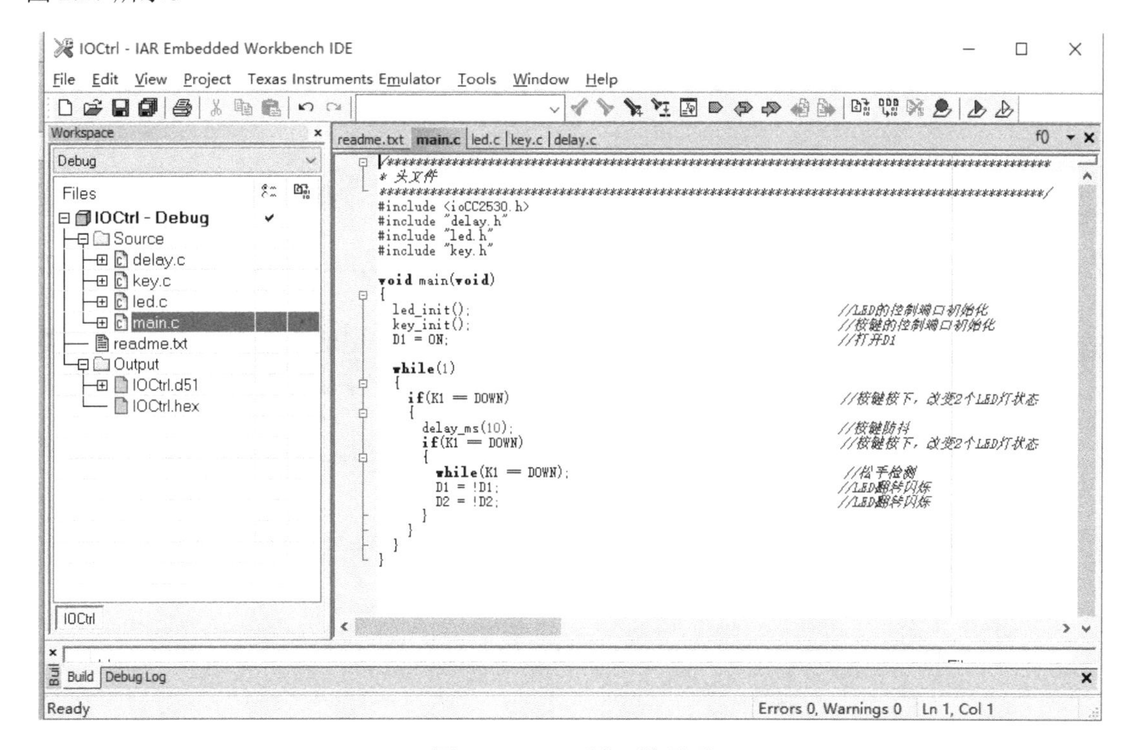

图 2.17　IAR 开发环境界面

2.4　任务实践

在物联网项目开发的过程中，微处理器的开发涉及程序的开发与调试，程序的开发与调试又需要开发环境的支持。CC2530 微处理器使用的是 IAR for 8051 开发环境，要使用 IAR for 8051，首先需要安装 IAR for 8051，本任务的实践目的是安装 IAR for 8051。

获取 IAR for 8051 开发环境安装包后需要进行安装，IAR for 8051 开发环境的安装比较简单，按照步骤依次安装即可，安装步骤如下。

步骤一：右键单击 IAR for 8051 安装包，并以管理员身份运行安装，在弹出的安装窗口中选择“Install IAR Embedded Workbench”，启动软件安装，如图 2.18 所示。

步骤二：进行软件安装环境的配置，配置完成后单击“Next”按钮执行下一步，如图 2.19 所示。

步骤三：接受安装条款后，选择安装方式，在此选择“Complete”，单击“Next”按钮进行下一步操作，如图 2.20 所示。

步骤四：完成相关配置后启动安装，如图 2.21 所示。

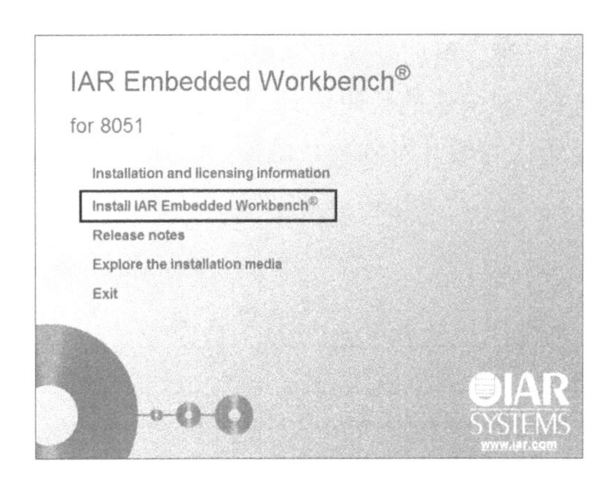

图 2.18　启动软件安装

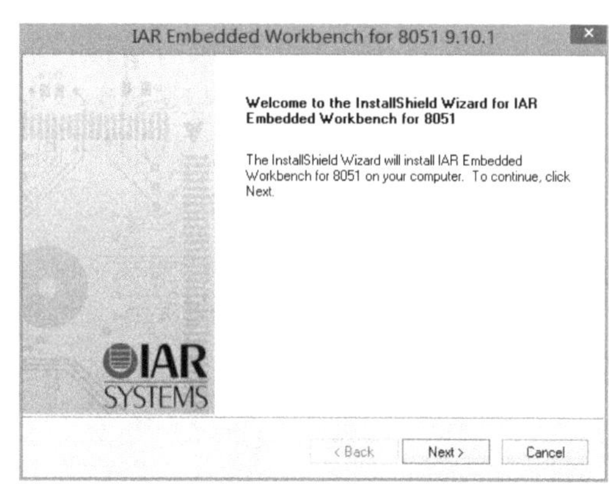

图 2.19　开始安装软件

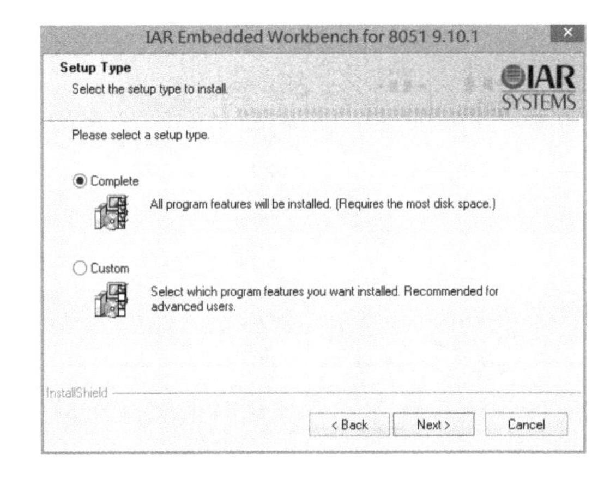

图 2.20　选择安装方式

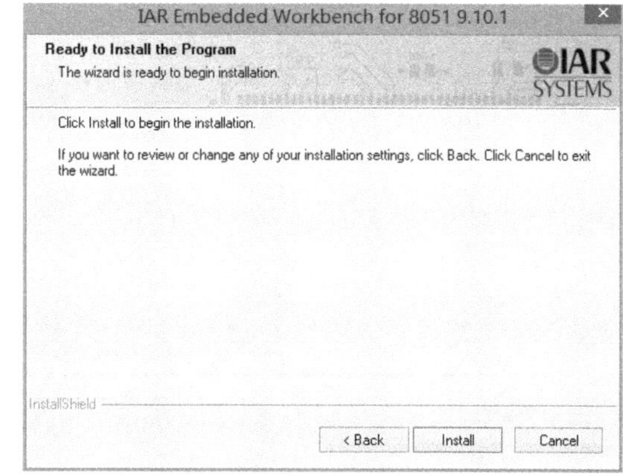

图 2.21　启动安装

步骤五：安装完成后单击“Finish”按钮结束安装，如图 2.22 所示。

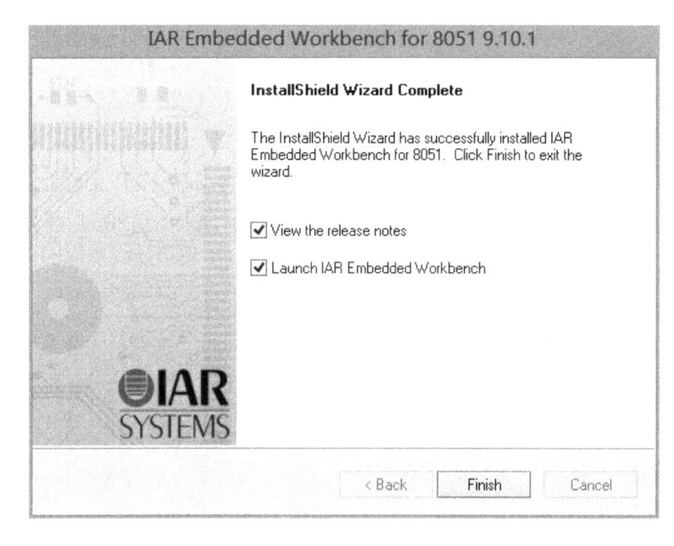

图 2.22　安装完成

2.5　任务小结

通过本项目的学习和实践，可以了解 MCS-51 系列微处理器的发展及其衍生产品；通过比较 CC2530 微处理器与 MCS-51 微处理器，可以了解 CC2530 微处理器在 MCS-51 微处理器基础上的巨大改进，了解本书开发项目依托的 CC2530 开发平台。

认识 CC2530 微处理器开发环境，可以对开发环境进行安装和配置。

2.6　思考与拓展

（1）简述 MCS-51 微处理器的硬件结构。

（2）CC2530 微处理器在 MCS-51 微处理器结构上有哪些改进？

（3）CC2530 微处理器有哪些使用场景？

任务3

项目开发基本调试

本任务重点学习IAR for 8051的开发环境和在线调试，掌握CC2530开发环境的搭建和调试。

3.1 开发场景：如何进行项目开发

要驱动微处理器和相关接口硬件，需要相关的软件，并将软件编译后烧录到微处理器中，微处理器程序的编辑与烧录需要在集成开发环境（IDE）中进行。

CC2530微处理器使用的开发环境是IAR for 8051，可以在这个开发环境下创建CC2530微处理器工程，使用下载器将程序下载到微处理器中，使用IAR for 8051的程序调试工具实现CC2530微处理器程序的在线调试，通过在线调试得到逻辑功能正确的代码后就可以将代码编译为二进制文件并固化到微处理器中运行了。图3.1所示为开发平台调试工具，为无线节点提供调试接口，方便进行程序开发和在线调试。

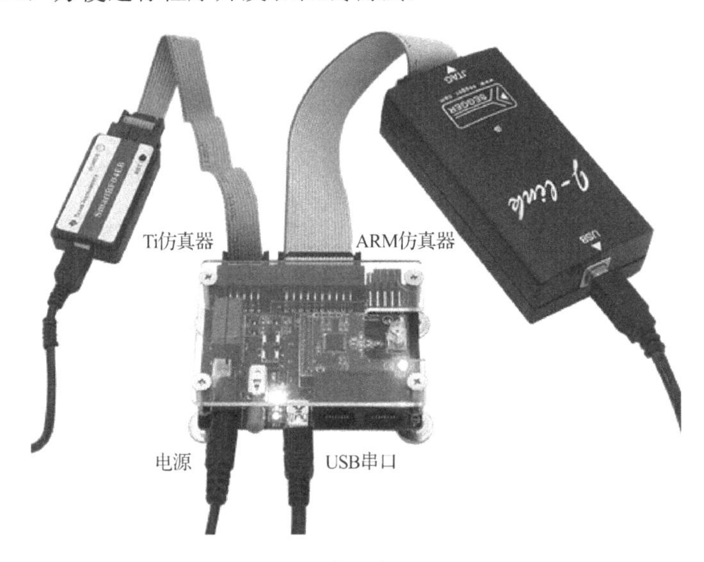

图3.1 开发平台调试工具

3.2 开发目标

（1）知识要点：IAR for 8051开发环境的工程创建；IAR for 8051开发环境的程序在线

调试。

（2）技能要点：掌握 CC2530 微处理器工程的创建；掌握 CC2530 微处理器代码的在线调试；掌握 IAR for 8051 开发环境中的开发工具。

（3）任务目标：会使用 IAR for 8051 开发环境对 CC2530 微处理器工程进行在线调试；会使用 IAR for 8051 开发环境查看 CC2530 微处理器中每个寄存器的参数。

3.3 原理学习：软件开发环境

3.3.1 IAR for 8051 开发环境

1. 主窗口界面

IAR 主窗口界面如图 3.2 所示，具体介绍如下。

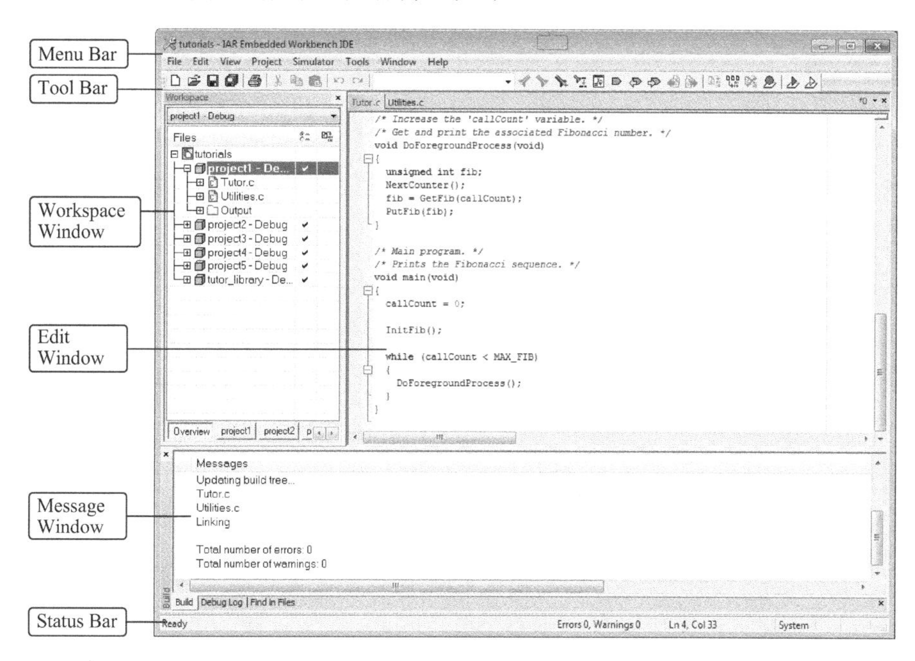

图 3.2 IAR 主窗口界面

（1）Menu Bar（菜单栏）：包含 IAR 的所有操作及内容，在编辑模式和调试模式下存在一些不同。

（2）Tool Bar（工具栏）：包含一些常见的快捷按钮。

（3）Workspace Window（工作空间窗口）：一个工作空间可以包含多个工程，该窗口主要显示工作空间中工程项目的内容。

（4）Edit Window（编辑窗口）：代码编辑区域。

（5）Message Window（信息窗口）：包括编译信息、调试信息、查找信息等内容。

（6）Status Bar（状态栏）：包含错误警告、光标行列等一些状态信息。

2. 工具栏

工具栏上是主菜单部分功能的快捷图标按钮，这些快捷按钮之所以放置在工具栏上，是因为它们的使用频率较高。例如，编译按钮，这个按钮在编程的时候使用的频率相当高，这些按钮大部分也有对应的快捷键。

IAR 的工具栏共有两个：主工具栏和调试工具栏。编辑（默认）状态下只显示主工具栏，进入调试模式后会显示调试工具栏。

主工具栏可以通过菜单打开，即“View→Toolbars→Main”，如图 3.3 所示。

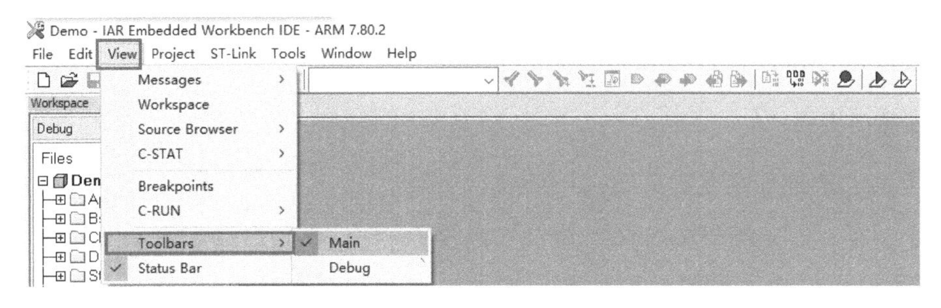

图 3.3　通过菜单打开工具栏

（1）主工具栏。在编辑状态下，只显示主工具栏，里面内容也是编辑状态下常用的快捷按钮，如图 3.4 所示。

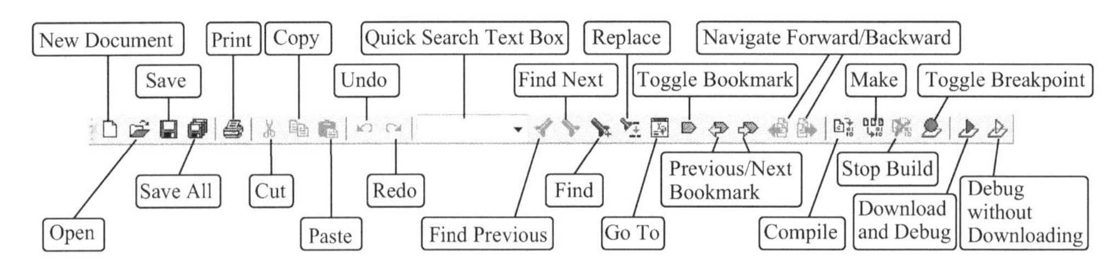

图 3.4　IAR 的主工具栏

- New Document：新建文件，快捷键为 Ctrl+N。
- Open：打开文件，快捷键为 Ctrl+O。
- Save：保存文件，快捷键为 Ctrl+S。
- Save All：保存所有文件。
- Print：打印文件，快捷键为 Ctrl+P。
- Cut：剪切，快捷键为 Ctrl+X。
- Copy：复制，快捷键为 Ctrl+C。
- Paste：粘贴，快捷键为 Ctrl+V。
- Undo：撤销编辑，快捷键为 Ctrl+Z。
- Redo：恢复编辑，快捷键为 Ctrl+Y。
- Quick Search Text Box：快速搜索文本框。
- Find Previous：向前查找，快捷键为 Shift+F3。

- Find Next：向后查找，快捷键为 F3。
- Find：查找（增强），快捷键为 Ctrl+F。
- Replace：替换，快捷键为 Ctrl+H。
- Go To：前往行列，快捷键为 Ctrl+G。
- Toggle Bookmark：标记/取消书签，快捷键为 Ctrl+F2。
- Previous Bookmark：跳转到上一个书签，快捷键为 Shift+F2。
- Next Bookmark：跳转到下一个书签，快捷键为 F2。
- Navigate Backward：跳转到上一步，快捷键为 Alt+左箭头。
- Navigate Forward：跳转到下一步，快捷键为 Alt+右箭头。
- Compile：编译当前（文件、组），快捷键为 Ctrl+F7。
- Make：编译工程（构建），快捷键为 F7。
- Stop Build：停止编译，快捷键为 Ctrl+Break。
- Toggle Breakpoint：编辑/取消断点，快捷键为 Ctrl+F9。
- Download and Debug：下载并调试，快捷键为 Ctrl+D。
- Debug without Downloading：调试（不下载）。

（2）调试工具栏。调试工具栏是在程序调试状态下才显示的快捷按钮，在编辑状态下，这些按钮是不显示的，如图 3.5 所示，各个图标说明依次如下。

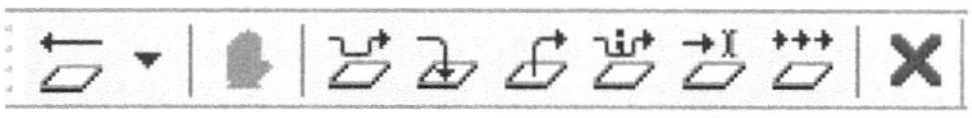

图 3.5　调试工具栏

- Reset：复位。
- Break：停止运行。
- Step Over：逐行运行，快捷键为 F10。
- Step Into：跳入运行，快捷键为 F11。
- Step Out：跳出运行，快捷键为 F11。
- Next Statement：运行到下一语句。
- Run to Cursor：运行到光标行。
- Go：全速运行，快捷键为 F5。
- Stop Debugging：停止调试，快捷键为 Ctrl+Shift+D。

逐行运行也称为逐步运行，跳入运行也称为单步运行，运行到下一语句和逐行运行类似。

3.3.2　IAR for 8051 程序调试

1. IAR for CC2530 工程创建

CC2530 工程创建可分为三个步骤，分别是创建工程、添加源代码、项目工程配置，每个步骤又可分为几个小步骤。下面介绍 CC2530 工程创建流程。

1）创建工程

创建工程步骤可分为两个小步骤，分别是新建 Workspace 和创建 New Project。Workspace 是整个 CC2530 工程的总框架，CC2530 的代码都是在 Workspace 下开发的。Project 是 Workspace 下的子项目，Project 可以是一个或多个，通过工程配置可实现一个工程下的多个微处理器程序开发。

（1）新建工作空间。打开 IAR 开发环境，在菜单栏中单击“File→New→Workspace”可完成新工程的创建，如图 3.6 所示。当 Workspace 创建完成后 IAR 将会产生一个空窗口，如图 3.7 所示。

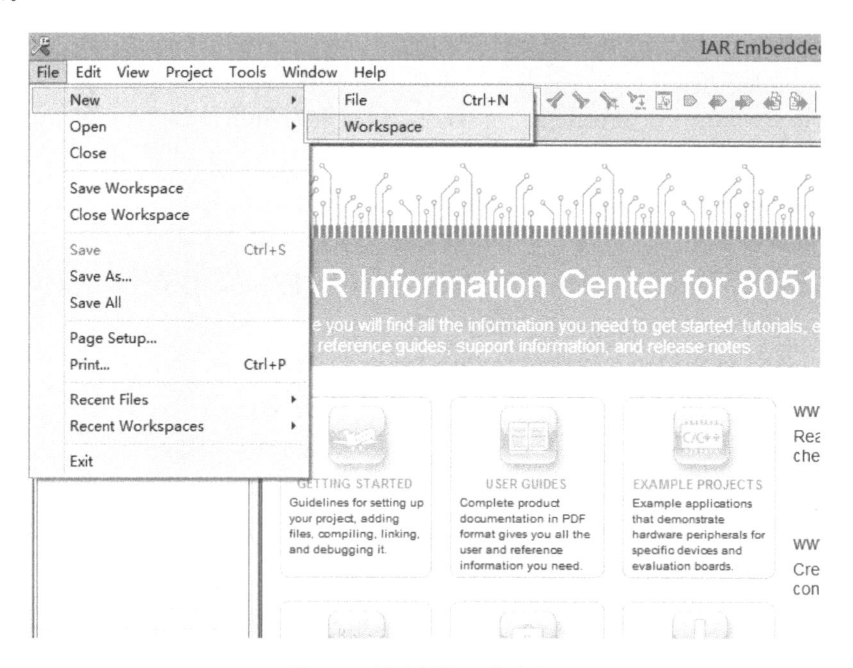

图 3.6　创建新的工作空间

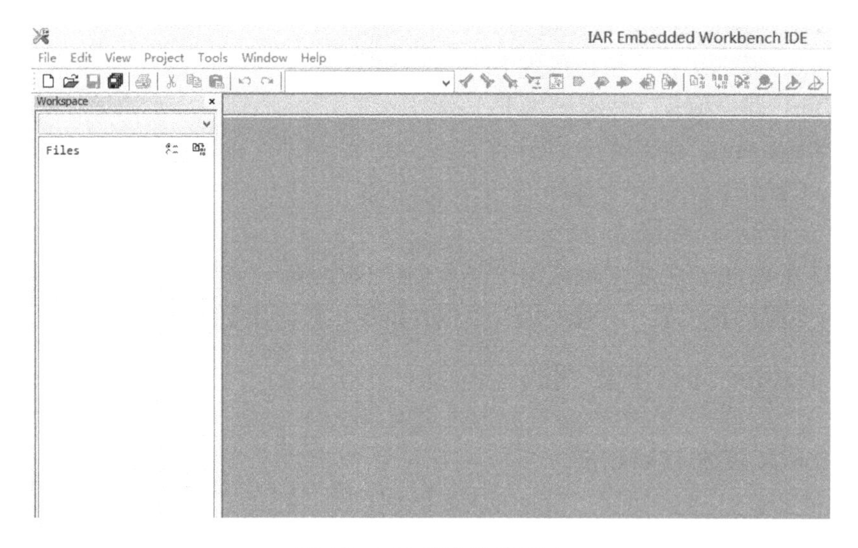

图 3.7　IAR 产生的空窗口

（2）创建新项目。在创建的 Workspace 下单击“Project→Create New Project”，然后在“Tool chain”中选择“8051”内核微处理器，最后单击“OK”按钮即可创建一个新项目，设置文件名称后保存文件，如图 3.8 所示。当新项目建立完成后，IAR 将会在 File 中产生的文件目录，如图 3.9 所示。

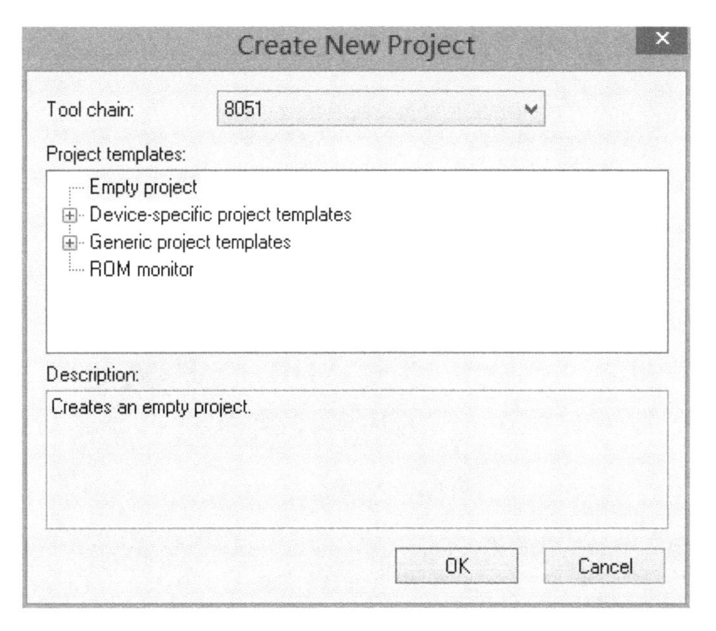

图 3.8　创建一个新项目

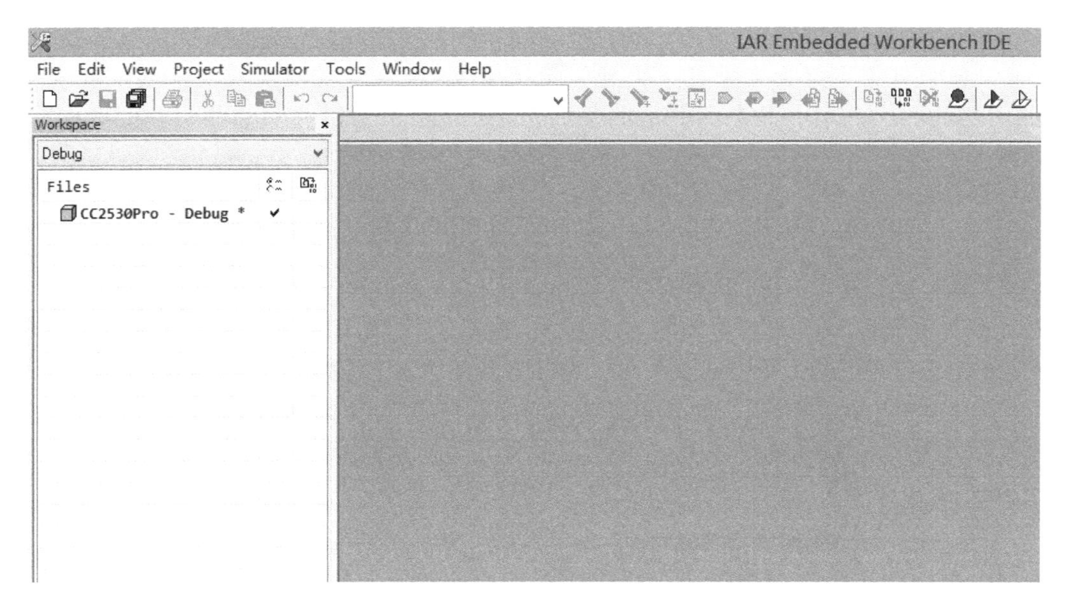

图 3.9　在 File 中产生的文件目录

2）添加源代码

添加源代码是指在空的项目中添加对微处理器进行操作的代码。通常，开发微处理器的程序时使用的是 C 语言，因此添加代码文件时实际添加的是 C 文件。IAR 添加代码实际上可分为三个步骤，分别是创建 C 文件、加入 C 文件到工程、将代码段加入 C 文件中，实际步骤如下。

（1）创建 C 文件。单击左上角的“New document”，代码框中会显示出一个空白的临时文件，如图 3.10 所示，单击空白的临时空间后单击“File→Save As”将文件保存到与之前保

存工作空间（Workspace）的相同文件夹中，如图 3.11 所示，保存完成后临时文件将其更名为保存文件名。

图 3.10　创建空白文件

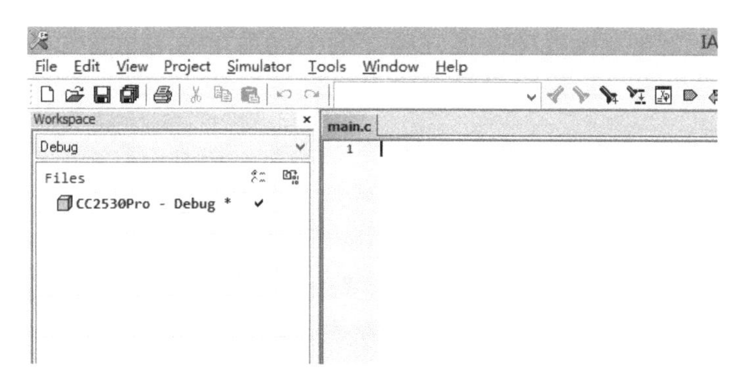

图 3.11　创建完成后的空白文件

（2）加入 C 文件到工程。选择菜单“Project→Add→Add Files…”，找到创建好的 C 文件，单击该文件可将其加入工程中，如图 3.12 所示。当 C 文件添加完成后，Files 框中就会显示加入工程中的 C 文件名称，单击 C 文件可以将其打开并加入工程的文件中，如图 3.13 所示。

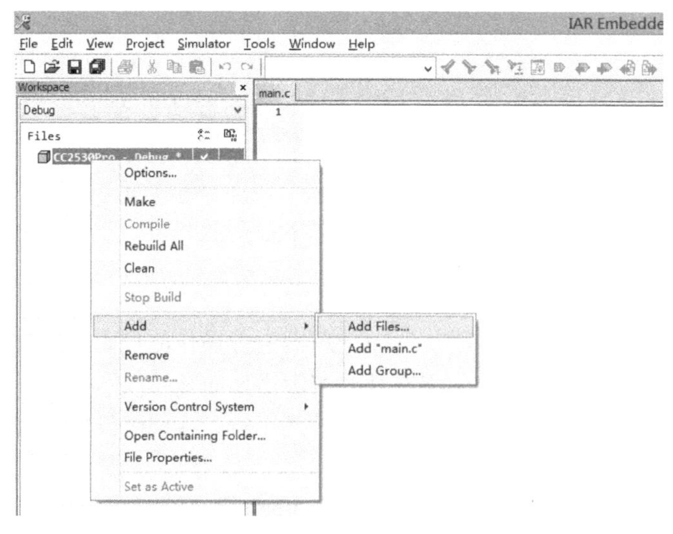

图 3.12　将 C 文件加入工程

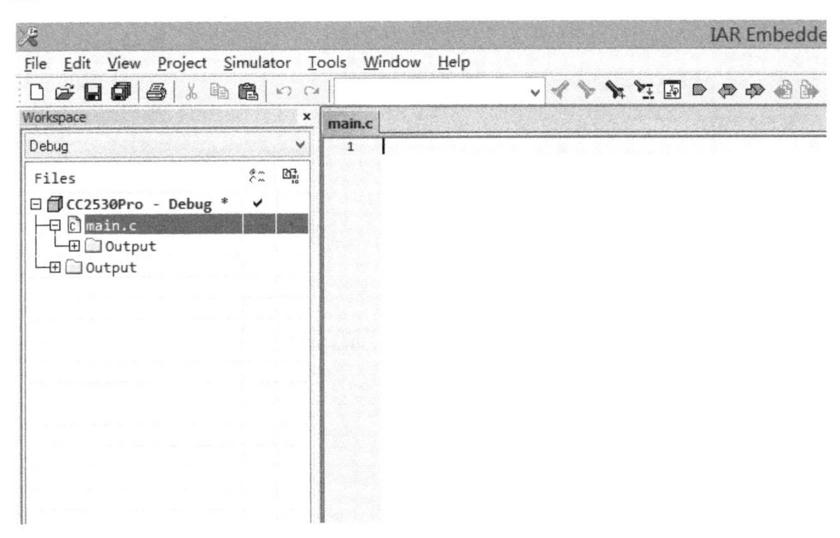

图 3.13　打开 C 文件并将其加入工程的文件中

（3）将代码段加入 C 文件中。在 C 文件中加入关联文件和可执行的代码段并保存，即可完成源代码的建立，如图 3.14 所示。

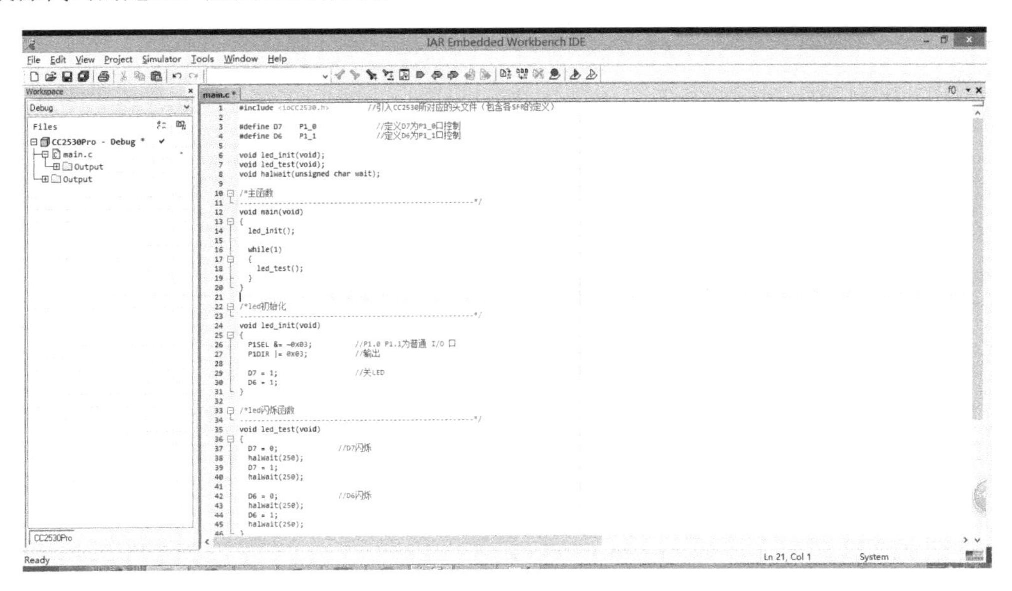

图 3.14　将代码段加入 C 文件中

3）项目工程配置

将代码加入工程中后，工程的建立并没有结束，代码的执行与微处理器的类型和资源是息息相关的。通常，同一个工程在不同微处理器上运行会产生不同的效果，因此工程需要对程序运行的平台，如微处理器类型、内存、编译工具、镜像文件等进行配置。工程配置分为四个步骤：芯片选择、堆栈配置、HEX 文件配置、调试工具配置。

（1）芯片选择。选择菜单“Project→option”可进入工程配置页面，芯片选择“CC2531F256”，如图 3.15 所示。

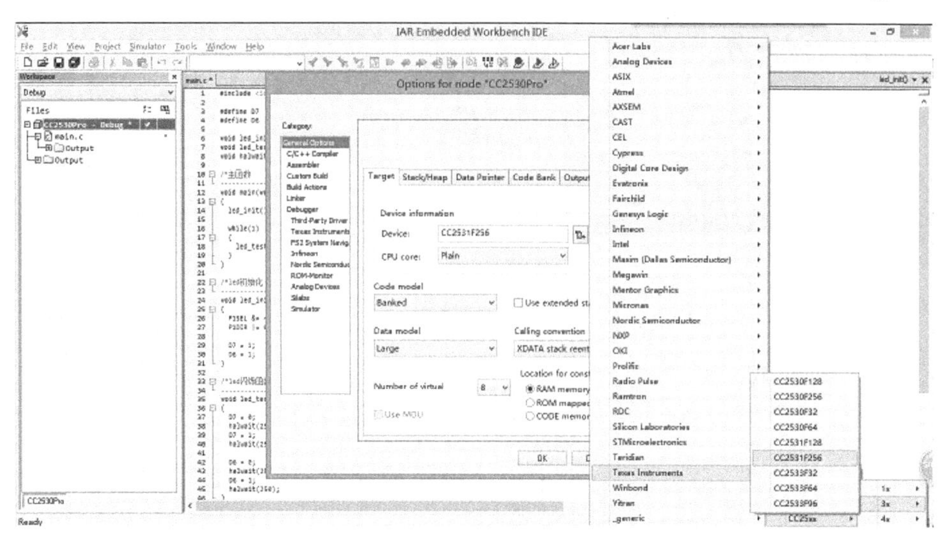

图 3.15　选择芯片型号

（2）堆栈配置。在 Option 界面中选择“Stack/Heap”后将“XDATA”的“0xEFF”配置为“0x1FF”，如图 3.16 所示。

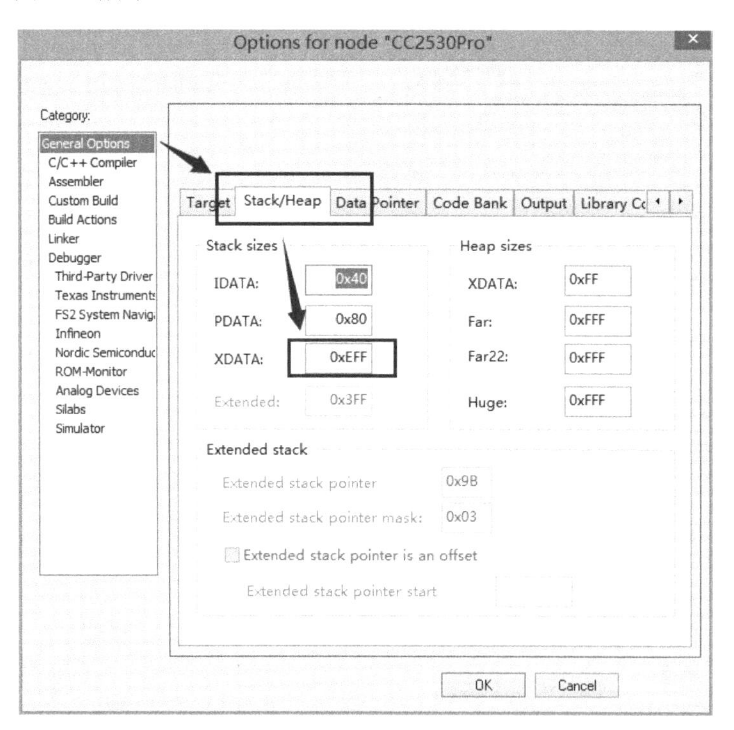

图 3.16　修改堆栈地址

（3）HEX 文件配置。在 Linker 选项下选择“Extra Options”，然后在此处添加生成 HEX 文件的指令，如图 3.17 所示，配置指令为：

```
-Ointel-extended,(CODE)=.hex
```

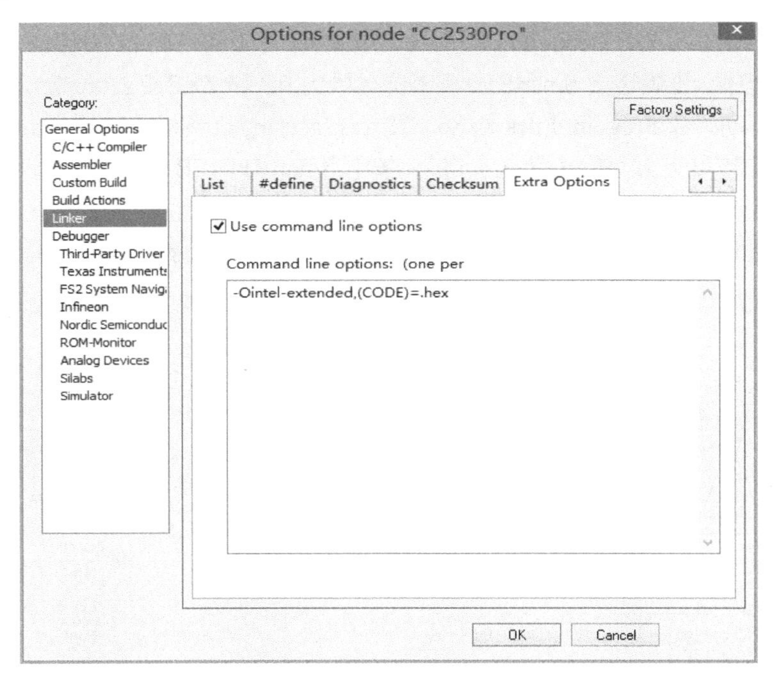

图 3.17　添加 HEX 文件生成指令

（4）调试工具配置。选择菜单“Debugger→Setup→Driver”，配置“Texas Instruments”调试工具，如图 3.18 所示。

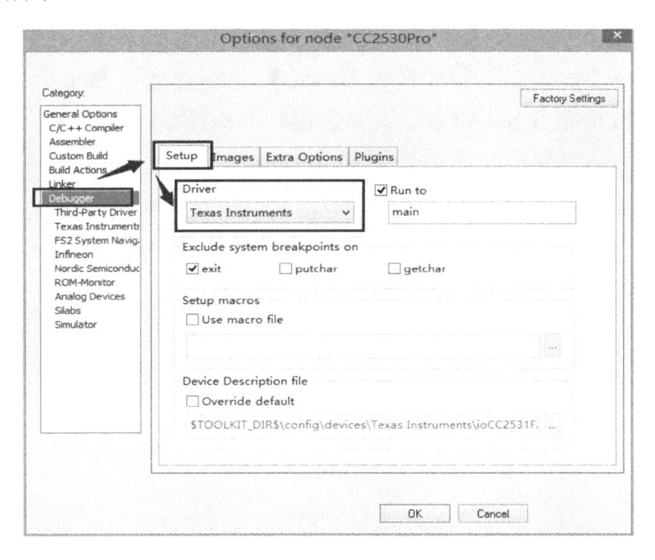

图 3.18　选择芯片调试工具

最后单击“OK”按钮保存设置 CC2530 工程配置。

2. CC2530 工程下载及调试

完成工程配置后，就可以编译下载并调试程序了，下面介绍程序的下载、调试等功能。

（1）编译工程。单击“Project→Rebuild All”或者直接单击工具栏中的“make”按钮 ，

编译成功后会在该工程的“Debug\Exe”目录下生成 led.d51 和 led.hex 文件。

（2）下载程序。正确连接 SmartRF04EB 仿真器到 PC 和 ZXBee Lite 节点（第一次使用仿真器需要安装驱动“C:\Program Files（x86）\Texas Instruments\SmartRF Tools\Drivers\Cebal”，打开 ZXBee CC2530 开发平台电源（上电），按下 SmartRF04EB 仿真器上的复位按键，单击“Project→Download and Debug”或者直接单击工具栏的下载按钮将程序下载到 CC2530 开发平台。程序下载成功后 IAR 自动进入调试界面，如图 3.19 所示。

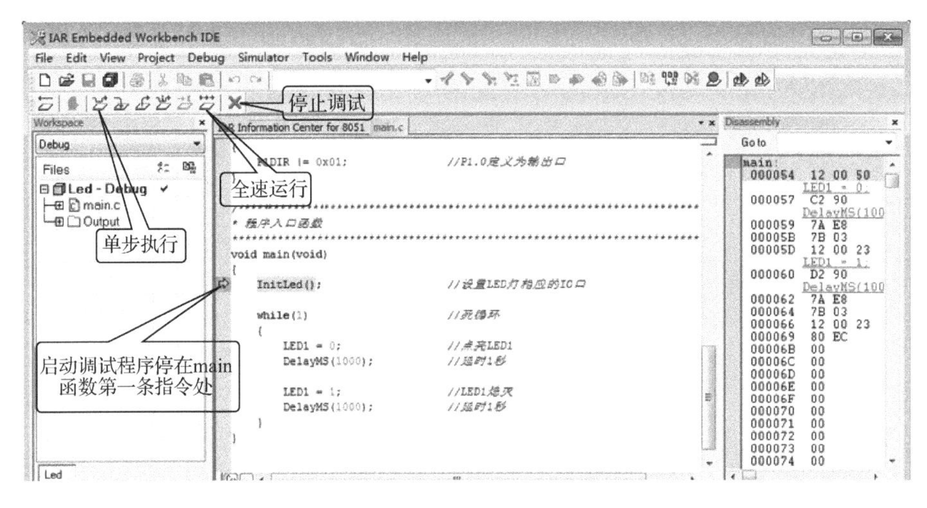

图 3.19　调试界面

（3）调试程序。进入到调试界面后，就可以对程序进行调试了，IAR 的调试按钮包括如下几个选项：复位按钮 Reset、停止按钮 Break、逐行运行 Step Over、跳入函数按钮 Step Into、跳出函数按钮 Step Out、下一条语句 Next Statement、运行到光标行 Run to Cursor、全速运行 Go 和停止调试按钮 Stop Debugging。

（4）查看变量。在调试的过程中，可以通过 Watch 窗口观察程序中变量值的变化。在菜单栏中单击“View→Watch”即可打开该窗口，如图 3.20 所示。打开 Watch 窗口后，在 IAR 的右侧即可看到 Watch 窗口，如图 3.21 所示。

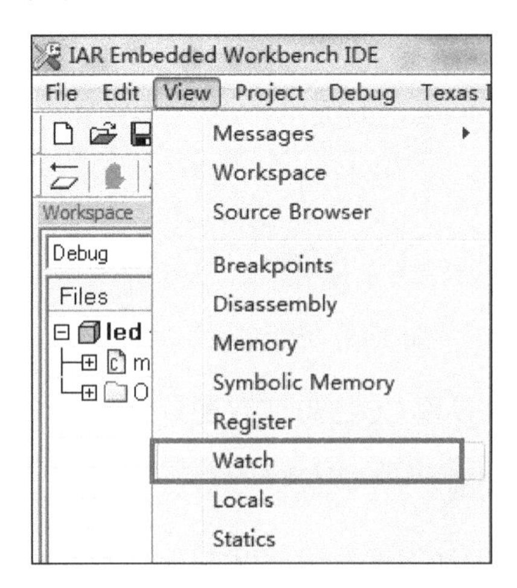

图 3.20　打开 Watch 窗口的方法

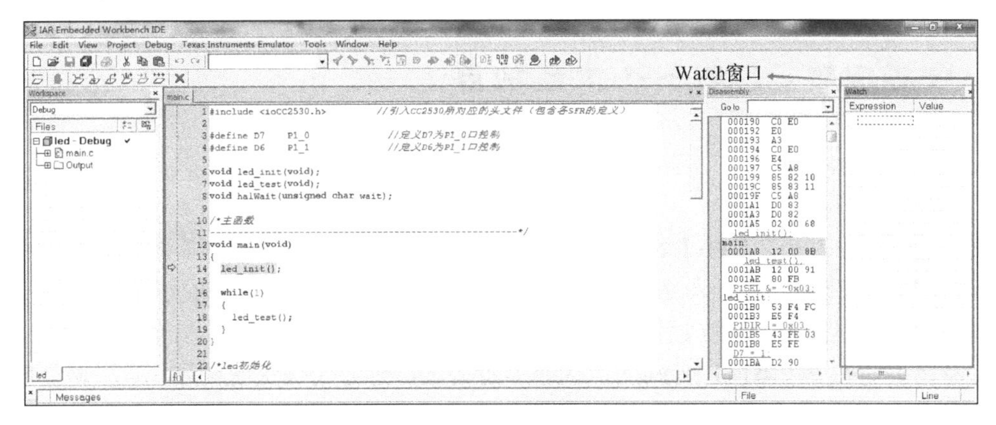

图 3.21　Watch 窗口

Watch 窗口变量调试方法：将需要调试的变量输入 Watch 窗口的“Expression”输入框中，然后按回车键，系统就会实时地将该变量的调试结果显示在 Watch 窗口中。在调试过程中，还可以借助调试按钮来观察变量值的变化情况，如图 3.22 和图 3.23 所示。

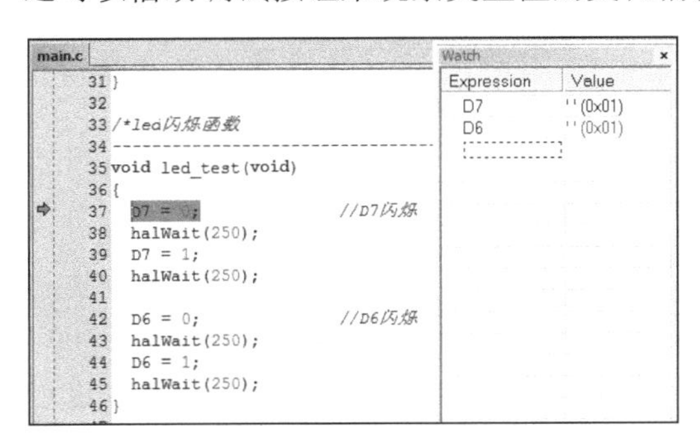

图 3.22　Watch 窗口变量调试（1）

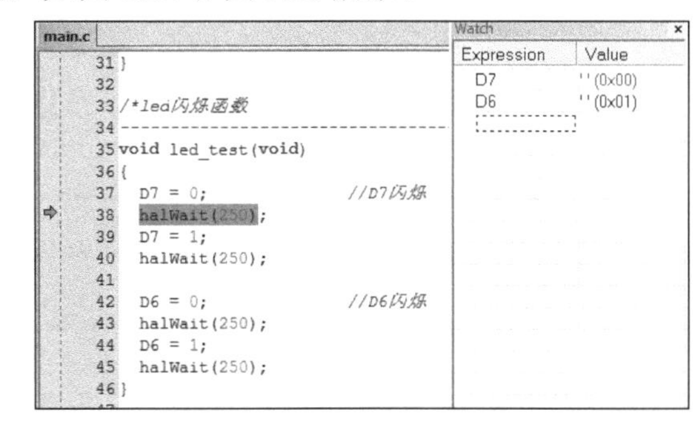

图 3.23　Watch 窗口变量调试（2）

（5）查看寄存器。在嵌入式系统的程序开发中，很重要的调试功能就是查看寄存器的值，IAR 支持在调试的过程中查看寄存器的值。在程序调试过程中，单击菜单“View→Register”即可打开寄存器窗口。默认情况下，寄存器窗口显示的是基础寄存器的值，单击寄存器下拉框选项可以看到不同设备的寄存器，如图 3.24 所示。

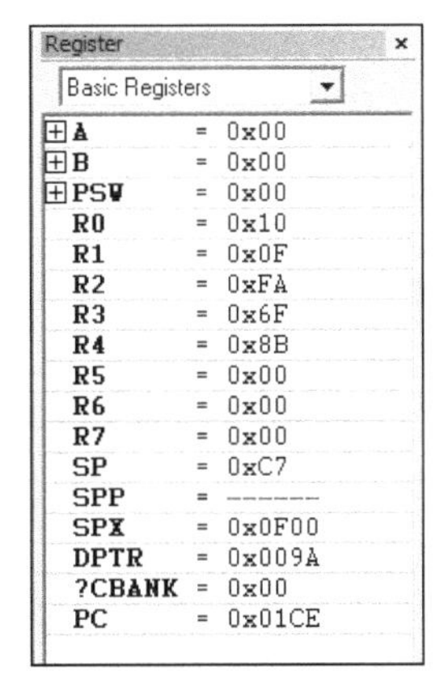

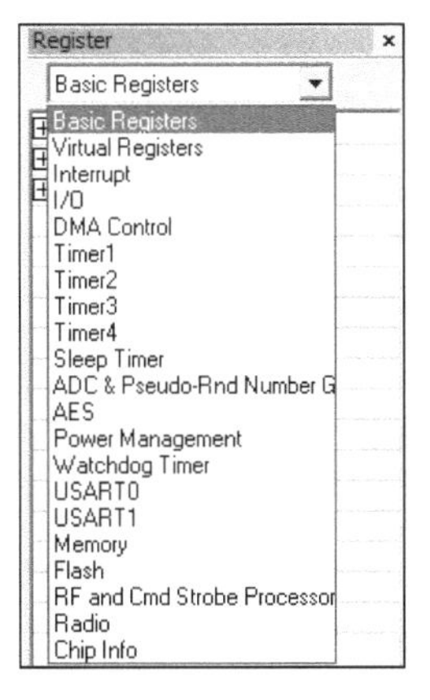

图 3.24　寄存器窗口界面

3.4 任务实践：实现一个工程项目

3.4.1 开发设计

在开发过程中，需要使用 IAR for 8051 开发环境对 CC2530 微处理器的程序进行创建、编辑和调试，CC2530 微处理器工程创建分为三部分：创建工程、添加源代码、工程配置。

CC2530 微处理器工程完成后需要使用 IAR for 8501 开发环境的代码在线调试功能，在线调试功能又可分为三个方面，分别为：代码单步调试、查看代码变量参数、查看微处理器寄存器状态。

3.4.2 功能实现

本任务的驱动源代码如下。

```
#define D7      P1_0                        //定义 D7 为 P1_0 口控制
#define D6      P1_1                        //定义 D6 为 P1_1 口控制
void led_init(void);
void led_test(void);
void halWait(unsigned char wait);
/*********************************************************************************
* 名称：main()
* 功能：主函数
*********************************************************************************/
void main(void)
{
    led_init();
    while(1) {
        led_test();
    }
}
/*********************************************************************************
* 名称：void led_init(void)
* 功能：LED 初始化
*********************************************************************************/
void led_init(void)
{
    P1SEL &= ~0x03;                         //P1.0 和 P1.1 为普通 I/O 口
    P1DIR |= 0x03;                          //输出
    D7 = 1;                                 //关 LED
    D6 = 1;
}
/*********************************************************************************
* 名称：void led_test(void)
* 功能：LED 闪烁函数
*********************************************************************************/
```

```
void led_test(void)
{
    D7 = 0;                              //D7 闪烁
    halWait(250);
    D7 = 1;
    halWait(250);

    D6 = 0;                              //D6 闪烁
    halWait(250);
    D6 = 1;
    halWait(250);
}
/*********************************************************************************************
* 名称：void halWait(unsigned char wait)
* 功能：延时函数
*********************************************************************************************/
void halWait(unsigned char wait)
{
    unsigned long largeWait;

    if(wait == 0)
    {return;}
    largeWait = ((unsigned short) (wait << 7));
    largeWait += 114*wait;

    largeWait = (largeWait >> ( CLKCONCMD & 0x07 ));
    while(largeWait--);

    return;
}
```

3.5 任务验证

使用 IAR 开发环境打开任务设计工程，程序经过编译后，通过 SmartRF 下载器下载到 CC2530 微处理器中，执行程序后，开发平台上 D1 和 D2 两个 LED 不断地交替闪烁。

3.6 任务小结

通过本项目的学习和实践，可以掌握在 IAR for 8051 开发环境中创建 CC2530 微处理器代码工程，通过使用 IAR for 8051 开发环境可以对 CC2530 微处理器的代码进行在线调试，学会使用IAR for 8051开发环境的调试工具可以更为深入地了解CC2530微处理器代码的运行原理，以及 CC2530 微处理器程序在运行时内部寄存器的数值变化。

3.7 思考与拓展

（1）在 IAR for 8051 开发环境中建立 CC2530 微处理器工程需要配置哪些参数？

（2）IAR for 8051 开发环境调试窗口的各个按键都是什么功能？

（3）如何将 CC2530 微处理器代码中的参数加载到 Watch 窗口中？

（4）如何打开 IAR for 8051 开发环境的寄存器查看窗口？

第 2 部分

CC2530 微处理器接口开发技术

本部分学习 CC2530 微处理器的接口开发技术，分别为 GPIO、外部中断、定时器、ADC、电源管理、看门狗、串口和 I2C 总线，共 8 个任务（任务 4 到任务 11），分别为：应用 CC2530 微处理器 GPIO 功能完成信号灯的设计与实现、应用外部中断功能完成键盘按键的设计与实现、应用定时器功能完成电子秒表的设计与实现、应用 ADC 功能完成万用表电压检测的设计与实现、应用电源管理的低功耗功能完成低功耗智能手环检测的设计与实现、应用看门狗功能完成监测站宕机复位重启的设计与实现、应用串口功能完成智能工厂设备交互的设计与实现、应用 I2C 总线功能完成农业大棚温湿度信息采集系统的设计与实现。

通过这 8 个任务的开发，读者可掌握 CC2530 的接口原理、功能和开发技术，从而具备基本的开发能力。

任务 4

信号灯的设计与实现

本任务重点学习微处理器的通用输入/输出接口（GPIO），以及 GPIO 的位操作，掌握 GPIO 的基本原理和功能，以及使用 C 语言驱动 CC2530 的 GPIO 的方法，从而实现对信号灯的控制。

4.1 开发场景：如何控制信号灯

当常见的自动化设备具备多种功能时，往往会用不同的信号指示灯（信号灯）来表示系统的功能和工作状态，图 4.1 所示的安防设备控制器上具有电源、报警、设置、电话 4 个系统指示灯，通过这 4 个 LED 指示灯，用户可以方便、直观地设置与管理设备。

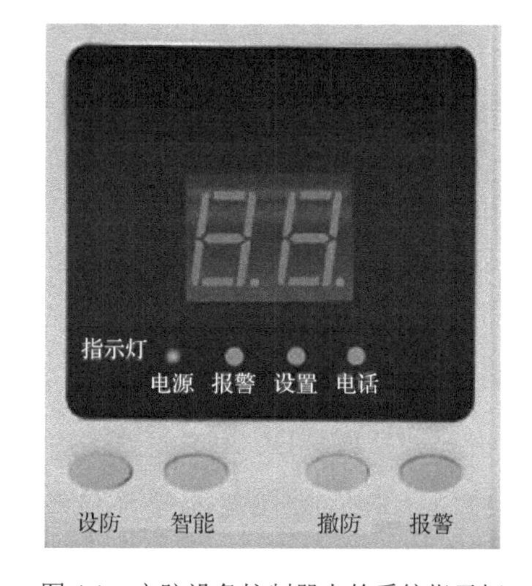

图 4.1　安防设备控制器上的系统指示灯

4.2 开发目标

（1）知识目标：了解 GPIO 基本概念、电路驱动和工作模式；熟悉 CC2530 微处理器 GPIO 基本构成；掌握利用位操作实现 CC2530 微处理器 GPIO 基本操作。

（2）技能目标：会设置 CC2530 微处理器 GPIO 的工作模式；掌握基于 CC2530 微处理器 GPIO 基本驱动方法；实现基于 CC2530 微处理器的信号灯驱动开发。

（3）任务目标：使用 CC2530 微处理器上的发光二极管（LED）模拟信号指示灯，先检测连接在 CC2530 微处理器 GPIO 引脚上按键电平状态并识别其开关状态，然后根据检测结果读取 LED 指示灯的状态并进行实时控制，LED 状态（亮或者灭）可以表示设备的功能和工作状态。

4.3 原理学习：微处理器的 GPIO 功能与应用

4.3.1 微处理器 GPIO

1. 微处理器 GPIO 基本概念

GPIO（General Purpose Input Output，GPIO）是微处理器的通用输入/输出接口。微处理

器可以通过向 GPIO 控制寄存器写入数据来控制 GPIO 的模式，实现对某些设备的控制或信号采集功能；也可以对 GPIO 进行组合配置，实现较为复杂的总线控制接口和串行通信接口。下面将通过 GPIO 的电气属性与基本工作模式来对 GPIO 进行讲解。

2. 微处理器 GPIO 电路驱动

GPIO 电路可分为很多种，GPIO 电路不同，效果也不同。根据 GPIO 电路的区别，可将电路分为弱驱动 GPIO、强驱动 GPIO、高压 GPIO、低压 GPIO，同时电压与驱动能力可以相互组合。

（1）弱驱动 GPIO。弱驱动电路指 GPIO 引脚输出的电流较小，无法对相关的控制设备提供足够的驱动电流，因此电路在设计时需要额外添加上拉电阻以提高 GPIO 的驱动能力。例如，CC2530 微处理器中除了 P1_0、P1_1 为强驱动，其他引脚驱动能力均无法满足 LED 驱动的需要，因此需要通过添加额外的电路以达到控制外接设备的目的。

（2）强驱动 GPIO。顾名思义，强驱动 GPIO 是指驱动能力较强的 GPIO。通常情况下，当输入与芯片电源相同的电压时，强驱动 GPIO 可以驱动功率更大的外接设备。例如，STM32 系列微处理器基本上都属于强驱动 GPIO。

（3）高压 GPIO 与低压 GPIO。目前微处理器 GPIO 输出电压有两种，一种为早期传统 8051 微处理器的 5 V 的 GPIO，另一种为通用型的 3.3 V 的 GPIO。5 V 的 GPIO 接口是由于微处理器输入电压为 5 V，因此微处理器引脚输出的电平同样为 5 V；而低压 GPIO 的芯片的输入电源为 3.3 V，因此微处理器引脚输出的电平为 3.3 V。高压 GPIO 与低压 GPIO 相比，低压 GPIO 的工艺更加先进，引脚的开关效率也更高，可以满足高速总线的引脚电平跳变需求，因此高性能微处理器的 GPIO 引脚通常为低压 GPIO。

3. 微处理器 GPIO 工作模式

GPIO 在工作时有三种工作模式，即输入、输出和高阻态，这三种状态的使用和功能都有所不同，在设置时需要根据实际的外接设备来对引脚进行配置。下面对 GPIO 的这三种状态进行简单的叙述。

（1）输入模式。输入模式是指 GPIO 被配置为接收外接电平信息的模式，通常读取的信息为电平信息，即高电平为 1，低电平为 0。这时读取的高低电平是根据微处理器的电源高低来划分的，相对于 5 V 电源的微处理器，判断为高电平时的检测电压为 3.3～5 V；小于 2 V 时则微处理器判断为低电平。相对于 3.3 V 电源的微处理器，判断为高电平时的检测电压为 2～3.3 V；小于 0.8 V 时则微处理器判断为低电平。

（2）输出模式。输出模式是指 GPIO 被配置为主动向外部输出电压的模式，通过向外输出电压可以实现对一般开关类设备的实时主动控制。当程序中向相应引脚写 1 时，GPIO 会向外输出高电平，通常这个电平为微处理器的电源电压；当程序中向相应引脚写 0 时，GPIO 会向外输出低电平，通常这个低电平为电源地的电压。

（3）高阻态模式。高阻态模式是指 GPIO 引脚内部电阻的阻值无限大，大到几乎占有外接输出的全部电压。这种模式通常在微处理器采集外部模拟电压时使用，通过将相应 GPIO 引脚配置为高阻态模式和输入模式，通过配合微处理器的 ADC 可以实现准确的模拟量电平读取。

4.3.2 CC2530 与 GPIO

1．CC2530 的 GPIO

微处理器的 GPIO 引脚可以组成 3 个 8 位端口，即端口 0、端口 1 和端口 2，分别表示为 P0、P1 和 P2，其中 P0 和 P1 是 8 位端口，而 P2 只有 5 位可用，所有端口均可以通过 SFR 寄存器来进行 P0、P1、P2 位寻址和字节寻址。

寄存器 P*x*SEL 中的 *x* 表示端口标号 0～2，用来设置端口的每个引脚为 GPIO 或者外部设备 I/O 信号，在默认情况下，当复位之后，所有数字输入/输出引脚都设置为通用输入引脚。

寄存器 P*x*DIR 用来改变一个端口引脚的方向，可设置为输入或输出，设置 P*x*DIR 的指定位为 1 时，对应的引脚口则为输出；设置为 0 时，对应的引脚口则为输入。

当读取寄存器 P0、P1 和 P2 的值时，不管引脚如何配置，输入引脚的逻辑值都被返回，但在执行读-修改-写期间不适用。当读取的是寄存器 P0、P1 和 P2 中一个独立位时，寄存器的值（而不是引脚上的值）可以被读取、修改并写回端口寄存器。CC2530 引脚分布如图 4.2 所示。

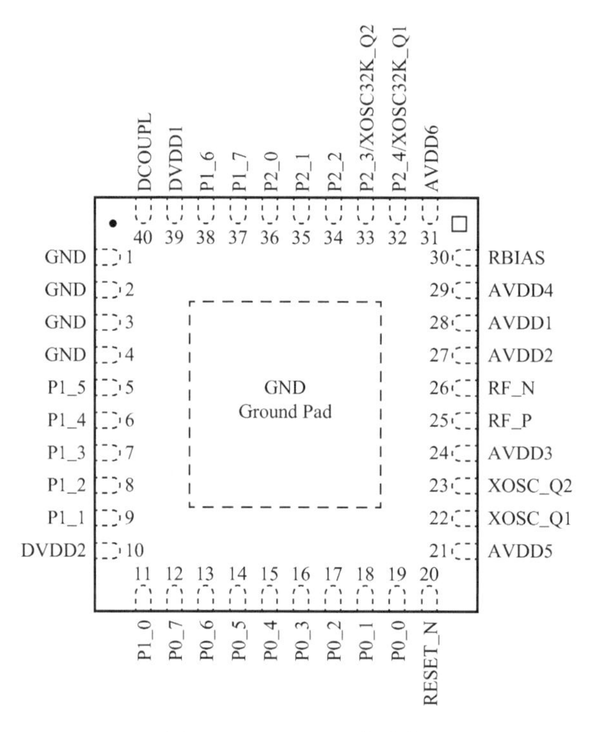

图 4.2　CC2530 引脚分布

2．CC2530 的 GPIO 寄存器

CC2530 微处理器内核为增强型 8051 内核，同时芯片在内部总线上有较大的优化和改进，因此 CC2530 的 GPIO 配置寄存器众多，如表 4.1 所示。

表4.1　GPIO配置寄存器

序　号	端　口	功　　能	序　号	端　口	功　　能
1	P0	端口0	15	P0IFG	端口0中断状态标志寄存器
2	P1	端口1	16	P1IFG	端口1中断状态标志寄存器
3	P2	端口2	17	P2IFG	端口2中断状态标志寄存器
4	PERCFG	外设控制寄存器	18	PICTL	中断边缘寄存器
5	APCFG	模拟外设GPIO配置	19	P0IEN	端口0中断掩码寄存器
6	P0SEL	端口0功能选择寄存器	20	P1IEN	端口1中断掩码寄存器
7	P1SEL	端口1功能选择寄存器	21	P2IEN	端口2中断掩码寄存器
8	P2SEL	端口2功能选择寄存器	22	PMUX	掉电信号Mux寄存器
9	P0DIR	端口0方向寄存器	23	OBSSEL1	观察输出控制寄存器1
10	P1DIR	端口1方向寄存器	24	OBSSEL2	观察输出控制寄存器2
11	P2DIR	端口2方向寄存器	25	OBSSEL3	观察输出控制寄存器3
12	P0INP	端口0输入模式寄存器	26	OBSSEL4	观察输出控制寄存器4
13	P1INP	端口1输入模式寄存器	27	OBSSEL5	观察输出控制寄存器5
14	P2INP	端口2输入模式寄存器			

GPIO的控制寄存器众多，但用于输入/输出配置的寄存器只有特定的几个，所以驱动GPIO时只需要配置P1DIR（端口1方向寄存器）和P1SEL（端口1功能选择寄存器）。P1DIR寄存器功能分配如表4.2所示，P1ESL寄存器功能分配如表4.3所示。

表4.2　P1DIR寄存器功能分配

D7	D6	D5	D4	D3	D2	D1	D0
P1.7的方向 0：输入 1：输出	P1.6的方向 0：输入 1：输出	P1.5的方向 0：输入 1：输出	P1.4的方向 0：输入 1：输出	P1.3的方向 0：输入 1：输出	P1.2的方向 0：输入 1：输出	P1.1的方向 0：输入 1：输出	P1.0的方向 0：输入 1：输出

表4.3　P1SEL寄存器功能分配

D7	D6	D5	D4	D3	D2	D1	D0
P1.7的功能 0：普通I/O 1：外设功能	P1.6的功能 0：普通I/O 1：外设功能	P1.5的功能 0：普通I/O 1：外设功能	P1.4的功能 0：普通I/O 1：外设功能	P1.3的功能 0：普通I/O 1：外设功能	P1.2的功能 0：普通I/O 1：外设功能	P1.1的功能 0：普通I/O 1：外设功能	P1.0的功能 0：普通I/O 1：外设功能

如表4.2所示，P1DIR寄存器用于配置GPIO的方向，即输入/输出方向，当某一位置1时表示对应的引脚为Output，即输出模式，反之则为Input，即输入模式。P1SEL用于设置GPIO引脚的功能，表示GPIO是GPIO模式还是外设模式，当某一位置1时表示对应的引脚配置为外设模式，反之则为GPIO模式，因此对GPIO的配置其实就是对控制寄存器的配置。

4.3.3 GPIO的位操作

GPIO 一般是通过位操作完成寄存器设置的，常用的位操作运算符有按位与“&”、按位或“|”、按位取反“~”、按位异或“^”，以及左移运算符“<<”和右移运算符“>>”。

（1）按位或运算符“|”。参加运算的两个运算量的位至少有一个是1时，结果为1，否则为0，按位或运算常用来对一个数据的某些特定的位置1，例如，“P1DIR |= 0X02”，0X02为十六进制数，转换成二进制数为0000 0010，若P1DIR原来的值为0011 0000，或运算后P1DIR的值为0011 0010。根据上面给出的取值表可知，按位或运算后P1_1的方向改为输出，其他I/O口方向保持不变。

（2）按位与运算符“&”。参加运算的两个运算量相应的位都是1时，则结果为1，否则为0，按位与运算常用于清除一个数中的某些特定位。

（3）按位异或运算符“^”。参加运算的两个运算量相应的位相同，即均为0或者均为1时，结果值中该位为0，否则为1，按位异或运算常用于将一个数中某些特定位翻转。

（4）按位取反“~”。用于对一个二进制数按位取反，即0变1，1变0。

（5）左移运算符“<<”。左移运算用于将一个数的各个二进制全部左移若干位，移到左端的高位被舍弃，右边的低位补0。

（6）右移运算符“>>”。用于对一个二进制数位全部右移若干位，移到右端的低位被舍弃。

例如，“P1DIR &= ~0x02”，&表示按位与运算，~运算符表示取反，0x02为0000 0010，~0x02为1111 1101。若P1DIR原来的值为0011 0010，进行与运算后P1DIR的值为0011 0000。

4.4 任务实践：信号灯的软/硬件设计

4.4.1 开发设计

1．硬件设计

本任务的硬件架构设计如图4.3所示。

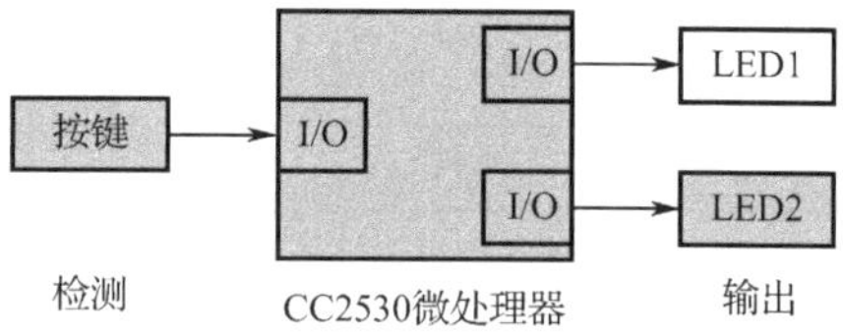

要通过CC2530微处理器实现对按键动作的检测和信号灯的控制，第一要了解信号灯的控制原理，第二要掌握按键动作的捕获原理，将捕获按键动作和信号灯控制结合起来就可以实现两者的联动控制，从而达到项目设计效果。

图4.3　硬件架构设计图

1）连接到GPIO的LED控制

将信号灯的控制转化成对GPIO的主动控制：高电平输出和低电平输出，信号灯LED接口电路如图4.4所示，图中D1与D2一端接电阻，另一端接在CC2530微处理器上，电阻的另一端连接在3.3 V的电源上，D1与D2采用的是正向连接导通的方式，当P1_0和P1_1为高电平（3.3 V）时，D1与D2两电压相同，无法形成压降，因此D1与D2不导通，D1与D2熄灭；反之当P1_0和P1_1为低电平时，D1与D2两端形成压降，则D1与D2点亮。

按键的状态检测方式主要是使用 CC2530 微处理器 GPIO 的引脚电平读取功能，相关引脚为高电平时引脚读取的值为 1，反之则为 0。而按键是否按下，以及按下前后的电平状态则需要按照实际的按键原理图来确认，按键接口电路如图 4.5 所示。图中，按键 K1 的引脚 2 接 GND，引脚 1 接电阻和 CC2530 微处理器的引脚 P1_2，电阻的另一端连接 3.3 V 电源，当按键没有按下时 K1 的引脚 1 和引脚 2 断开，由于 CC2530 微处理器引脚在输入模式时为高阻态，所以引脚 P1_2 采集的电平为高电平；当 K1 按键按下后 K1 的引脚 1 和引脚 2 导通，此时引脚 P1_2 导通接地，所以此时引脚检测电平为低电平。

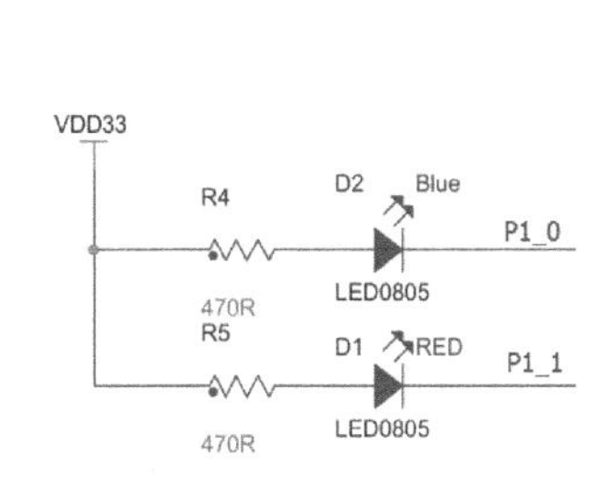

图 4.4 LED 接口电路图

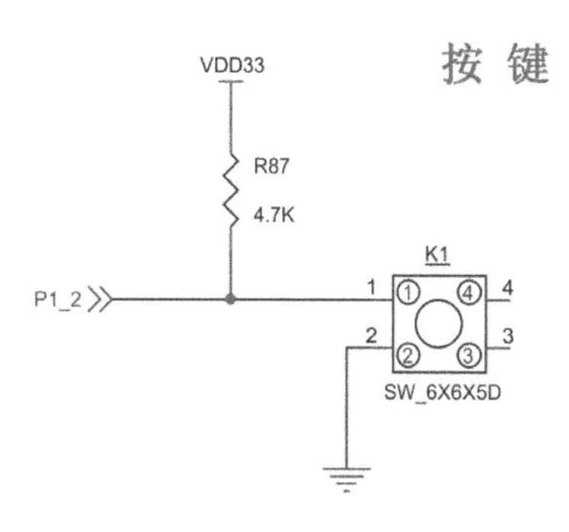

图 4.5 按键接口电路图

2）按键控制

通常按键所用的开关都是机械弹性开关，当机械触点断开、闭合时，由于弹性作用，一个按键开关在闭合时不会马上就稳定地接通，在断开时也不会一下子就彻底断开，而是在闭合和断开的瞬间伴随着一连串的抖动，按键抖动电信号波形如图 4.6 所示。

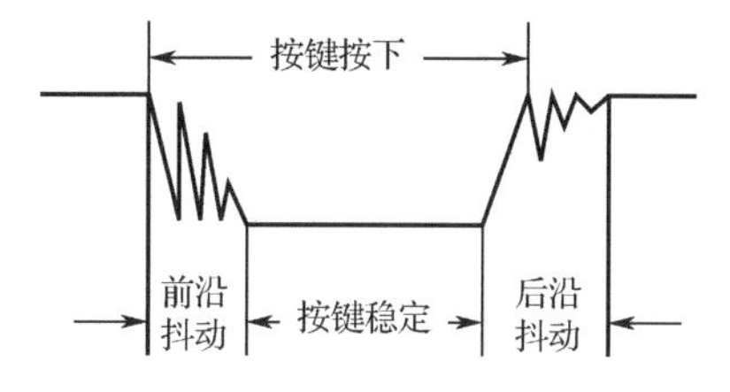

图 4.6 按键抖动电信号波形

按键稳定闭合时间长短是由操作人员决定的，通常都会在 100 ms 以上，刻意快速按的话能达到 40～50 ms，很难再低了。抖动时间是由按键的机械特性决定的，一般都会在 10 ms 以内，为了确保程序对按键的一次闭合或者一次断开只响应一次，必须进行按键的消抖处理。当检测到按键状态变化时，不是立即去响应动作，而是先等待闭合或断开稳定后再进行处理。按键消抖可分为硬件消抖和软件消抖。

本任务使用软件消抖，当检测到按键状态变化后，先等待一段时间，让抖动消失后再进行按键状态检测，如果与刚才检测的状态相同，就可以确认按键已经稳定了。

2. 软件设计

掌握硬件设计之后，再来分析软件设计。首先需要将 CC2530 微处理器的 GPIO 配置为输入模式和输出模式，配置输入模式和输出模式时涉及两个寄存器，分别为 P*x*SEL（模式选择寄存器）和 P*x*DIR（输入/输出方向控制寄存器）。其次，在按键输入检测时需要使用延时消抖和松手检测方法，通过延时消抖可以屏蔽开关动作时的电平抖动，防止误操作；使用松手检测作为对 LED 控制的触发条件。程序设计流程如下。

（1）配置 LED 和按键对应的 GPIO，初始化 LED 和按键外设。

（2）初始化完成后程序进入主循环，主循环中不断检测按键的状态。

（3）当检测到按键按下时，延时 10 ms，待电平稳定后如果按键依旧处于按下状态则确定按键被按下，等待按键抬起。

（4）检测到按键抬起后执行 LED 的反转控制操作，完成对 LED 的控制。

程序设计流程如图 4.7 所示。

注意：本任务中所讲到的按键和信号灯在接下来的任务开发中都会用到，相关内容在此处进行详细解释后，其他任务将不再对按键和信号灯等相关内容进行介绍。

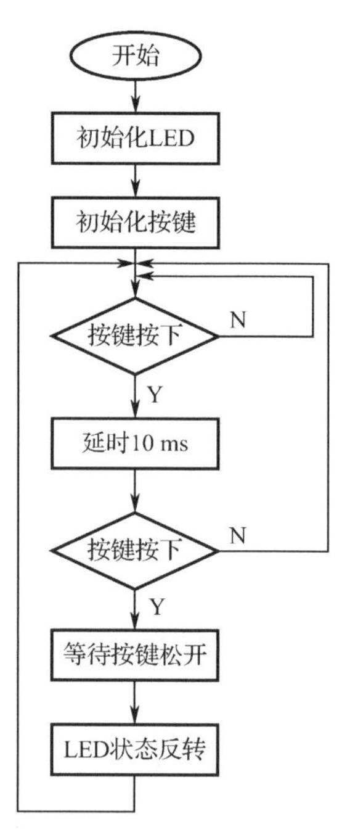

图 4.7　软件设计流程图

4.4.2　功能实现

通过原理学习可知，要实现 D1、D2 的亮灭，只需配置 P1_0、P1_1 引脚即可，然后输出高/低电平，即可实现 D1、D1 的闪烁控制，这两个引脚只需配置为输入模式读取电平即可。下面是源代码实现的解析过程。

1．主函数模块

首先实现 LED 端口和按键端口的初始化，然后进入循环以检测按键状态，当按键按下时，进行 LED 状态控制。

```
/*********************************************************************************************
* 名称：main()
* 功能：LED 驱动逻辑代码
*********************************************************************************************/
void main(void)
{
    led_io_init();                              //LED 端口初始化
    key_io_init();                              //按键端口初始化
    LED2 = ON;                                  //打开 LED0

    while(1){
        if(KEY1 == ON){                         //按键按下，改变两个 LED 的状态
            delay_ms(10);                       //按键防抖 10 ms
            if(KEY1 == ON){                     //按键按下，改变两个 LED 的状态
                while(KEY1 == ON);              //松手检测
                LED2 = ~LED2;                   //LED 翻转闪烁
                LED1 = ~LED1;                   //LED 翻转闪烁
            }
        }
    }
}
```

2．LED 初始化模块

LED 初始化需要先配置 P1SEL 寄存器为 GPIO 模式，然后配置 P1DIR 寄存器为输出模式，并先关闭两个 LED，源代码如下。

```
/*********************************************************************************************
* 名称：led_init()
* 功能：LED 控制引脚初始化
*********************************************************************************************/
void led_io_init(void)
{
    P1SEL &= ~0x03;                              //配置控制引脚（P1_0 和 P1_1）为 GPIO 模式
    P1DIR |= 0x03;                               //配置控制引脚（P1_0 和 P1_1）为输出模式

    LED1 = OFF;                                  //初始状态为关闭
    LED2 = OFF;                                  //初始状态为关闭
}
```

3．按键初始化模块

按键初始化时先配置 P1SEL 寄存器为 GPIO 模式，然后配置 P1DIR 寄存器为输入模式，源代码如下。

```
/*********************************************************************************************
* 名称：key_init()
* 功能：按键初始化
*********************************************************************************************/
void key_init(void)
{
    P1SEL &= ~0x0C;                          //配置按键检测引脚（P1_2 和 P1_3）为 GPIO 模式
    P1DIR &= ~0x0C;                          //配置按键检测引脚（P1_2 和 P1_3）为通输出模式
}
```

4．延时模块

```
/*********************************************************************************************
* 名称：delay_ms()
* 功能：硬件延时，大于 250 ms
* 参数：times—延时时间
*********************************************************************************************/
void delay_ms(u16 times)
{
    u16 i,j;                                          //定义临时参数
    i = times / 250;                                  //获取要延时时长的 250 ms 倍数部分
    j = times % 250;                                  //获取要延时时长的 250 ms 余数部分
    while(i --) hal_wait(250);                        //延时 250 ms
    hal_wait(j);                                      //延时剩余部分
```

```
}
/*********************************************************************************************
* 名称：hal_wait(u8 wait)
* 功能：硬件延时函数
* 参数：wait—延时时间（wait < 255）
*********************************************************************************************/
void hal_wait(u8 wait)
{
    unsigned long largeWait;                          //定义硬件计数的临时参数

    if(wait == 0) return;                             //如果延时参数为 0，则跳出
    largeWait = ((u16) (wait << 7));                  //将数据扩大 64 倍
    largeWait += 114*wait;                            //将延时数据扩大 114 倍并求和
    largeWait = (largeWait >> CLKSPD);                //根据系统时钟频率对延时进行缩放
    while(largeWait --);                              //等待延时自减完成
}
```

4.5 任务验证

使用 IAR 开发环境打开任务设计工程，程序通过编译后，由 SmartRF 下载到 CC2530 微处理器中，执行程序后，开发平台上 D2 点亮，D1 熄灭。按下 K1 按键后 D2 熄灭，D1 点亮。再次按下 K1 按键后 D2 点亮， D1 熄灭，如此循环往复。

4.6 任务小结

GPIO 是微处理器最常用的基本接口，本任务先学习了 GPIO 的概念、工作模式，然后进一步学习了 GPIO 的基本功能和控制，并介绍了 GPIO 的位操作，最后完成该任务的硬件设计和软件设计，实现了通过 CC2530 微处理器的 GPIO 接口控制相关仪表的信息和状态。

4.7 思考与拓展

（1）GPIO 的三种状态有什么功能？可以应用在哪些方面？

（2）常见的 GPIO 的位操作有哪些？

（3）CC2530 的 GPIO 方向寄存器和功能选择寄存器有什么功能？如何配置？

（4）如何驱动 CC2530 微处理器的 GPIO？

（5）手机接收到短消息时，信号灯就会像人的呼吸一样闪烁，信号灯逐渐变亮，达到最亮后又逐渐熄灭，通过这样一种有反差的闪烁效果，既能体现科技时尚感，又能达到很好的来电消息提醒效果。以手机信号灯为项目目标，如何基于 CC2530 实现 LED 闪烁的“呼吸”效果？

任务5

键盘按键的设计与实现

本任务重点学习微处理器的中断，以及CC2530的外部中断，掌握外部中断的基本原理、功能和驱动方法，通过驱动CC2530的GPIO来实现对键盘按键的检测。

5.1 开发场景：如何检测键盘按键

使用计算机时通常需要通过使用键盘输入需要的信息，但键盘输入信息的时间和每次敲击的按键都是不规律的，键盘要如何处理这些突发的敲击事件呢？键盘使用了中断，当按键按下时触发中断，键盘对按键进行识别和编码，并将结果发送到计算机系统，从而完成一次键值的输入。本项目通过键盘按键来学习和使用微处理器的外部中断。计算机键盘如图5.1所示。

图5.1 计算机键盘

5.2 开发目标

（1）知识要点：微处理器的中断功能和原理；CC2530微处理器的外部中断。

（2）技能要点：掌握中断的功能和原理；掌握CC2530微处理器外部中断的使用。

（3）任务目标：使用CC2530微处理器模拟键盘按键功能，通过编程使用CC2530微处理器的外部中断，实现对连接在CC2530微处理器引脚上按键动作的捕获，由CC2530微处理器开发板上指示灯的变化表示按键动作的反馈。

5.3 原理学习：微处理器中断

5.3.1 中断基本概念与定义

1. 中断概念

中断是指微处理器在执行某段程序的过程中，由于某种原因，暂时中止原程序的执行，转去执行相应的处理程序，并在中断服务程序执行完后，再返回来继续执行被中断的原程序的过程。

例如，你正在专心看书，突然电话铃响，去接电话，接完电话后再回来继续看书。电话

铃响后接听电话的过程称为中断。正在看书相当于计算机执行程序，电话铃响相当于事件发生（中断请求及响应），接电话相当于中断处理，回来继续看书是中断返回（继续执行程序），因此中断是指微处理器在执行某段程序的过程中，由于某种原因，暂时中止原程序的执行，转去执行相应的处理程序，中断服务程序执行完后，再回来继续执行被中断的原程序的过程。中断事件处理原理如图 5.2 所示。

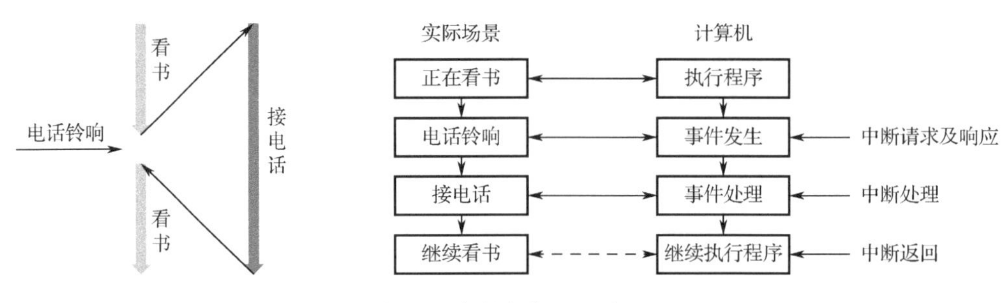

图 5.2　中断事件处理原理

2．中断的响应过程

中断事件处理指微处理器在程序运行中处理出现的紧急事件的整个过程。在程序运行过程中，如果系统外部、系统内部或者程序本身出现紧急事件，微处理器立即中止现行程序的运行，自动转入相应的处理程序（中断服务程序），待处理完后，再返回原来的程序运行，这个过程称为程序中断。

中断响应过程如图 5.3 所示，按照事件发生的顺序，中断响应过程包括：

（1）中断源发出中断请求。

（2）判断微处理器是否允许中断，以及该中断源是否被屏蔽。

（3）优先权排队。

（4）微处理器执行完当前指令或当前指令无法执行完，则立即停止当前程序，保护断点地址和微处理器当前状态，转入相应的中断服务程序。

（5）执行中断服务程序。

（6）恢复被保护的状态，执行中断返回指令回到被中断的程序或转入其他程序。

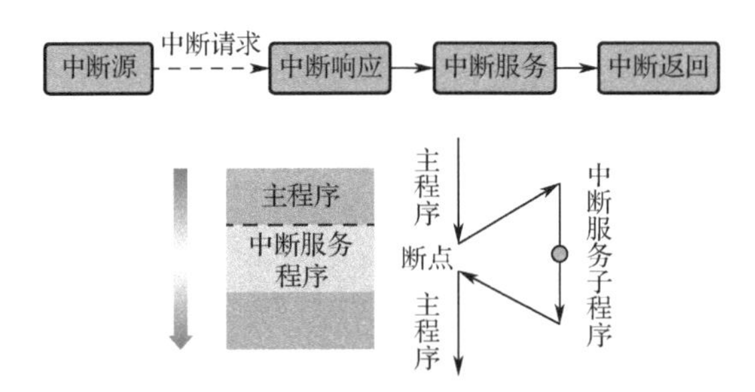

图 5.3　中断响应过程

3．中断的作用

在电子应用领域，很多时候需要实时处理各种事件，微处理器进行控制应用时，要处理的数据不仅仅来自程序本身，也要对外部事件做出响应，如某个按键被按下、逻辑电路出现某个脉冲等。为了对外部事件做出快速的响应，微处理器引入了中断，作用如下。

（1）微处理器与外设并行工作：解决微处理器速度快、外设速度慢的矛盾。

（2）实时处理：控制系统往往有许多数据需要采集或输出，实时控制中有的数据难以估计何时需要交换。

（3）故障处理：计算机系统的故障往往随机发生，如电源断电、运算溢出、存储器出错等，采用中断技术，系统故障一旦出现，就能及时得到处理。

（4）实现人机交互：人和微处理器的交互一般采用键盘和按键，可以采用中断的方式实现，采用中断方式时微处理器的执行效率较高，而且可以保证人机交互的实时性，故中断方式在人机交互中得到了广泛的应用。

4．中断优先级

在微处理器的应用中，大部分情况都需要处理多个来自多个中断源的中断申请，需要根据中断请求的紧急度或者系统确定的中断请求次序依次做出响应，所以微处理器会在系统中确定不同中断请求的优先级别，也就是中断优先级。

微处理器在接收到中断请求后，在对中断请求进行响应并执行中断处理指令时，需要知道被执行的中断处理指令的具体位置，也就是中断处理执行的地址，即中断矢量（也称为中断向量）。系统中所有的中断矢量构成了系统的中断矢量表，在中断矢量表中，所有中断类型依次排序。中断矢量表中的每一种中断矢量号代码都连接着相应的操作命令，这些操作命令都放置在系统内的储存单元，中断矢量表所包含的就有这些操作命令的读取地址。在中断请求得到响应时，可以通过查询中断矢量表从而知道对应的中断处理指令并执行操作。例如，C51 微处理器有 5 个中断，分别是外部中断 0 中断（IE0）、计数/定时器 0 中断（TF0）、外部中断 1 中断（IE1）、计数/定时器 1 中断（TF1）和串行接口中断（TI/RI），如图 5.4 所示。

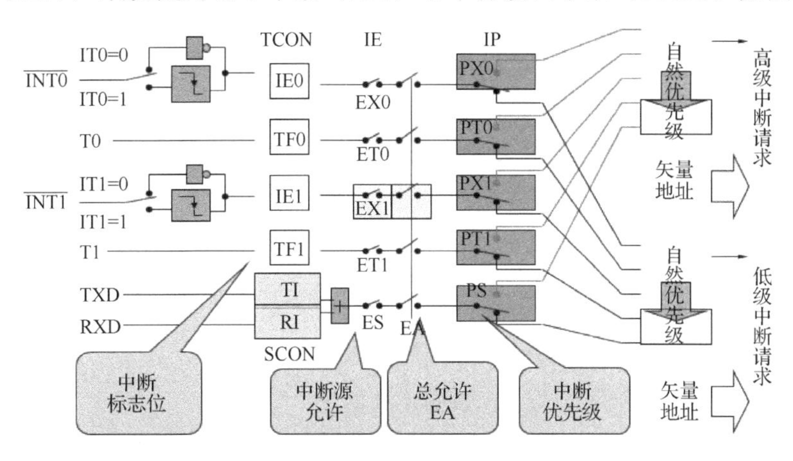

图 5.4　C51 中断优先级

在某一时刻有几个中断源同时发出中断请求时，微处理器只能响应优先权最高的中断源。当微处理器正在运行某个中断服务程序的期间出现了另一个中断源的请求，如果后者的优先权低于前者，则微处理器不予理睬，反之，微处理器立即响应后者，进入所谓的嵌套中断。中断优先权的排序由其性质、重要性以及处理的方便性决定，由硬件的优先权仲裁逻辑或软

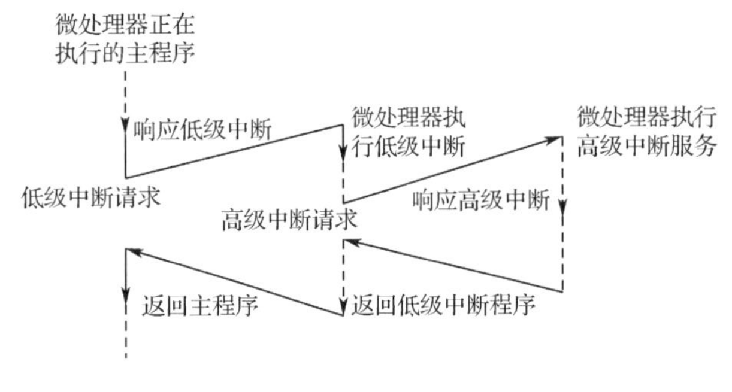

图 5.5 中断嵌套

件的顺序询问程序来实现。中断嵌套如图 5.5 所示。

5. 外部中断

在没有干预的情况下，微处理器的程序会在封闭状态下自主运行，如果在某一时刻需要响应一个外部事件（如键盘或者鼠标），这时就会用到外部中断。具体来讲，外部中断是指在微处理器的一个引脚上，由于外部因素导致了一个电平的变化（如由高变低），而通过捕获这个变化，微处理器内部自主运行的程序就会被暂时中断，转而去执行相应的中断处理程序，执行完后又回到中断的地方继续执行原来的程序。这个引脚上的电平变化，就申请了一个外部中断事件，而这个能申请外部中断的引脚就是外部中断的触发引脚。

外部中断是微处理器实时处理外部事件的一种内部机制，当某种外部事件发生时，中断系统将迫使微处理器暂停正在执行的程序，转而去进行中断事件的处理；中断处理完毕后又返回被中断的程序处，继续执行下去。

6. 外部中断触发条件

外部中断触发条件是指在程序运行时，触发外部中断的方式。外部中断的触发方式是由程序定义的，根据微处理器外部电平的变化特性，可将外部中断触发方式分为三种，分别是上升沿触发、下降沿触发、跳变沿触发。由于上升沿触发与下降沿触发都属于电平一次变化触发，因此这两种触发可归结为电平触发方式。

（1）电平触发方式。在数字电路中，电平从低电平变为高电平的一瞬间称为上升沿；相反，从高电平变为低电平的一瞬间称为下降沿。这种电平变化同样可以用微处理器来检测，当配置了外部中断的引脚接收到相应的电压变化后会触发外部中断，从而执行中断服务函数。上升沿、下降沿电平变化如图 5.6 所示。

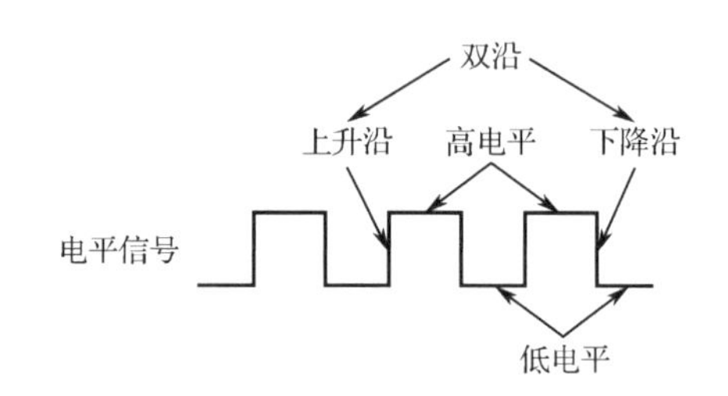

图 5.6 上升沿、下降沿电平变化

（2）跳变沿触发方式。若外部中断定义为跳变沿触发方式，外部中断申请触发器可以锁存外部中断输入线上的跳变沿，即使微处理器暂时不能响应，中断申请标志也不会丢失。在这种方式中，如果连续两次采样，在一个机器周期采样到外部中断输入为高电平，在下一个机器周期采样为低电平，则置 1 中断申请触发器，直到微处理器响应此中断后才清 0。这样不会丢失中断，但输入的脉冲宽度应至少保持 12 个时钟周期（晶振频率为 12 MHz），才能被微处理器采样到。外部中断跳变沿触发方式适合以脉冲形式输入的外部中断请求。

5.3.2　CC2530 与外部中断

中断是 CC2530 实时处理内部或外部事件的一种机制，当发生某个内部事件或外部事件时，CC2530 的中断系统将迫使其暂停正在执行的程序，转而去进行中断事件的处理，中断处理完毕后，再返回被中断的程序位置继续执行下去。中断又分为外部中断和内部中断。

GPIO 引脚设置为输入模式后，可以用于产生中断，并设置为外部信号的上升沿或下降沿触发。CC2530 的外部中断配置寄存器主要有七个，这七个寄存器分别是 P0IFG（端口 0 中断状态标志寄存器）、P1IFG（端口 1 中断状态标志寄存器）、P2IFG（端口 2 中断状态标志寄存器）、P1CTL（端口 1 中断控制寄存器）、P0IEN（端口 0 中断屏蔽寄存器）、P1IEN（端口 1 中断屏蔽寄存器）、P2IEN（端口 2 中断屏蔽寄存器）。P0、P1 和 P2 都有中断使能位，对于 IEN1～IEN2 寄存器内的端口所有的位都是公共的，如下所述。

- IEN1.P0IE：P0 中断使能。
- IEN2.P1IE：P1 中断使能。
- IEN2.P2IE：P2 中断使能。

P0～P2 的中断屏蔽寄存器如表 5.1 到表 5.3 所示。

表 5.1　P0 中断屏蔽寄存器

位	名称	复位	R/W	描　述
7:0	P0_[7:0]IEN	0x00	R/W	端口 P0_7 到 P0_0 中断使能，0 表示中断禁用，1 表示中断使能

表 5.2　P1 中断屏蔽寄存器

位	名称	复位	R/W	描　述
7:0	P1_[7:0]IEN	0x00	R/W	端口 P1_7 到 P1_0 中断使能，0 表示中断禁止，1 表示中断使能

表 5.3　P2 中断屏蔽寄存器

位	名称	复位	R/W	描　述
7:6	—	00	R0	未使用
5	DPIEN	0	R/W	USB D+中断使能，0 表示 USB D+中断禁止，1 表示 USB D+终端使能
4:0	P2_[4:0]IEN	0 0000	R/W	端口 P2_4 到 P2_0 中断使能，0 表示中断禁止，1 表示中断使能

除了公共中断使能位，每个端口都有位于 SFR 寄存器 P0IEN、P1IEN 和 P2IEN 的单独中断使能位，配置外设 I/O 或 GPIO 引脚使能都会有中断产生。

当中断发生时，不管引脚是否设置了它的中断使能位，P0～P2 中断状态标志寄存器 P0IFG、P1IFG 或 P2IFG 中相应的中断状态标志将被置 1；当中断执行时，中断状态标志被清除，该标志清 0，且该标志必须在清除微处理器端口中断标志（P*x*IF）之前清除，功能如下。

- PICTL：P0、P1、P2 的触发设置。
- P0IFG：P0 中断状态标志。
- P1IFG：P1 中断状态标志。
- P2IFG：P2 中断状态标志。

P1CTL（端口 1 中断控制寄存器）如表 5.4 所示。

表 5.4　P1CTL（端口 1 中断控制寄存器）

位	名称	复位	R/W	描　述
7	PADSC	0	R/W	控制 I/O 引脚在输出模式下的驱动能力。选择输出驱动能力增强来补偿引脚 DVDD 的低 I/O 电压(这是为了确保在较低的电压下的驱动能力和较高电压下相同)。0 表示最小驱动能力增强，DVDD/2 等于或大于 2.6 V；1 表示最大驱动能力增强，DVDD/2 小于 2.6 V
6:4	—	000	R	未使用
3	P2ICON	0	R/W	端口 2：4 到 0 输入模式下的中断配置，该位为端口 2 所有的输入选择中断请求条件。0 表示输入的上升沿触发中断，1 表示输入下降沿触发中断
2	P1ICONH	0	R/W	端口 1：7 到 4 输入模式下的中断配置。该位为端口 1 所有的输入选择中断请求条件。0 表示输入的上升沿触发中断，1 表示输入的下降沿触发中断
1	P1ICONL	0	R/W	端口 1：3 到 0 输入模式下的中断配置，该位为端口 1 所有的输入选择中断请求条件。0 表示输入的上升沿触发中断，1 表示输入的下降沿触发中断
0	P0ICON	0	R/W	端口 0：7 到 0 输入模式下的中断配置，该位为端口 0 所有的输入选择中断请求条件。0 表示输入的上升沿触发中断，1 表示输入的下降沿触发中断

P0IFG（端口 0 中断状态标志寄存器）如表 5.5 所示。

表 5.5　P0IFG（端口 0 中断状态标志寄存器）

位	名称	复位	R/W	描　述
7:0	P0IF[7:0]	0x00	R/W	端口 0：位 7 到位 0 输入中断状态标志，当输入端口引脚中断请求未决信号时，其相应的标志位将置 1

P1IFG（端口 1 中断状态标志寄存器）如表 5.6 所示。

表 5.6　P1IFG（端口 1 中断状态标志寄存器）

位	名称	复位	R/W	描　述
7:0	P1IF[7:0]	0x00	R/W	端口 1：位 7 到位 0 输入中断状态标志，当输入端口引脚中断请求未决信号时，其相应的标志位将置 1

P2IFG（端口 2 中断状态标志寄存器）如表 5.7 所示。

表 5.7　P2IFG（端口 2 中断状态标志寄存器）

位	名称	复位	R/W	描　述
7:6	—	00	R	不使用
5	DPIF	0	R/W0	USB D+中断状态标志。当 D+线有一个中断请求未决时设置该标志，用于检测 USB 挂起状态下的 USB 恢复事件；当 USB 控制器没有挂起时不设置该标志
4:0	P2IF[4:0]	0 0000	R/W0	端口 2：位 4 到位 0 输入中断状态标志，当输入端口引脚有中断请求未处理信号时，其相应的标志位将置 1

5.4　任务实践：键盘按键检测的软/硬件设计

5.4.1　开发设计

1. 硬件设计

本任务的硬件架构设计如图 5.7 所示。

按键接口电路如图 5.8 所示，按键 K1 的引脚 2 接 GND，引脚 1 接电阻和 CC2530 微处理器的引脚 P1_2，电阻的另一端连接 3.3 V 的电源。

按键的状态检测主要使用 CC2530 微处理器 GPIO 的引脚电平读取功能，相关引脚为高电平时引脚电平的读取值为 1，反之则为 0。而按键是否被按下、按下前后的电平状态则需要按照实际的按键接口电路来确认，如图 5.8 所示。当按键没有按下时，K1 的引脚 1 和引脚 2 断开，由于 CC2530 微处理器引脚在输入模式时为高阻态，所以引脚 P1_2 的电平为高电平；当 K1 按键按下时 K1 的引脚 1 和引脚 2 导通，此时引脚 P1_2 导通接地，所以引脚的电平为低电平。

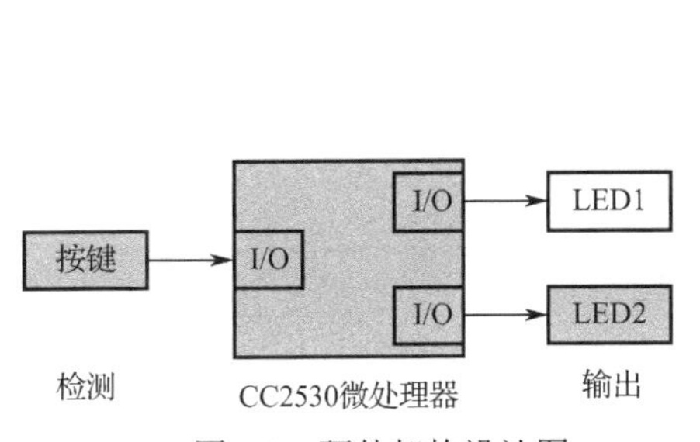

图 5.7　硬件架构设计图

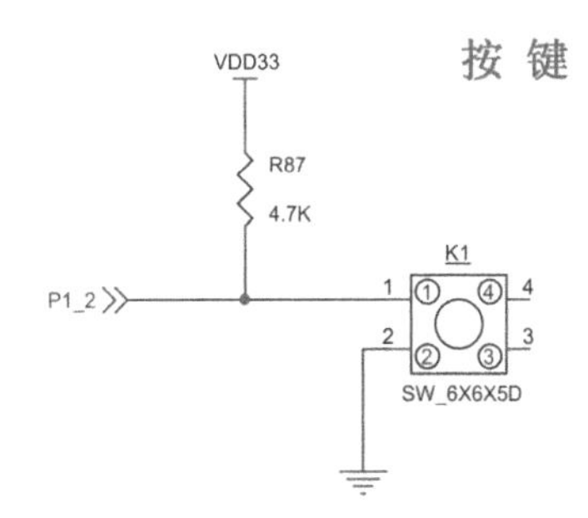

图 5.8　按键接口电路图

要实现对键盘按键的检测中断，在于对 CC2530 微处理器中断的使用。按键没有按下时引脚电平为高电平，当按键按下后电平变为低电平。而针对与外部中断的电平判断，则可以理解为低电平触发外部中断，可以选择外部中断的触发方式为下降沿触发。

本任务用到的是 CC2530 的外部中断，所涉及的寄存器有 P1IEN、POINP、P1INP、PICTL、IEN1 和 P1IFG，其中，P1IEN 用于各个控制口的中断使能，0 为中断禁止，1 为中断使能，表 5.8 是 P1IEN 功能分配表。

表 5.8　P1IEN 功能分配表

D7	D6	D5	D4	D3	D2	D1	D0
P1_7	P1_6	P1_5	P1_4	P1_3	P1_2	P1_1	P1_0

P1INP 用于设置各个 I/O 口的输入模式，0 为上拉/下拉，1 为三态模式，如表 5.9 所示。

表 5.9　P1INP 功能分配表

D7	D6	D5	D4	D3	D2	D1	D0
P1_7 模式	P1_6 模式	P1_5 模式	P1_4 模式	P1_3 模式	P1_2 模式	P1_1 模式	P1_0 模式

在 PICTL 中，D0～D3 设置各个端口的中断触发方式，0 为上升沿触发，1 为下降沿触发；D7 控制 I/O 引脚在输出模式下的驱动能力，选择输出驱动能力增强来补偿引脚 DVDD 的低 I/O 电压，确保在较低的电压下的驱动能力和较高电压下相同，0 为最小驱动能力增强，1 为最大驱动能力增强，如表 5.10 所示。

表 5.10　PICTL I/O 口分配表

D7	D6	D5	D4	D3	D2	D1	D0
I/O 驱动能力	未用	未用	未用	P2_0～P2_4	P1_4～P1_7	P1_0～P1_3	P0_0～P0_7

IEN1 用于中断使能 1，0 为中断禁止，1 为中断使能，表 5.11 为 P1CTL 功能分配表。

表 5.11　P1CTL 功能分配表

D7	D6	D5	D4	D3	D2	D1	D0
未用	未用	端口 0	定时器 4	定时器 3	定时器 2	定时器 1	DMA 传输

P1IFG 为中断状态标志寄存器，当输入端口有中断请求时，相应的标志位将置 1，表 5.12 是 P1IFG 功能分配表。

表 5.12　P1IFG 功能分配表

D7	D6	D5	D4	D3	D2	D1	D0
P1_7	P1_6	P1_5	P1_4	P1_3	P1_2	P1_1	P1_0

按键 K1 所连接的引脚为 P1_2，因此中断应配置端口 1 的通道 2 的外部中断。按键 K1 的外部中断配置的步骤如下。

- 通过 IEN1 初始化引脚端口 1 的中断使能；
- 通过 P1IEN 配置端口 P1_2 的外部中断使能；
- 通过 PICTL 将中断触发方式配置为下降沿触发；
- 开启总中断 EA。

2. 软件设计

本任务软件设计思路如下。

（1）初始化系统时钟、LED 引脚和外部中断并且打开 LED2。

（2）初始化完成之后程序进入主循环，在主循环中，LED2 处于常亮状态。

（3）当按键 K1 被按下时触发外部中断，主函数进入中断服务函数，延时 10 ms，待电平稳定后如果按键依旧处于按下状态则确定 K1 按键被按下。

（4）检测到按键 K1 被按下时则执行对 LED 状态操作的程序，本任务对 LED1 和 LED2 的状态进行取反。

（5）执行完毕后，中断标志清 0，主函数回到主程序中等待中断再次触发。

软件设计流程图如图 5.9 所示。

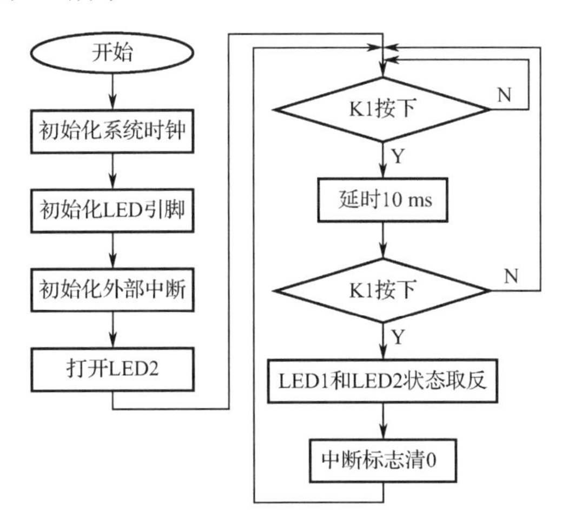

图 5.9　软件设计流程图

5.4.2　功能实现

1．相关头文件模块

```
/*************************************************************************************
* 文件：led.h
*************************************************************************************/
#define D1      P1_1                                //宏定义 D1 灯（即 LED1）控制引脚 P1_1
#define D2      P1_0                                //宏定义 D2 灯（即 LED2）控制引脚 P1_0

#define ON       0                                  //宏定义打开状态 ON
#define OFF      1                                  //宏定义关闭状态 OFF
```

2．主函数模块

主函数完成初始化系统时钟、LED 引脚和外部中断后，初始化 LED2 状态，然后进入主循环等待中断触发，主函数代码如下。

```
/*************************************************************************************
* 名称：main()
* 功能：主函数
*************************************************************************************/
void main(void)
{
    xtal_init();                                    //系统时钟初始化
    led_io_init();                                  //LED 引脚初始化
    ext_init();                                     //外部中断初始化
    LED2 = ON;                                      //打开 LED2
```

```
    while(1);                                      //进入主循环
}
```

3．系统时钟初始化模块

本模块主要启动 CC2530 系统时钟，初始化系统时钟存在一个等待时钟稳定的过程，因此需要初始化系统时钟，待系统时钟稳定后再执行程序。系统时钟的初始化函数代码如下。

```
/*********************************************************************************************
* 名称：xtal_init()
* 功能：CC2530 系统时钟初始化
*********************************************************************************************/
void xtal_init(void)
{
    CLKCONCMD &= ~0x40;                            //选择 32 MHz 的外部晶体振荡器
    while(CLKCONSTA & 0x40);                       //晶体振荡器开启且稳定
    CLKCONCMD &= ~0x07;                            //选择 32 MHz 的系统时钟
}
```

4．外部中断初始化模块

外部中断初始化为该项目的重要环节，可将外部中断配置为低电平触发（下降沿触发）。外部中断初始化函数代码如下。

```
/*********************************************************************************************
* 名称：ext_init()
* 功能：外部中断初始化
*********************************************************************************************/
void ext_init(void)
{
    IEN2 |= 0x10;                                  //端口 1 中断使能
    P1IEN |= 0x04;                                 //端口 P1_2 外部中断使能
    PICTL |= 0x02;                                 //端口 P1_2 低电平触发
    EA = 1;                                        //使能总中断
}
```

5．中断服务函数模块

任务 4 中的按键检测与本项目中的外部中断检测按键动作有着本质的区别，通过外部中断检测按键动作具有更高的实时性，同时执行 LED 操作函数也有所不同，外部中断的 LED 操作函数是在中断服务函数中完成的。外部中断服务函数（程序）如下：

```
/*********************************************************************************************
* 名称：中断服务程序
* 功能：外部中断
*********************************************************************************************/
#pragma vector = P1INT_VECTOR
```

```
__interrupt void P1_ISR(void)
{
    EA = 0;                                    //关中断
    if((P1IFG & 0x04 ) >0 ){                   //按键中断
        P1IFG &= ~0x04;                        //中断标志清 0
        delay_ms(10);                          //按键防抖
        if(KEY1 == ON){                        //判断按键按下
            LED2 = ~LED2;                      //翻转 LED2 状态
            LED1 = ~LED1;                      //翻转 LED1 状态
        }
    }
    EA = 1;                                    //开中断
}
```

5.5 任务验证

使用 IAR 开发环境打开任务设计工程，程序通过编译后，由 SmartRF 下载到 CC2530 微处理器中，执行程序后，开发平台上 LED2 点亮，LED1 熄灭。按下按键 K1 后 LED2 熄灭，LED1 点亮；再次按下按键 K1 后 LED2 点亮，LED1 熄灭，如此循环往复。

5.6 任务小结

通用对按键检测项目的学习与开发，读者可学习 CC2530 微处理器外部中断的基本原理，并通过按键触发外部中断的开发过程来学习 CC2530 微处理器的外部中断功能，采用 CC2530 外部中断响应连接在 CC2530 处理器上的按键动作，从而达到实时响应按键的目的。

5.7 思考与拓展

（1）简述中断概念、中断作用、中断响应过程。

（2）如何配置 CC2530 的外部中断？

（3）如何编写 CC2530 微处理器的外部中断服务函数？

（4）按键在使用过程中除了按下与弹起两种状态，还拥有两种按下的状态，这两种按下的状态分别是长按和短按。例如，智能手机，短按电源键的功能为手机熄屏，长按则为关机或重启功能。以智能手机电源键的功能为例通过查询方式实现长按和短按的功能，即短按按键时开或关一个 LED，长按时开或关两个 LED。

任务 6

电子秒表的设计与实现

本任务重点学习微处理器的定时/计数器，掌握 CC2530 定时/计数器的基本原理、功能和驱动方法，通过驱动 CC2530 的定时/计数器来实现秒表计时。

6.1 开发场景：如何实现电子秒表

在竞技类体育运动中，裁判员通常使用电子秒表来为运动员计时。打开多个手机，都调节到秒表部分，同时开始计时，在经过相同的时间段后，停止秒表，会发现各个手机上所计时间相同。为什么电子秒表的计时可信？为什么不同手机之间能做到同样时间内统计的时间是相同的？这是因为每个电子设备都使用了定时器来作为时间计时的时基。定时器通过精确的时钟来为秒表提供精确而稳定的时间，本项目将围绕这个场景展开微处理器定时/计数器的学习与实践。电子秒表如图 6.1 所示。

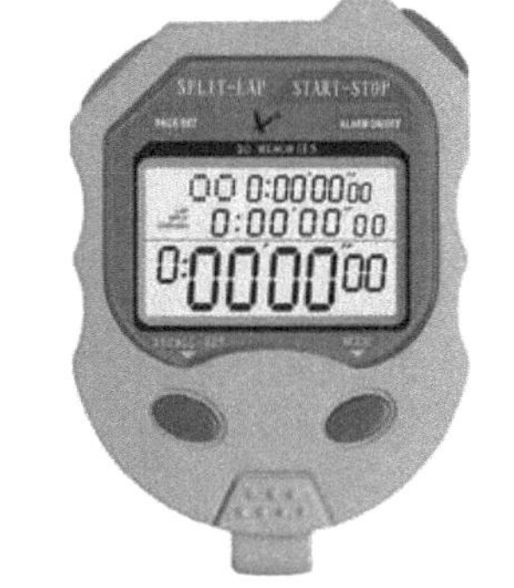

图 6.1 电子秒表

6.2 开发目标

（1）知识要点：定时/计数器的工作原理。

（2）技能要点：掌握定时/计数器的基本原理；会使用 CC2530 微处理器定时/计数器。

（3）任务目标：使用 CC2530 微处理器模拟表/计数功能，通过编程使用 CC2530 微处理器的定时/计数器每秒产生一次脉冲信号，通过 I/O 接口连接信号灯的闪烁来表示定时/计数器秒脉冲的产生，同时使用模拟延时来比较定时 1 s 与延时 1 s 的准确性。

6.3 原理学习：定时/计数器

6.3.1 定时/计数器

定时/计数器是一种能够对时钟信号或外部输入信号进行计数的器件，当计数值达到设定要求时便向微处理器提出中断请求，从而实现定时或计数的功能。

定时/计数器的基本功能是定时和计数，且在整个工作过程中不需要微处理器进行过多参与，它将微处理器从相关任务中解放出来，提高了微处理器的使用效率。例如，任务 4 中实现信号灯控制采用的是软件延时方法，在延时过程中微处理器通过执行循环指令来消耗时间，在整个延时过程中会一直占用微处理器，降低了微处理器的工作效率。若使用定时/计数器来实现延时，则在延时过程中微处理器可以去执行其他工作任务。微处理器与定时/计数器之间的交互关系如图 6.2 所示。

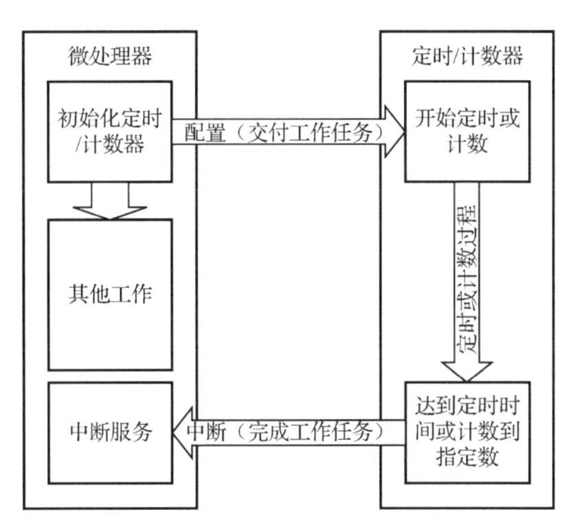

图 6.2　微处理器与定时/计数器之间的交互关系

1. 微处理器中的定时/计数器功能

定时/计数器包含三个功能，分别是定时器功能、计数器功能和脉冲宽度调制（Pulse Width Modulation，PWM）输出功能，具体如下。

（1）定时器功能：对规定时间间隔的输入信号的个数进行计数，当计数值达到指定值时，说明定时时间已到。这是定时/计数器的常用功能，可用来实现延时或定时控制，其输入信号一般是微处理器内部的时钟信号。

（2）计数器功能：对任意时间间隔的输入信号的个数进行计数，一般用来对外界事件进行计数，其输入信号一般来自微处理器外部的开关型传感器，可用于生产线产品计数、信号数量统计和转速测量等方面。

（3）PWM 输出功能：对规定时间间隔的输入信号的个数进行计数，根据设定的周期和占空比从 I/O 口输出控制信号，一般用来控制 LED 亮度或电机转速。

2. 定时/计数器基本工作原理

无论使用定时/计数器的哪种功能，其最基本的工作原理是进行计数。定时/计数器的核心是一个计数器，可以进行加 1（或减 1）计数，每出现一个计数信号，计数器就自动加 1（或自动减 1），当计数值从最大值变成 0（或从 0 变成最大值）溢出时，定时/计数器便向微处理器提出中断请求。计数信号的来源可以是周期性的内部时钟信号（如定时功能）或非周期性的外界输入信号（如计数功能）。

6.3.2 CC2530 与定时器

1．CC2530 定时器概述

CC2530 一共有 4 个定时器，分别是定时器 1、定时器 2、定时器 3 和定时器 4。这 4 个定时器根据硬件特性可分为三类，分别是 16 位定时器（定时器 1）、MAC 定时器（定时器 2）、8 位定时器（定时器 3 和定时器 4），下面详细介绍每类定时器的特性。

（1）定时器 1。定时器 1 是一个独立的 16 位定时器，支持输入捕获、输出比较和 PWM 输出功能。定时器有 5 个独立的捕获/比较通道，每个通道定时器使用一个 I/O 引脚。定时器广泛用于控制和测量领域， 5 个通道的正计数/倒计数模式可应用于诸如电机控制场合。定时器 1 的功能如下：

- 5 个捕获/比较通道；
- 上升沿、下降沿或任何边沿的输入捕获；
- 设置、清除或切换输出比较；
- 自由运行、模或正计数/倒计数操作；
- 可作为被 1、8、32 或 128 整除的时钟分频器；
- 在每个捕获/比较和最终计数时生成中断请求；
- DMA 触发功能。

（2）定时器 2。定时器 2 主要用于为 IEEE 802.15.4 CSMA-CA 算法提供定时，以及为 IEEE 802.15.4 MAC 层提供一般的计时功能。当定时器 2 和睡眠定时器一起使用时，即使系统进入低功耗模式也会提供定时功能，定时器运行在 CLKCONSTA.CLKSPD 指定的速度上，如果定时器 2 和睡眠定时器一起使用，时钟速度必须设置为 32 MHz，且必须使用一个频率为 32 kHz 的外部晶体振荡器（简称晶振）获得精确的结果。定时器 2 的主要特性如下：

- 16 位定时器提供正计数功能，如 16 μs、32 μs 的符号/帧周期；
- 可变周期可精确到 31.25 ns；
- 2×16 位定时器比较功能；
- 24 位溢出计数；
- 2×24 位溢出计数比较功能；
- 帧首定界符捕获功能；
- 定时器启动/停止与外部 32 kHz 时钟同步，或由睡眠定时器提供定时；
- 比较和溢出时会产生中断；
- 具有 DMA 触发功能；
- 通过引入延迟可调整定时器值。

（3）定时器 3 与定时器 4。定时器 3 和定时器 4 是 2 个 8 位的定时器，每个定时器有 2 个独立的捕获/比较通道，每个通道使用一个 I/O 引脚。定时器 3 和定时器 4 的特性如下：

- 2 个捕获/比较通道；
- 可设置、清除或切换输出比较；
- 时钟分频器，可以被 1、2、4、8、16、32、64、128 整除；
- 在每次捕获/比较和最终计数事件发生时会产生中断请求；

● DMA 触发功能。

通常情况下，在没有使用到 CC2530 的射频部分的模块时，基本上不会用到定时器 2，而定时器 1 可以理解为定时器 3 与定时器 4 的增强版，因此本任务着重对定时器 1 进行详细分析。

2．CC2530 定时器 1

定时器 1 的 16 位计数器计数值的大小会在每个活动时钟边沿递增或递减，活动时钟边沿周期由寄存器位 CLKCON.TICKSPD 定义，它设置了全球系统时钟的划分，提供了 0.25～32 MHz 不同的时钟频率（可以使用 32 MHz 的 XOSC 作为时钟源）。在定时器 1 中，由 T1CTL.DIV 对分频器值进一步划分，分频器系数可以为 1、8、32 或 128。因此，当使用 32 MHz 晶振作为系统时钟源时，定时器 1 可以使用的最低时钟频率是 1953.125 Hz，最高时钟频率是 32 MHz；当使用 16 MHz 的 RC 振荡器作为系统时钟源时，定时器 1 可以使用的最高时钟频率是 16 MHz。

定时器 1 的计数器可以作为一个自由运行计数器、一个模计数器或一个正计数/倒计数器，以及用于中心对齐的 PWM 输出。

定时器 1 在获取计数器值时可以通过 2 个 8 位的 SFR 读取 16 位的计数器值，分别是 T1CNTH 和 T1CNTL，这两个寄存器存储的计数器值分别表示计数器数值的高位字节和低位字节。当读取 T1CNTL 时，计数器的高位字节被缓冲到 T1CNTH，以便高位字节从 T1CNTH 中读出，因此 T1CNTL 需要提前从 T1CNTH 读取。

对 T1CNTL 寄存器的所有写入内容进行访问操作时，将复位 16 位计数器，当达到最终计数值（溢出）时，计数器将产生一个中断请求。可以用 T1CTL 控制寄存器设置启动或者停止该计数器，当向 T1CTL.MODE 写入 01、10 或 11 时，计数器开始运行；如果向 T1CTL.MODE 写入 00 时，计数器将停止运行但计数值不会被清空。

3．CC2530 定时器 1 的计数模式

CC2530 定时器 1 拥有三种不同的计数模式，分别是自由运行模式、模模式、正计数/倒计数模式。自由运行模式适合产生独立的时间间隔，输出信号的频率；模模式适合周期不是 0xFFFF 的应用程序；正计数/倒计数模式适合周期必须是对称输出脉冲而不是固定值的应用程序。

（1）自由运行模式。计数器从 0x0000 开始，在每个活动时钟边沿增加 1，当计数器达到 0xFFFF（溢出）时，计数器载入 0x0000，继续递增，如图 6.3 所示；当达到最终计数值 0xFFFF 时，将设置标志 IRCON.T1IF 和 T1STAT.OVFIF。如果设置了相应的中断屏蔽位 TIMIF.OVFIM 和 IEN1.T1EN，将产生一个中断请求。

（2）模模式。16 位计数器从 0x0000 开始，在每个活动时钟边沿增加 1，当计数器达到 T1CC0（溢出）时，寄存器 T1CC0H:T1CC0L 保存的最终计数值，计数器将复位到 0x0000，并继续递增。如果定时器开始于 T1CC0 以上的一个值，当达到最终计数值（0xFFFF）时，将设置标志 IRCON.T1IF 和 T1CTL.OVFIF。如果设置了相应的中断屏蔽位 TIMIF.OVFIM 及 IEN1.T1EN，将产生一个中断请求，模模式可以用于周期不是 0xFFFF 的应用程序，如图 6.4 所示。

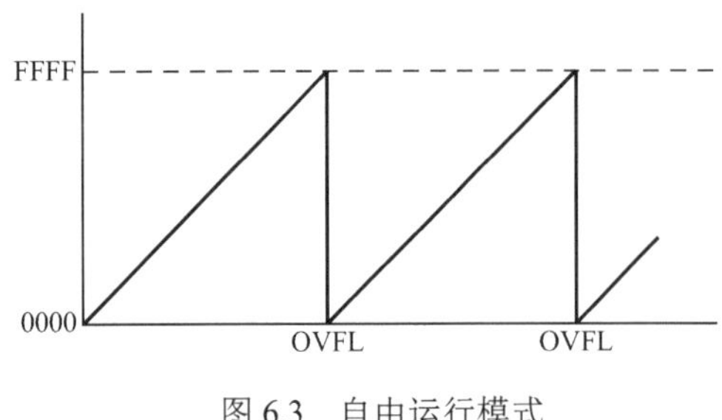

图 6.3 自由运行模式

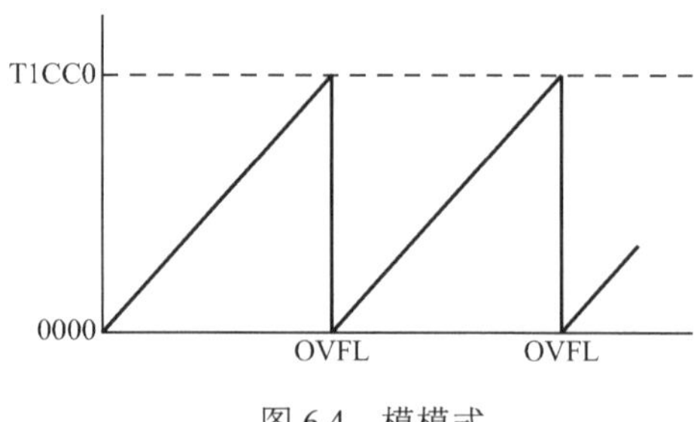

图 6.4 模模式

（3）正计数/倒计数模式。计数器反复从 0x0000 开始，当正计数直到达到 T1CC0 时保存的值，然后计数器将倒计数直到 0x0000，如图 6.5 所示。这个定时器用于周期必须是对称的输出脉冲，而不是 0xFFFF 的应用程序，因此允许用于中心对齐的 PWM 输出应用。在正计数/倒计数模式，当达到最终计数值时，将设置标志 IRCON.T1IF 和 T1CTL.OVFIF。如果设置了相应的中断屏蔽位 TIMIF.OVFIM 及 IEN1.T1EN，将产生一个中断请求。

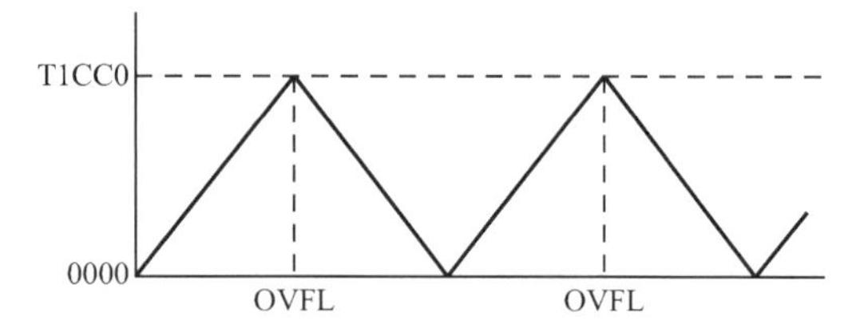

图 6.5 正计数/倒计数模式

比较三种模式可以看出，自由运行模式的溢出值为 0xFFFF，不可变；其他两种模式可通过对 T1CC0 赋值来精确控制定时器的溢出值。

4．CC2530 定时器 1 中断

CC2530 为定时器分配了一个中断矢量，当下列事件发生时，将产生一个中断请求。

- 计数器达到最终计数值（溢出或回到 0）；
- 输入捕获事件；
- 输出比较事件。

寄存器状态寄存器 T1STAT 包括最终计数值事件和 5 个通道比较/捕获事件的中断标志。仅当设置了相应的中断屏蔽位和 IEN1.T1EN 时，才能产生一个中断请求。中断屏蔽位是 *n* 个通道的 T1CCTL*n*.IM 和溢出事件 TIMIF.OVFIM。如果有其他未决中断，必须在一个新的中断请求产生之前，通过软件清除相应的中断标志；而且如果设置了相应的中断标志，使能一个中断屏蔽位将产生一个新的中断请求。

5．CC2530 定时器 1 寄存器

定时器 1 是 16 位定时器，在时钟上升沿或下降沿递增或递减，时钟边沿周期由寄存器 CLKCON.TICKSPD 定义，设置了系统时钟的划分，提供的频率范围为 0.25～32 MHz。定时器 1 由 T1CTL.DIV 分频器进一步分频，分频值为 1、8、32 或 128；具有定时器/计数器/脉宽调制功能，它有 3 个单独可编程输入捕获/输出比较信道，每个信道都可以当成 PWM 输出或捕获输入信号的边沿时间。

CC2530 定时器 1 的配置寄存器共 7 个，这 7 个寄存器分别是：T1CNTH（定时器 1 计数高位寄存器）、T1CNTL（定时器 1 计数低位寄存器）、T1CTL（定时器 1 控制寄存器）、T1STAT（定时器 1 状态寄存器）、T1CCTL*n*（定时器 1 通道 *n* 捕获/比较控制寄存器）、T1CC*n*H（定时器 1 通道 *n* 捕获/比较高位值寄存器）、T1CC*n*L（定时器 1 通道 *n* 捕获/比较低位值寄存器），其中 T1CCTL*n*、T1CC*n*H、T1CC*n*L 均有多个且结构相同，这里只介绍通道 1。下面分析定时器 1 的每个寄存器的各个位的配置含义。

（1）T1CTL：定时器 1 控制寄存器，D1D0 用于控制运行模式，D3D2 用于设置分频器划分值，表 6.1 所示为 T1CTL 功能表。

表 6.1　T1CTL 功能表

位	名称	复位	R/W	描　述
7:4	—	0000 0	R0	保留
3:2	DIV[1:0]	00	R/W	分频器划分值。产生主动的时钟边沿用来更新计数器，00 表示不分频；01 表示 8 分频；10 表示 32 分频；11 表示 128 分频
1:0	MODE[1:0]	00	R/W	选择定时器 1 模式。定时器操作模式可通过下列方式选择：00 表示暂停运行；01 表示自由运行，反复从 0x0000 到 0xFFFF 计数；10 表示模计数，从 0x000 到 T1CC0 反复计数；11 表示正计数/倒计数，从 0x0000 到 T1CC0 反复计数，并且从 T1CC0 倒计数到 0x0000

（2）T1STAT：定时器 1 状态寄存器，D4～D0 为通道 4～0 的中断标志，D5 为溢出标志位，当计数到最终计数值时将自动置 1，表 6.2 所示为 T1STAT 功能表。

表 6.2　T1STAT 功能表

位	名称	复位	R/W	描　述
7:6	—	0	R0	保留
5	OVFIF	0	R/W0	定时器 1 计数器溢出中断标志：当计数器在自由运行模式或模模式下达到最终计数值时被设置，当在正计数/倒计数模式下达到 0 时倒计数，写 1 没有影响
4	CH4IF	0	R/W0	定时器 1 通道 4 中断标志：当通道 4 中断条件发生时被设置，写 1 没有影响
3	CH3IF	0	R/W0	定时器 1 通道 3 中断标志：当通道 3 中断条件发生时被设置，写 1 没有影响
2	CH2IF	0	R/W0	定时器 1 通道 2 中断标志：当通道 2 中断条件发生时被设置，写 1 没有影响
1	CH1IF	0	R/W0	定时器 1 通道 1 中断标志：当通道 1 中断条件发生时被设置，写 1 没有影响
0	CH0IF	0	R/W0	定时器 1 通道 0 中断标志：当通道 0 中断条件发生时被设置，写 1 没有影响

（3）T1CCTL0：D1、D0 为捕获模式选择：00 为不捕获，01 为上升沿捕获，10 为下降沿捕获，11 为所有边沿都捕获；D2 位为捕获或比较的选择，0 为捕获模式，1 为比较模式。D5～D3 为比较模式的选择：000 为发生比较式输出端置 1，001 为发生比较时输出端清 0，010 为比较时输出翻转，其他模式较少使用。T1CCTL0（定时器 1 通道 0 捕获/比较控制寄存器）如表 6.3 所示。

表 6.3 定时器 1 通道 0 捕获/比较控制寄存器（T1CCTL0）

位	名称	复位	R/W	描 述
7	RFIRQ	0	R/W	当设置时，使用 RF 中断捕获，而不是常规捕获输入
6	IM	1	R/W	通道 0 中断屏蔽：设置时使能中断请求
5:3	CMP[2:0]	000	R/W	通道 0 比较模式选择：当定时器的值等于 T1CC0 中的比较值，选择操作输出。000 表示在比较时设置输出；001 表示在比较时清除输出；010 表示在比较时翻转输出；011 表示在上升沿比较时设置输出，用 0 清除；100 表示在上升沿比较时清除输出，用 0 设置；101 和 110 表示没有使用；111 表示初始化输出引脚
2	MODE	0	R/W	模式：选择定时器 1 通道 0 捕获或者比较模式。0 表示捕获模式，1 表示比较模式
1:0	CAP[1:0]	00	R/W	通道 0 捕获模式选择：00 表示未捕获，01 表示上升沿捕获，10 表示下降沿捕获，11 表示所有边沿都捕获

（4）T1CNTH（定时器 1 计数高位寄存器）如表 6.4 所示。

表 6.4 定时器 1 计数高位寄存器

位	名称	复位	R/W	描 述
7:0	CNT[15:8]	0x00	R	定时器计数器高字节，包含在读取 T1CNTL 时定时/计数器缓存的高 16 位字节

（5）T1CNTL（定时器 1 计数低位寄存器）如表 6.5 所示。

表 6.5 定时器 1 计数低位寄存器

位	名称	复位	R/W	描 述
7:0	CNT[7:0]	0x00	R/W	定时器计数器低字节，包括 16 位定时/计数器低字节。往该寄存器中写任何值，都会导致计数器被清除为 0x0000，初始化所有相通道的输出引脚

（7）T1CC0H（定时器 1 通道 0 捕获/比较高位寄存器）如表 6.6 所示。

表 6.6 定时器 1 通道 0 捕获/比较高位寄存器

位	名称	复位	R/W	描 述
7:0	T1CC0[15:8]	0x00	R/W	定时器 1 通道 0 捕获/比较值，高位字节，当 T1CCTL0.MODE = 1（比较模式）时写 0 到该寄存器将导致 T1CC0[15:0]更新写入值延迟到 T1CNT = 0x0000

（8）T1CC0L（定时器 1 通道 0 捕获/比较低位寄存器）如表 6.7 所示。

表 6.7 定时器 1 通道 0 捕获/比较低位寄存器

位	名称	复位	R/W	描 述
7:0	T1CC0[7:0]	0x00	R/W	定时器 1 通道 0 捕获/比较值，低位字节，写到该寄存器的数据将被存储到一个缓存中，但不写入 T1CC0[7:0]，之后与 T1CC0H 一起写入生效

6.4 任务实践：电子秒表的软/硬件设计

6.4.1 开发设计

1. 硬件设计

本任务的硬件架构设计如图 6.6 所示。

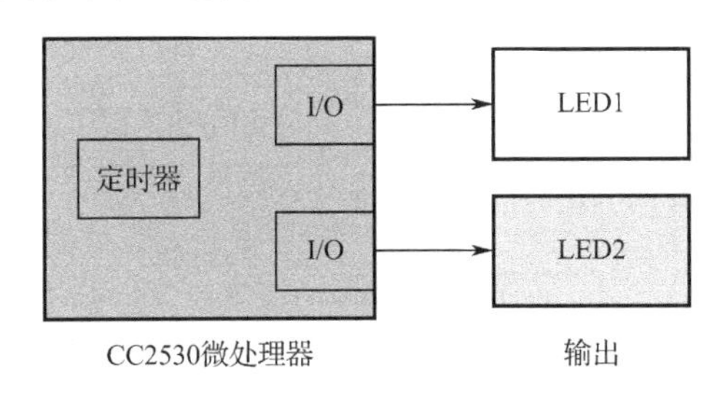

图 6.6 硬件架构设计

使用 CC2530 微处理器定时器可以实现像秒表一样实现精确的秒脉冲，CC2530 微处理器秒脉冲信号的精确与否取决于定时器的配置。根据 CC2530 微处理器定时器的性质，定时器无法产生 1 s 以上的延时，要实现 1 s 的延时就需要产生一个稳定的延时，这个延时乘以一个倍数就等于 1 s，因此可以配置一个 10 ms 的延时，然后循环计数 100 次即可产生一个脉冲控制信号以此实现 1 s 的精确延时。

定时计算公式为：

$$X = M - N / T, \qquad T = \frac{1}{f}$$

式中，最大值为 M，N 为计数值，初值为 X，f 为晶振频率。

先配置定时器的工作模式为模模式，然后将系统时钟（32 MHz）进行 8 分频，8 分频后系统时钟为 4 MHz，要实现 10 ms 延时就需要在 4 MHz 的时钟下计数 40000 次，即 1/4000000×40000=0.001 s，然后设置每完成一个定时周期触发一次中断使循环计数加 1，循环加 100 次就可以实现 10 ms 延时。

2. 软件设计

本任务程序设计思路如下。

（1）初始化系统时钟、LED 引脚和定时器。

（2）初始化完成后程序进入主循环。

（3）软件延时 1 s，对 LED1 的状态进行取反。

（4）同时定时器每经过 10 ms 就产生一次中断，并统计进入中断的次数，当达到 100 次时，也就是 10 ms×100=1 s 时，执行 LED2 状态的反转操作并将次数清 0，重新开始计数。

程序设计流程如图 6.7 所示。

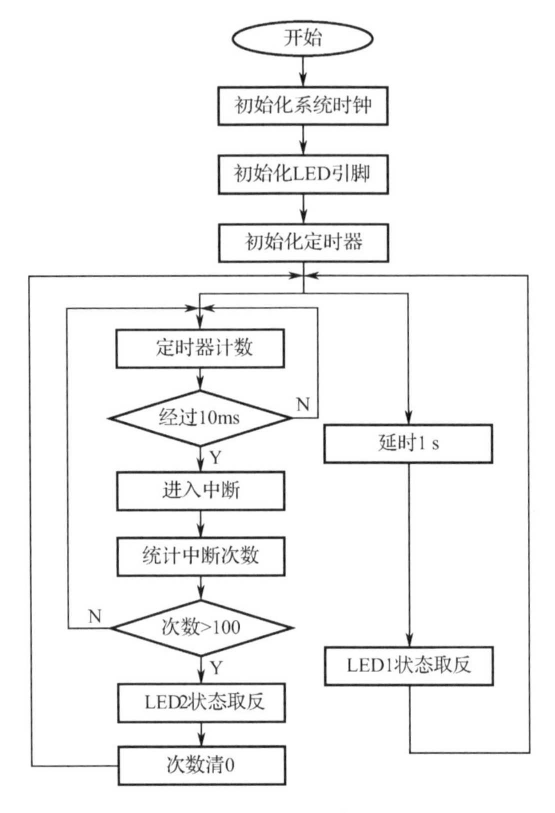

图 6.7　程序设计流程图

6.4.2　功能实现

1. 相关头文件模块

```
/*********************************************************************************
* 文件：led.h
*********************************************************************************/
#define D1        P1_1                               //宏定义 D1 灯（即 LED1）控制引脚 P1_1
#define D2        P1_0                               //宏定义 D2 灯（即 LED2）控制引脚 P1_0

#define ON         0                                 //宏定义打开状态为 ON
#define OFF        1                                 //宏定义关闭状态为 OFF
```

2. 主函数模块

主函数在完成初始化系统时钟、LED 引脚和定时器后，进入主循环，通过软件延时 1 s 控制 LED1 闪烁。主函数程序如下。

```
/*********************************************************************************
* 名称：main()
* 功能：主函数
*********************************************************************************/
```

```
void main(void)
{
    xtal_init();                                  //CC2530 系统时钟初始化
    led_io_init();                                //LED 引脚初始化
    time1_init();                                 //定时器 1 初始化

    while(1){
        delay_ss(1);                              //软件延时 1 s
        D1 = !D1;                                 //改变 LED1 的状态
    }
}
```

3. 系统时钟初始化模块

CC2530 系统时钟初始化源代码如下。

```
/*********************************************************************************************
* 名称：xtal_init()
* 功能：CC2530 系统时钟初始化
*********************************************************************************************/
void xtal_init(void)
{
    CLKCONCMD &= ~0x40;                           //选择 32 MHz 的外部晶振
    while(CLKCONSTA & 0x40);                      //晶振开启且稳定
    CLKCONCMD &= ~0x07;                           //选择 32 MHz 系统时钟
    CLKCONCMD &= ~0x38;                           //选择 32 MHz 定时器时钟
}
```

4. 定时器初始化模块

将定时器初始化为模模式，时钟 8 分频，重装载寄存高位写入 0x90、低位写入 0x40，配置中断模式，使能定时器中断，开总中断。定时器初始化源代码如下。

```
/*********************************************************************************************
* 名称：time1_init()
* 功能：定时器 1 初始化
*********************************************************************************************/
void time1_init(void)
{
    T1CTL |= 0x06;                    //8 分频，模模式，从 0 计数到 T1CC0
    T1CC0L = 0x40;                    //定时器 1 通道 0 捕获/比较值低位
    T1CC0H = 0x9C;                    //定时器 1 通道 0 捕获/比较值高位，定义 10 ms 产生一次中断
    T1CCTL0 |= 0x44;                  //定时器 1 通道 0 捕获/比较控制
    T1IE = 1;                         //设定定时器 1 中断使能
    EA = 1;                           //设定总中断使能
}
```

5. LED 引脚初始化模块

LED 引脚初始化源代码如下。

```
/*********************************************************************************************
* 名称：led_init()
* 功能：LED 引脚初始化
*********************************************************************************************/
void led_init(void)
{
    P1SEL &= ~0x03;                    //配置控制引脚（P1_0 和 P1_1）为 GPIO 模式
    P1DIR |= 0x03;                     //配置控制引脚（P1_0 和 P1_1）为输出模式

    D1 = OFF;                          //初始状态为关闭
    D2 = OFF;                          //初始状态为关闭
}
```

6. 定时器中断服务函数模块

该模块有两个功能，分别完成 1 s 循环计数和控制 LED2 反转。定时器中断服务函数源代码如下。

```
/*********************************************************************************************
* 名称：void T1_ISR(void)
* 功能：中断服务子程序
*********************************************************************************************/
#pragma vector = T1_VECTOR
__interrupt void T1_ISR(void)
{
    EA=0;                    //关总中断
    counter++;               //统计进入中断的次数
    if(counter>100){         //初始化中定义 10ms 产生一次中断，经过 100 次中断，10 ms×100 = 1 s
        counter=0;           //统计的复位次数
        D2 = !D2;            //改变 LED2 的状态，打开 LED2 延时 1 s，关闭 LED2 延时 1 s
    }
    T1IF=0;                  //中断标志位清 0
    EA=1;                    //开总中断
}
```

6.5 任务验证

使用 IAR 开发环境打开任务设计工程，程序通过编译后，由 SmartRF 下载到 CC2530 微处理器中，执行程序后，开发平台上的 LED1 和 LED2 同时开始闪烁，闪烁的时间大概为 1 s，随着时间的推移，LED1 和 LED2 的闪烁动作逐渐拉开，无法保持同步闪烁。

6.6　任务小结

本任务通过配置 CC2530 微处理器的定时/计数器实现每秒产生一次脉冲的功能，由信号灯闪烁来显示脉冲输出，从而基于 CC2530 定时器实现电子秒表的开发。

通过本任务的开发，理解 CC2530 定时/计数器的工作原理和功能特点，通过定时器 1 的学习，掌握其技术模式、寄存器配置，并掌握定时/计数器的中断初始化以及中断服务函数，理解秒脉冲发生的工作原理。

6.7　思考与拓展

（1）CC2530 定时/计数器的功能和特点有哪些？

（2）定时/计数器的计数模式有哪些？

（3）CC2530 有几个定时/计数器？分别有哪些寄存器？

（4）如何正确对 CC2530 定时/计数器进行中断初始化？

（5）定时/计数器除了能够实现 1 s 的精确延时，还可以产生 PWM 输出，可用来控制直流电机转速、屏幕亮度、旋转速度等，信号指示灯实验中的“呼吸灯”效果便是使用了模拟 PWM 输出的效果。但相比模拟 PWM 输出而言，通过定时中断实现的 PWM 输出具有更高的灵活性。尝试以“呼吸灯”效果为目的，通过使用定时/计数器产生 PWM 输出，由 PWM 输出控制 LED1 和 LED2 产生“呼吸灯”效果。

任务 7

万用表电压检测的设计与实现

本任务重点学习微处理器的 ADC 模式转换，掌握 CC2530 的 ADC 的基本原理、功能和驱动方法，通过驱动 CC2530 的 ADC 实现电流电压的万用表检测。

7.1 开发场景：如何使用万用表检测电压

微处理器中所有的信息都是用二进制表示的，即处理的数据全部是数字量，但现实世界中很多数据是模拟量，如气温、海拔、压力、电压等都是用模拟量来表示的。传感器在处理这些自然界模拟量时首先将自然界的线性物理量转换为电压的线性物理量，再将模拟量转换为数字量，从而实现自然界信息的数字化。

最为常见的一个实例就是使用万用表测电压，将万用表表笔触及待测元件的两端获得压差，然后通过 A/D 转换器将电压值转换为数字量，再通过程序中的电压与数字量对应关系将采集到的数据转换为电压值，最后将电压值显示在电子屏上。

本项目将围绕这个场景对微处理器的 A/D 转换器（ADC）进行学习与实践。万用表如图 7.1 所示。

图 7.1　万用表

7.2 开发目标

（1）知识要点：ADC 的工作原理及相关功能指标；CC2530 微处理器 ADC 的使用。

（2）技能要点：掌握 ADC 的用途和原理；掌握 CC2530 微处理器 ADC 的使用。

（3）任务目标：使用 CC2530 微处理器模拟万用表测电压，通过编程使用 CC2530 微处理器的 ADC 实现对其底板的电源电压进行检测，通过使用 IAR for 8051 开发环境的调试窗口查看 ADC 的电压转换值，并将电压采集值转换为电压物理量。

7.3　原理学习：A/D 转换器

7.3.1　A/D 转换器

1. A/D 转换器的概念

模/数转换器或者模数转换器（Analog-to-Digital Converter，ADC），也称为 A/D 转换器，是指将连续变化的模拟信号转换为离散的数字信号的器件。

数字信号输出可能会使用不同的编码结构，通常会使用二进制进行表示，3 位电压转换原理如图 7.2 所示。

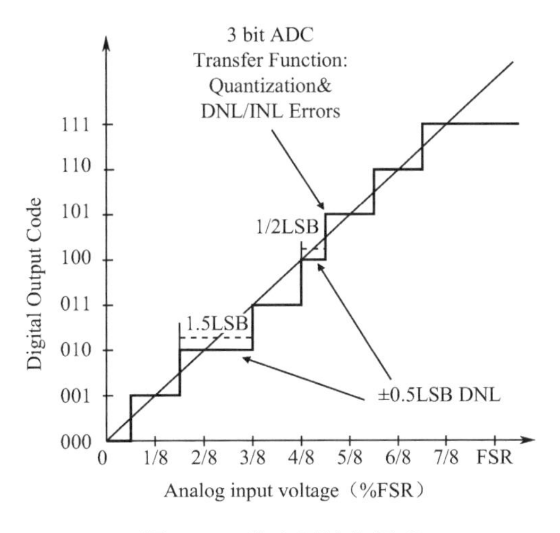

图 7.2　3 位电压转换原理

2. A/D 转换器的采样率

模拟信号在时域上是连续的，通过 A/D 转换器可以将它转换为时间上离散的一系列数字信号，这就要求定义一个参数来表示对模拟信号进行采样的速率，这个速率称为 A/D 转换器的采样速率（Sampling Rate）或采样频率（Sampling Frequency）。

采集连续变化、带宽受限的信号（即每隔一时间测量并存储一个信号值）后，可以通过插值将转换后的离散信号还原为原始信号，但这一过程的精确度会受量化误差的限制。仅当采样率至少为信号频率的 2 倍时才可能无失真地还原原始信号，这就是著名的采样定理。

由于实际使用的 A/D 转换器不能进行完全实时的转换，所以在对输入信号进行一次转换的过程中必须通过一些外加方法使之保持恒定，常用的有采样-保持电路，可以使用一个电容器来存储输入的模拟电压，并通过开关或门电路来闭合、断开这个电容器和输入信号的连接。许多 A/D 转换集成电路在内部就已经包含了这样的采样-保持电路。

3. A/D 转换器的分辨率

A/D 转换器的分辨率是指使输出数字量变化一个最小量时模拟信号的变化量，常用二进

制的位数表示。例如，8 位的 A/D 转换器可以描述 255 个刻度的精度（2 的 8 次方），在测量一个 5 V 左右的电压时，它的分辨率是 5 V 除以 256，即 0.02 V 左右。

$$分辨率=\frac{V}{2^n}$$

式中，n 为 ADC 的二进制位数，n 越大，分辨率超高；V 表示能够测量的电压。例如，一个刻度电压为 10 V 的 8 位 A/D 转换器，它的分辨率为

$$\frac{10\ \text{V}}{2^8}=39.06\ \text{mV}$$

一般地，分辨率以 A/D 转换器的转换位数 n 表示。

4. A/D 转换器的转换精度

转换精度是指实际的 A/D 转换器和理想的 A/D 转换器之间的误差，绝对精度一般以分辨率为单位给出，相对精度则是绝对精度与满量程的比值。

5. A/D 转换器的量化误差

A/D 转换器把模拟量转化为数字量，用数字量近似值表示模拟量，这个过程称为量化。量化误差是由 A/D 转换器的有限位数对模拟量进行量化而引起的误差。

要准确表示模拟量，A/D 转换器的位数需要很大甚至无穷大。一个分辨率有限的 A/D 转换器的阶梯转换特性曲线与具有无限分辨率的 A/D 转换器特性曲线（直线）之间的最大偏差就是量化误差，如图 7.3 所示。

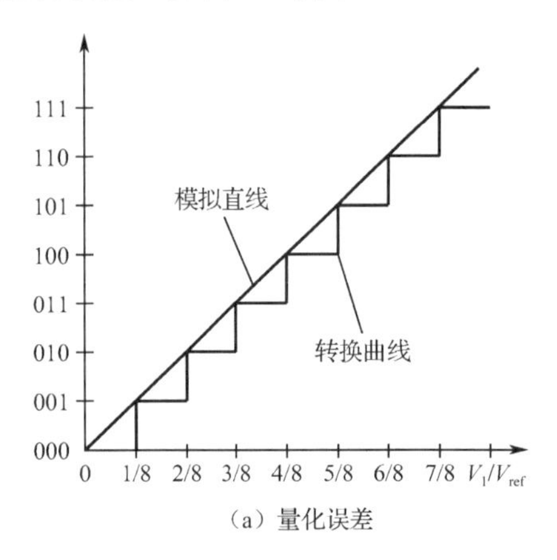

（a）量化误差

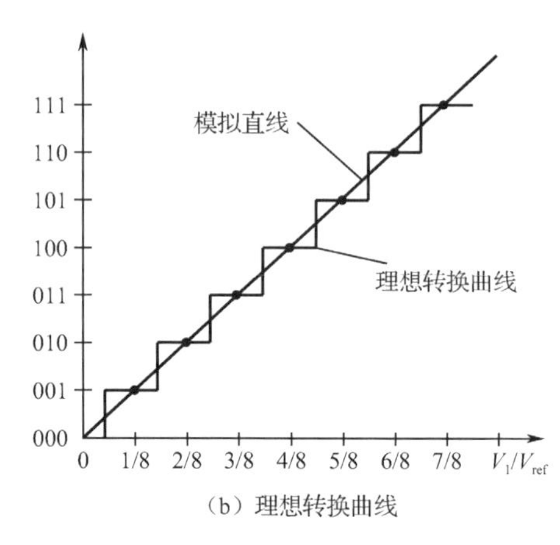

（b）理想转换曲线

图 7.3　量化误差示意图

6. A/D 转换器参考电压

A/D 转换器的参考电压也称为基准电压，如果没有基准电压，就无法确定被测信号的准确幅值。例如，基准电压为 2.5 V，则当被测信号达到 2.5 V 时 A/D 转换器输出满量程读数，可以知道 A/D 转换器输出的满量程等于 2.5 V。有的 A/D 转换器是外接基准电压，有的是内置基准电压，无须外接，还有的 A/D 转换器外接基准电压和内置基准电压都可以用，但外接基准电压优先于内置基准。微处理器在使用参考电压时通常使用微处理器外接的电源电压，

例如，CC2530 微处理器的电源电压为 3.3 V，那么 A/D 转换器的参考电压也是 3.3 V。

7.3.2　CC2530 与 A/D 转换器

1. CC2530 的 A/D 转换器介绍

CC2530 的 A/D 转换器支持多达 14 位的模/数转换，具有多达 12 位的 ENOB（有效数字位），它包括一个模拟多路转换器、多达 8 个独立的可配置通道以及一个参考电压发生器，转换结果通过 DMA 写入存储器，具有多种运行模式。A/D 转换器的主要特性如下：

- 可选的抽取率，这也设置了分辨率（7 到 12 位）；
- 8 个独立的输入通道，可接收单端或差分信号；
- 参考电压可选为内部单端、外部单端、外部差分或 AVDD；
- 产生中断请求；
- 转换结束时触发 DMA；
- 温度传感器输入；
- 电池测量功能。

CC2530 的 A/D 转换器功能框图表如图 7.4 所示。

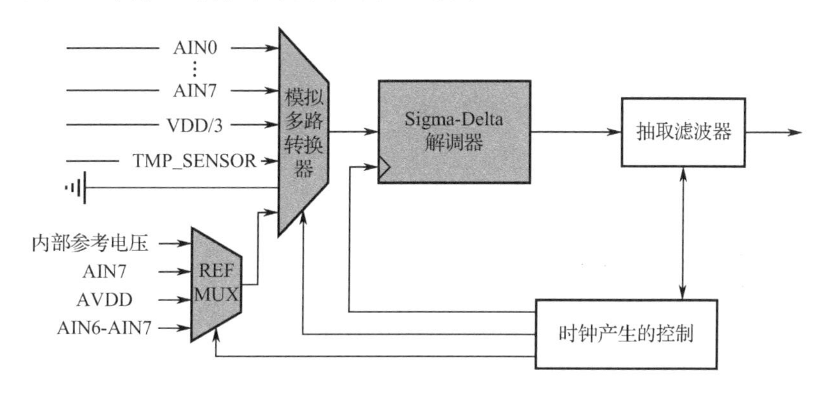

图 7.4　CC2530 的 A/D 转换器功能框图

2. CC2530 的 A/D 转换器输入

CC2530 端口 0 的引脚信号可以作为 A/D 转换器输入。在下面的描述中，这些端口引脚指的是 AIN0～AIN7 引脚，输入引脚 AIN0～AIN7 连接到了 A/D 转换器。

可以把输入配置为单端或差分输入，在选择差分输入的情况下，差分输入包括输入对 AIN0-AIN1、AIN2-AIN3、AIN4-AIN5 和 AIN6-AIN7，每对之间的差别在于用不同模式下的转换。注意，负电压不适用于这些引脚，大于 VDD（未调节电压）的电压也不能。

除了输入引脚 AIN0-AIN7，片上温度传感器的输出也可以作为 A/D 转换器的输入，用于温度测量。AVDD5/3 的电压也可以作为 A/D 转换器输入，这个输入允许在应用中实现电池监测器的功能，注意，在这种情况下参考电压不能取决于电源电压，如 AVDD5 电压不能作为参考电压。

单端电压输入AIN0～AIN7以通道0～7表示，通道8～11表示差分输入，由AIN0-AIN1、AIN2-AIN3、AIN4-AIN5和AIN6-AIN7组成。通道12～15表示GND（12引脚）、温度传感器（14引脚）和AVDD5/3（15引脚），这些值在ADCCON2.SCH和ADCCON3.SCH域中使用。

3. CC2530的A/D转换器运行模式

A/D转换器有三种控制寄存器：ADCCON1、ADCCON2和ADCCON3，这些寄存器可用于配置A/D转换器并报告结果。

（1）ADCCON1.EOC是一个状态位，当一个转换结束时，设置为高电平；当读取ADCH时，它就被清除。

（2）ADCCON1.ST用于启动一个转换序列，当该位设置为高电平，ADCCON1.STSEL是11，且当前没有转换正在运行时，就启动一个转换序列；当这个序列转换完成，该位就被自动清除。

（3）ADCCON1.STSEL用于选择哪个事件启动一个新的转换序列，可以选择外部引脚P2_0上升沿、外部引脚事件、之前序列的结束事件、定时器1的通道0比较事件，以及ADCCON1.ST是1的启动转换事件。

（4）ADCCON2寄存器用于控制转换序列的执行方式。

（5）ADCCON2.SREF用于选择参考电压，参考电压只能在没有转换运行时修改。

（6）ADCCON2.SDIV用于选择抽取率（同时也会设置分辨率、完成一个转换所需的时间和样本率），抽取率只能在没有转换运行时修改，转换序列的最后一个通道由ADCCON2.SCH位选择。

（7）ADCCON3寄存器用于控制单个转换的通道号、参考电压和抽取率。单个转换在寄存器ADCCON3写入后将立即发生，如果一个转换序列正在进行，则在该序列结束之后立即发生。该寄存器位的编码和ADCCON2是完全一样的。

ADCCON1（A/D转换器通用控制寄存器1）、ADCCON2（A/D转换器通用控制寄存器2）、ADCCON3（A/D转换器通用控制寄存器3）详细分析如表7.1到表7.3所示。

表7.1　A/D转换器通用控制寄存器1

位	名称	复位	R/W	描　述
7	EOC	0	R/W	转换结束：当ADCH被读取时清除。如果已读取前一数据之前，完成一个新的转换，EOC保持为高电平（1）。0表示转换没有完成，1表示转换完成
6	ST	0	—	开始转换：读为1，直到转换完成。0表示没有转换正在进行，1表示如果ADCCON1.STSEL = 11且没有序列正在运行时就启动一个转换序列
5:4	STSEL[1:0]	11	R/W1	启动选择：选择该事件将启动一个新的转换序列。00表示P2-0引脚的外部触发；01表示全速，不等待触发器；10表示定时器1通道0比较事件；11表示ADCCON1.ST = 1
3:2	RCTRL[1:0]	00	R/W	控制16位随机数发生器：写入01时，当操作成功完成时将自动返回到00。00表示正常运行（13x型展开）；01表示LFSR的计时一次（没有展开）；10表示保留；11表示停止，关闭随机数发生器
1:0	—	11	R/W	保留，一直设为11

表 7.2　A/D 转换器通用控制寄存器 2

位	名称	复位	R/W	描　述
7:6	SREF[1:0]	00	R/W	选择参考电压用于序列转换：00 表示内部参考电压；01 表示 AIN7 引脚上的外部参考电压；10 表示 AVDD5 引脚上的外部参考电压；11 表示 AIN6～AIN7 差分输入外部参考电压
5:4	SDIV[1:0]	01	R/W	为包含在转换序列内的通道设置抽取率：抽取率也决定完成转换需要的时间和分辨率，00 表示 64 抽取率（7 位 ENOB）；01 表示 128 抽取率（9 位 ENOB）；10 表示 256 抽取率（10 位 ENOB）；11 表示 512 抽取率（12 位 ENOB）
3:0	SCH[3:0]	0000	R/W	序列通道选择，选择序列结束：序列可以是 AIN0～AIN7（SCH≤7），也可以是差分输入 AIN0-AIN1 到 AIN6-AIN7（8≤SCH≤11）。对于其他的设置，只能执行单个转换。读取时，这些位将代表有转换进行的通道号，0000 表示 AIN0，0001 表示 AIN1，0010 表示 AIN2，0011 表示 AIN3，0100 表示 AIN4，0101 表示 AIN5，0110 表示 AIN6，0111 表示 AIN7，1000 表示 AIN0-AIN1，1001 表示 AIN2-AIN3，1010 表示 AIN4-AIN5，1011 表示 AIN6-AIN7，1100 表示 GND，1101 表示正电压参考，1110 表示温度传感器，1111 表示 VDD/3

表 7.3　A/D 转换器通用控制寄存器 3

位	名称	复位	R/W	描　述
7:6	EREF[1:0]	00	R/W	选择用于额外转换的参考电压：00 表示内部参考电压，01 表示 AIN7 引脚上的外部参考电压，10 表示 AVDD5 引脚上的外部参考电压，11 表示在 AIN6-AIN7 差分输入的外部参考电压
5:4	EDIV[1:0]	00	R/W	设置用于额外转换的抽取率：抽取率也决定了完成转换需要的时间和分辨率。00 表示 64 抽取率（7 位 ENOB），01 表示 128 抽取率（9 位 ENOB），10 表示 256 抽取率（10 位 ENOB），11 表示 512 抽取率（12 位 ENOB）
3:0	ECH[3:0]	0000	R/W	单个通道选择：选择写 ADCCON3 触发的单个转换所在的通道号，当单个转换完成，该位自动清除。0000 表示 AIN0，0001 表示 AIN1，0010 表示 AIN2，0011 表示 AIN3，0100 表示 AIN4，0101 表示 AIN5，0110 表示 AIN6，0111 表示 AIN7，1000 表示 AIN0-AIN1，1001 表示 AIN2-AIN3，1010 表示 AIN4-AIN5，1011 表示 AIN6-AIN7，1100 表示 GND，1101 表示正电压参考，1110 表示温度传感器，1111 表示 VDD/3

4．CC2530 的 A/D 转换结果

A/D 转换结果通常以二进制的补码形式表示。对于单端配置，结果总是为正，这是因为结果是输入信号和地面之间的差值，这个差值总是一个正符号数（$V_{conv}=V_{inp}-V_{inn}$，其中 $V_{inn}=0$ V），当输入幅度等于所选的电压参考 V_{REF} 时达到最大值；对于差分配置，两个引脚对之间的差分被转换，这个差分可以是负符号数。

例如，抽取率为 512 的一个 A/D 转换结果有 12 位 MSB（最高有效字节），当模拟输入

V_{conv} 等于 V_{REF} 时，A/D 转换结果是 2047；当模拟输入等于-V_{REF} 时，A/D 转换结果是-2048。

当 ADCCON1.EOC 设置为 1 时，A/D 转换结果是可以获得的，且结果放在 ADCH 和 ADCL 中。注意，转换结果总是驻留在 ADCH 和 ADCL 寄存器组合的 MSB 段中。

ADCH（A/D 转换结果低位存放寄存器）如表 7.4 所示。

表 7.4　A/D 转换结果低位存放寄存器

位	名称	复位	R/W	描　述
7:2	ADC[5:0]	0000 00	R	A/D 转换结果的低位部分
1:0	—	00	R	没有使用，读出来一直是 0

ADCL（A/D 转换结果高位存放寄存器）如表 7.5 所示。

表 7.5　A/D 转换结果高位存放寄存器

位	名称	复位	R/W	描　述
7:0	ADC[13:6]	0x00	R	A/D 转换结果的高位部分

当读取 ADCCON2.SCH 时，它们将指示转换在哪个通道上进行。ADCL 和 ADCH 中的结果一般适用于之前的转换，如果转换序列已经结束，ADCCON2.SCH 的值大于最后一个通道号，但是如果最后写入 ADCCON2.SCH 的通道号是 12 或更大，将读回同一个值。

5. CC2530 的 ADC 寄存器

ADCCFG（ADC 通道配置寄存器），描述如表 7.6 所示。

表 7.6　ADC 通道配置寄存器

位	名称	复位	R/W	描　述
7:1	—	0000000	R	保留，写为 0
0	ADCTM	00	R/W	写 1 用于连接温度传感器，从而连接 SOC_ADC

7.4　任务实践：万用表电压检测的软/硬件设计

7.4.1　开发设计

1. 硬件设计

本任务的硬件架构设计如图 7.5 所示。

要实现将模拟电压信号转换为可被 CC2530 微处理器识别的数字量信号，必须使用 A/D 转换器，本项目中 CC2530 微处理器采集的电压为电池电压，由于电池标准电压为 12 V，远高于 CC2530 微处理器的工作电压（3.3 V），因此电池电压需要通过相应的硬件电路进行处理，将电池电压等比例地减小到 CC2530 可接收的工作电压。电池电压分压电路如图 7.6 所示。

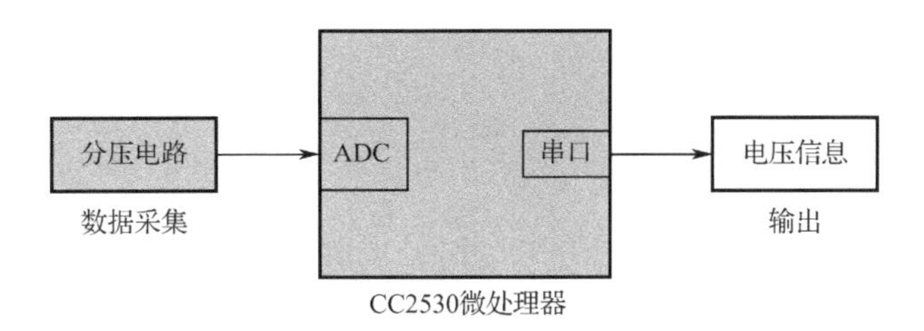

图 7.5　硬件架构设计

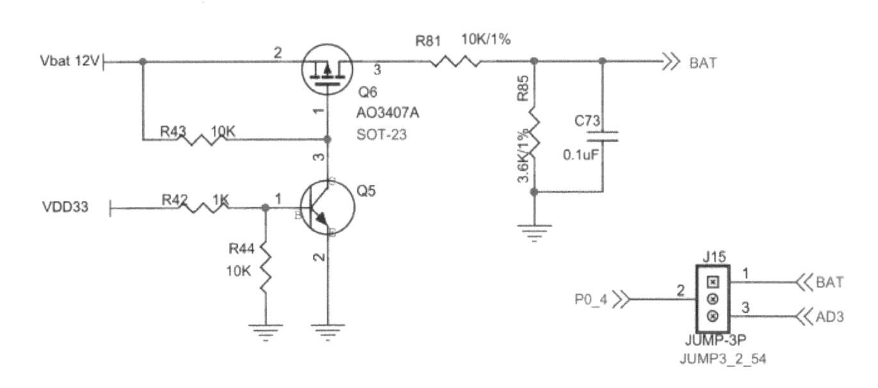

图 7.6　电池电压分压电路

图 7.6 中，R81 的左侧可以整体理解为一个 12 V 电源，分压电路主要是依靠 R81 及右侧的电阻 R85 来完成的，R81 和 R85 两个电阻阻值比为 10:3.6。由于 A/D 转换器的输入端引脚为高阻态状态，可将输入端 Vbat 直接看成万用表表笔。当 12 V 电源接入时，根据欧姆定律可知，通过分压电路后 12 V 的电压降为 3.17 V，满足 CC2530 微处理器的正常工作的电压要求。

2. 软件设计

在得到符合要求的线性电压后就需要对 A/D 转换器进行配置，配置时需要通过 APCFG 将引脚配置为模拟 I/O，通过 ADCCON3 将转换分辨率配置为 12 位，通过 ADCCON1 将转换模式配置为手动模式，在 A/D 转换过程中检测 ADCCON1 的第 8 位的 A/D 转换是否完成，读取 ADCH 和 ADCL 两个寄存器就可以获得 A/D 转换结果。程序设计的步骤如下。

（1）初始化系统时钟。

（2）初始化完成后进入主循环。

（3）在主循环中先进行 ADC 的配置。

（4）启动 ADC。

（5）在 ADC 转换结束后，将取得的最终转换结果存入 value 变量。

A/D 转换程序流程如图 7.7 所示。

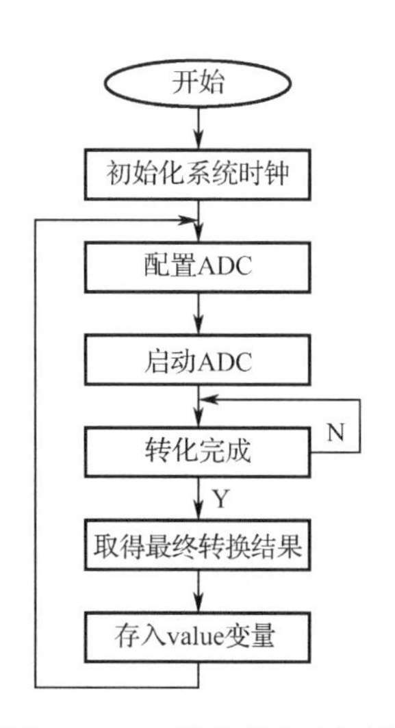

图 7.7　A/D 转换程序流程图

7.4.2 功能实现

1. 主函数模块

主函数处理比较简单，主要是初始化系统时钟后进入主循环配置 A/D 转换器，检测电压值，主函数程序如下。

```
void main(void)
{
    unsigned int   out_data;
    xtal_init();                                    //CC2530 时钟初始化
    while(1){
        out_data = adc_get();                       //ADC 采集函数
    }
}
```

2. 时钟初始化模块

CC2530 微处理器的时钟初始化程序如下。

```
/*********************************************************************************************
* 名称：xtal_init()
* 功能：CC2530 系统时钟初始化
*********************************************************************************************/
void xtal_init(void)
{
    CLKCONCMD &= ~0x40;                             //选择 32 MHz 的外部晶体振荡器
    while(CLKCONSTA & 0x40);                        //晶体振荡器开启且稳定
    CLKCONCMD &= ~0x07;                             //选择 32 MHz 系统时钟
    CLKCONCMD &= ~0x38;                             //选择 32 MHz 定时器时钟
}
```

3. A/D 转换模块

CC2530 微处理器的 A/D 模数转换模块配置程序如下。

```
int adc_get(void)
{
    unsigned int   value;

    APCFG |= 0x10;                  //模拟 I/O 使能
    P0SEL |= 0x10;                  //端口 P0_4 选择外设
    P0DIR &= ~0x10;                 //设置输入模式
    ADCCON3   = 0xB4;               //选择 AVDD5 为参考电压，12 分辨率，P0_4 连接 ADC
    ADCCON1 |= 0x30;                //选择 ADC 的启动模式为手动模式
    ADCCON1 |= 0x40;                //启动 A/D 转换
```

```
    while(!(ADCCON1 & 0x80));             //等待 A/D 转换结束
    value =    ADCL >> 2;
    value |= (ADCH << 6)>> 2;             //取得最终转换结果并存入 value 变量中
    return ((value) );
}
```

7.5　任务验证

使用 IAR 开发环境打开任务设计工程，程序通过编译后，由 SmartRF 下载到 CC2530 微处理器中，暂不运行程序。

通过 IAR 开发环境，在万用表电压检测设计与实现代码工程中打开 main.c 文件，在 main.c 文件的 main()函数中找到并进入 adc_test()函数，在 adc_test()函数中找到 value 变量并将其加入 Watch 窗口，随后在 value 参数发生变化的位置加上断点。设置完成后全速执行程序，程序会在断点处停止，此时可以通过 Watch 窗口看到 value 存储的 A/D 转换器的转换值。多次执行程序可以在 Watch 窗口中查看到的数值变化。验证效果如图 7.8 所示。

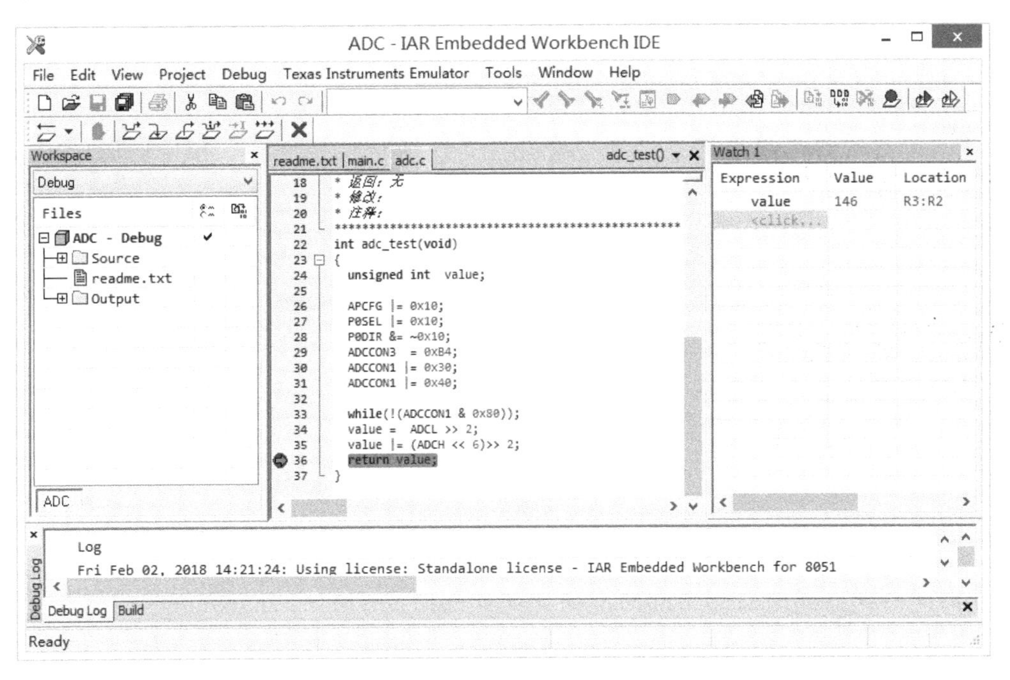

图 7.8　验证效果

7.6　任务小结

通过本任务的学习和开发，读者可理解 A/D 转换器的原理，掌握 CC2530 的 A/D 转换器的功能和特点，并理解万用表在实际应用过程中的电压测量原理，学会配置 CC2530 微处理器的 A/D 转换器，并使用它实现对电源电压的采集，从而达到读取电压的目的。

7.7 思考与拓展

（1）什么是 A/D 转换器的量化误差？

（2）简述 CC2530 微处理器的 A/D 转换器的配置寄存器。

（3）CC2530 微处理器的 A/D 转换器的转换精度是如何计算的？

（4）如何使用 CC2530 微处理器驱动 A/D 转换器？

（5）模拟量通过 A/D 转换器后获得的数字量，除了硬件本身造成的精度问题，还与 A/D 转换器的分辨率有关，分辨率越高 A/D 转换精度越高，分辨率越低 A/D 转换精度越低。以测试不同精度下的 A/D 转换为目的，实现不同精度下的同一模拟信号的数据获取，并将数字量转换为同一物理量，以便比较数据采集的差异。

任务 8

低功耗智能手环的设计与实现

本任务重点学习微处理器的电源管理转换，掌握 CC2530 低功耗的电源的基本原理和功能，通过配置 CC2530 的相关寄存器来实现低功耗智能手环的设计。

8.1 开发场景：如何实现低功耗

作为便携式移动设备中最关键的技术之一，电源管理充当着重要的角色。目前的智能手机、平板电脑等，一般都具有较大的屏幕、高频、多核处理器、超大内存、各种各样的外设，以及多任务处理操作系统等特点，这些都将导致整个系统功耗的上升，电源管理变得尤其重要。

智能手环作为目前备受用户关注的科技产品，正悄无声息地渗透并改变人们的生活，而且简约的设计风格也可以起到饰品的作用。

智能手环内置的电池一般为上百毫安时，可以使用 10 天，智能手机的内置电池容量更大，但基本上每天都要充电，这是为什么呢？

主要是由于智能手环普遍采用了电源管理技术，通过电源管理来实现低功耗设计，这种电源管理的低功耗设计的省电方式，除了芯片本身的硬件低功耗设计（如整体的硬件功耗低），还有程序方面的功耗设计（如不需要工作时可以睡眠，低负荷工作时降低功耗等）。

例如，在偏远地区的一些环境数据采集节点采用低功耗设计后，都有很好的持续工作效果，某些低功耗设备采用两节干电池甚至可以连续工作一年以上。

为了增加电子产品的使用时间，电源管理的低功耗设计在电子产品中得到了越来越广泛的应用。本项目将通过智能手环来展开对微处理器电源管理的学习与实践。智能手环如图 8.1 所示。

图 8.1 智能手环

8.2 开发目标

（1）知识要点：电源管理的功能及作用；CC2530 的电源管理。

（2）技能要点：掌握电源管理的功能及作用；掌握 CC2530 电源管理的使用。

（3）任务目标：使用 CC2530 模拟智能手环的低功耗设计，通过编程使用 CC2530 微处理器的电源管理功能实现低功耗设计，通过连接在 CC2530 引脚上的指示灯的不同闪烁模式来表示 CC2530 微处理器低功耗模式的各个阶段。

8.3 原理学习：嵌入式电源管理

8.3.1 电源管理

1. 电源管理的基本概念

电源管理是指如何将电源有效分配给系统的不同组件，电源管理对于依赖电池供电的移动式设备至关重要。通过降低组件闲置时的能耗，优秀的电源管理方案能够将电池寿命延长 2～3 倍。

便携式电源管理采用各种技术和方法对具有电能消耗且运行嵌入式系统的便携式设备进行动态管理与控制，其目的是提升嵌入式系统电能的利用效率。日常生活中，电源管理随处可见，例如，PC 上的 Windows 系统具有非常优秀的电源管理方案，能够方便用户实现各种电源状态的切换；开发人员也设计了很多体验不错的电源管理软件。相比于传统桌面 PC 的使用情况和电源类型，便携式设备多数易携带、体积相对较小，通常采用电池供电。嵌入式系统的电源管理具有以下特点。

（1）可裁剪：一般来说，嵌入式系统的应用环境不尽相同，因此需要针对设备所要求的具体功能来决定实际的需求，要求电源管理是可以配置、可以裁剪的，以便满足嵌入式系统的各种需求。

（2）工作效率高：对电能进行规划来节省能耗是电源管理的目的，当引入电源管理后，会占用嵌入式系统的内存空间，这反而会导致电能消耗量的增加。因此，嵌入式系统在运行电源管理时，消耗的电能要尽量小，运行时的效率要尽量的高，这样才能让消耗的电能远远小于节省的电能。

（3）软件的容量不大：嵌入式设备的容量大小有严格的限制，要求在设备上运行的应用程序不能太大，因此需要尽可能优化电源管理的代码，去除不必要的功能，使得软件尽量小。

（4）精度高：便携式设备一般使用电池供电，电池的剩余量最大限度地决定其能否正常运行，因此，必须对电池电量做出非常准确的评估并对设备剩余工作时间进行估算，才能实现最好的体验。

2. 电源管理与低功耗

电源管理技术在物联网领域更加侧重于低功耗方向，目前的电源管理低功耗设计主要是从芯片设计和系统设计两个方面考虑的。随着半导体工艺的飞速发展和芯片工作频率的提高，芯片的功耗迅速增加，而功耗增加又将导致芯片发热量的增大和可靠性的下降。因此，功耗已经成为深亚微米集成电路设计中的一个重要考虑因素。微处理器作为数字系统的核心部件，其低功耗设计对降低整个系统的功耗具有重要的意义。

在嵌入式系统设计中，低功耗设计是许多设计人员需要面对的问题，原因在于嵌入式系统被广泛应用于便携式和移动性较强的产品，这些产品不是一直都有充足的电源供应的，往往是靠电池来供电的，所以设计人员要从每一个细节来降低功率消耗，从而尽可能地延长电池的使用时间。

目前低功耗产品运用在众多电子设备中，目前常用的低功耗处理器有 AVR、MSP430、CC3200、CC2530 等，主流低功耗技术有 BLE4.0、ZigBee、低功耗 Wi-Fi 等。

3. 低功耗设计技术

在进行微处理器的低功耗设计时，首先要了解不同单元的功耗，其中时钟单元功耗最高，因为时钟单元有时钟发生器、时钟驱动、时钟树和时钟控制单元等；数据通路是仅次于时钟单元的部分，其功耗主要来自运算单元、总线和寄存器堆；此外还有存储单元、控制部分和输入/输出部分，存储单元的功耗与容量相关。

性能与功耗是一对矛盾体，处理器的功耗会随着性能的提升而增加，追求高速度、高负荷能力、高准确度都会增加功耗。低功耗技术包括硬件低功耗技术和软件低功耗技术。

1）硬件低功耗技术

硬件方面比较常用的低功耗技术如下：

（1）使用低功耗器件。目前，便携式设备内部的大部分元器件都采用比 TTL 电路功耗更低的 CMOS 电路，在搭载嵌入式系统的便携式设备中，选用 CMOS 电路可以将低功耗与高速、高精度完美地结合起来。

（2）门控时钟。在主控芯片中，广泛分布的时钟信号的跳变占据了系统绝大部分的功耗，但又不能直接通过降频的方式来降低功耗，因为降频的同时系统的工作性能也会随之降低，微处理器完成工作的功耗仍旧不会降低。对于某些空闲的模块和信号来说，在特定的时间段内，对内部进行操作并不会影响系统状态的改变，门控时钟可以将那些空闲的模块或信号切断以减小功耗。

（3）降低时钟频率。在满足系统指标的前提下，最好选用频率较低的元器件，这样有利于降低功耗。例如，使用英特尔的控制器，当时钟频率为 12 MHz 时周期是 1 μs，但使用摩托罗拉的控制器，只需时钟频率为 4 MHz 就能达到相同的速度；有的元器件使用锁相环方法，可以把主控芯片的时钟频率降低至 32 kHz，但内部总线的频率仍可达到 8 MHz。降低时钟频率可降低 EMI（电磁干扰），同时也可以减少高频干扰，以及布线所引起的问题。

2）软件低功耗技术

在硬件允许的前提下，可以使用软件手段来控制设备的低功耗。只有在低功耗的系统与应用程序同时支持的情况下，软件低功耗技术才能达到预期的效果。

（1）调度算法。在功耗方面，微处理器作为系统里面最主要的部分，占据了大部分的功耗，因此，在微处理器的管理方面，需要设计比较好的调度算法，使得微处理器既能正常地完成系统所分配的工作，又能够大幅地降低功耗，这就需要考虑微处理器本身的属性。在功耗管理方面，根据时钟频率的不同，微处理器包括多种工作模式，频率越低，对应的功耗也会有所降低，但同时会对微处理器的任务处理能力有一定的影响，因此，一旦微处理器处于空闲状态，则让其进入低功耗模式，同时让长期处于没有任务请求的模块进入睡眠模式，这会使功耗降低许多。

微处理器的功耗与电压是二次方的关系，而微处理器电压与频率则成正比例，因此，微处理器使用大小均衡的频率来完成批量工作，比使用高频率完成批量任务后再空闲下来的方

式更加能降低功耗。在批量任务被执行之前，先计算好在一定时间完成任务的最低恒定频率对微处理器的任务负荷状况进行预测，这样能够使得微处理器的功耗降到最低。

（2）低功耗设备驱动。设备驱动为应用层提供设备驱动接口，因此，上层的应用软件如果想获得低功耗的属性，就必须优化驱动层。在驱动层抽象的设备属性中不得对硬件加以策略的限制，否则驱动层以上的软件就无法更好地运用设备。

（3）应用函数接口。驱动层仅提供低功耗硬件特性的函数接口，然而在策略层中则有不同的低功耗策略供应用层选择使用。系统性能的好坏主要取决于硬件和策略性能的使用所造成的影响，其影响程度则需要看具体的硬件及其使用的策略。应用层可以使用不同的策略以达到降低功耗的目的，所选择的策略包括：对于微处理器，可以决定其何时进入低频模式，何时进入睡眠模式等；对于外部设备，可以决定哪些设备在闲置时选择立刻关闭、延时关闭或者发生其他情况时才关闭。

电源管理策略是决定设备是否需要降低性能或者应该被关闭的规则，在嵌入式系统中，想要更好地降低功耗，可以采用适当的电源管理策略。

8.3.2 CC2530的电源管理

1. CC2530电源管理

CC2530在低功耗设计上采用不同的运行模式和供电模式，CC2530的超低功耗运行是通过关闭电源模块以避免静态（泄漏）功耗，同时使用门控时钟和关闭振荡器来降低动态态功耗的。

CC2530提供了有五种不同的运行模式，这五种模式分别为PM0（主动和空闲）、PM1、PM2和PM3。主动模式是一般模式，PM3则为最低功耗模式。不同的运行模式对应的稳压器和振荡器如表8.1所示。

表8.1 CC2530不同的运行模式对应的稳压器和振荡器

运行模式	高频振荡器	低频振荡器	稳压器
配置	A：32 MHz的晶体振荡器；B：16 MHz 的RC振荡器	C：32 kHz的晶体振荡器、D：32 kHz的RC振荡器	
PM0（主动和空闲）	A或B	C或D	ON
PM1	无	C或D	ON
PM2	无	C或D	OFF
PM3	无	无	OFF

根据振荡器的使用情况可将芯片的时钟资源分为4种配置模式，具体如下。

1）PM0（主动和空闲）模式

主动模式和空闲模式是完全功能模式，稳压器的内核开启，运行16 MHz的RC振荡器或32 MHz的晶体振荡器，或者运行32 kHz的RC振荡器或 32kHz的晶体振荡器。

主动模式是完全功能的运行模式，微处理器、外设和 RF 收发器都是活动的，稳压器的内核是开启的。主动模式用于一般操作，在主动模式下（SLEEPCMD.MODE = 0x00）通过使能 PCON.IDLE 位，可停止运行微处理器内核，进入空闲模式。其他外设将正常工作，且微处理器内核可被任何使能的中断唤醒，即从空闲模式转换到主动模式。

2）PM1 模式

在 PM1 模式，稳压器的内核是开启的，32 MHz 的晶体振荡器和 16 MHz 的 RC 振荡器都不运行，运行 32 kHz 的 RC 振荡器或 32 kHz 的晶体振荡器，在复位、外部中断或睡眠定时器过期时，系统将转到主动模式。

在 PM1 模式下，高频振荡器（32 MHz 的晶体振荡器和 16 MHz 的 RC 振荡器）是掉电的，稳压器和使能的 32 kHz 振荡器是开启的，进入 PM1 模式后运行一个掉电序列。

由于 PM1 模式使用的上电/掉电序列较快，因此在等待唤醒事件的预期时间相对较短（小于 3 ms）时，就使用 PM1 模式。

3）PM2 模式

在 PM2 模式，稳压器的内核是关闭的，32 MHz 的晶体振荡器和 16 MHz 的 RCOSC 都不运行，运行 32 kHz 的 RC 振荡器或 32 kHz 的晶体振荡器运行，在复位、外部中断或睡眠定时器过期时，系统将转到主动模式。

PM2 模式具有较低的功耗，在 PM2 模式下的上电复位时刻，外部中断、所选的 32 kHz 的振荡器和睡眠定时器外设是活动的，I/O 引脚保留在进入 PM2 模式之前设置的 I/O 模式和输出值，其他内部电路是掉电的，稳压器也是关闭的，进入 PM2 模式后运行一个掉电序列。

当使用睡眠定时器作为唤醒事件，并结合外部中断时，一般会进入 PM2 模式。相比于 PM1 模式，当睡眠时间超过 3 ms 时，一般选择 PM2 模式。与使用 PM1 模式相比，使用较少的睡眠时间不会降低系统的功耗。

4）PM3 模式

在 PM3 模式，稳压器的内核是关闭的，所有的振荡器都不运行，在复位或外部中断时系统将转到主动模式。

PM3 模式是用于获得最低功耗的运行模式，在 PM3 模式下，稳压器供电的所有内部电路都关闭（基本上包括所有的数字模块，除了中断探测和 POR 电平传感），内部稳压器和所有振荡器也都关闭。

复位（POR 或外部）和外部 I/O 端口中断是该模式下仅有的运行的功能，I/O 引脚保留进入 PM3 模式之前设置的 I/O 模式和输出值，复位条件或使能的外部 IO 中断事件将唤醒设备，系统将进入主动模式（外部中断从它进入 PM3 模式的地方开始，而复位返回到程序执行的开始）。RAM 和寄存器的内容在这个模式下可以部分保留。PM3 模式使用和 PM2 模式相同的上电/掉电序列。当等待外部事件时，使用 PM3 模式获得超低功耗，当睡眠时间超过 3 ms 时应该使用该模式。

2．CC2530 电源管理寄存器

CC2530 的电源管理的寄存器主要有三个，分别为：PCON（供电模式控制寄存器）、SLEEPCMD（睡眠模式控制寄存器）、SLEEPSTA（睡眠模式控制状态寄存器），这三种寄存器功能如表 8.2 到表 8.4 所示。

表 8.2　供电模式控制寄存器（PCON）

位	名称	复位	R/W	描　述
7:1	—	0000 000	R/W	未使用，总为 0000000
0	IDLE	0	R/W	供电模式控制：写 1 到该位时将强制设备进入 SLEEP.MODE（注意 MODE=0x00 且 IDLE=1 将停止微处理器内核活动）设置的供电模式，该位读出来的值一直是 0。当活动时，所有的使能中断均可将清除这个位，设备将重新进入主动模式

表 8.3　睡眠模式控制寄存器（SLEEPCMD）

位	名称	复位	R/W	描　述
7	OSC32K_CALDIS	0	R/W	禁用使能 32 kHz 的 RC 振荡器校准：0 表示使能 32 kHz 的 RC 振荡器校准，1 表示禁用 32 kHz 的 RC 振荡器校准。这个设置可以在任何时间写入，但是在芯片运行 16 MHz 的高频 RC 振荡器之前不起作用
6:3	—	0000	R	保留
2	—	1	R/W	保留，总为 1
1:0	MODE[1:0]	00	R/W	供电模式设置：00 表示主动/空闲模式，01 表示供电模式 1，10 表示供电模式 2，11 表示供电模式 3

表 8.4　睡眠模式控制状态寄存器（SLEEPSTA）

位	名称	复位	R/W	描　述
7	OSC32K_CALDIS	0	R	32 kHz 的 RC 振荡器校准状态：SLEEPSTA.OSC32K_CALDIS 显示禁用 32 kHz 的 RC 振荡器校准的当前状态。在芯片运行 32 kHz 的 RC 振荡器之前，该位设置的值不等于 SLEEPCMD.OSC32K_CALDIS。这一设置可以在任何时间写入，但是在芯片运行 16 MHz 的高频 RC 振荡器之前不起作用
6:5	—	00	R	保留
4:3	RST[1:0]	XX	R	状态位，表示上一次复位的原因。如果有多个复位，寄存器只包括最新的事件。00 表示上电复位和掉电探测，01 表示外部复位，10 表示看门狗定时器复位，11 表示时钟丢失复位
2:1	—	00	R	保留
0	CLK32K	0	R	32 kHz 的时钟信号（与系统时钟同步）

8.4　任务实践：低功耗智能手环的软/硬件设计

8.4.1　开发设计

1．硬件设计

本任务的硬件架构设计如图 8.2 所示。

2. 软件设计

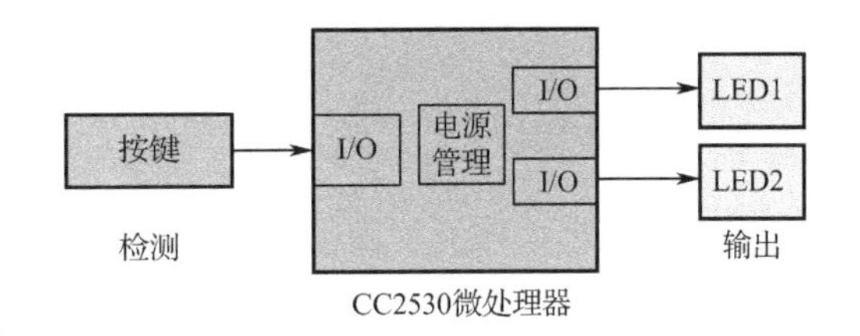

图 8.2　架构硬件设计图

要实现类似于可穿戴设备（如智能手环）的低功耗设计，需要使用 CC2530 微处理器的电源管理功能。CC2530 微处理器的电源管理功能配置方式较为简单，主要是针对 SLEEPCMD 和 PCON 两个寄存器的配置，通过配置 SLEEPCMD 寄存器可实现 CC2530 微处理器的电源模式的切换，配置 PCON 寄存器可实现对 CC2530 微处理器唤醒模式的配置，需要合理地设计软件。本任务程序设计思路如下：

（1）初始化系统时钟和 LED 控制端口。

（2）初始化完成之后进入 PM0 模式，点亮 LED2 并延时 1 s。

（3）接着设置睡眠定时器的定时间隔为 1 s，打开睡眠定时器中断，关闭 LED2 并延时 1 s，进入 PM1 模式。

（4）经过 1 s 后，由 PM1 模式进入 PM0 模式，点亮 LED1 和 LED2 并延时 1 s。

（5）设置睡眠定时器的定时间隔为 2 s，关闭 LED1 和 LED2 并延时 1 s，进入 PM2 模式。

（6）2 s 之后，由 PM2 模式进入 PM0 模式，点亮 LED2 并延时 1 s；之后初始化外部中断，关闭 LED2 并延时 1 s，进入 PM3 模式。

（7）当检测到按键 K1 按下时，执行外部中断，由 PM3 模式进入 PM0 模式并且点亮 LED2，最后关闭 LED2，程序进入主循环。

LED1 和 LED2 的闪烁反映了 4 种电源模式的切换，程序设计流程如图 8.3 所示。

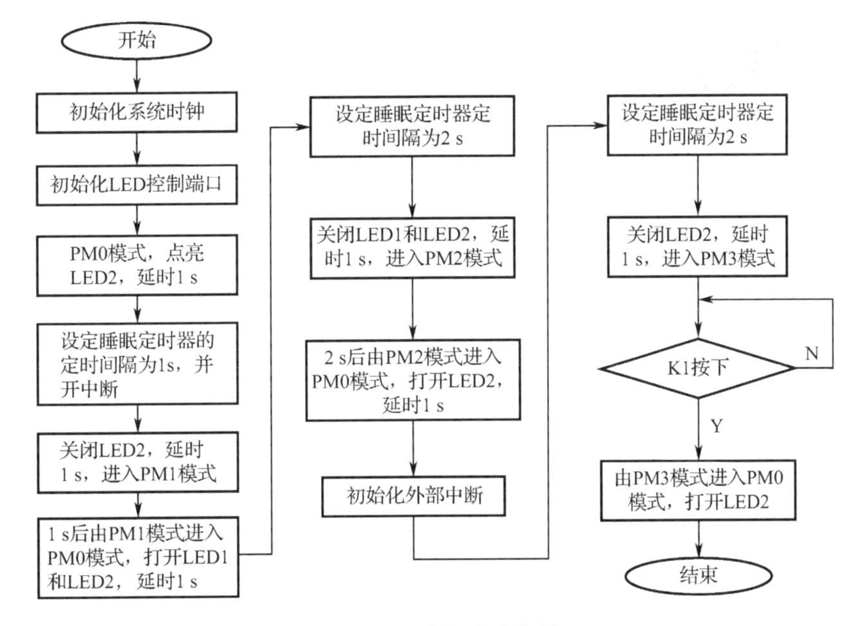

图 8.3　程序设计流程图

8.4.2 功能实现

1. 主函数模块

主函数依据程序流程图的设计，初始化系统时钟、LED 控制端口，初始化完成后进行电源模式的切换，切换过程通过 LED 闪烁来表示。主函数程序内容如下。

```
/*********************************************************************************
* 名称：main()
* 功能：主函数
*********************************************************************************/
void main(void)
{
    xtal_init();                                    //CC2530 系统时钟初始化
    led_init();                                     //LED 控制端口初始化

    //PM0 模式，亮灯并延时
    D1 = ON;                                        //亮 D1（即 LED1），表示系统在 PM0 模式工作
    delay_s(1);                                     //延时 1 s

    //PM1 模式，灭灯
    set_stimer(1);                                  //设置睡眠定时器的定时间隔为 1 s
    stimer_init();                                  //开睡眠定时器中断
    D1 = OFF;                                       //关闭 LED1
    delay_s(1);                                     //延时 1 s
    power_mode(1);                                  //设置电源模式为 PM1

    //1 s 后，由 PM1 模式进入 PM2 模式，亮灯并延时
    D1 = ON;                                        //点亮 LED1
    D2 = ON;                                        //点亮 D2（即 LED2）
    delay_s(1);                                     //延时 1 s

    //PM2，灭灯
    set_stimer(2);                                  //设置睡眠定时器的定时间隔为 2 s
    D1 = OFF;                                       //关闭 LED1
    D2 = OFF;                                       //关闭 LED2
    delay_s(1);                                     //延时 1 s
    power_mode(2);                                  //设置电源模式为 PM2 模式

    //1 s 后，由 PM2 模式进入 PM3 模式，亮灯并延时
    D1 = ON;                                        //点亮 LED1
    delay_s(1);                                     //延时 1 s

    //PM3 模式，灭灯
    ext_init();                                     //初始化外部中断
    D1 = OFF;                                       //关闭 LED1
    delay_s(1);                                     //延时 1 s
```

```
    power_mode(3);                              //设置电源模式为 PM3 模式

    //当外部中断发生时，由 PM3 模式进入 PM0 模式，亮灯
    D1 = ON;                                    //点亮 LED1
    while(1);
}
```

2. 系统时钟初始化模块

CC2530 微处理器的系统时钟初始化程序内容如下。

```
/*********************************************************************************************
* 名称：xtal_init()
* 功能：CC2530 系统时钟初始化
*********************************************************************************************/
void xtal_init(void)
{
    SLEEPCMD &= ~0x04;                          //上电
    while(!(CLKCONSTA & 0x40));                 //晶体振荡器开启且稳定
    CLKCONCMD &= ~0x47;                         //选择 32 MHz 晶体振荡器
    SLEEPCMD |= 0x04;
}
```

3. 外部中断初始化模块

CC2530 微处理器的外部中断初始化程序内容如下。

```
/*********************************************************************************************
* 名称：ext_init()
* 功能：外部中断初始化
*********************************************************************************************/
void ext_init(void)
{
    IEN2 |= 0x10;                               //P1 端口中断使能
    P1IEN |= 0x04;                              //开 P1 端口中断
    PICTL |= 0x02;                              //下降沿触发
    EA = 1;                                     //总中断使能
}
```

4. LED 初始化模块

CC2530 微处理器 LED 控制端口初始化程序内容如下。

```
/*********************************************************************************************
* 名称：led_init()
* 功能：LED 控制端口（引脚）初始化
*********************************************************************************************/
void led_init(void)
```

```
{
    P1SEL &= ~0x03;                 //配置控制引脚（P1_0 和 P1_1）为 GPIO 模式
    P1DIR |= 0x03;                  //配置控制引脚（P1_0 和 P1_1）为输出模式

    D1 = OFF;                       //初始状态为关闭
    D2 = OFF;                       //初始状态为关闭
}
```

5．电源模式选择模块

CC2530 微处理器的电源模式的选择是通过对 SLEEPCMD 寄存器低两位进行配置来实现的，电源模式选择程序代码如下。

```
/*******************************************************************************************
* 名称：power_mode(unsigned char mode)
* 功能：选择电源模式
*******************************************************************************************/
void power_mode(unsigned char mode)
{
    if(mode < 4)
    {
        SLEEPCMD &= 0xfc;                           //将 SLEEP.MODE 清 0
        SLEEPCMD |= mode;                           //选择电源模式
        PCON |= 0x01;                               //启用此电源模式
    }                                               //通过中断唤醒系统
}
```

6．睡眠定时器初始化模块

CC2530 微处理器的睡眠定时器初始化程序如下：

```
/*******************************************************************************************
* 名称：stimer_init()
* 功能：睡眠定时器中断初始化
*******************************************************************************************/
void stimer_init(void)
{
    ST2 = 0x00;
    ST1 = 0x00;
    ST0 = 0x00;
    EA = 1;                 //开中断
    STIE = 1;               //睡眠定时器中断使能，0 表示中断禁止，1 表示中断使能
    STIF = 0;               //睡眠定时器中断标志，0 表示无未决中断，1 表示有未决中断
}
```

7．设置睡眠定时器模块

CC2530 微处理器设置睡眠定时器的代码如下。

```
/*********************************************************************************************
* 名称：set_stimer(unsigned int sec)
* 功能：设置睡眠定时器的定时间隔
*********************************************************************************************/
void set_stimer(unsigned int sec)
{
    unsigned long sleepTimer = 0;

    sleepTimer |= ST0;                                                      //取得目前的睡眠定时器的计数值
    sleepTimer |= (unsigned long)ST1 << 8;
    sleepTimer |= (unsigned long)ST2 << 16;

    sleepTimer += ((unsigned long)sec * (unsigned long)32768);     //加上所需要的定时时长

    ST2 = (unsigned char)(sleepTimer >> 16);                               //设置睡眠定时器的比较值
    ST1 = (unsigned char)(sleepTimer >> 8);
    ST0 = (unsigned char)sleepTimer;
}
```

8．中断服务函数模块

CC2530 微处理器的睡眠模式唤醒是通过中断来实现的，中断服务函数会对睡眠定时器进行置位，通过置位达到唤醒微处理器的目的。中断服务函数代码如下。

```
#pragma vector= ST_VECTOR
__interrupt void sleepTimer_IRQ(void)
{
    EA=0;                                   //关中断
    STIF=0;                                 //睡眠定时器的中断标志位清 0
    EA=1;                                   //开中断
}
```

9．延时函数模块

延时函数程序代码如下。

```
/*********************************************************************************************
* 名称：hal_wait(u8 wait)
* 功能：硬件毫秒延时函数
* 参数：wait—延时时间（wait < 255）
*********************************************************************************************/
void hal_wait(u8 wait)
{
```

```
    unsigned long largeWait;                    //定义硬件计数临时参数
    if(wait == 0) return;                       //如果延时参数为 0，则跳出
    largeWait = ((u16) (wait << 7));            //将数据扩大 64 倍
    largeWait += 114*wait;                      //将延时数据扩大 114 倍并求和

    largeWait = (largeWait >> CLKSPD);          //根据系统时钟频率对延时进行缩放
    while(largeWait --);                        //等待延时自减完成
}
/*********************************************************************************************
* 名称：delay_ms()
* 功能：在硬件延时上延时 255 ms 以上
* 参数：times—延时时间
*********************************************************************************************/
void delay_ms(u16 times)
{
    u16 i,j;                                    //定于临时参数
    i = times / 250;                            //获取要延时时长的 250 ms 倍数部分
    j = times % 250;                            //获取要延时时长的 250 ms 余数部分
    while(i --) hal_wait(250);                  //延时 250 ms
    hal_wait(j);                                //延时剩余部分
}
/*********************************************************************************************
* 名称：delay_s()
* 功能：在延时毫秒的基础上延时 1 s
* 参数：times—延时时间
* 注释：延时为 990，用于抵消 while 函数的指令周期
*********************************************************************************************/
void delay_s(u16 times)
{
    while(times --){
        delay_ms(990);                          //延时 1 s
    }
}
```

8.5 任务验证

使用 IAR 开发环境打开任务设计工程，程序通过编译后，由 SmartRF 下载到 CC2530 微处理器中。

程序运行后 LED1 点亮，此时 CC2530 微处理器工作在 PM0 模式，延时 1 s，LED1 熄灭，此时 CC2530 微处理器进入 PM1 模式，延时 1 s，LED1 和 LED2 点亮，再延时 1 s，LED1 和 LED2 熄灭，此时 CC2530 微处理器进入到 PM2 模式，延时 1 s，LED1 点亮，再延时 1 s，LED1 熄灭，此时 CC2530 微处理器进入 PM3 模式，当按键 K1 按下时，此时 CC2530 微处理器由 PM3 模式进入 PM0 模式，LED1 点亮。

8.6　任务小结

通过对智能手环低功耗设计和开发，理解嵌入式系统低功耗的原理，并掌握 CC2530 微处理器的电源管理功能和基本配置，通过 CC2530 微处理器的电源管理功能实现不同层次的低功耗功能，从而达到低功耗设计的效果。

8.7　思考与拓展

（1）电源管理的功能和用途是什么？

（2）嵌入式系统低功耗有哪些实现方式？

（3）CC2530 微处理器的电源管理的模式有哪几种？

（4）如何使用 CC2530 微处理器的电源管理？

（5）电源管理可以为 CC2530 微处理器提供低功耗的功能，但在实际的应用过程中，硬件往往会在特定条件下从睡眠模式唤醒，既可实时解决任务又可有效降低功耗的目的。请读者尝试以 CC2530 微处理器睡眠唤醒为目的，实现对 CC2530 睡眠 10 s 后被唤醒的效果。

任务9

监测站宕机复位重启的设计与实现

本任务重点学习微处理器的看门狗，掌握 CC2530 看门狗的基本原理和功能，通过驱动 CC2530 的看门狗来实现微处理器的复位重启。

9.1 开发场景：如何实现监测站宕机复位重启

随着人们环保意识的加强，对蓝天白云的生活变得更加向往，这就必须对污染源进行监控和治理。为了实现对污染源、空气质量、水质、土质等信息的持续监测，就必须保证这些检测点的监测站能够持续地获取环境数据以维持监测。这些监测站在长期运行的过程中，如果出现了非硬件故障的程序性宕机，工程人员就需要重启设备。但很多监测站可能泡在水中、埋在土里或者挂在高处，而且传感器数量巨大，维护很不方便，要如何应对这种情况呢？这个时候就可以使用微处理器的看门狗功能，当看门狗监测到系统宕机时可自动重启设备。在生活中很多设备都使用了看门狗功能来应对程序故障，如汽车、风机、卫星、基站、手机等。

本项目以露天农业气象监测站容机复位重启为例来学习和使用微处理器看门狗功能。露天农业气象监测站如图 9.1 所示。

图 9.1　露天农业气象监测站

9.2 开发目标

（1）知识要点：看门狗的功能及作用；CC2530 微处理器的看门狗模块。

（2）技能要点：掌握看门狗的功能及作用；掌握 CC2530 看门狗模块的使用。

（3）任务目标：使用 CC2530 微处理器模拟监测站宕机的复位重启，通过编程使用 CC2530 微处理器的看门狗模块实现 CC2530 微处理器宕机后的系统复位重启，使用按键输入作为 CC2530 微处理器正常运行的条件，通过连接在 CC2530 微处理器引脚上的指示灯表示 CC2530 微处理器当前的工作状态。

9.3 原理学习：看门狗

1. 看门狗基本原理

看门狗定时器（Watch Dog Timer，WDT），简称看门狗，是指在系统设计中通过软件或硬件方式在一定的周期内监控微处理器的运行状况的模块。如果在规定时间内没有收到来自微处理器的触发信号，则说明软件操作不正常（陷入死循环或掉入陷阱等），这时监控复位模块就会立即产生一个复位脉冲去复位微处理器，以保证系统在受到干扰时仍然能够维持正常的工作状态。看门狗的核心是计数/定时器。

看门狗是微处理器的一个组成部分，它实际上是一个计数器，一般为看门狗设置初值，程序开始运行后看门狗开始倒计数。如果程序运行正常，一段时间后微处理器给看门狗赋初值，重新开始计数。如果看门狗倒计数到 0 或者自加到极值，可认为程序没有正常工作，会强制整个系统复位。看门狗工作流程如图 9.2 所示。

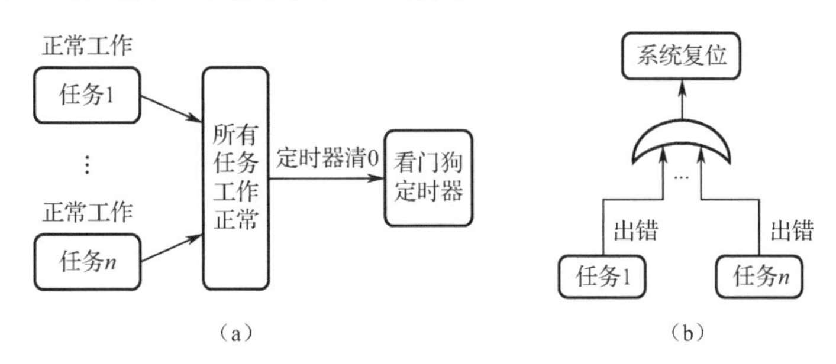

图 9.2　看门狗工作流程

看门狗是一个定时器电路，一般有一个输入（称为喂狗），一个输出到微处理器的 RST 引脚，微处理器正常工作时，每隔一段时间会输出一个信号到喂狗端，将看门狗清 0。如果超过规定的时间不喂狗（一般在程序跑飞时），看门狗定时器超时，就会输出一个复位信号到微处理器，使微处理器复位以防止微处理器死机。看门狗的作用就是防止程序发生死循环或者程序跑飞。

如果配置了看门狗，微处理器系统运行以后可以同时启动看门狗的计数器，计数器启动后看门狗就开始自动计数，如果计数时间到了系统设定的时间还不去清看门狗（即喂狗），那么看门狗计数器就会溢出，从而引起看门狗中断并发出系统复位信号，使系统复位，其工作原理如图 9.3 所示。

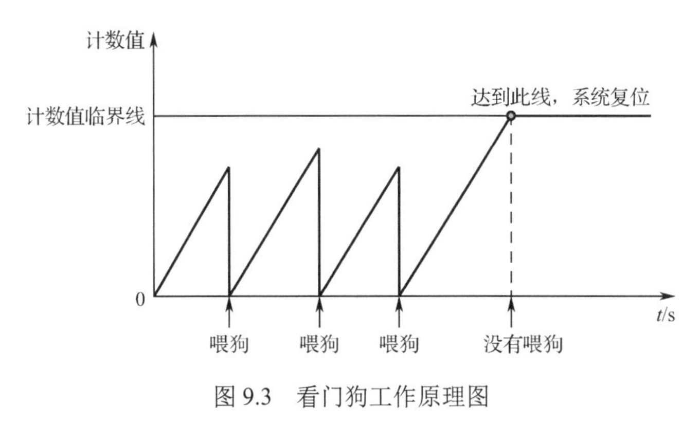

图 9.3　看门狗工作原理图

2．CC2530 看门狗定时器

CC2530 微处理器在由于软件宕机时，可以使用看门狗定时器进行复位。当软件在设定时

间内没有清除看门狗定时，看门狗就会复位系统。看门狗可用于受到电气噪声、电源故障、静电放电等影响的场合，或需要高可靠性的环境。如果一个应用不需要看门狗功能，可以将看门狗定时器配置为一个间隔定时器，这样可以用于在设定的时间内产生中断。

CC2530 微处理器看门狗定时器有以下特性：

- 4 个可选的定时器间隔；
- 看门狗模式；
- 定时器模式；
- 在定时器模式下产生中断请求。

看门狗定时器模块可以配置为一个看门狗定时器或一个通用的定时器，WDT 模块的运行由 WDCTL 寄存器控制。WDT 模块包括一个 15 位计数器，其频率由 32 kHz 时钟源决定（注意用户不能获得 15 位计数器的内容）。在所有供电模式下，15 位计数器的内容保留，且当重新进入主动模式时，看门狗定时器继续计数。

3. CC2530 看门狗定时器之看门狗模式

系统复位之后，看门狗定时器就被禁用了，要设置看门狗定时器工作在看门狗模式，必须设置 WDCTL.MODE[1:0]为 10，然后看门狗定时器的计数器从 0 开始递增。在看门狗模式下，一旦定时器使能，就不可以禁用定时器，因此，如果看门狗定时器工作在已经运行在看门狗模式下，再往 WDCTL.MODE[1:0]写入 00 或 10 就不起作用了。

看门狗定时器运行在一个频率为 32.768 kHz（当使用 32 kHz 的晶体振荡器时）的时钟上，这个时钟频率的超时期限为 1.9 ms、15.625 ms、0.25 s 和 1 s，分别对应计数值为 64、512、8192 和 32768。如果计数器达到设定的定时器计数值，看门狗定时器就为系统产生一个复位信号；如果在计数器达到设定的定时器计数值之前，执行了一个看门狗清除序列，计数器就复位到 0，并继续递增。看门狗清除的序列包括在一个看门狗时钟周期内，写入 0xA 到 WDCTL.CLR[3:0]，然后写入 0x5 到同一个寄存器位。如果这个序列没有在看门狗周期结束之前执行完毕，看门狗定时器就为系统产生一个复位信号。

当看门狗模式下，看门狗使能后就不能再通过写入 WDCTL.MODE[1:0]位改变这个模式，且定时器的计数值也不能改变。在看门狗模式下，看门狗不会产生中断请求。

4. CC2530 看门狗定时器之定时器模式

CC2530 的看门狗定时器可以直接配置为定时器模式，若要将看门狗定时器设置为定时器模式，必须把 WDCTL.MODE[1:0]设置为 11，设置成功后定时器开始执行，且计数器从 0 开始递增。当计数器达到设定的计数值后，定时器将产生一个中断请求（IRCON2.WDTIF/IEN2.WDTIE）。

在定时器模式下，可以通过向 WDCTL.CLR[0] 写入 1 来清除定时器内容。当定时器被清除后，定时器中的计数器寄存器将被清 0；通过向 WDCTL.MODE[1:0]写入 00 或 01 来停止定时器，同时清 0 计数器寄存器。

定时器的定时时长可通过 WDCTL.INT[1:0]来设置。在定时器操作期间，定时器间隔不能改变，在定时器定时开始时必须设置定时时长。在定时器模式下，当达到定时器设定的定时时长后，不会产生复位信号。注意如果选择了看门狗模式，不能在芯片复位之前选择定时器模式。

5. CC2530 看门狗定时器寄存器

CC2530 微处理器的看门狗定时器的配置寄存器只有一个，即 WDCTL（看门狗控制寄存器）。WDCTL（看门狗控制寄存器）如表 9.1 所示。

表 9.1　看门狗控制寄存器

位	名称	复位	R/W	描　述
7:4	CLR[3:0]	0000	R0/W	清除定时器：当 0xA 跟随 0x5 写到这些位时，定时器将被清除（即加载 0）。注意定时器仅写入 0xA 后，在 1 个看门狗时钟周期内写入 0x5 时被清除。当看门狗定时器是 IDLE 时写这些位没有影响；当运行在定时器模式时，写 1 到 CLR[0] 时（不管其他 3 位），定时器将被清除为 0x0000（但是不停止）
3:2	MODE[1:0]	00	R/W	模式选择：该位用于选择 WDT 处于看门狗模式还是定时器模式。当处于定时器模式时，设置这些位为 IDLE 时将停止定时器。注意：若要从正在运行的定时器模式转换到看门狗模式，首先应停止 WDT，然后在启动 WDT 时选择看门狗模式。当运行在看门狗模式时，写这些位没有影响。00 表示 IDLE，01 表示 IDLE（未使用，等于 00），10 表示看门狗模式，11 表示定时器模式
1:0	INT[1:0]	00	R/W	定时器时间间隔选择：用于定时器的时间间隔定义为 32 kHz 振荡器周期。注意，时间间隔只能在 WDT 处于 IDLE 时改变，且必须在定时器启动时设置。当运行在 32 kHz XOSC 时，00 表示定时周期×32768（约 1 s），01 表示定时周期×8192（约 0.25 s），10 表示定时周期×512（约 15.625 ms），11 表示定时周期×64（约 1.9 ms）。 当通过 CLKCONCMD.CLKSPD 使能时钟分频时，看门狗定时器的时间间隔减少为 1/*n*（*n* 为当前振荡器时钟频率除以设定的时钟速度）。例如，如果选择 32 MHz 的晶体振荡器且时钟速度为 4 MHz，则看门狗超时时间将减少 32 MHz / 4 MHz = 8 倍；如果看门狗的时间间隔由 WDCTL.INT 设置为 1 s 时，则是这个时钟分频因子的 1/8

9.4　任务实践：监测站宕机复位重启的软/硬件设计

9.4.1　开发设计

1. 硬件设计

本任务的硬件架构设计如图 9.4 所示。

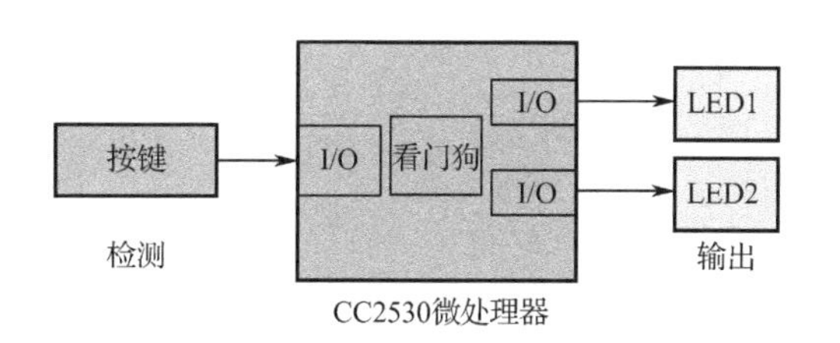

图 9.4　硬件架构设计

2. 软件设计

如果要让系统宕机后自动重启，就需要用到 CC2530 微处理器看门狗模块，通过配置 CC2530 微处理器的看门狗定时器，模拟喂狗来

保持程序正常运行，没有喂狗则将程序复位重启。CC2530 看门狗的配置比较简单，主要是对 WDCTL 寄存器的配置，首先开启 IDLE 功能，然后通过 WDCTL 寄存器低 2 位来设置喂狗时间即可；喂狗操作则是依次向 WDCTL 寄存器写入 0x0A 和 0x05。程序设计流程如下：

（1）初始化系统时钟、LED 控制端口、按键和看门狗；

（2）关闭 LED1 与 LED2，并延时 500 ms；

（3）程序进入主循环，在主循环中先打开 LED1 与 LED2，如果没有检测到按键 K1 被按下，则系统不断复位，LED1 与 LED2 不断闪烁；

（4）如果检测到按键 K1 被按下，延时 10 ms 消抖，待电平稳定后如果按键 K1 依旧处于按下状态则确定按键 K1 被按下，则执行喂狗操作，系统不再复位。

程序设计流程如图 9.5 所示。

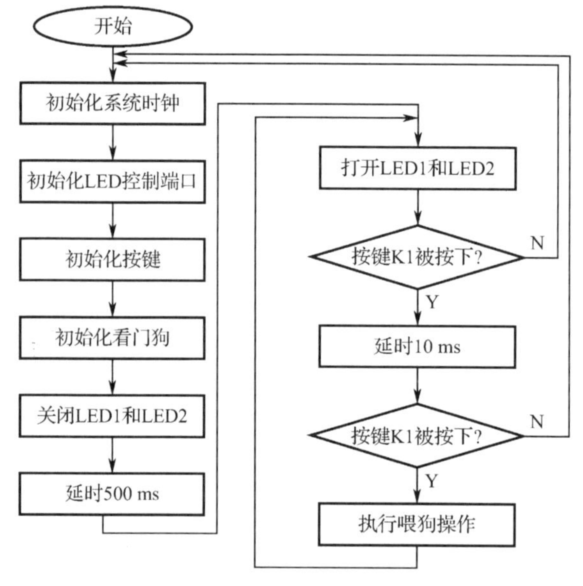

图 9.5 程序设计流程图

9.4.2 功能实现

1. 主函数模块

主函数在初始化系统时钟、LED 控制端口、按键、看门狗后，关闭 LED1 和 LED2，延时 0.5 s 后开始执行主循环程序。主函数程序代码如下。

```
void main(void)
{
    xtal_init();                          //CC2530 系统时钟初始化
    led_io_init();                        //LED 控制端口初始化
    key_io_init();                        //按键初始化
    watchdog_init();                      //看门狗初始化

    LED2 = OFF;
    LED1 = OFF;
```

```
        delay_ms(500);

        while(1)
        {
            LED2 = ON;                              //没有按键按下时系统自动复位，所以 LED1 会闪烁
            LED1 = ON;

            if(KEY1 == ON){                         //按键按下，执行喂狗操作，LED1 点亮
                delay_ms(10);                       //按键防抖
                if(KEY1 == ON){                     //再次检测按键按下
                    feed_dog();                     //喂狗操作
                }
            }
        }
}
```

2．系统时钟初始化模块

CC2530 系统时钟初始化源代码如下。

```
/*********************************************************************************************
* 名称：xtal_init()
* 功能：CC2530 系统时钟初始化
*********************************************************************************************/
void xtal_init(void)
{
    CLKCONCMD &= ～0x40;                          //选择 32 MHz 的外部晶体振荡器
    while(CLKCONSTA & 0x40);                      //晶体振荡器开启且稳定
    CLKCONCMD &= ～0x07;                          //选择 32 MHz 系统时钟
}
```

3．LED 模块

LED 控制端口初始化程序代码如下。

```
/*********************************************************************************************
* 名称：led_init()
* 功能：LED 控制端口初始化
*********************************************************************************************/
void led_init(void)
{
    P1SEL &= ～0x03;                        //配置控制引脚（P1_0 和 P1_1）为 GPIO 模式
    P1DIR |= 0x03;                          //配置控制引脚（P1_0 和 P1_1）为输出模式

    D1 = OFF;                               //初始状态为关闭
    D2 = OFF;                               //初始状态为关闭
}
```

4．按键初始化模块

按键初始化程序代码如下。

```
/*********************************************************************************************
* 名称：key_init()
* 功能：按键初始化
*********************************************************************************************/
void key_init(void)
{
    P1SEL &= ~0x0C;                    //配置按键检测引脚（P1_2 和 P1_3）为 GPIO
    P1DIR &= ~0x0C;                    //配置按键检测引脚（P1_2 和 P1_3）为输出模式
}
```

5．看门狗初始化模块

看门狗初始化程序代码如下。

```
/*********************************************************************************************
* 名称：watchdog_init()
* 功能：看门狗初始化
*********************************************************************************************/
void watchdog_init(void)
{
    WDCTL   = 0x00;                    //打开 IDLE 才能设置看门狗
    WDCTL |= 0x08;                     //定时器间隔选择，间隔 1 s
}
```

6．喂狗模块

喂狗程序内容如下。

```
/*********************************************************************************************
* 名称：feet_dog()
* 功能：喂狗操作
*********************************************************************************************/
void feet_dog(void)
{
    WDCTL = 0xa0;          //清除定时器，当 0xA 跟随 0x5 写入这些位，定时器被清除
    WDCTL = 0x50;
}
```

7．延时函数模块

延时函数程序内容如下。

```
/*********************************************************************************************
* 名称：hal_wait(u8 wait)
```

```
* 功能：硬件毫秒延时函数
* 参数：wait——延时时间（wait < 255）
*********************************************************************************************/
void hal_wait(u8 wait)
{
    unsigned long largeWait;                              //定义硬件计数临时参数
    if(wait == 0) return;                                 //如果延时参数为 0，则跳出
    largeWait = ((u16) (wait << 7));                      //将数据扩大 64 倍
    largeWait += 114*wait;                                //将延时数据扩大 114 倍并求和

    largeWait = (largeWait >> CLKSPD);                    //根据系统时钟频率对延时进行缩放
    while(largeWait --);                                  //等待延时自减完成
}
/*********************************************************************************************
* 名称：delay_ms()
* 功能：在硬件延时 255 ms 以上
* 参数：times——延时时间
*********************************************************************************************/
void delay_ms(u16 times)
{
    u16 i, j;                                             //定于临时参数
    i = times / 250;                                      //获取要延时时长的 250 ms 倍数部分
    j = times % 250;                                      //获取要延时时长的 250 ms 余数部分
    while(i --) hal_wait(250);                            //延时 250 ms
    hal_wait(j);                                          //延时剩余部分
}
```

9.5　任务验证

使用 IAR 开发环境打开任务设计工程，程序通过编译后，由 SmartRF 下载到 CC2530 微处理器中，程序运行后，LED1 和 LED2 熄灭 0.5 s 后被点亮，若在 1 s 内按下按键 K1 则进行喂狗操作，CC2530 微处理器的 LED1 和 LED2 会保持点亮；若未按下按键 K1，系统则会复位，会看到 LED1 和 LED2 在闪烁。

9.6　任务小结

通过对监测站宕机复位重启项目的学习和实践，读者可以掌握实际环境中使用的监测站是如何在宕机后自动复位重启的，对看门狗的学习可以加深对设备宕机复位重启的理解。本任务学习 CC2530 微处理器的看门狗，通过使用看门狗实现 CC2530 微处理器的复位重启操作，按键作为程序运行条件，指示灯用于反映程序运行状态，从而达到监测站设备宕机重启的设计效果。

9.7 思考与拓展

（1）简述看门狗的基本工作原理。

（2）CC2530 微处理器的看门狗有几种模式？

（3）如何实现 CC2530 微处理器看门狗的喂狗操作？

（4）如何驱动 CC2530 微处理器的看门狗？

（5）看门狗在很多的领域都有应用，试列举看门狗还有哪些应用场景。

任务 10 智能工厂设备交互的设计与实现

本任务重点学习微处理器的串口，掌握 CC2530 串口的基本原理和通信协议，通过串口通信实现设备交互。

10.1 开发场景：如何实现设备交互

随着工业化进程的不断深入，工厂的生产逐渐从劳动密集型的工业生产模式向智能化机器生产发展，低技术人力劳动逐渐被智能化机器取代，从而提高了工业生产效率，缩短了社会必要劳动时间，降低了生产成本，提高了产品的市场竞争力。

一条完整的全功能的工业生产线上往往集成了成千上万个机器设备，这些设备除了机械方面的联动，还有独立的产品识别系统，如德国宝马汽车的一条生产线可以生产多款型号的车辆，工业机器人要针对不同的车辆设置不同的操作程序。这些设备是如何更新程序的呢？或者说是如何与生产线的中央控制台交互的呢？

生产车间往往有金属阻隔，电磁环境复杂，不利于无线信号的通信，只有抗干扰能力较强的有线信号才能保证数据的稳定传输，同时中央控制台又需要一次控制多个设备，但设定多个控制端是不现实的。为了解决这种问题，实现工厂设备与控制台的交互，就需要以一种可靠的通信方式来建立连接。串口以实现简单、数据传输稳定、可远距离传输数据、抗干扰能力强且一般电子设备都有这种接口，可以满足工业生产的需求，在工业领域得到了广泛的使用。

本项目将围绕这个场景展开对微处理器串口进行学习与实践。部分交互模型如图 10.1 所示。

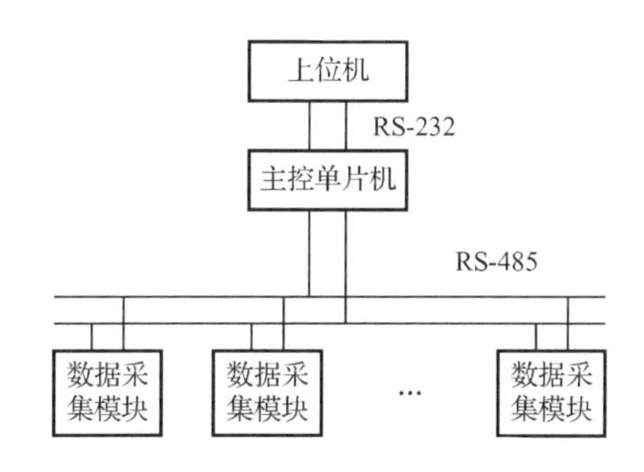

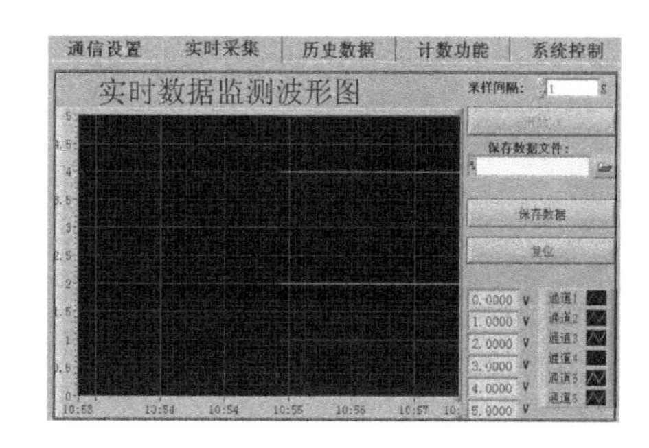

图 10.1　部分交互模型

10.2 开发目标

（1）知识要点：串口的功能及类别；CC2530 微处理器串口的使用。

（2）技能要点：掌握串口的功能及类别；掌握 CC2530 微处理器串口的使用。

（3）任务目标：使用 CC2530 微处理器模拟设备与中央控制台之间的数据交互。通过编程使用 CC2530 微处理器的串口，将配置好的串口通过串口线与 PC 连接，通过 PC 上的串口向 CC2530 微处理器发送数据，CC2530 微处理器通过串口接收到特定的字符后，打印接收到的所有数据，以此实现 CC2530 微处理器与 PC 的交互。

10.3 原理学习：CC2530 串口

10.3.1 串口

1. 串口基本概念

串口自 20 世纪 80 年代提出以来后，虽然其数据传输速率比较低，相对其他数据传输方式，其误码率相对偏高，但其传输线路简单，只要一对传输线就可以实现双向通信，传输长度最长也可达 1200 m。因此，直至今天，由于其简单、方便、易用等特性，串口传输在嵌入式设备数据传输中依然起着十分重要的作用。

串行接口简称串口，也称为串行通信接口，是采用串行通信方式的扩展接口。串行通信指数据一位一位地顺序传输，其特点是通信线路简单，只要一对传输线就可以实现双向通信，从而大大降低了成本，特别适合远距离通信，但其传输速率较低。DB9 串口线如图 10.2 所示。

2. 串口的通信协议

串行通信的特点是：数据的传输是按位顺序一位一位地发送或接收的，最少只需一根传输线即可完成；成本低但传输速率低；串行通信的距离为从几米到几千米；根据信息的传输方向，串行通信可以进一步分为单工、半双工和全双工三种，如图 10.3 所示。

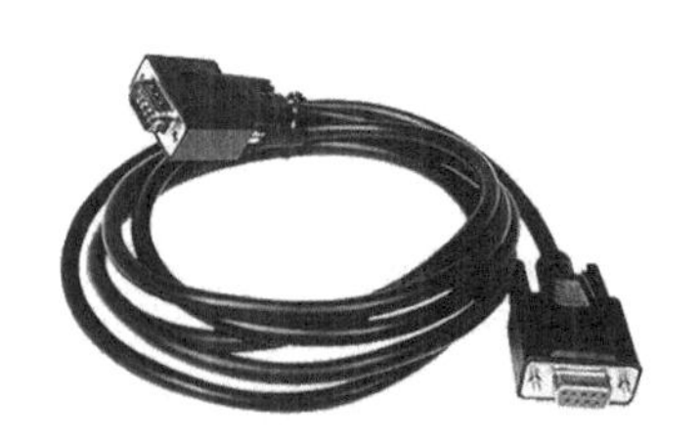

图 10.2　DB9 串口线

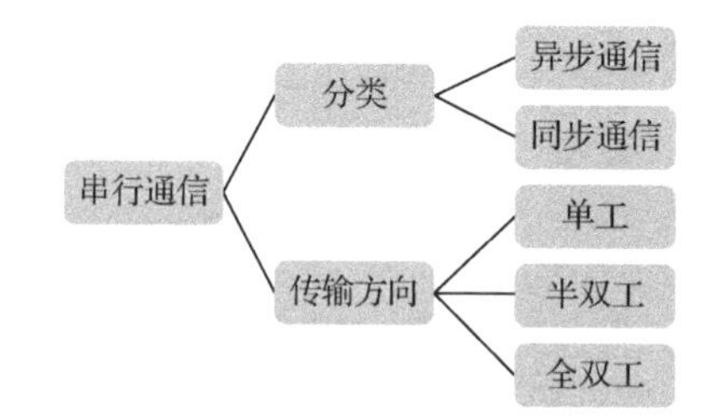

图 10.3　串行通信

串口在数据传输过程中采用串行逐位传输方式，计算机上的 9 针 COM 端口即串行通信接口，按通信方式的不同，可以分为同步串行通信和异步串行通信。异步串行通信中，数据通常是以字符（或字节）为单位组成字符帧传输的，字符帧由发送端一帧一帧地发送，通过

传输线被接收设备一帧一帧地接收，发送端和接收端由各自的时钟来控制数据的发送和接收，这两个时钟源彼此独立，互不同步。在异步串行通信中，单一帧内的每个位之间的时间间隔是一定的，而相邻帧之间的时间间隔是不固定的。并行通信和串行通信如图 10.4 所示。

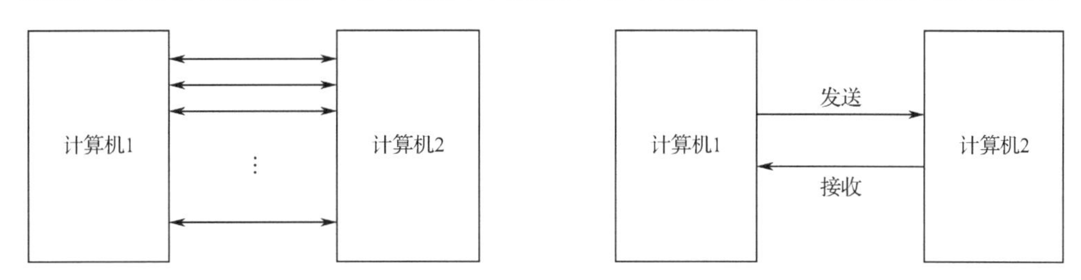

图 10.4　并行通信和串行通信

串口通信常用的参数有波特率、数据位、停止位和奇偶校验，两个设备相互通信时，其参数必须一致。以下四种位组成了异步串行通信的一个帧：起始位、数据位、校验位、停止位，如图 10.5 所示。异步串行通信的最大传输波特率为 115200 bps。

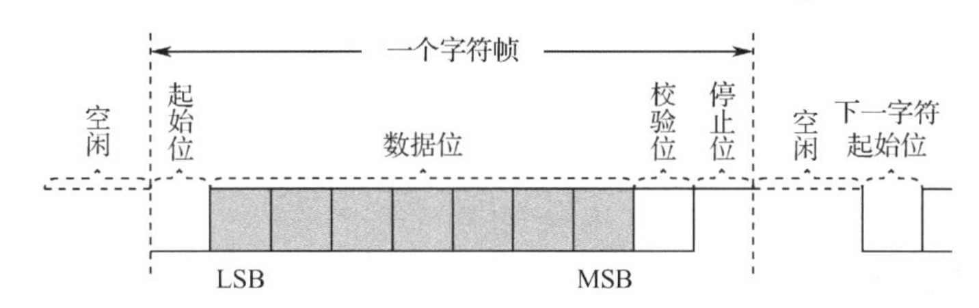

图 10.5　异步通信的数据帧格式

起始位：位于数据帧开头，只占 1 位，始终为逻辑 0（低电平）。

数据位：根据情况可选择 5 位、6 位、7 位或 8 位，低位在前高位在后。若所传输的数据为 ASCII 字符，则取 7 位。

校验位：仅占 1 位，用于表示串行通信中采用的是奇校验还是偶校验。

停止位：位于数据帧末尾，为逻辑 1（高电平），通常可取 1 位、1.5 位或 2 位。

1）比特率与波特率

在数字信道中，比特率是数字信号的传输速率，它用单位时间内传输的二进制代码的有效位（bit）数来表示，其单位为 bps、kbps 或 Mbps。

波特率指每秒传送信号的数量，单位为波特（Baud）。在异步通信中，波特率是最重要的指标，用于表征数据传输的速率。波特率越高，数据传输速率越快。

波特率与比特率的关系为：比特率=波特率×单个调制状态对应的二进制位数，即

$$I=S\log_2 N$$

式中，I 为传信率，S 为波特率，N 为每个符号负载的信息量，以比特为单位。波特率与比特率区别如下。

（1）波特率与比特率有区别，每秒传输二进制数的位数定义为比特率。由于在单片机串行通信中传输的信号就是二进制信号，因此波特率与比特率数值上相等，单位采用 bps。

（2）波特率与字符的实际传输速率不同，字符的实际传输速率指每秒内所传字符的帧数。例如，假如数据的传输速率是 120 字符/秒，而每个字符包含 10 数位（1 个起始位、8 个数据

位和 1 个停止位），则其波特率为 10 bit×120 字符/s＝1200 波特。

2）数据位

数据位是衡量通信中实际数据位的参数。当计算机发送一个信息包，实际的数据往往不会是 8 位的，标准的值是 6、7 和 8 位。如果数据使用标准 ASCII 码，那么每个数据帧使用 7 位数据。每个数据帧包括起始位、停止位、数据位和奇偶校验位。

3）停止位

停止位用于表示单个数据帧的最后一位，由于数据是在传输线上定时的，并且每一个设备有其自己的时钟，很可能在通信中两台设备间出现了不同步，因此停止位不仅仅表示传输的结束，而且提供了计算机校正时钟同步的机会。

4）奇偶校验位

奇偶校验位是串口通信中一种简单的检错方式（当然没有校验位也是可以的），对于偶校验和奇校验的情况，串口会设置校验位（数据位后面的一位），用一个值确保传输的数据有偶数个或者奇数个逻辑高位。例如，如果数据是 01111，那么对于偶校验，校验位为 0，保证有偶数个逻辑高电平；如果是奇校验，校验位为 1，这样就有奇数个逻辑高电平。

3. 串口的接口标准

按电气标准及协议来分，串口包括 RS-232、RS-422、RS-485 等，这三种标准只对接口的电气特性进行了规定，不涉及接插件、电缆或协议。

1）RS-232

RS-232 称为标准串口，是最常用的一种串行通信接口，它是在 1970 年由美国电子工业协会（EIA）联合贝尔实验室、调制解调器厂家及计算机终端生产厂家共同制定的用于串行通信的标准。传统的 RS-232-C 接口标准有 22 根线，采用标准 25 芯 D 型插头（DB25），后来使用简化为 9 芯 D 型插头（DB9）。

RS-232 采取不平衡传输方式，即单端通信。由于其发送电平与接收电平的差仅为 2～3 V，共模抑制能力差，再加上双绞线上的分布电容，其最大传输距离约为 15 m，最高传输速率为 20 kbps。RS-232 是为点对点通信而设计的，适合本地设备之间的通信。RS-232 接口的定义如图 10.6 所示。

2）RS-422

RS-422 是四线制接口，实际上还有一根信号地线，共 5 根线。由于接收器采用高输入阻抗和发送驱动器，相比 RS-232 有更强的驱动能力，允许在相同传输线上连接多个接收节点，最多可连接 10 个节点，一个主设备，其余为从设备，从设备之间不能通信，所以 RS-422 支持一对多的双向通信。接收器输入阻抗为 4 kΩ，故发送端最大负载能力是 10×4 kΩ+100 Ω（终接电阻）。由于 RS-422 四线接口采用单独的发送和接收通道，因此不必控制数据方向，各设备之间任何必需的信号交换均可以按软件方式（XON/XOFF 握手）或硬件方式（一对单独的双绞线）实现。

RS-422 的最大传输距离为 1219 m，最大传输速率为 10 Mbps，其平衡双绞线的长度与传输速率成反比，在 100 kbps 以下时，才可能达到最大传输距离；只有在很短的距离下才能获得最高速率传输。一般 100 m 长的双绞线上所能获得的最大传输速率仅为 1 Mbps，RS-422 接口的定义如图 10.7 所示。

3）RS-485

RS-485 是在 RS-422 基础上发展而来的，所以 RS-485 的许多电气规定与 RS-422 相同，例如，都采用平衡传输方式、都需要在传输线上接终接电阻等。RS-485 可以采用二线制与四线制方式，二线制可实现多点双向通信；而采用四线制连接时，与 RS-422 一样只能实现一对多的通信，即只能有一个主设备，其余为从设备，但比 RS-422 有改进，无论四线制还是二线制连接方式总线上可连接 32 个设备。

RS-485 与 RS-422 的不同之处是它们的共模输出电压是不同的，RS-485 为−7～+12 V，而 RS-422 为−7～+7 V；RS-485 接收器最小输入阻抗为 12 kΩ、RS-422 是 4 kΩ。由于 RS-485 满足所有 RS-422 的规范，所以 RS-485 的驱动器可以在 RS-422 网络中应用。

RS-485 与 RS-422 一样，其最大传输距离约为 1219 m，最大传输速率为 10 Mbps，平衡双绞线的长度与传输速率成反比，速率在 100 kbps 以下，才可能使用规定最长的电缆长度。只有在很短的距离下才能获得最高速率传输，一般长度为 100 m 的双绞线最大传输速率仅为 1 Mbps。RS-485 接口的定义如图 10.8 所示。

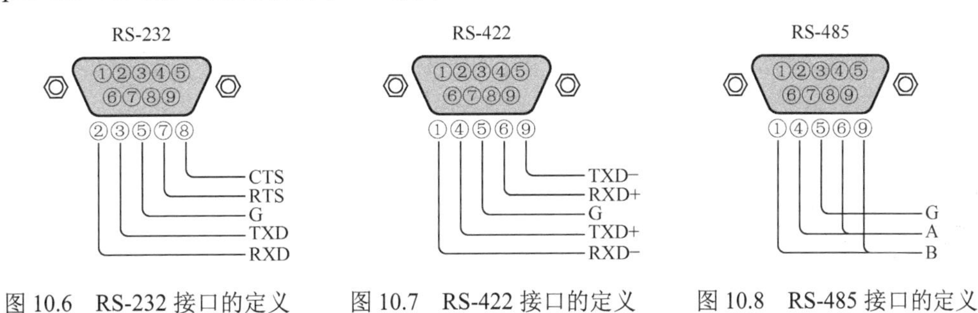

图 10.6　RS-232 接口的定义　　图 10.7　RS-422 接口的定义　　图 10.8　RS-485 接口的定义

10.3.2　CC2530 串口

1. CC2530 串口功能

CC2530 的串口提供 UART（Universal Asynchronous Receiver/Transmitter）模式，在该模式中，串口接口使用二线制方式或者含有引脚 RXD、TXD，可选 RTS 和 CTS 的四线制方式。UART 模式的操作具有下列特点：

- 8 位或者 9 位数据；
- 奇校验、偶校验或者无奇偶校验；
- 可配置起始位和停止位电平；
- 可配置 LSB 或者 MSB 首先传送；
- 独立的收发中断；
- 独立的收发 DMA 触发；
- 奇偶校验和帧校验出错状态。

CC2530 的 UART 模式提供全双工传输，接收器中的位同步不影响发送功能。传输 1 个 UART 字节包含 1 个起始位、8 个数据位、1 个作为可选项的第 9 位数据、奇偶校验位、1 个或 2 个停止位。注意，虽然真实的数据包含 8 位或者 9 位，但是数据传输只涉及 1 个字节。

UART 操作由 UART 控制和状态寄存器 UxCSR，以及 UART 控制寄存器 UxUCR 来控制，

这里的 x 是 UART 的编号，其值为 0 或者 1。当 UxCSR.MODE 设置为 1 时，表示选择 UART 模式。

2. CC2530 串口收发数据

1）串口发送数据

当向 USART 收/发数据缓冲寄存器、UxBUF 寄存器写入数据时，该字节将发送到输出引脚 TXDx。UxBUF 寄存器是双缓冲的。

当字节传送开始时，UxCSR.ACTIVE 变为高电平；当字节传送结束时变为低电平，并且 UxCSR.TX_BYTE 设置为 1。当 USART 收/发数据缓冲寄存器就绪，准备接收新的发送数据时，就会产生一个中断请求，该中断在传输开始后立刻发生，因此当字节正在发送时，新的字节能够装入 USART 收/发数据缓冲寄存器。

2）串口接收数据

当 UxCSR.RE 设置为 1 时，就可以在 UART 上开始接收数据了，这时 UART 会在输入引脚 RXDx 中寻找有效起始位，并且将 UxCSR.ACTIVE 设置为 1。当检测出有效的起始位时，接收到的字节就传入接收寄存器，UxCSR.RX_BYTE 设置为 1，该操作完成时将产生接收中断，同时 UxCSR.ACTIVE 变为低电平，通过 UxBUF 寄存器接收数据字节，当读取 UxBUF 寄存器时，UxCSR.RX_BYTE 将由硬件清 0。

3. CC2530 串口波特率发生器

当 CC2530 的串口工作在 UART 模式时，内部的波特率发生器将设置 UART 波特率，由寄存器 UxBAUD.BAUD_M[7:0]和 UxGCR.BAUD_E[4:0]定义波特率，该波特率为 UART 传输的波特率，可由下式给出。

$$\text{BaudRate} = \frac{(256 + \text{BAUD\_M}) \times 2^{\text{BAUD\_E}}}{2^{28}} \times f$$

式中，f 是系统时钟频率，为 16 MHz 的 RC 振荡器或者 32 MHz 的晶体振荡器。

标准波特率所需的寄存器值配置表如表 10.1 所示，适合典型的 32 MHz 系统时钟。真实波特率与标准波特率之间的误差，用百分数表示。

当 BAUD_E=16 且 BAUD_M=0 时，UART 模式的最大波特率是 $f/16$（f 是系统时钟频率）。

注意波特率必须在 UART 操作发生之前通过 UxBAUD 和寄存器 UxGCR 设置，这意味着使用这个信息的定时器不会更新，直到它完成它的起始条件，因此改变波特率是需要时间的。

表 10.1 标准波特率所需的寄存器值配置表

波特率/bps	UxBAUD.BAUD_M	UxGCR.BAUD_E	误差/%
2400	59	6	0.14
4800	59	7	0.14
9600	59	8	0.14

续表

波特率/bps	UxBAUD.BAUD_M	UxGCR.BAUD_E	误差/%
14400	216	8	0.03
19200	59	9	0.14
28800	216	9	0.03
38400	59	10	0.14
57600	216	10	0.03
76800	59	11	0.14
115200	216	11	0.03
230400	216	12	0.03

4．CC2530 串口清除

CC2530 的串口可通过设置寄存器的 UxUCR.FLUSH 位取消当前的操作，这会立即停止当前的操作并清除全部数据缓冲寄存器。应注意，在 TX/RX 位中设置清除位时，不会立即清除数据缓冲寄存器，这个位结束后数据缓冲寄存器将被立即清除，但是指导位持续时间的定时器不会被清除。因此，使用清除位时应符合 USART（Universal Synchronous/Asynchronous Receiver/Transmitter）中断，或在 UART 接收更新的数据或配置之前使用当前波特率的等待时间位。

5．CC2530 串口中断

每个 USART 都有两个中断：接收数据完成中断（URXx）和发送数据完成中断（UTXx），当传输开始时触发 TX 中断。

USART 的中断使能位在寄存器 IEN0 和寄存器 IEN2 中，中断标志位在寄存器 TCON 和寄存器 IRCON2 中。中断使能和中断标志总结如下。

中断使能：

- USART0 RX：IEN0.URX0IE。
- USARTl RX：IEN0.URXlIE。
- USART0 TX：IEN2.UTX0IE。
- USARTl TX：IEN2.UTXlIE。

中断标志：

- USART0 RX：TCON.URX0IF。
- USARTl RX：TCON.URXlIF。
- USART0 TX：IRCON2.UTX0IF。
- USARTl TX：IRCON2.UTX1IF。

6．CC2530 串口寄存器

为了实现有效的串口配置，CC2530 微处理器的每个 USART 通道都有 5 个配置寄存器，用于综合配置其串口特性，这 5 个控制寄存器分别为 UxCSR（USARTx 控制和状态寄存器）、UxUCR（USARTx UART 控制寄存器）、UxGCR（USARTx 通用控制寄存器）、UxBUF（USARTx 接收/发送数据缓冲寄存器）、UxBAUD（USARTx 波特率控制寄存器）。

U0CSR（USART0 控制和状态寄存器）如表 10.2 所示。

表 10.2　USART0 控制和状态寄存器

位	名称	复位	R/W	描　述
7	MODE	0	R/W	USART 模式选择：0 表示 SPI 模式，1 表示 UART 模式
6	RE	0	R/W	UART 接收器使能：注意在 UART 完成配置之前不能使能接收，0 表示禁用接收器，1 表示接收器使能
5	SLAVE	0	R/W	SPI 主模式或者从模式选择：0 表示 SPI 主模式，1 表示 SPI 从模式
4	FE	0	R/W0	UART 帧错误状态：0 表示无帧错误检测，1 表示字节收到不正确停止位
3	ERR	0	R/W0	UART 奇偶错误状态：0 表示无奇偶错误检测，1 表示字节收到奇偶错误检测
2	RX_BYTE	0	R/W0	接收字节状态：URAT 模式和 SPI 从模式。当读 U0DBUF 时，该位将自动清除，也可通过写 0 清除它，这样可有效丢弃 U0DBUF 中的数据。0 表示没有收到字节，1 表示准备好接收字节
1	TX_BYTE	0	R/W0	传送字节状态：URAT 模式和 SPI 主模式，0 表示字节没有被传送，1 表示写到数据缓冲寄存器的最后字节被传送
0	ACTIVE	0	R	USART 传送/接收主动状态：在 SPI 从模式下该位等同于从模式选择。0 表示 USART 空闲，1 表示在传送或者接收模式，USART 忙碌

U0UCR（USART0 UART 控制寄存器）如表 10.3 所示。

表 10.3　USART0 UART 控制寄存器

位	名称	复位	R/W	描　述
7	FLUSH	0	R/W	清除单元：设置该位时，将会立即停止当前操作并且返回空闲状态
6	FLOW	0	R/W	UART 硬件流控制使能：使用 RTS 引脚和 CTS 引脚选择硬件流控制的使用，0 表示禁止硬件流控制，1 表示使能硬件流控制
5	D9	0	R/W	UART 奇偶校验位：当使能奇偶校验时，写入 D9 的值将决定发送的第 9 位的值，如果收到的第 9 位的值与收到字节的奇偶校验不匹配，则报告奇偶校验错误。如果使能奇偶校验，那么该位可设置奇偶校验类型，0 表示奇校验，1 表示偶校验
4	BIT9	0	R/W	UART 9 位数据模式使能：当该位是 1 时，使能奇偶校验位传输（即第 9 位）；如果通过 PARITY 使能奇偶校验，第 9 位的内容是通过 D9 给出的。0 表示 8 位传送，1 表示 9 位传送
3	PARITY	0	R/W	UART 奇偶校验使能： 0 表示禁用奇偶校验，1 表示使能奇偶校验
2	SPB	0	R/W	UART 停止位的位数：选择要传送的停止位的位数，0 表示 1 位停止位，1 表示 2 位停止位
1	STOP	1	R/W	UART 停止位的电平必须与起始位的电平不同，0 表示停止位为低电平，1 表示停止位为高电平
0	START	0	R/W	UART 起始位电平：闲置线的极性采用与起始位电平相反的电平。0 表示起始位为低电平，1 表示起始位为高电平

U0GCR（USART0 通用控制寄存器）如表 10.4 所示。

表 10.4　USART0 通用控制寄存器

位	名称	复位	R/W	描　述
7	CPOL	0	R/W	SPI 的时钟极性：0 表示负时钟极性，1 表示正时钟极性
6	CPHA	0	R/W	SPI 时钟相位：0 表示当 SCK 从倒置 CPOL 到 CPOL 时数据输出到 MOSI，并且当 SCK 从 CPOL 到倒置 CPOL 时数据输入抽样到 MISO；1 表示当 SCK 从 CPOL 到倒置 CPOL 时数据输出到 MOSI，并且当 SCK 从倒置 CPOL 到 CPOL 时数据输入抽样到 MISO
5	ORDER	0	R/W	位传送顺序：0 表示 LSB 先传送，1 表示 MSB 先传送
4:0	BAUD_E[4:0]	00000	R/W	波特率指数值：BAUD_E 和 BAUD_M 决定 UART 的波特率和 SPI 的主 SCK 时钟频率

U0BUF（USART0 接收/发送数据缓冲寄存器）如表 10.5 所示。

表 10.5　USART0 接收/发送数据缓冲寄存器

位	名称	复位	R/W	描　述
7:0	DATA[7:0]	0x00	R/W	USART 接收和传送数据：当写该寄存器时，数据被写到内部传送数据寄存器；当读取该寄存器时，数据来自内部读取的数据寄存器

U0BAUD（USART 0 波特率控制寄存器）如表 10.6 所示。

表 10.6　USART0 波特率控制寄存器

位	名称	复位	R/W	描　述
7:0	BAUD_M[7:0]	0x00	R/W	波特率小数部分的值：BAUD_E 和 BAUD_M 决定 UART 的波特率和 SPI 的主 SCK 时钟频率

U1CSR（USART1 控制和状态寄存器）如表 10.7 所示。

表 10.7　USART1 控制和状态寄存器

位	名称	复位	R/W	描　述
7	MODE	0	R/W	USART 模式选择：0 表示 SPI 模式，1 表示 UART 模式
6	RE	0	R/W	启动 UART 接收器：注意在 UART 完成配置之前不能使能接收器。0 表示禁用接收器，1 表示使能接收器
5	SLAVE	0	R/W	SPI 主模式或者从模式选择：0 表示 SPI 主模式，1 表示 SPI 从模式
4	FE	0	R/W	UART 帧错误状态：0 表示无帧错误检测，1 表示字节收到不正确停止位
3	ERR	0	R/W	UART 奇偶校验错误状态：0 表示无奇偶错误检测，1 表示字节收到奇偶错误

续表

位	名称	复位	R/W	描　述
2	RX_BYTE	0	R/W	接收字节状态：UART 模式和 SPI 从模式。当读 U0DBUF 时该位将自动清除，也可通过写 0 清除它，这样可有效丢弃 U0DBUF 中的数据。0 表示没有收到字节，1 表示准备好接收字节
1	TX_BYTE	0	R/W	传送字节状态：UART 模式和 SPI 从模式。0 表示字节没有传送，1 表示写到数据缓存寄存器的最后字节已经传送
0	ACTIVE	0	R	USART 传送/接收主动状态：0 表示 USART 空闲，1 表示在传送或者接收模式，USART 忙碌

U1UCR（USART1 UART 控制寄存器）如表 10.8 所示。

表 10.8　USART1 UART 控制寄存器

位	名称	复位	R/W	描　述
7	FLUSH	0	R/W	清除单元：当设置时，该事件将会立即停止当前操作并且返回单元的空闲状态
6	FLOW	0	R/W	UART 硬件流使能：用 RTS 引脚和 CTS 引脚选择硬件流控制的使用。0 表示禁用硬件流控制，1 表示使能硬件流控制
5	D9	0	R/W	UART 奇偶校验位：当使能奇偶校验，写入 D9 的值决定发送的第 9 位的值，如果收到的第 9 位和收到字节的奇偶校验不匹配，接收时报告 ERR。如果奇偶校验使能，那么该位可以设置奇偶校验类型，0 表示奇校验，1 表示偶校验
4	BIT9	0	R/W	使能 UART9 位数据模式：当该位是 1 时，使能奇偶校验位传输（即第 9 位）；如果通过 PARITY 使能奇偶校验，第 9 位的内容是通过 D9 给出的。0 表示 8 位传送，1 表示 9 位传送
3	PARITY	0	R/W	USART 奇偶校验使能：0 表示禁用奇偶校验，1 表示使能奇偶校验
2	SPB	0	R/W	UART 的停止位的个数：选择要传送的停止位个数，0 表示停止位 1 个，1 表示停止位 2 个
1	STOP	1	R/W	UART 停止位电平必须与起始位电平不同，0 表示停止位为低电平，1 表示停止位为高电平
0	START	0	R/W	UART 起始位电平：闲置线的极性采用与起始位电平相反的电平，0 表示起始位为低电平，1 表示起始位为高电平

U1GCR（USART1 通用控制寄存器）如表 10.9 所示。

表 10.9　USART1 通用控制寄存器

位	名称	复位	R/W	描　述
7	CPOL	0	R/W	SPI 的时钟极性：0 表示负时钟极性，1 表示正时钟极性
6	CPHA	0	R/W	SPI 时钟相位：0 表示当 SCK 从倒置 CPOL 到 CPOL 时数据输出到 MOSI，当 SCK 从 CPOL 到倒置 CPOL 时数据输入抽样到 MISO；1 表示当 SCK 从倒置 CPOL 到 CPOL 时数据输出到 MOSI，并且当 SCK 从 CPOL 到倒置 CPOL 时数据输入抽样到 MISO

续表

位	名称	复位	R/W	描　述
5	ORDER	0	R/W	位传送顺序：0 表示 LSB 先传送，1 表示 MSB 先传送
4:0	BAUD_E[4:0]	00000	R/W	波特率指数值：BAUD_E 和 BAUD_M 决定 UART 的波特率和 SPI 的主 SCK 时钟频率

U1BUF（USART1 接收/发送数据缓冲寄存器）如表 10.10 所示。

表 10.10　USART1 接收/发送数据缓冲寄存器

位	名称	复位	R/W	描　述
7:0	DATA[7:0]	0x00	R/W	USART 接收和传送数据：当写该寄存器时，数据写到内部传送数据寄存器；当读该寄存器时，数据来自内部读取的数据寄存器

U1BAUD（USART1 波特率控制寄存器）如表 10.11 所示。

表 10.11　USART1 波特率控制寄存器

位	名称	复位	R/W	描　述
7:0	BAUD_M[7:0]	0x00	R/W	波特率小数部分的值：BAUD_E 和 BAUD_M 决定 UART 的波特率和 SPI 的主 SCK 时钟频率。

10.4　任务实践：智能工厂设备交互的软/硬件设计

10.4.1　开发设计

1．硬件设计

本任务的硬件架构设计如图 10.9 所示。

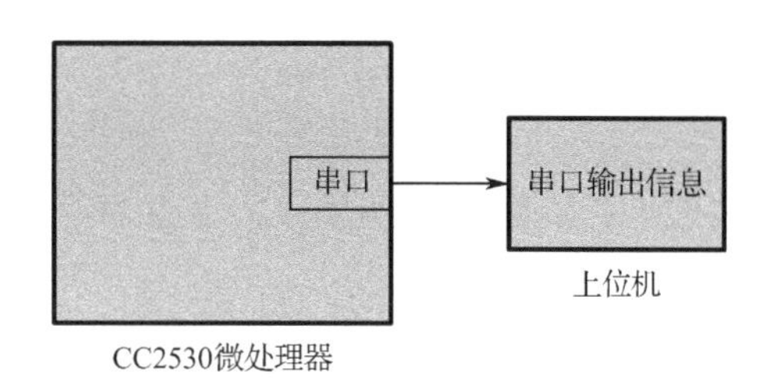

图 10.9　硬件架构设计图

2．软件设计

要实现 CC2530 微处理器与 PC 之间的通信，就需要使用的 CC2530 微处理器的串口，通过串口建立连接后可自行设计交互协议，以实现 CC2530 微处理器与 PC 之间的数据交互。CC2530 微处理器与 PC 交互的重点在于对 CC2530 微处理器串口的配置，通常要事先约定串口的各项参数，然后将 PC 的串口调试助手的串口参数配置成与 CC2530 微处理器串口相同的参数。

本任务将串口的参数配置为：波特率 38400、8 位数据位、1 位奇偶校验位、无硬件数据流控制。

通信设计：字符识别码为“@”，在接收到“@”之前可接收不超过 256 字节的数据。要实现这样的串口功能就需要对 CC2530 微处理器的相关串口寄存器进行配置。首先需要通过 P0SEL 寄存器将引脚属性配置为外设模式，然后通过 PERCFG 配置寄存器选择要配置的串口通道，接下来选择 P0 为串口并将双线总线模式配置为串口模式，最后配置串口波特率、停止位和奇偶校验位。

接收数据设计：接收数据则只需要对接收状态寄存器位 URX0IF 进行识别，如果接收到数据，则可直接从 U0DBUF 寄存器中获取接收到的数据。程序的发送数据与接收数据方式的操作顺序正好相反，首先向 U0DBUF 寄存器写入要发送的值，然后等到 UTX0IF 寄存器置位，如果置位则发送数据。程序设计为：首先初始化系统时钟和串口；接着在 PC 上显示“Please Input string end with '@'”；然后程序进入主循环，在主循环中先接收串口收到的字符，再将字符都存储到数组中，当接收到‘@’字符或者数据大于等于 256 字节时，串口将数组中的字符依次发送出去；

最后清空数组中的字符，重新开始接收字符。

程序设计流程图如图 10.10 所示。

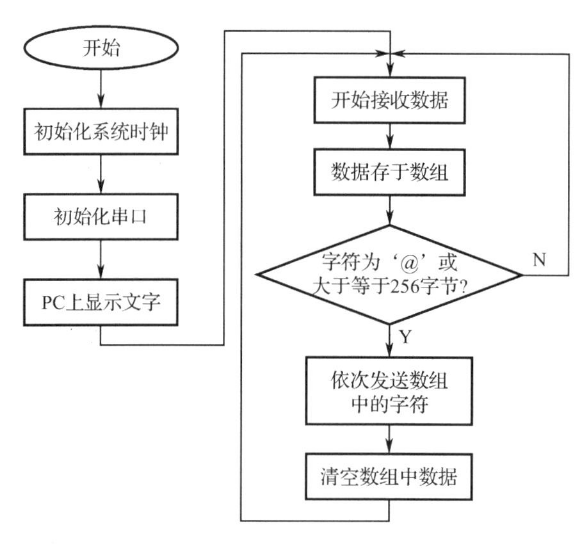

图 10.10　程序设计流程图

10.4.2　功能实现

1．主函数模块

主函数初始化系统时钟和串口，然后通过串口向 PC 打印操作提示信息，最后进入主循环监测串口数据的收发。主函数程序内容如下：

```
void main(void)
{
    xtal_init();                                            //CC2530 系统时钟初始化
    //初始化串口：波特率为 38400 bps，8 位数据位，无奇偶校验，1 位停止位
    uart0_init(0x00, 0x00);
```

```
    uart_send_string("Please Input string end with '@'\r\n");    //在 PC 上打印一段文字

    while(1){
        uart_test();                                              //串口通信程序
    }
}
```

2．时钟初始化模块

CC2530 系统时钟初始化的源代码如下。

```
/**********************************************************************************
* 名称：xtal_init()
* 功能：CC2530 系统时钟初始化
**********************************************************************************/
void xtal_init(void)
{
    CLKCONCMD &= ～0x40;                                    //选择 32 MHz 的外部晶体振荡器
    while(CLKCONSTA & 0x40);                                //晶体振荡器开启且稳定
    CLKCONCMD &= ～0x07;                                    //选择 32 MHz 系统时钟
}
```

3．串口初始化模块

初始化串口为波特率 38400，8 位数据位，1 位奇偶校验位，无硬件数据流控制。串口初始化的程序代码如下。

```
/**********************************************************************************
* 名称：uart0_init(unsigned char StopBits,unsigned char Parity)
* 功能：串口 0 初始化
**********************************************************************************/
*   CC2530 32 MHz 系统时钟波特率参数表       *
*   波特率   UxBAUD        UxGCRM          *
*   240      59            6               *
*   4800     59            7               *
*   9600     59            8               *
*   14400    216           8               *
*   19200    59            9               *
*   28800    216           9               *
*   38400    59            10              *
*   57600    216           10              *
*   76800    59            11              *
*   115200   216           11              *
*   23040    216           12              *
**********************************************************************************/
void uart0_init(unsigned char StopBits,unsigned char Parity)
{
```

```
    P0SEL |=   0x0C;                          //初始化 UART0 端口
    PERCFG&=  ~0x01;                          //选择 UART0 为可选位置 1
    P2DIR &=  ~0xC0;                          //P0 优先作为串口 0
    U0CSR = 0xC0;                             //设置为 UART 模式，而且使能接收器

    U0GCR = 10;
    U0BAUD = 59;                              //波特率设置为 38400

    U0UCR |= StopBits|Parity;                 //设置停止位与奇偶校验
}
```

4．串口监测收发模块

串口的数据收发和关键字符的监测均是在串口测试函数中完成的，当 CC2530 微处理器接收到字符“@”或者数据大于等于 256 个字节时，串口将数组中的字符依次发送出去。串口测试代码程序内容如下。

```
/*********************************************************************************************
* 名称：uart_test()
* 功能：串口输出函数
*********************************************************************************************/
void uart_test(void)
{
    unsigned char ch;
    ch = uart_recv_char();                    //串口接收的字节
    if (ch == '@' || recvCnt >= 256) {        //接收到字符“@”或者大于等于 256 个字节时结束
        recvBuf[recvCnt] = 0;
        uart_send_string(recvBuf);            //串口发送字符串函数
        uart_send_string("\r\n");
        recvCnt = 0;                          //收到数据后清空
    } else {
        recvBuf[recvCnt++] = ch;              //用数组存储接收到的数据
    }
}
```

5．串口接收模块

CC2530 微处理器串口接收函数如下。

```
/*********************************************************************************************
* 名称：int uart_recv_char()
* 功能：串口接收字节函数
*********************************************************************************************/
int uart_recv_char(void)
{
    int ch;                                       //等待数据接收完成
    while (URX0IF == 0);                          //提取接收到的数据
```

```
    ch = U0DBUF;
    URX0IF = 0;                                    //发送标志位清 0
    return ch;                                     //返回获取到的串口数据
}
```

6. 串口发送模块

CC2530 微处理器串口发送函数如下。

```
/*********************************************************************************************
* 名称：uart_send_char()
* 功能：串口发送字节函数
*********************************************************************************************/
void uart_send_char(char ch)
{
    U0DBUF = ch;                                   //将要发送的数据写入发送缓存寄存器
    while(UTX0IF == 0);                            //等待数据发送完成
    UTX0IF = 0;                                    //发送完成后将数据清 0
}
/*********************************************************************************************
* 名称：uart_send_string(char *Data)
* 功能：串口发送字符串函数
*********************************************************************************************/
void uart_send_string(char *Data)
{
    while (*Data != '\0') {                        //如果检测到空字符则跳出
        uart_send_char(*Data++);                   //循环发送数据
    }
}
```

10.5 任务验证

使用 IAR 开发环境打开任务设计工程，程序通过编译后，由 SmartRF 下载到 CC2530 微处理器中，暂不执行程序。

连接 CC2530 开发平台与 PC，打开串口工具并将其参数设置为：波特率 38400，8 位数据位，无奇偶校验位，1 位停止位，取消十六进制显示，设置完成后执行程序。

程序运行后，串口调试助手会显示“Please Input string end with '@'”，在串口调试助手输入任何字符并以@结尾，单击“发送”按钮后串口调试助手的接收窗口会显示发送的字符内容。验证效果如图 10.11 所示。

图 10.11　验证效果图

10.6　任务小结

通过本任务的开发，读者可以理解 CC2530 串口的工作原理和功能特点，学习并掌握串口的参数、寄存器配置，以及串口的数据收发过程，使用 CC2530 微处理器串口与 PC 进行通信，从而实现设备与主机间的数据交互。

10.7　思考与拓展

（1）串口的工作原理是什么？通信协议有什么特点？

（2）串口通信时常用的参数有哪些？有什么特点？

（3）请列举几个常见的串口实例。

（4）如何驱动 CC2530 微处理器的串口？

（5）当两个设备之间建立起连接后，两者的功能性就会大大增强，例如，工控领域中央控制台通过串口向其他设备发送数据以配置生产参数。尝试以生产线设备控制为目的，实现 PC 通过串口向 CC2530 微处理器发送数据，CC2530 微处理器接收到数据后控制 LED 的亮灭并反馈控制结果的远程控制效果。

任务 11

农业大棚温湿度信息采集系统的设计与实现

本任务重点学习微处理器的 I2C 总线，掌握 CC2530 的 I2C 总线的基本原理和通信协议，通过 I2C 总线通信，从而实现农业大棚温湿度信息采集系统。

11.1 开发场景：如何实现温湿度信息采集

随着农业技术的不断发展，现代农业受自然环境的影响越来越小，收成越来越高。其主要原因是现代农业更加的智能化了。例如，现代农业大棚采用了一套集成了环境采集系统和大棚内部环境干预系统的综合环境维持系统，通过在整个大棚内安装相当数量的环境检测传感器来实现对大棚内环境的实时检测。不同的传感器采用的数据通信方式是不相同的，面对多样化的数据传输方式，CC2530 微处理器的硬件外设无法完全涵盖，这时就需要使用通用 I/O 来模拟多种传感器的数据传输方式，以实现对传感器数据的获取。

本项目围绕温湿度信息的采集来展开对微处理器通用 I/O 接口模拟 I2C 总线通信的学习。农业大棚如图 11.1 所示。

图 11.1　农业大棚

11.2 开发目标

（1）知识要点：I2C 总线概念、工作原理；使用 CC2530 微处理器的 I/O 接口模拟 I2C 总线。

（2）技能要点：掌握总线的作用和种类；掌握使用 CC2530 通用 I/O 接口模拟 I2C 总线的

方法。

（3）任务目标：使用 CC2530 微处理器模拟农业大棚温湿度传感器的数据采集，使用 CC2530 微处理器的通用 I/O 接口模拟 I2C 总线接口，将模拟总线与温湿度传感器连接起来，使用 I2C 总线协议实现对温湿度传感器的数据获取，通过串口将采集的温湿度传感器数据传送到 PC 上。

11.3 原理学习：I2C 总线和温湿度传感器

11.3.1 I2C 总线

1. I2C 总线概述

串行总线在微处理器系统中的应用已成为技术发展的一种趋势，在目前比较流行的几种串行总线中，I2C（Inter Integrated Circuit）总线以其严格的规范，以及众多器件的支持而获得了广泛的应用。

I2C 总线是一种由 Philips 公司开发的二线式串行总线，用于连接微处理器及其外围设备，它是由数据线 SDA 和时钟 SCL 构成的串行总线，可发送和接收数据。I2C 总线可在微处理器与被控设备之间、设备与设备之间进行双向传送，高速总线 I2C 的传送速率一般可达 400 kbps 以上。I2C 总线与通信设备之间的常用连接方式如图 11.2 所示。

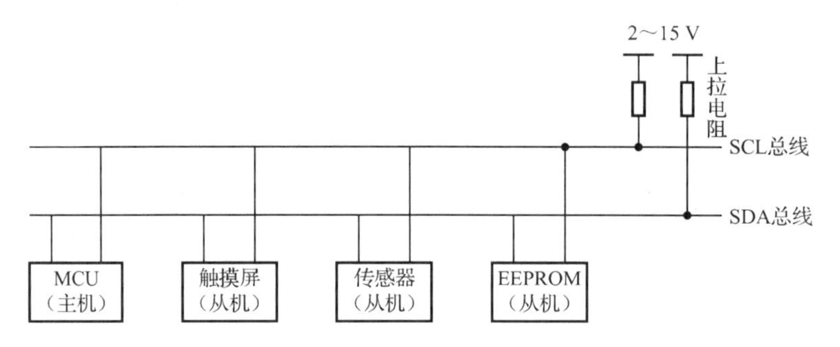

图 11.2　I2C 总线与通信系统设备之间的常用连接方式

I2C 总线有以下特点。

（1）I2C 总线是一个支持多设备的总线，多个设备可共用信号线。在一个 I2C 总线中，可连接多个通信设备，支持多个通信主机及从机。

（2）I2C 总线只使用两条线路，一条线路为双向串行数据线（SDA），另一条为串行时钟线（SCL）。SPA 用来传送数据，SCL 用于数据收发同步。

（3）每个连接到总线的设备都有一个唯一的、独立的地址，主机可以利用这个地址访问不同的设备。

（4）I2C 总线通过上拉电阻接到电源，当设备空闲时，会输出高阻态；当所有设备都空闲，都输出高阻态时，由上拉电阻把总线拉成高电平。

（5）当多个主机同时使用总线时，为了防止数据冲突，I2C 总线利用仲裁的方式决定由哪个设备占用总线。

（6）I2C 总线具有三种传输模式：标准模式的传输速率为 100 kbps，快速模式为 400 kbps，在高速模式下可达 3.4 Mbps，但目前大多 I2C 设备尚不支持高速模式。

（7）连接到 I2C 总线上的设备数量受到总线的最大电容 400 pF 限制。

同时，I2C 总线的协议定义了通信的起始信号、停止信号、数据有效性、响应等通信协议。

2. I2C 总线通信协议

I2C 总线通信的工作原理为：主设备首先发出开始信号，接着发送的 1 个字节的数据，该数据由高 7 位地址码和最低 1 位方向位组成（方向位表明主设备与从设备间数据的传送方向）；系统中所有的从设备将自己的地址与主设备发送到总线上的地址进行比较，如果从设备地址与总线上的地址相同，该设备就是与主设备进行数据传输的设备；接着进行数据传输，根据方向位，主设备接收从设备数据或者发送数据到从设备；当数据传送完成后，主设备发出一个停止信号，释放 I2C 总线；最后所有的从设备等待下一个开始信号的到来。

1）I2C 读写

I2C 总线的主机（主设备）写数据到从机（从设备）的通信过程如图 11.3 所示。

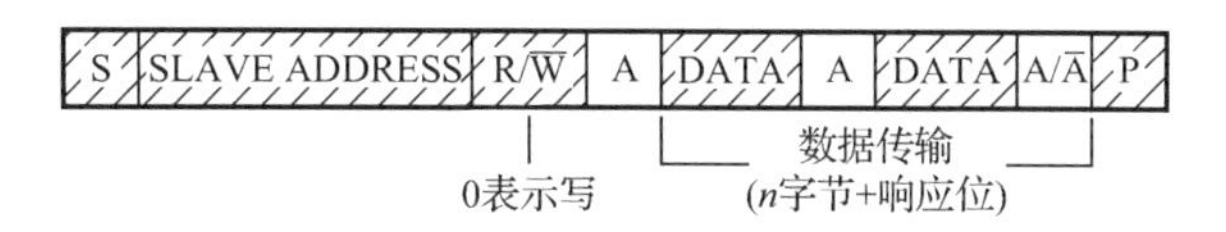

图 11.3　主机写数据到从机的通信过程

主机由从机中读数据的通信过程如图 11.4 所示。

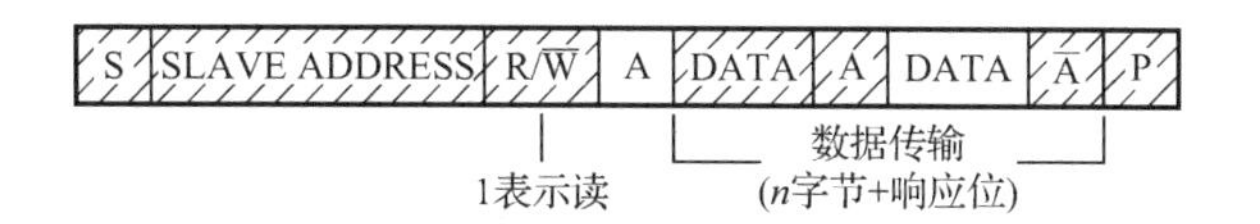

图 11.4　主机由从机中读数据的通信过程

其中，S 表示由主机的 I2C 接口产生的传输起始信号，这时连接到 I2C 总线上的所有从机都会接收到这个信号。产生起始信号后，所有的从机就开始等待主机广播的从机地址信号。在 I2C 总线上，每个设备的地址都是唯一的，当主机广播的地址与某个设备地址相同时，就表示这个设备被选中了，其他设备会忽略之后的数据信号。根据 I2C 总线协议，从机地址可以是 7 位或 10 位。在从机地址（SLAVE ADDRESS）位之后，是传输方向的选择（R/$\overline{W}$）位，该位为 0 时，表示后面数据的传输方向是由主机传输至从机，即主机向从机写数据；该位为 1 时则相反，即主机从机读数据。从机接收到匹配的地址后，主机或从机会返回一个应答（ACK）或非应答（NACK）信号，只有接收到应答信号后主机才能继续发送或接收数据。

写数据过程：主机广播完地址并接收到应答信号后，开始向从机传输数据，数据包的大小为 8 位，主机每发送完一个字节的数据都要等待从机的应答信号，不断重复这个过程，就可以向从机传输 N 个数据（N 没有大小限制）。当数据传输结束后，主机向从机发送一个停止传输信号（P），表示不再传输数据。

读数据过程：主机广播完地址并接收到应答信号后，从机开始向主机返回数据，数据包

的大小也是 8 位，从机每发送完一个数据，都会等待主机的应答信号，不断重复这个过程，可以返回 *N* 个数据（*N* 也没有大小限制）。当主机希望停止接收数据时，就向从机返回一个非应答信号（NACK），则从机自动停止数据的传输。

2）信号分析

（1）起始信号和停止信号。

起始信号：SCL 为高电平时且 SDA 由高电平向低电平跳变，表示将要开始传送数据。

停止信号：当 SCL 是高电平时且 SDA 线由低电平向高电平跳变，表示通信将停止。起始信号和停止信号一般是由主机产生的。

I2C 总线的开始起始条件和结束条件的时序如图 11.5 所示。

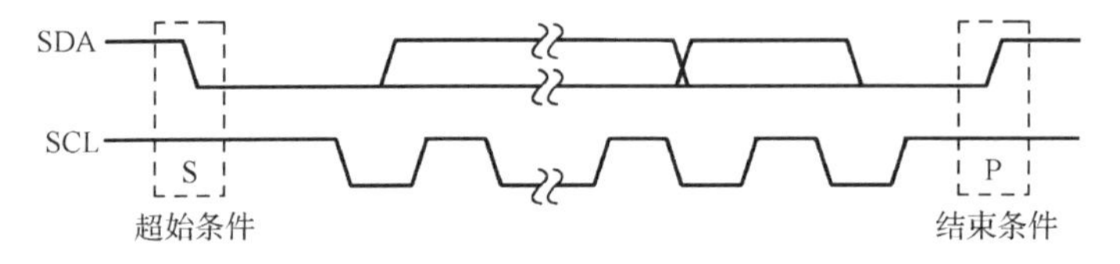

图 11.5　I2C 总线的起始条件和结束条件的时序

（2）数据有效性。I2C 总线使用 SDA 信号来传输数据，使用 SCL 信线进行数据同步，如图 11.6 所示。SDA 信号在 SCL 信号的每个时钟周期传输 1 位数据。传输时，SCL 为高电平时 SDA 数据有效，此时的 SDA 为高电平时表示数据 1，为低电平时表示数据 0；当 SCL 为低电平时，SDA 数据无效，这时 SDA 进行电平变换，为下一次数据的传输做好准备。

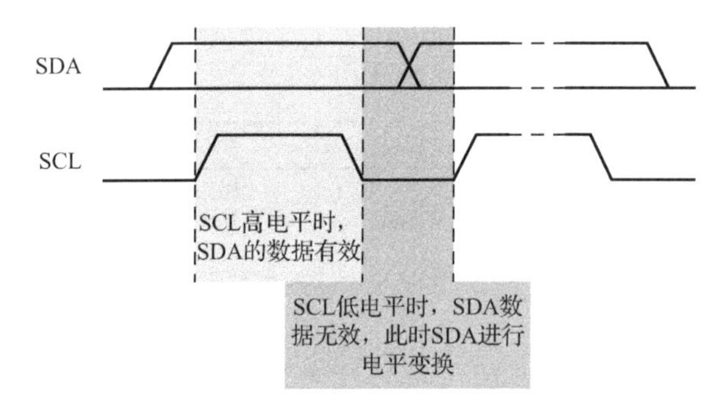

图 11.6　数据有效性

每次数据传输都是以字节为单位的，每次传输的字节数不受限制。

（3）地址及数据方向。I2C 总线上的每个设备都有自己唯一的地址，当主机发起通信时，通过 SDA 信号发送设备地址（SLAVE ADDRESS）来查找从机。I2C 总线协议规定设备地址是 7 位或 10 位，实际中 7 位地址的应用比较广泛；紧跟着设备地址的一个数据位用来表示数据传输的方向，即数据方向位（R/$\overline{W}$），通常是第 8 位或第 11 位。当 R/$\overline{W}$ 为 1 时表示主机从从机读数据；当 R/$\overline{W}$ 为 0 时表示主机向从机写数据，如图 11.7 所示。

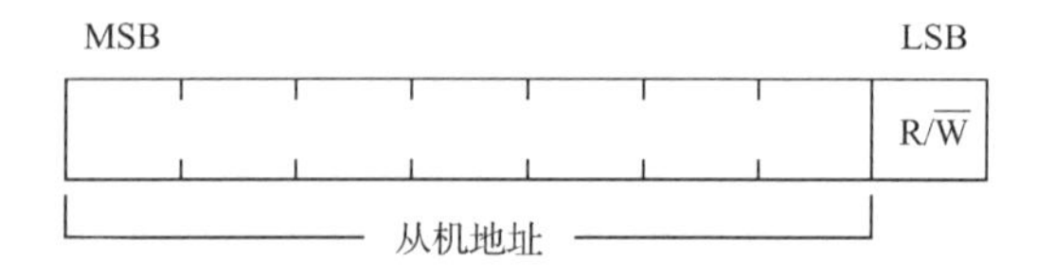

图 11.7　设备地址（7 位）及数据传输方向

在读数据时，主机会释放对 SDA 信号的控制，由从机控制 SDA 信号，主机接收信号；

在写数据方向时，SDA 信号由主机控制，从机接收信号。

（4）响应。I2C 总线的数据和地址传输都有响应，从设备在接收到 1 个字节的数据后向主设备发出一个低电平脉冲应答信号，表示已收到数据，主设备根据从设备的应答信号做出是否继续传输数据的操作（I2C 总线每次数据传输时不限制字节数，但是每次发送都要有一个应答信号）。

响应包括应答（ACK）和非应答（NACK）两种信号。在接收端，当设备（无论设备还是从设备）接收到 I2C 总线传输的 1 个字节数据或地址后，若希望对方继续发送数据，则需要向发送端发送应答信号，发送端继续发送下一个数据；若接收端希望结束数据传输，则向发送端发送非应答信号，发送端接收到该信号后会产生一个停止信号，结束传输，如图 11.8 所示。

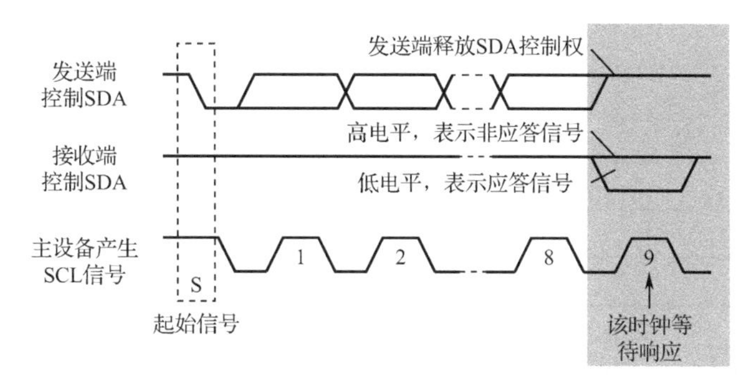

图 11.8 响应与非响应信号

传输时主设备产生时钟，在第 9 个时钟时，发送端释放 SDA 的控制权，由接收端控制 SDA，若 SDA 为高电平，表示非应答信号，低电平表示应答信号。

11.3.2 温湿度传感器

1．温湿度传感器

温湿度传感器，测量到温湿度后，会按一定的规律将温湿度信息转换成电信号或其他形式的信息输出。温湿度传感器是指能将温湿度转换成容易被处理的电信号的设备或装置。

2．HTU21D 温湿度传感器

本任务采用 Humirel 公司 HTU21D 温湿度传感器，它采用了适于回流焊的双列扁平无引脚 DFN 封装，底面积为 3 mm×3 mm，高度为 1.1 mm，传感器输出经过标定的数字信号，符合标准 I2C 总线格式。

HTU21D 温湿度传感器可为应用提供一个准确、可靠的温湿度数据，通过和微处理器的接口和模块连接，可实现温湿度数值的输出。

每一个 HTU21D 温湿度传感器在芯片内存储了电子识别码（可以通过输入命令读出这些识别码）。此外，HTU21D 温湿度传感器的分辨率可以通过输入命令进行修改（8/12 bit，甚至 12/14 bit），传感器可以检测到电池低电量状态，并且输出校验和，有助于提高通信的可靠性。HTU21D 温湿度传感器如图 11.9 所示，其引脚如图 10 所示，引脚的功能如表 11.1 所示。

图 11.9　HTU21D 温湿度传感器的外形

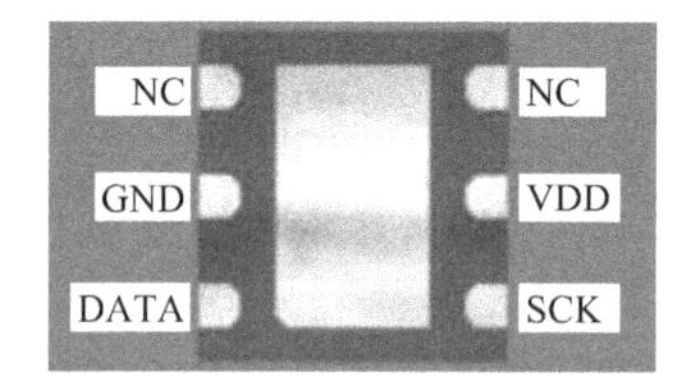

图 11.10　HTU21D 温湿度传感器的引脚

表 11.1　HTU21D 温湿度传感器的引脚功能

序　号	功　　能	描　　述
1	DATA	串行数据端口（双向）
2	GND	电源地
3	NC	不连接
4	NC	不连接
5	VDD	电源输入
6	SCK	串行时钟（双向）

1）电源引脚

HTU21D 温湿度传感器的供电范围为 DC 1.8～3.6 V，推荐电压为 3.0 V。电源（VDD）和接地（GND）之间需要连接一个 100 nF 的去耦电容，电容位置应尽可能靠近传感器。

2）串行时钟输入（SCK）引脚

SCK 用于微处理器与 HTU21D 温湿度传感器之间的通信同步，由于该引脚包含了完全静态逻辑，因而不存在最小 SCK 频率。

3）串行数据（DATA）引脚

DATA 引脚为三态结构，用于读取 HTU21D 温湿度传感器的数据。当向 HTU21D 温湿度传感器发送命令时，DATA 在 SCK 上升沿有效且在 SCK 高电平时必须保持稳定，DATA 在 SCK 下降沿之后改变。当从 HTU21D 温湿度传感器读取数据时，DATA 在 SCK 变低以后有效，且维持到下一个 SCK 的下降沿。为避免信号冲突，微处理器在 DATA 低电平时需要一个外部的上拉电阻（如 10 kΩ）将信号提拉至高电平，上拉电阻通常已包含在微处理器的 I/O 电路中。

4）微处理器与 HTU21D 温湿度传感器的通信协议

微处理器与 HTU21D 温湿度传感器的通信时序如图 11.11 所示。

（1）启动传感器：将传感器上电，VDD 的电压为 1.8～3.6 V。上电后，传感器最多需要 15 ms（此时 SCK 为高电平），以达到空闲状态，即做好准备接收由主设备（MCU）发送的命令。

（2）起始信号：开始传输，发送一位数据时，DATA 在 SCK 高电平期间一个向低电平的跳变，如图 11.12 所示。

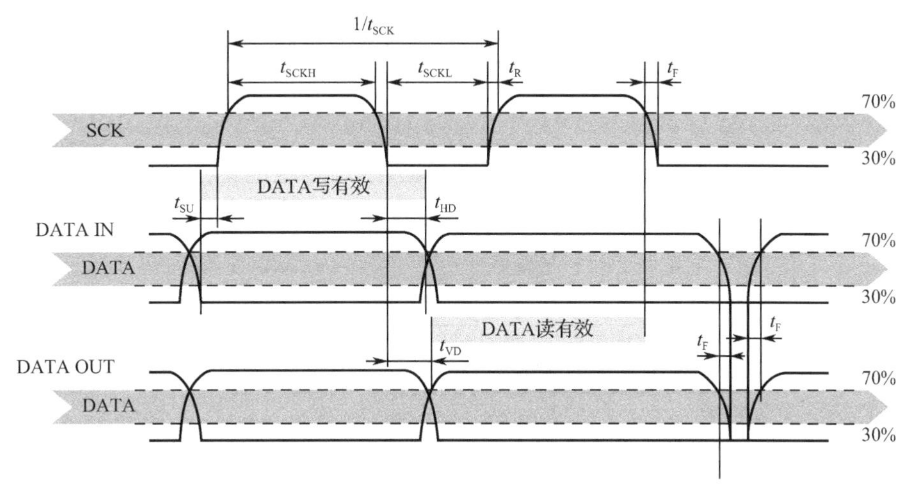

图 11.11　微处理器和 HTU21D 温湿度传感器的通信时序

（3）停止信号：终止传输，停止发送数据时，DATA 在 SCK 高电平期间一个向高电平的跳变，如图 11.13 所示。

图 11.12　起始信号　　　　图 11.13　停止信号

基本命令集如表 11.2 所示。

表 11.2　基本命令集（RH 代表相对湿度、T 代表温度）

序号	命令	功能	代码
1	触发 T 测量	保持主机	1110 0011
2	触发 RH 测量	保持主机	1110 0101
3	触发 T 测量	非保持主机	1111 0011
4	触发 RH 测量	非保持主机	1111 0101
5	写寄存器		1110 0110
6	读寄存器		1110 0111
7	软复位		1111 1110

5）主机/非主机模式

微处理器与 HTU21D 温湿度传感器之间的通信有两种工作方式：主机模式和非主机模式。在主机模式下，在测量的过程中，SCL 被封锁（由传感器进行控制）；在非主机模式下，当传感器在执行测量任务时，SCL 仍然保持开放状态，可进行其他通信。在主机模式下测量时，HTU21D 温湿度传感器将 SCL 拉低强制主机进入等待状态，通过释放 SCL，表示传感器内部处理工作结束，进而可以继续数据传送。

图 11.14 所示为主机模式通信时序，图中灰色部分由 HTU21D 温湿度传感器控制。如果要省略校验和（CRC）传输，可将第 45 位改为 NACK，后接一个传输停止时序（P）。

	1	2	3	4	5	6	7	8	9	10	11	12	13	14	15	16	17	18
S	1	0	0	0	0	0	0	0	ACK	1	1	1	0	0	0	0	1	ACK
	I2C address+write									Command								

	19	20	21	22	23	24	25	26	27	
S	1	0	0	0	0	0	0	1	ACK	Measurement
	I2C address+write									Hold during measurement

28	29	30	31	32	33	34	35	36	37	38	39	40	41	42	43	44	45
0	1	1	0	0	0	1	1	ACK	0	1	0	1	0	0	1	0	ACK
Data(MSB)									Data(LSB)						Status		

46	47	48	49	50	51	52	53	54	
0	1	0	0	0	1	0	0	NACK	P
Checksum									

图 11.14　主机模式通信时序

在非主机模式下，微处理器需要对传感器的状态进行查询。此过程是通过发送一个起始传输时序，之后紧接如图 11.15 所示的 I2C 首字节（1000 0001）来完成的。如果内部处理工作完成，微处理器查询到传感器发出的确认信号后，相关数据就可以通过微处理器进行读取。如果测量处理工作没有完成，传感器无确认位（ACK）输出，此时必须重新发送起始传输时序。

	1	2	3	4	5	6	7	8	9	10	11	12	13	14	15	16	17	18
S	1	0	0	0	0	0	0	0	ACK	1	1	1	0	0	0	0	0	ACK
	I2C address+write									Command								

		19	20	21	22	23	24	25	26	27
Measurement	S	1	0	0	0	0	0	0	1	NACK
measuring		I2C address+read								

		19	20	21	22	23	24	25	26	27
Measurement	S	1	1	0	0	0	0	0	1	ACK
continue measuring		I2C address+read								

28	29	30	31	32	33	34	53	36	37	38	39	40	41	42	43	44	45
0	1	1	0	0	0	1	1	ACK	0	1	0	1	0	0	1	0	ACK
Data(MSB)									Data(LSB)						Status		

46	47	48	49	50	51	52	53	54	
0	1	1	0	0	1	0	0	NACK	P
Checksum									

图 11.15　非主机模式通信时序

无论采用哪种模式，由于测量的最大分辨率为 14 位，第二个字节 SDA 上的后两位 LSB（bit43 和 bit44）用来传输相关的状态信息。两个 LSB 中的 bit1 表明测量的类型（0 表示温度，1 表示湿度），bit0 位当前没有赋值。

6）软复位

软复位在不需要关闭和再次打开电源的情况下，可以重新启动传感器系统。在接收到软复位命令之后，传感器系统开始重新初始化，并恢复默认设置状态，如图 11.16 所示，但用户寄存器的加热器位除外。软复位所需时间不超过 15 ms。

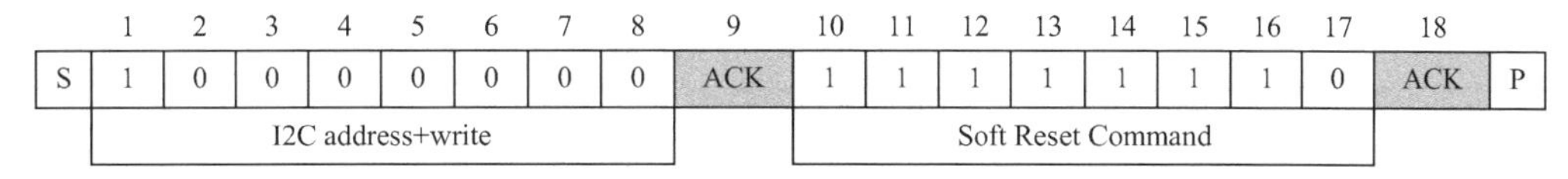

图 11.16　软复位

7）CRC-8 校验和计算

当 HTU21D 温湿度传感器通过 I2C 总线协议通信时，8 位的 CRC 校验可用于检测传输错误，CRC 校验可覆盖所有由传感器传送的读取数据。I2C 总线协议的 CRC 校验属性如表 11.3 所示。

表 11.3　I2C 总线协议的 CRC 校验属性

序　号	功　能	说　明
1	生成多项式	$X^8+X^5+X^4+1$
2	初始化	0x00
3	保护数据	读数据
4	最后操作	无

8）信号转换

HTU21D 温湿度传感器内部设置的默认分辨率为相对湿度 12 位和温度 14 位。SDA 的输出数据被转换成 2 个字节的数据包，高字节 MSB 在前（左对齐），每个字节后面都跟随 1 个应答位、2 个状态位，即 LSB 的后两位在进行物理计算前必须置 0。例如，所传输的 16 位相对湿度数据为 0110001101010000=25424。

（1）相对湿度转换。不论基于哪种分辨率，相对湿度 RH 都可以根据 SDA 输出的相对湿度信号 S_{RH}，通过如下公式计算获得（结果以%RH 表示）：

$$\mathrm{RH}=-6+125\times S_{\mathrm{RH}}/2^{16}$$

例如，16 位的湿度数据为 0x6350，即 25424，相对湿度的计算结果为 42.5%RH。

（2）温度转换。不论基于哪种分辨率，温度 T 都可以通过将温度输出信号 S_T 代入到下面的公式计算得到（结果以温度℃表示）：

$$T=-46.85+175.72\times S_{\mathrm{T}}/2^{16}$$

11.4　任务实践：温湿度信息采集系统的软/硬件设计

11.4.1　开发设计

1．硬件设计

本项目采用 CC2530 微处理器的通用 I/O 模拟 I2C 总线接口，将 I2C 总线与温湿度传感器

相连接，使用 I2C 总线协议实现对温湿度传感器数据的获取，通过串口将采集的温湿度传感器数据传送到 PC 并加以显示。本任务的硬件框架图如图 11.17 所示。

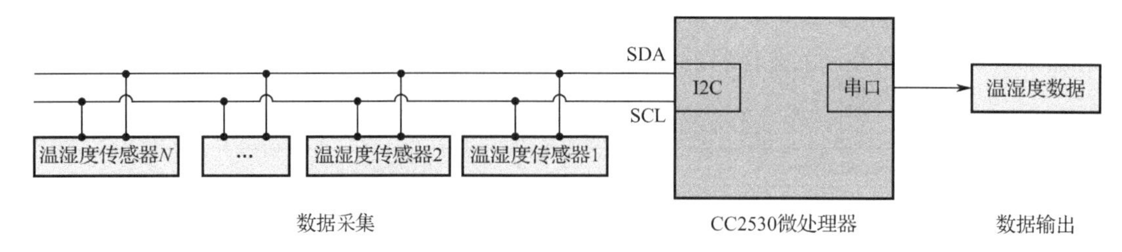

图 11.17　硬件框架图

温湿度模块原理图如图 11.18 所示。

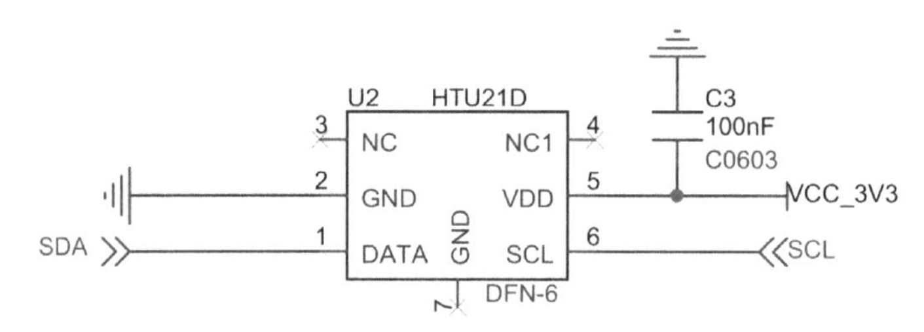

图 11.18　温湿度模块接口电路

2．软件设计

要实现环境温湿度信息的采集，需要合理地设计软件，本任务程序设计思路如下。

（1）初始化系统时钟。

（2）初始化温湿度传感器的基本配置。

（3）初始化串口。

（4）获取温度值。

（5）将字符写入缓冲数组中。

（6）打印到串口。

（7）清空缓存。

（8）循环执行步骤（4）到步骤（7）。

软件设计流程如图 11.19 所示。

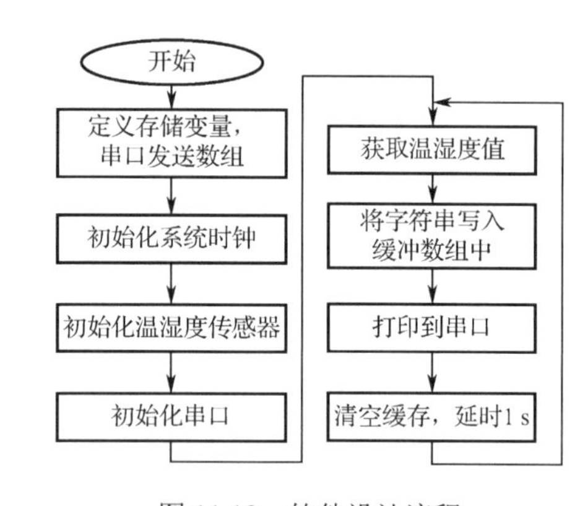

图 11.19　软件设计流程

11.4.2　功能实现

1．主函数模块

```
void main(void)
{
    unsigned char data = 0;                    //存储寄存器数据变量
    char tx_buff[64];                          //串口发送缓冲数组
    xtal_init();                               //系统时钟初始化
```

```
    htu21d_init();                                          //温湿度传感器初始化
    uart0_init(0x00,0x00);                                  //串口初始化

    while(1)
    {
        data = htu21d_read_reg(TEMPERATURE);                //读取温湿度传感器值
        sprintf(tx_buff,"data:%d\r\n",data);                //字符串复制
        uart_send_string(tx_buff);                          //串口打印
        memset(tx_buff,0,64);                               //清空缓存
        delay_s(1);                                         //延时 1 s
    }
}
```

2．时钟初始化模块

CC2530 微处理器的系统时钟初始化程序如下。

```
/*********************************************************************************************
* 名称：xtal_init()
* 功能：CC2530 系统时钟初始化
*********************************************************************************************/
void xtal_init(void)
{
  SLEEPCMD &= ~0x04;                                        //上电
  while(!(CLKCONSTA & 0x40));                               //晶体振荡器开启且稳定
  CLKCONCMD &= ~0x47;                                       //选择 32 MHz 晶体振荡器
  SLEEPCMD |= 0x04;
}
```

3．温湿度采集模块

温湿度采集模块包括 HTU21D 温湿度传感器初始化函数、HTU21D 温湿度传感器读取寄存器函数和 HTU21D 温湿度传感器获取数据函数。

```
/*********************************************************************************************
* 名称：htu21d_init()
* 功能：HTU21D 温湿度传感器初始化
*********************************************************************************************/
void htu21d_init(void)
{
    iic_init();                                   //I2C 总线初始化
    iic_start();                                  //启动 I2C 总线
    iic_write_byte(HTU21DADDR&0xfe);              //写 HTU21D 温湿度传感器的 I2C 总线地址
    iic_write_byte(0xfe);
    iic_stop();                                   //停止 I2C 总线
    delay(600);                                   //短延时
}
```

```
/*********************************************************************************************
* 名称：unsigned char htu21d_read_reg(unsigned char cmd)
* 功能：HTU21D 温湿度传感器读取寄存器
* 参数：cmd— 寄存器地址
* 返回：data— 寄存器数据
*********************************************************************************************/
unsigned char htu21d_read_reg(unsigned char cmd)
{
  unsigned char data = 0;
  iic_start();                                          //I2C 总线开始
  if(iic_write_byte(HTU21DADDR & 0xfe) == 0){           //写 HTU21D 的温湿度传感器 I2C 总线地址
    if(iic_write_byte(cmd) == 0){                       //写寄存器地址
      do{
        delay(30);                                      //延时 30 ms
        iic_start();                                    //开启 I2C 总线通信
      }
      while(iic_write_byte(HTU21DADDR | 0x01) == 1);    //发送读信号
      data = iic_read_byte(0);                          //读取一个字节数据
      iic_stop();                                       //I2C 总线停止
    }
  }
  return data;
}

/*********************************************************************************************
* 名称：htu21d_get_data()
* 功能：HTU21D 温湿度传感器测量温湿度
* 参数：order — 指令
* 返回：temperature — 温度值；humidity — 湿度值
*********************************************************************************************/
int htu21d_get_data(unsigned char order)
{
   float temp = 0,TH = 0;
   unsigned char MSB,LSB;
   unsigned int humidity,temperature;
   iic_start();                                         //I2C 总线开始
   if(iic_write_byte(HTU21DADDR & 0xfe) == 0){          //写 HTU21D 温湿度传感器的 I2C 总线地址
     if(iic_write_byte(order) == 0){                    //写寄存器地址
       do{
         delay(30);
         iic_start();
       }
       while(iic_write_byte(HTU21DADDR | 0x01) == 1);   //发送读信号
       MSB = iic_read_byte(0);                          //读取数据高 8 位
       delay(30);                                       //延时
       LSB = iic_read_byte(0);                          //读取数据低 8 位
```

```
        iic_read_byte(1);
        iic_stop();                                          //I2C 总线停止
        LSB &= 0xfc;                                         //取出数据有效位
        temp = MSB*256+LSB;                                  //数据合并
        if (order == 0xf3){                                  //触发开启温度检测
          TH=(175.72)*temp/65536-46.85;                      //温度：T= -46.85 + 175.72 * ST/2^16
          temperature =(unsigned int)(fabs(TH)*100);
          if(TH >= 0)
            flag = 0;
          else
            flag = 1;
          return temperature;
        }else{
          TH = (temp*125)/65536-6;
          humidity = (unsigned int)(fabs(TH)*100);           //湿度: RH%= -6 + 125 * SRH/2^16
          return humidity;
        }
      }
    }
    return 0;
}
```

4．I2C 总线驱动模块

I2C 总线驱动模块包括 I2C 总线专用延时函数、I2C 总线初始化函数、I2C 总线起始信号函数、I2C 总线停止信号函数、I2C 总线发送应答函数、I2C 总线接收应答函数、I2C 总线写 1 个字节函数和 I2C 总线读 1 个字节函数。

```
/*********************************************************************************
* 宏定义
*********************************************************************************/
#define     SCL       P0_0                                   //I2C 总线时钟引脚定义
#define     SDA       P0_1                                   //I2C 总线数据引脚定义
/*********************************************************************************
* 名称：void   iic_delay_us(unsigned int i)
* 功能：延时函数
* 参数：i — 延时设置
*********************************************************************************/
void   iic_delay_us(unsigned int i)
{
   while(i--){
        asm("nop"); asm("nop"); asm("nop"); asm("nop"); asm("nop");
        asm("nop"); asm("nop"); asm("nop"); asm("nop"); asm("nop");
        asm("nop");
   }
}
```

```
/*********************************************************************************************
* 名称：void iic_init(void)
* 功能：I2C 总线初始化函数
*********************************************************************************************/
void iic_init(void)
{
        P0SEL &=  ~0x03;                              //设置 P0_0、P0_1 为 GPIO 模式
        P0DIR |= 0x03;                                //设置 P0_0、P0_1 为输出模式
        SDA = 1;                                      //拉高数据线
        iic_delay_us(10);                             //延时 10 μs
        SCL = 1;                                      //拉高时钟线
        iic_delay_us(10);                             //延时 10 μs
}
/*********************************************************************************************
* 名称：void iic_start(void)
* 功能：I2C 总线起始信号
*********************************************************************************************/
void iic_start(void)
{
    SDA = 1;                                          //拉高数据线
    SCL = 1;                                          //拉高时钟线
    iic_delay_us(5);                                  //延时
    SDA = 0;                                          //产生下降沿
    iic_delay_us(5);                                  //延时
    SCL = 0;                                          //拉低时钟线
}

/*********************************************************************************************
* 名称：void iic_stop(void)
* 功能：I2C 总线停止信号
*********************************************************************************************/
void iic_stop(void)
{
    SDA =0;                                           //拉低数据线
    SCL =1;                                           //拉高时钟线
    iic_delay_us(5);                                  //延时 5 μs
    SDA=1;                                            //产生上升沿
    iic_delay_us(5);                                  //延时 5 μs
}

/*********************************************************************************************
* 名称：void iic_send_ack(int ack)
* 功能：I2C 总线发送应答
* 参数：ack — 应答信号
*********************************************************************************************/
void iic_send_ack(int ack)
{
```

```
    SDA = ack;                                          //写应答信号
    SCL = 1;                                            //拉高时钟线
    iic_delay_us(5);                                    //延时
    SCL = 0;                                            //拉低时钟线
    iic_delay_us(5);                                    //延时
}

/*********************************************************************************************
* 名称：int iic_recv_ack(void)
* 功能：I2C 总线接收应答
*********************************************************************************************/
int iic_recv_ack(void)
{
    SCL = 1;                                            //拉高时钟线
    iic_delay_us(5);                                    //延时
    CY = SDA;                                           //读应答信号
    SCL = 0;                                            //拉低时钟线
    iic_delay_us(5);                                    //延时
    return CY;
}

/*********************************************************************************************
* 名称：unsigned char iic_write_byte(unsigned char data)
* 功能：I2C 总线写 1 个字节数据，返回 ACK 或者 NACK，从高到低依次发送
* 参数：data—要写的数据
*********************************************************************************************/
unsigned char iic_write_byte(unsigned char data)
{
    unsigned char i;
    SCL = 0;                                            //拉低时钟线
    for(i = 0;i < 8;i++){
        if(data & 0x80){                                //判断数据最高位是否 1
            SDA = 1;
        }
        else
            SDA = 0;
        iic_delay_us(5);                                //延时 5 μs
        SCL = 1;                //输出 SDA 稳定后，拉高 SCL 给出上升沿，从机检测到后进行数据采样
        iic_delay_us(5);                                //延时 5 μs
        SCL = 0;                                        //拉低时钟线
        iic_delay_us(5);                                //延时 5 μs
        data <<= 1;                                     //数组左移一位
    }
    iic_delay_us(2);                                    //延时 2 μs
    SDA = 1;                                            //拉高数据线
    SCL = 1;                                            //拉高时钟线
    iic_delay_us(2);                                    //延时 2 μs，等待从机应答
```

```
    if(SDA == 1){                                   //SDA 为高，收到 NACK
        return 1;
    }else{                                          //SDA 为低，收到 ACK
        SCL = 0;
        iic_delay_us(50);
        return 0;
    }
}

/*********************************************************************************************
* 名称：unsigned char iic_read_byte(unsigned char ack)
* 功能：I2C 总线读 1 个字节数据，返回 ACK 或者 NACK，从高到低依次读取
* 参数：data—要写的数据
*********************************************************************************************/
unsigned char iic_read_byte(unsigned char ack)
{
    unsigned char i,data = 0;
    SCL = 0;
    SDA = 1;                                        //释放总线
    for(i = 0;i < 8;i++){
        SCL = 1;                                    //给出上升沿
        iic_delay_us(30);                           //延时等待信号稳定
        data <<= 1;
        if(SDA == 1){                               //采样获取数据
            data |= 0x01;
        }else{
            data &= 0xfe;
        }
        iic_delay_us(10);
        SCL = 0;                                    //下降沿，从机给出下一位值
        iic_delay_us(20);
    }
    SDA = ack;                                      //应答状态
    iic_delay_us(10);
    SCL = 1;
    iic_delay_us(50);
    SCL = 0;
    iic_delay_us(50);
    return data;
}
```

5. 延时函数模块

延时函数程序内容如下。

```
/*********************************************************************************************
* 名称：void delay(unsigned int t)
```

```
* 功能：延时
* 参数：t—设置时间
***************************************************************************************/
void delay(unsigned int t)
{
    unsigned char i;
    while(t--){
        for(i = 0;i < 200;i++);
    }
}
```

11.5 任务验证

使用 IAR 开发环境打开任务设计工程，程序通过编译后，由 SmartRF 下载到 CC2530 微处理器中，暂不执行程序。

使用串口线连接 CC2530 开发平台与 PC，打开串口调试助手并配置波特率为 38400、8 位数据位、无奇偶校验位、1 位停止位，取消十六进制显示，设置完成后执行程序。

程序运行后，PC 串口调试助手的接收窗口会显示通过 I2C 总线读取到的温湿度传感器寄存器的原始数据。通过改变温湿度传感器的温度可以看到 PC 串口工具上数据的变化。验证效果如图 11.20 所示。

图 11.20　验证效果图

11.6 任务小结

通过农业大棚温湿度信息采集系统的设计与实现，读者可以学习 I2C 总线的工作原理和通信协议，并掌握通过 CC2530 微处理器驱动 I2C 总线的方法和温湿度传感器的基本工作原理，结合 I2C 总线实现 CC2530 驱动温湿度传感器。

11.7 思考与拓展

（1）简述 I2C 总线的工作原理和通信协议。

（2）温湿度的工作原理是什么？如何驱动？

（3）如何用 I2C 总线和 CC2530 实现温湿度数据的采集？

（4）请读者思考如何通过 I2C 总线正确访问温湿度传感器中的数据存储寄存器信息并将其读取出来，再通过相应的换算公式得到实际的温湿度信息。尝试通过 I2C 总线访问温湿度传感器以获取温湿度信息，实现对温湿度原始数据的获取，并将其转换后发送到 PC 上。

第3部分

基于CC2530和常用传感器开发

本部分学习各种传感器技术，分别有光照度传感器、气压海拔传感器、空气质量传感器、三轴加速度传感器、红外距离传感器、人体红外传感器、可燃气体传感器、振动传感器、霍尔传感器、光电传感器、火焰传感器、触摸传感器、继电器、轴流风机等，深入学习传感器的基本原理、功能和结构。

结合这些传感器和CC2530开发平台，完成任务13到任务28总共16个任务的设计与实现，这些任务包括：应用光照度传感器完成温室大棚光照度测量设计与实现、应用气压海拔传感器完成户外气压海拔测量计设计与实现、应用空气质量传感器完成室内空气质量检测系统设计与实现、应用三轴加速度传感器完成电子计步器设计与实现、应用红外距离传感器完成红外测距系统设计与实现、应用人体红外传感器完成人体红外报警器设计与实现、应用可燃气体传感器完成燃气报警器设计与实现、应用振动传感器完成电动车报警器设计与实现、应用霍尔传感器完成出租车计价器设计与实现、应用光电传感器完成生产线计件器设计与实现、应用火焰传感器完成火灾报警器设计与实现、应用触摸传感器完成触摸开关设计与实现、应用继电器完成定时开关插座设计与实现、应用轴流风机完成笔记本电脑散热器设计与实现、应用步进电机完成摄像机云台设计与实现，以及应用RGB灯完成声光报警器设计与实现。

通过这16个任务的设计与开发，读者可以熟悉传感器的基本原理，并掌握通过CC2530微处理器驱动各种传感器的方法，为综合项目的开发打下坚实的基础。

任务 12

传感器原理与应用技术

本任务重点学习传感器的基本知识，如概念、分类和基本原理等，了解常用传感器的应用领域和发展趋势。

12.1 学习场景：日常生活中传感器的应用有哪些

作为信息采集的部件，传感器的主要功能是信息的收集和交换，系统的自动化技术水平越高，对传感器技术的依赖程度就越大。

在日常生活中，人们可以通过皮肤来感知周围的环境温度，从而提醒自己是否添加衣物；可以通过眼睛来获取周围环境的图像信息，通过分析这些图像信息可以为人们的活动提供引导；可以通过耳朵来获取周围环境的声音信息，通过判断声音中携带的信息实现人与人的交流。在整个过程中大脑都用来处理环境温度、图像、声音等信息，而传感器好比人的这些感觉器官，通过感知周围环境来提供信息。传感器在多个领域中都得到了广泛的应用，尤其是在物联网领域，如图 12.1 所示。

图 12.1　传感器与物联网

12.2 学习目标

（1）知识要点：传感器的功能及作用；传感器的分类；常用传感器的应用领域和发展趋势。

（2）技能要点：了解传感器的功能及作用；熟悉传感器的分类方法；熟悉常用传感器的应用领域和发展趋势。

（3）任务目标：能够列举五种以上传感器并说明它们的工作原理。

12.3 原理学习：传感器应用和发展趋势

12.3.1 传感器简述

1．传感器的作用

传感器是指能够感受规定的被测量并按照一定的规律转换成可用输出信号的器件或装

置，通常是由敏感元件和转换元件组成的。由传感器的定义可以得知，传感器的基本性能是信息采集和信息转换，所以传感器一般由敏感元件、转换元件和基本转换电路组成，有时还包括电源等其他的辅助电路，如图12.2所示。

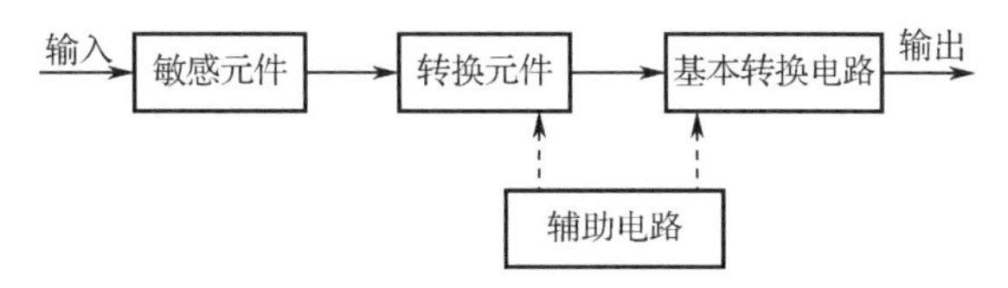

图12.2　传感器电路的基本组成

人们在研究自然现象、规律以及生产活动中，有时仅需要对某一事物的存在与否进行定性了解，有时却需要进行大量的测量实验以确定对象的确切数据量值，所以单靠人的自身感觉器官的功能是远远不够的，这就需要仪器设备的帮助，这些仪器设备就是传感器。传感器是人类五官的延伸，是信息采集系统的首要部件。

表征物质特性及运动形式的参数很多，根据物质的电特性，可分为电量和非电量两类。

电量：一般指物理学中的电学量，如电压、电流、电阻、电容及电感等。

非电量：指除电量之外的一些参数，如压力、流量、尺寸、位移量、质量、力、速度、加速度、转速、温度、浓度及酸碱度等。

非电量需要转化成与其有一定关系的电量，再进行测量，实现这种转换技术的器件就是传感器。传感器是获取自然界或生产中的信息的关键器件，是现代信息系统和各种装备不可缺少的信息采集工具。采用传感器技术的非电量电测方法，是目前应用最广泛的测量技术。

传感器的任务就是感知与测量。在人类文明史的历次产业革命中，感受、处理外部信息的传感技术一直扮演着一个重要的角色。例如，早在东汉时期，科学家张衡就发明了地动仪对地震进行监测，如图12.3所示为地动仪。

图12.3　地动仪

从18世纪产业革命以来，特别是在20世纪的信息革命中，传感技术越来越多地由人造感官——工程传感器来实现。目前，工程传感器的应用非常广泛，可以说，任何机械电气系统都离不开它。

现代技术的发展，创造了多种多样的工程传感器。工程传感器可以轻而易举地测量人体所无法感知的量，如紫外线、红外线、超声波、磁场等。从这个意义上讲，工程传感器超过人的感知能力。有些量，虽然人的感官和工程传感器都能检测，但工程传感器测量得更快、更精确。例如，人眼和光传感器都能检测可见光，进行物体识别与测距，但是人眼的视觉残留约为0.1 s，而光晶体管的响应时间可短到纳秒以下；人眼的角分辨率为1角分（1度=60角分），而光栅测距的精确度可达1角秒（1角分=60角秒）。又如，激光定位的精度在距离3×10^4 km的范围内可达10 cm。工程传感器也可以把人们看不到的物体通过数据处理变为视觉图像，CT技术就是一个例子，它把人体的内部结构用断层图像的形式显示出来。

随着信息科学与微电子技术，特别是微型计算机与通信技术的迅猛发展，目前传感器走

上了与微处理器相结合的道路，智能传感器应运而生。

2. 传感器的分类

传感器的种类繁多，功能各异，不同的传感器可以测量同一被测量，同一原理的传感器又可以测量多种被测量，根据不同的分类方法，可以将传感器分成不同的类型。以下是一些比较常用的分类方法。

（1）根据传感器工作依据的基本效应，可以分为物理量传感器、化学量传感器和生物量传感器三个大类。物理量传感器有速度、加速度、力、压力、位移、流量、温度、光、声、色等传感器，化学量传感器有气体、湿度、离子等传感器，生物量传感器有蛋白质、酶、组织等传感器。

（2）根据工作机理，可以分为结构型、物性型和混合型传感器。结构型传感器是利用物理学的定律等，依据传感器结构参数变化实现信息转换的，例如，电容式传感器是利用电容极板间隙或面积的变化来得到电容变化的。物性型传感器是利用物质的某种或某些客观属性等，依据敏感元件物理特性的变化实现信息转换的，例如，压电式传感器可以将压力转换成电荷的变化。混合型传感器是由结构型和物性型传感器组合而成的，例如，应变式力传感器是由外力引起弹性膜片的应变，再由转换元件转换成电阻的变化。

（3）根据能量关系，可分为能量控制型有源传感器和能量转换型无源传感器两大类。

（4）按输入物理量的性质，可以分为力学量、热量、磁、放射线、位移、压力、速度、温度、湿度、离子、光、液体成分、气体成分等传感器。

（5）根据输出信号形式，可分为模拟量传感器和数字量传感器。

（6）根据传感器使用的敏感材料，可分为半导体传感器、光纤传感器、金属传感器、高分子材料传感器、复合材料传感器等。

（7）按照敏感元件输出能量的来源，又可以把传感器分成以下三类。

① 自源型：指仅含有转换元件的最简单、最基本的传感器构成方式，其特点是不需要外部能源，转换元件可以从被测对象直接吸取能量并将被测量转换成电量，但输出能量较弱，如热电偶、压电器件等传感器。

② 带激励源型：它是转换元件外加辅助能源的构成方式，这里的辅助能源起激励作用，它可以是电源，也可以是磁源，如某些磁电式、霍尔传感器等电磁感应式传感器即属于此类型，其特点是不需要转换（测量）电路即可获得较大的电量输出。

③ 外源型：它是由利用被测量实现阻抗变化的转换元件构成的，它必须由外电源经过测量电路后在转换元件上加入电压或电流，才能获得电量输出。这些电路又称为信号调理与转换电路，常用的有电桥、放大器、振荡器、阻抗变换器和脉冲宽度调制电路等。

由于自源型和带激励源型传感器的转换元件具有能量转换的作用，故也称为能量转换型传感器，此类传感器用到的物理效应有压电效应、磁致伸缩效应、热释电效应、光电动势效应、光电放射效应、热电效应、光子滞后效应、热磁效应、热电磁效应、电离效应等。

外源型传感器又称为能量控制型传感器，此类传感器用到的物理效应有应变电阻效应、磁阻效应、热阻效应、光电阻效应、霍尔效应，以及阻抗效应等。

传感器的分类方法还有很多，例如，根据某种高新技术或者按照用途、功能等进行分类。

传感器的分类方法如表 12.1 所示。

表 12.1 传感器的分类方法

分类法	类别	说明
按工作依据的基本效应	物理量传感器、化学量传感器、生物量传感器	分别以转换中的物理效应、化学效应和生物效应分类
按工作机理	结构型传感器	依据结构参数变化实现信息转换
	物性型传感器	依据敏感元件物理特性的变化实现信息转换
	混合型传感器	由结构型传感器和物性型传感器组合而成
按能量关系	能量转换型无源传感器	传感器输出量直接由被测量能量转换而得
	能量控制型有源传感器	传感器输出量能量由外源供给，但受被测输入量控制
按输入物理量的性质	位移、压力、温度、气体成分等传感器	以被测量物理量的性质分类
按输出信号形式	模拟量传感器	输出信号为模拟信号
	数字量传感器	输出信号为数字信号

3. 传感器的特性与性能指标

1）传感器的特性

传感器所测量的物理量基本上有两种形式：一种是稳定的，即不随时间变化或随时间变化极其缓慢的信号，称为静态信号；另一种是不稳定的，即随时间变化而变化的信号，称为动态信号。由于输入物理量形式不同，传感器所表现出来的输出-输入特性也不同，因此传感器也有两种特性，即静态特性和动态特性。为了降低或者消除传感器在测量控制系统中的误差，传感器必须具有良好的静态特性和动态特性，才能准确、无失真地转换信号。

（1）静态特性：是对于静态的输入信号，传感器的输出量与输入量之间的相互关系。因为这时输入量和输出量都和时间无关，所以它们之间的关系，即传感器的静态特性，可用一个不含时间变量的代数方程，或者以输入量为横坐标、对应的输出量为纵坐标而画出的特性曲线来描述。表征传感器静态特性的主要参数有线性度、灵敏度、分辨率和迟滞等。

（2）动态特性：是指传感器在输入变化时，其输出的特性。在实际工作中，传感器的动态特性常用它对某些标准输入信号的响应来表示，这是因为传感器对标准输入信号的响应容易通过实验方法求得，并且它对标准输入信号的响应与它对任意输入信号的响应之间存在一定的关系，往往知道了前者就能推定后者。最常用的标准输入信号有阶跃信号和正弦信号两种，所以传感器的动态特性也常用阶跃响应和频率响应来表示。

（3）线性度：通常情况下，传感器的实际静态特性输出的是一条曲线而非直线，但在实际工作中，为使仪表具有均匀刻度的读数，常用一条拟合直线近似地代表实际的特性曲线，线性度（非线性误差）就是这个近似程度的一个性能指标。拟合直线的选取有多种方法，例如，将零输入和满量程输出点相连的理论直线作为拟合直线；或将与特性曲线上各点偏差的平方和最小的理论直线作为拟合直线（这种拟合直线也称为最小二乘法拟合直线）。

2）传感器的性能指标

（1）量程和范围：量程指测量上限和下限的代数差，范围指仪表能按规定精确度进行测量的上限和下限的区间。例如，一个位移传感器的测量下限是−5 mm，测量上限是+5 mm，则

这个传感器的量程为 5-（-5）=10 mm，测量范围是-5～5 mm。

（2）线性度：传感器的输入-输出关系曲线与其选定的拟合直线之间的偏差。

（3）重复性：传感器在同一工作条件下，输入量按同一方向进行连续多次全量程测量时，所得的特性曲线的一致程度。

（4）滞环：传感器在正向（输入量增大）和反向（输入量减小）过程中，其输出-输入特性的不重合程度。

（5）灵敏度：传感器输出的变化值与相应的被测量的变化值之比。

（6）分辨率：传感器在规定测量范围内，可能检测出的被测信号的最小增量。

（7）静态误差：传感器在满量程内，任一点输出值相对理论值的偏离程度。

（8）稳定性：传感器在室温条件下，经过规定的时间间隔后，其输出与起始标定时的输出之间的差异。

（9）漂移：在一定时间间隔内，传感器在外界干扰下，输出量发生与输入量无关的变化，漂移包括零点漂移和灵敏度漂移。

由于传感器所测量的非电量有的不随时间变化或变化很缓慢，也有的随时间变化较快，所以传感器的性能指标除上面介绍的静态特性所包含的各项指标外，还有动态特性，它可以从阶跃响应和频率响应两方面来分析。

4．传感器的命名及代号

传感器的命名有两种方法。

1）方法一

传感器的命名由主题词加四级修饰语构成，构成如下。

主题词：传感器。

第一级修饰语：被测量，包括修饰被测量的词语。

第二级修饰语：转换原理，一般可后续以“式”字。

第三级修饰语：特征描述，是指必须强调的传感器结构、性能、材料特征、敏感元件及其他必要的性能特征，一般可后续以“型”字。

第四级修饰语：主要技术指标（如量程、精确度、灵敏度等）。

在有关传感器的统计表格、检索以及计算机汉字处理等特殊场合，应采用上述顺序。

例如：传感器，位移，应变（计）式，100 mm。

2）方法二

在技术文件、产品样本、学术论文、教材等的陈述句子中，作为产品名称应采用与上述相反的顺序。例如，100mm 应变式位移传感器。

传感器的代号：一般规定用大写汉字拼音字母和阿拉伯数字构成传感器完整代号。传感器完整代号应包括以下四个部分：主称（传感器）、被测量、转换原理、序号。

（1）主称：传感器，代号 C。

（2）被测量：用一个或两个汉语拼音的第一个大写字母标记。

（3）转换原理：用一个或两个汉语拼音的第一个大写字母标记。

（4）序号：用一个阿拉伯数字标记，由厂家自定，用来表征产品设计特性、性能参数、产品系列等。若产品性能参数不变，仅在局部有改动或变动时，可在原序号后面顺序地加注大写字母 A、B、C 等。

在被测量、转换原理、序号三部分代号之间应用连字符“-”连接。例如，应变式位移传感器的代号为 CWY-YB-10；又如，温度传感器的代号为 CW-01A。注意：也有少数代号用其英文的第一个字母表示，如加速度用“A”表示。常用被测量代码和常用转换原理代码如表 12.2 和表 12.3 所示。

表 12.2　常用被测量代码表

被　测　量	被测量简称	代　　号	被　测　量	被测量简称	代　　号
加速度	加	A	电流		DL
加加速度	加加	AA	电场强度	电强	DQ
亮度		AD	电压		DY
细胞膜电位	胞电	BD	色度	色	E
磁		C	谷氨酸	谷氨	GA
冲击		CJ	温度		H
磁透率	磁透	CO	光照度		HD
磁场强度	磁强	CQ	红外光	红外	HG
磁通量	磁通	CT	呼吸流量	呼流	HL
胆固醇	胆固	DC	离子活[浓]度	活[浓]	H[N]
呼吸频率	呼吸	HP	声压		SY
转速		HS	图像		TX
生物化学需氧量	生氧	HY	温度		W
硬度		I	[体]温		[T]W
线加速度	线加	IA	物位		WW
心电[图]	心电	ID	位移		WY
线速度	线速	IS	位置		WZ
心音		IY	血		X
角度	角	J	血液电解质	血电	XD
角加速度	角加	JA	血流		XL
肌电[图]	肌电	JD	血气		XQ
可见光		JG	血容量	血容	XR
角速度	角速	JS	血流速度	血速	XS
角位移		JW	血型		XX
力		L	压力	压	Y
露点		LD	膀胱内压	[膀]压	[B]Y
力矩		LJ	胃肠内压	[胃]压	[E]Y
流量		LL	颅内压	[颅]压	[L]Y
离子		LZ	食道压力	[食]压	n
密度		M	[分]压		[S]Y

续表

被测量	被测量简称	代号	被测量	被测量简称	代号
[气体]密度	[气]密	[Q]M	[绝]压		[F]Y
[液体]密度	[液]密	[Y]M	[微]压		[U]Y
脉搏		MB	[差]压		[W]Y
马赫数	马赫	MH	[血]压		[C]Y
表面粗糙度		MZ	眼电[图]	眼电	[X]Y
粘度	粘	N	迎角		YD
脑电[图]	脑电	ND	应力		YJ
扭矩		NJ	液位		YL
厚度	厚	O	浊度	浊	YW
pH 值		(H)	振动		Z
葡萄糖	葡糖	PT	紫外光	紫光	ZD
气体	气	Q	重量（稳重）		ZG、ZL
热通量	热通	RT	真空度	真空	ZK
热流		RL	噪声		ZS
速度		S	姿态		ZT
视网膜电[图]	视电	SD	氢离子活[浓]度	H^+	[H]H[N]D
水分		SF	钠离子活[浓]度	Na^+	[Na]H[N]D
射线剂量	射量	SL	氯离子活[浓]度	Cl^-	[CL]H[N]D
烧蚀厚度	蚀厚	SO	氧分压	O_2	[O]
射线		SX	一氧化碳分压	CO	[CO]

表 12.3　常用转换原理代码表

转 换 原 理	转换原理简称	代　　号	转 换 原 理	转换原理简称	代　　号
电解		AJ	光发射	光射	GS
变压器		BY	感应		GY
磁电		CD	霍尔		HE
催化		CH	晶体管	晶管	IG
场效应管	场效	CU	激光		JG
差压		CY	晶体振子	晶振	JZ
磁阻		CZ	克拉克电池	克池	KC
电磁		DC	酶[式]		M
电导		DD	声表面波	面波	MB
电感		DG	免疫		MY
电化学	电化	DH	热电		RD
单结		DJ	热释电	热释	RH

续表

转换原理	转换原理简称	代号	转换原理	转换原理简称	代号
电涡流	电涡	DO	热电丝		RS
超声多普勒	多普	DP	（超）声波		SB
电容		OR	伺服		SF
电位器	电位	DW	涡街		WJ
电阻		DZ	微生物	微生	WS
热导		ED	涡轮		WU
浮子-干簧	浮簧	FH	离子选择电板	选择	XJ
［核］辐射		FS	谐振		XZ
浮子		FZ	应变		YB
光学式	光	G	压电		YD
光电		GD	压阻		YZ
光伏		GF	折射		ZE
光化学	光化	GH	阻抗		ZK
光导		GO	转子		ZZ
光纤		GQ			

12.3.2　传感器的应用

随着计算机、生产自动化、现代通信、军事、交通、化学、环保、能源、海洋开发、遥感、宇航等科学技术的发展，这些行业对传感器的需求量与日俱增，传感器应用已渗入国民经济的各个领域及人们的日常生活之中。可以说，从太空到海洋，从各种复杂的工程系统到改善人们日常生活的衣食住行，都离不开各种各样的传感器，传感器对国民经济的发展起着巨大的作用。

1．传感器在工业检测和自动控制系统中的应用

在石油、化工、电力、钢铁、机械等行业中，传感器起到相当于人们感觉器官的作用，它们根据需要完成对各种信息的检测，再把测得的信息传输给计算机进行处理，用以进行生产过程、产品质量、工艺管理与安全方面的控制，例如，汽车自动化生产系统，如图12.4所示。

图12.4　汽车自动化生产系统

2. 传感器在汽车上的应用

传感器在汽车上的应用已不仅仅局限于对行驶速度、行驶距离、发动机旋转速度和燃料剩余量等有关参数的测量，汽车安全气囊系统、防盗装置、防滑控制系统、防抱死装置、电子变速控制装置、排气循环装置、电子燃料喷射装置及汽车“黑匣子”等部分都应用了传感器。随着汽车电子技术、汽车安全技术和车联网技术的发展，传感器在汽车上的应用将会更加广泛，图 12.5 所示为传感器在汽车上应用的示意图。

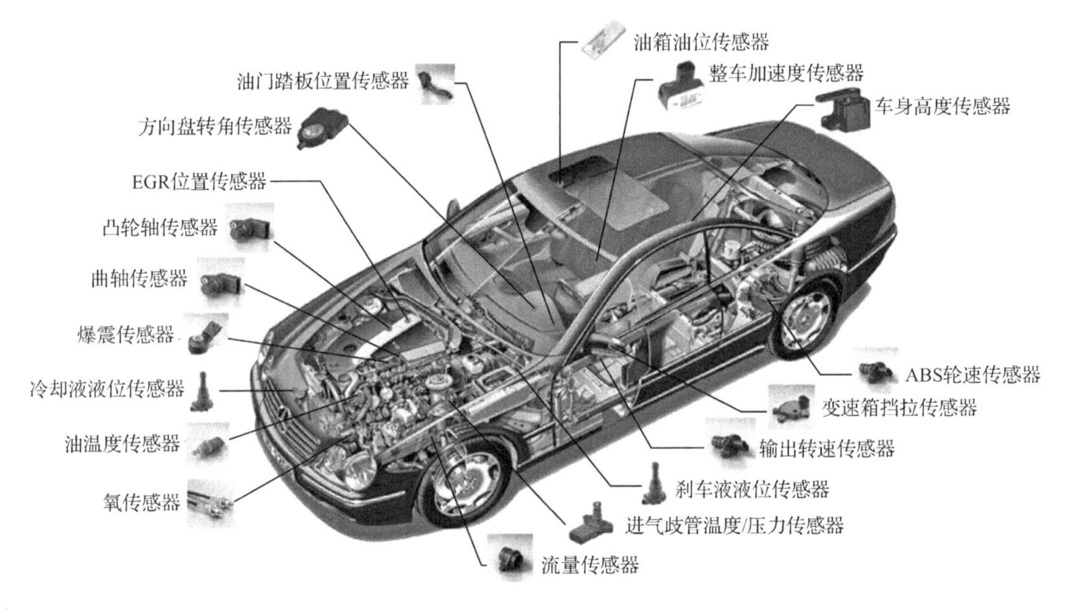

图 12.5 传感器在汽车上的应用

3. 传感器在家用电器上的应用

现代家用电器中普遍使用传感器，传感器在电子炉灶、电饭锅、吸尘器、空调器、电热水器、热风取暖器、风干器、报警器、电风扇、电子驱蚊器、洗衣机、洗碗机、照相机、电冰箱等方面得到了广泛的应用。

随着人们生活水平的不断提高，对提高家用电器产品的功能及自动化程度的要求极为强烈。为了满足这些要求，首先要使用能检测模拟量的高精度传感器，以获取正确的控制信息，再由微处理器进行控制，使家用电器更加方便、安全、可靠，并可减少能源消耗，为更多的家庭创造一个舒适的生活环境。

随着物联网技术的发展，监控用的红外报警、气体检测报警和各种家电连网后形成了家用安防系统，如图 12.6 所示。

4. 传感器在机器人上的应用

目前，在劳动强度大或危险作业的场所，已逐步使用机器人取代人的工作。一些高速度、高精度的工作，由机器人来承担也是非常合适的。但这些机器人多数是用来进行加工、组装、检验等工作的，属于生产用的自动机械式的单能机器人。在这些机器人身上仅采用了检测臂的位置和角度的传感器。

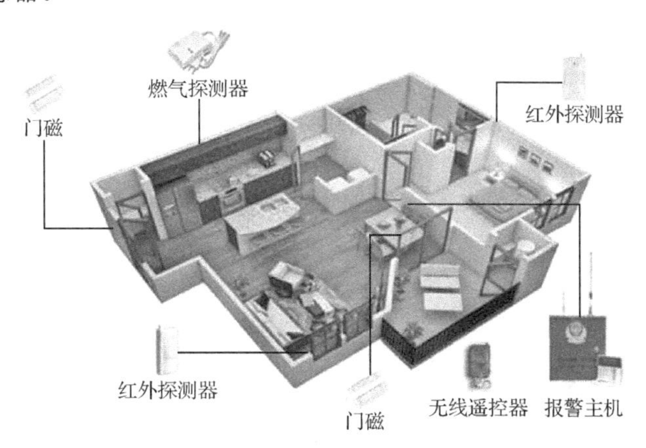

图12.6 家用安防系统

要使机器人和人的功能更为接近，以便从事更高级的工作，要求机器人能有判断能力，这就要给机器人安装物体检测传感器，特别是视觉传感器和触觉传感器，使机器人通过视觉对物体进行识别和检测，通过触觉对物体产生压觉、力觉、滑动和重量的感觉。这类机器人被称为智能机器人，它不仅可以从事特殊的作业，而且一般的生产、事务和家务也可由智能机器人去处理，这也是现在机器人的主要研究方向之一。在机器人的开发过程中，让机器人能够“看”“听”“行”“取”，具有一定的智能分析能力，这些都离不开传感器的应用。图12.7所示为“勇气号”火星探测车。

图12.7 “勇气号”火星探测车

5．传感器在医疗及医学上的应用

随着医用电子学的发展，仅凭医生的经验和感觉进行诊断的时代将会结束。现在，医用传感器可以对人体的表面和内部温度、血压、腔内压力、血液及呼吸流量、肿瘤、血液、心音、心脑电波等进行诊断，对促进医疗技术的发展起着非常重要的作用。

医疗工作将在疾病的早期诊断、早期治疗、远距离诊断及人工器官的研制等广泛的范围内发挥作用，而传感器在这些方面将会得到越来越多的应用。图12.8所示为传感器在医疗上

的应用实例。

6．传感器在环境保护上的应用

目前，大气污染、水质污染及噪声已严重地破坏了地球的生态平衡和我们赖以生存的环境，这一现状已引起了世界各国的重视。在环境保护方面，利用传感器制成的各种环境监测仪器正在发挥着积极的作用，常见的有 PM2.5 检测仪、噪声检测仪等。图 12.9 所示为 PM2.5 检测仪。

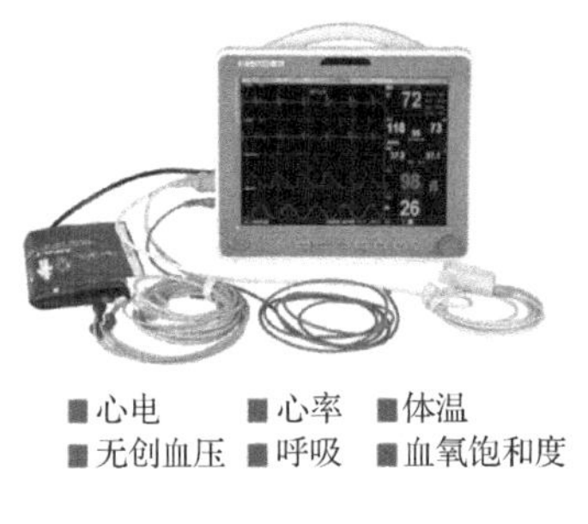

图 12.8　医疗心电监护设备

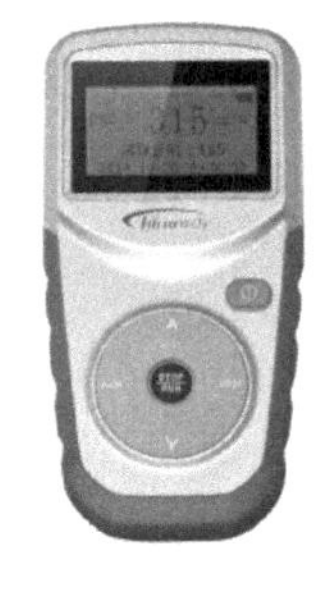

图 12.9　PM2.5 检测仪

7．传感器在航空及航天上的应用

要掌握飞机或火箭的飞行轨迹，并把它们控制在预定的轨道上运行，就需要使用传感器进行速度、加速度和飞行距离的测量。飞行器的飞行姿态可以使用红外水平线传感器陀螺仪、阳光传感器、星光传感器及地磁传感器等进行测量。图 12.10 所示为中国航天的标志性技术成果之一的神舟八号。

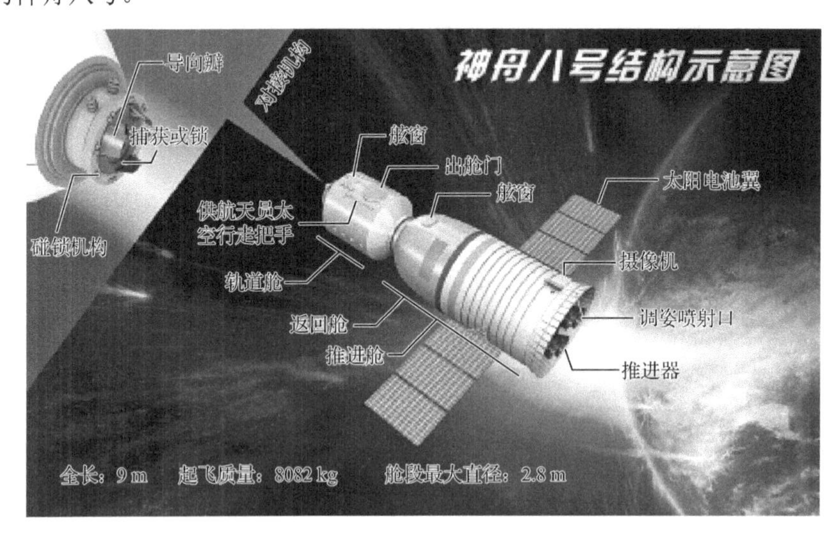

图 12.10　神舟八号

8．传感器在遥感、遥测技术上的应用

卫星遥感是航天遥感的组成部分，以人造地球卫星作为遥感平台，利用卫星对地球和低层大气进行光学和电子观测。遥感、遥测技术是指从远离地面的不同工作平台上（如高塔、气球、飞机、火箭、人造地球卫星、宇宙飞船、航天飞机等）通过传感器，对地球表面的电磁波（辐射）等信息进行探测，通过对信息的传输、处理和判读分析，对地球的资源与环境进行探测和监测的综合性技术。

在飞机及航天飞行器上采用的传感器是近紫外线、可见光、远红外线及微波等传感器，在船舶上向水下观测时多采用超声波传感器。例如，要探测矿产资源时，就可以利用人造卫星上的红外传感器对从地面发出的红外线进行测量，然后由人造卫星通过微波发送到地面站，经地面站处理后便可根据红外线分布的差异判断矿产资源的情况。图 12.11 所示为遥感监测的卫星地图。

9．传感器在军事上的应用

现在的战场是信息化的战场，而信息化是绝对离不开传感器的。军事专家认为：一个国家军用传感器制造技术水平的高低，决定了该国武器制造水平的高低，决定了该国武器自动化程度的高低，最终决定了该国武器性能的优劣。当今，传感器在军事上的应用极为广泛，可以说无时不用、无处不用，大到星体、两弹、飞机、舰船、坦克、火炮等装备系统，小到单兵作战武器；从参战的武器系统到后勤保障；从军事科学试验到军事装备工程；从战场作战到战略、战术指挥；从战争准备、战略决策到战争实施，遍及整个作战系统及战争的全过程，而且必将在未来的战争中使作战的时域和空域更加扩大，更加影响和改变作战的方式和效率，大幅度提高武器的威力、作战指挥及战场管理能力。传感器在军事上的应用实例如图 12.12 所示。

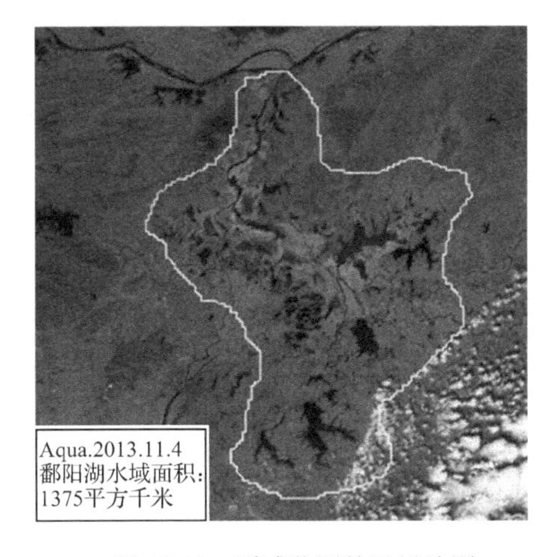

图 12.11　遥感监测的卫星地图

图 12.12　军用便携气象系统使用的超声风传感器

12.3.3　传感器技术的发展趋势

1．采用系列高新技术设计开发新型传感器

（1）微电子机械系统技术、纳米技术的高速发展，必将成为新一代微传感器、微系统的核心技术，是 21 世纪传感器技术领域中带有革命性变化的高新技术。

（2）发现与利用新效应，如物理现象、化学效应和生物效应，发明新一代传感器。

（3）加速开发新型敏感材料，微电子、光电子、生物化学、信息处理等学科和技术的互相渗透和综合利用，可望研制出一批先进的传感器。

（4）空间技术、海洋开发、环境保护及地震预测等都要求检测技术满足观测研究宏观世界的要求，细胞生物学、遗传工程、光合作用、医学及微加工技术等又希望检测技术跟上研究微观世界的步伐，它们对传感器的研发提出许多新的要求，其中重要的一点就是扩展检测范围、不断突破检测参数的极限。

2．传感器的微型化与微功耗

各种控制仪器设备的功能越来越强大，要求各个部件体积越小越好，因而传感器本身体积也是越小越好。微传感器的特征之一就是体积小，其敏感元件的尺寸一般为微米级，是由微机械加工技术制作而成的，包括光刻、腐蚀、淀积、键合和封装等工艺。利用各向异抗腐蚀、牺牲层技术和 LIGA 工艺，可以制造出层与层之间有很大差别的三维微结构。这些微结构、特殊用途的薄膜和高性能的集成电路相结合，已成功地用于制造各种微传感器乃至多功能的敏感元件阵列（如光电探测器等），实现了诸如压力、加速度、角速率、应力、应变、温度、流质、成像、磁场、温度、pH 值、气体成分、离子/分子浓度及生物传感器等。目前形成产品的主要是微型压力传感器和微型加速度传感器等，它们的体积只有传统传感器的几十分之一乃至几百分之一，质量从几千克下降到了几十克乃至几克。

3．传感器的集成化与多功能化

传感器的集成化包含两方面含义：其一是将传感器与其后级的放大电路、运算电路、温度补偿电路等制成一个组件，实现一体化，与一般传感器相比，集成化的传感器具有体积小、反应快、抗干扰、稳定性好等优点；其二是将同一类传感器集成于同一芯片上构成二维阵列式传感器，用于测量物体的表面状况。传感器的多功能化是与集成化相对应的一个概念，是指传感器能感知与转换两种以上的不同物理量。例如，使用特殊的陶瓷把温度敏感元件和湿度敏感元件集成在一起制成温度、湿度传感器；将检测几种不同气体的敏感元件用厚膜制造工艺制作在同一基片上，制成检测氧气、氨气、乙醇、乙烯等多种气体的多功能传感器；在同一硅片上制作应变计和温度敏感元件，制成可以同时测量压力和温度的多功能传感器，有的传感器还可以实现温度补偿。

4．传感器的智能化

智能传感器是测量技术、半导体技术、计算技术、信息处理技术、微电子学和材料科学互相结合的产物，与一般传感器相比，智能传感器具有自补偿能力、自校准功能、自诊断功能、数值处理功能、双向通信功能、信息存储记忆和数字量输出功能等。随着科学技术的发展，智能传感器的功能将逐步增强，它利用人工神经网、人工智能和信息处理技术使传感器具有更高级的智能，具有分析、判断、自适应、自学习的功能，可以完成图像识别、特征检测、多维检测等复杂任务；它可充分利用计算机的计算和存储能力，对传感器的数据进行处理，并对内部行为进行调节，使采集的数据最佳。

5. 传感器的数字化

随着现代化的发展，传感器的功能已突破传统的限制，其输出不再是单一的模拟信号，而是经过微处理器处理后的数字信号，有的自带控制功能，这就是所谓的数字传感器。随着计算机技术的飞速发展，以及微处理器的日益普及，世界进入了数字时代，人们在处理被测信号时首先想到的是计算机，具有便于计算机处理的输出信号的传感器就是数字传感器。数字传感器的特点是：

（1）将模拟信号转换成数字信号输出，提高了传感器输出信号的抗干扰能力，特别适合电磁干扰强、信号距离远的工作现场。

（2）可利用软件对传感器进行线性修正及性能补偿，从而减少系统误差。

（3）一致性与互换性好。

图 12.13 所示为数字传感器的结构框图。模拟传感器产生的信号经过放大、转换、线性化等处理后变成数字信号，该数字信号可根据要求以不同标准的接口形式（如 RS-232、RS-422、RS-485、USB 等）与微处理器相连，可以线性、无漂移地再现模拟信号，按照给定程序去控制某个对象（如电动机等）。

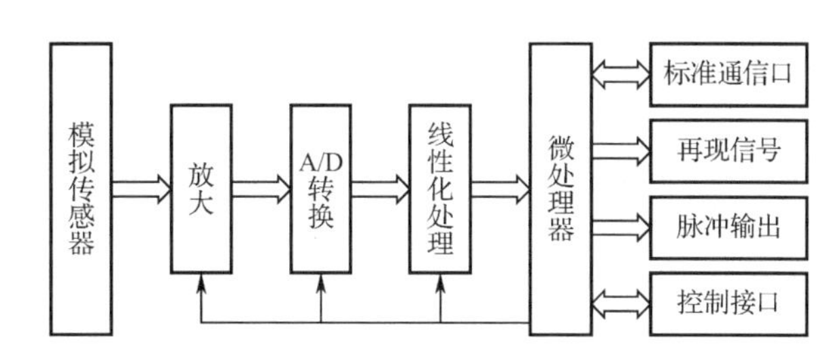

图 12.13 数字传感器的结构框图

6. 传感器网络化

传感器网络化是指利用 TCP/IP 等协议，使现场的测控数据就近接入网络，并与网络上有通信能力的节点直接进行通信，实现数据的实时发布和共享。随着传感器自动化、智能化水平的提高，多台传感器连网已被推广应用，虚拟仪器、三维多媒体等新技术开始实用化，因此，通过互联网，传感器与用户之间可异地交换信息，厂商能直接与异地用户交流，能及时完成诸如传感器故障诊断、软件升级等工作，传感器操作过程更加简化、更加方便。

图 12.14 所示为网络化传感器的基本结构，模拟信号经 A/D 转换及数据处理后，由网络处理装置根据程序的设定和网络协议（TCP/IP）将其封装成数据帧，并加以目的地址，通过网络接口传输到网络上。反过来，网络处理装置又能接收网络上其他节点传给自己的数据和命令，实现对本地节点的操作，这样传感器就成为测控网中的一个独立节点，可以更加方便地在物联网中使用。

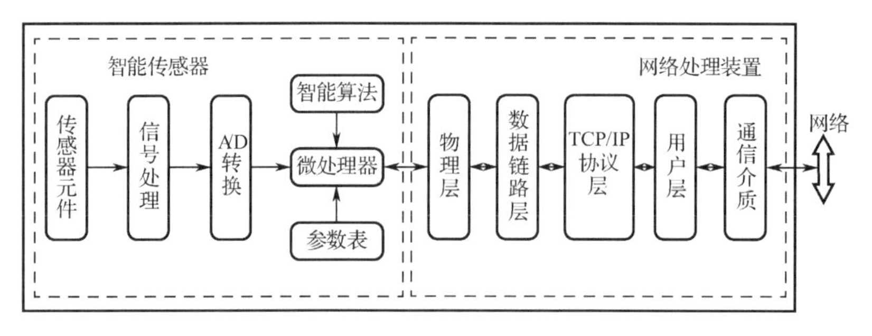

图 12.14　网络化传感器的基本结构

12.3.4　传感器与物联网应用

2009 年 8 月，温家宝总理在无锡考察时指出要积极创造条件，在无锡建立“感知中国”中心，加快推动物联网技术发展。2010 年 9 月，物联网上升到了国家战略高度，作为新一代信息技术的重要组成部分的物联网技术被列为国家重点培育的战略性新兴产业。2010 年 10 月，《国民经济和社会发展第十二个五年规划纲要》出台，指出战略性新兴产业是国家未来重点扶持的对象，而主要聚焦在下一代通信网络、物联网、三网融合、新型平板显示、高性能集成电路和高端软件等范畴的新一代信息技术产业将是未来扶持的重点。除此之外，中国已将物联网列入《国家中长期科学技术发展规划（2006－2020 年）》和 2050 年国家产业路线图。《物联网“十二五”发展规划》将以下九个方面纳入重点发展的领域，如图 12.15 所示。

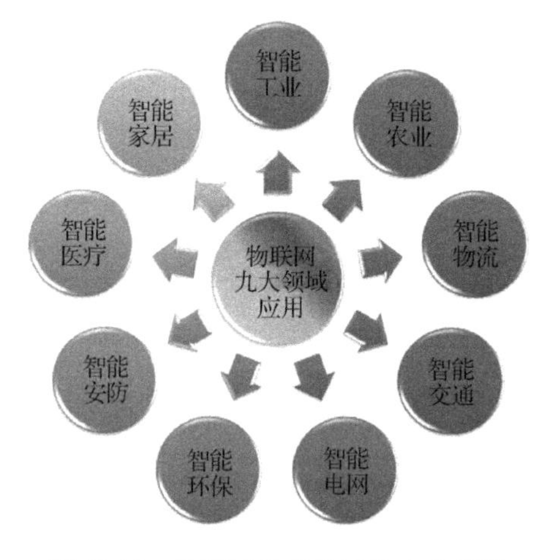

图 12.15　物联网重点发展的 9 个领域

（1）智能工业：生产过程控制、生产环境监测、制造供应链跟踪、产品全生命周期监测、促进安全生产和节能减排。

（2）智能农业：农业资源利用、农业生产精细化管理、生产养殖环境监控、农产品质量安全管理与产品溯源。

（3）智能物流：建设库存监控、配送管理、安全追溯等现代流通应用系统，建设跨区域、行业、部门的物流公共服务平台，实现电子商务与物流配送一体化管理。

（4）智能交通：交通状态感知与交换、交通诱导与智能化管控、车辆定位与调度、车辆远程监测与服务、车路协同控制，建设开放的综合智能交通平台。

（5）智能电网：电力设施监测、智能变电站、配网自动化、智能用电、智能调度、远程抄表，建设安全、稳定、可靠的智能电力网络。

（6）智能环保：污染源监控、水质监测、空气监测、生态监测，建立智能环保信息采集网络和信息平台。

（7）智能安防：社会治安监控、危化品运输监控、食品安全监控，重要桥梁、建筑、轨道交通、水利设施、市政管网等基础设施安全监测、预警和应急联动。

（8）智能医疗：药品流通和医院管理，以人体生理和医学参数采集及分析为切入点，面向家庭和社区开展远程医疗服务。

（9）智能家居：家庭网络、家庭安防、家电智能控制、能源智能计量、节能低碳、远程教育等。

工业和信息化部《物联网发展规划（2016—2020 年）》（以下简称《发展规划》）在报告中总结了“十二五”期间我国在物联网关键技术研发、应用示范推广、产业协调发展和政策环境建设等方面取得的成果。

（1）产业体系初步建成。已形成包括芯片、元器件、设备、软件、系统集成、运营、应用服务在内的较为完整的物联网产业链。2015 年物联网产业规模达到 7500 亿元，“十二五”期间年复合增长率为 25%。公众网络机器到机器（M2M）连接数突破 1 亿，占全球总量的 31%，成为全球最大市场。物联网产业已形成环渤海、长三角、泛珠三角及中西部地区四大区域聚集发展的格局，无锡、重庆、杭州、福州等新型工业化产业示范基地建设初见成效。物联网产业公共服务体系日渐完善，初步建成一批共性技术研发、检验检测、投融资、标识解析、成果转化、人才培训、信息服务等公共服务平台。

（2）创新成果不断涌现。在芯片、传感器、智能终端、中间件、架构、标准制定等领域取得一大批研究成果。光纤传感器、红外传感器技术达到国际先进水平，超高频智能卡、微波无源无线射频识别（RFID）、北斗芯片技术水平大幅提升，微机电系统（MEMS）传感器实现批量生产，物联网中间件平台、多功能便捷式智能终端研发取得突破。一批实验室、工程中心和大学科技园等创新载体已经建成并发挥良好的支撑作用。物联网标准体系加快建立，已完成 200 多项物联网基础共性和重点应用国家标准立项。我国主导完成多项物联网国际标准，国际标准制定话语权明显提升。

（3）应用示范持续深化。在工业、农业、能源、物流等行业的提质增效、转型升级中作用明显，物联网与移动互联网融合推动家居、健康、养老、娱乐等民生应用创新空前活跃，在公共安全、城市交通、设施管理、管网监测等智慧城市领域的应用显著提升了城市管理智能化水平。物联网应用规模与水平不断提升，在智能交通、车联网、物流追溯、安全生产、医疗健康、能源管理等领域已形成一批成熟的运营服务平台和商业模式，高速公路电子不停车收费系统（ETC）实现全国连网，部分物联网应用达到了千万级用户规模。

《发展规划》指出，我国物联网产业已拥有一定规模，设备制造、网络和应用服务具备较高水平，技术研发和标准制定取得突破，物联网与行业融合发展成效显著。但仍要看到我国物联网产业发展面临的瓶颈和深层次问题依然突出。一是产业生态竞争力不强，芯片、传感器、操作系统等核心基础能力依然薄弱，高端产品研发能力不强，原始创新能力与发达国家差距较大；二是产业链协同性不强，缺少整合产业链上下游资源、引领产业协调发展的龙头企业；三是标准体系仍不完善，一些重要标准的研制进度较慢，跨行业应用标准制定难度较大；四是物联网与行业融合发展有待进一步深化，仍然缺乏成熟的商业模式，部分行业存在管理分散、推动力度不够的问题，发展新技术新业态面临跨行业体制机制障碍；五是网络与信息安全形势依然严峻，设施安全、数据安全、个人信息安全等问题亟待解决。

《发展规划》提出了我国物联网发展的 6 大任务，如图 12.16 所示。

其中有 3 个任务提到了传感器的发展，分别是强化产业生态布局、完善技术创新体系和构建完善标准体系。

图 12.16　我国物联网发展的 6 大任务

1．强化产业生态布局

（1）加快构建具有核心竞争力的产业生态体系。以政府为引导、以企业为主体，集中力量，构建基础设施泛在安全、关键核心技术可控、产品服务先进、大中小企业梯次协同发展、物联网与移动互联网、云计算和大数据等新业态融合创新的生态体系，提升我国物联网产业的核心竞争力。推进物联网感知设施规划布局，加快升级通信网络基础设施，积极推进低功耗广域网技术的商用部署，支持 5G 技术研发和商用实验，促进 5G 与物联网垂直行业应用深度融合。建立安全可控的标识解析体系，构建泛在安全的物联网。突破操作系统、核心芯片、智能传感器、低功耗广域网、大数据等关键核心技术。在感知识别和网络通信设备制造、运营服务和信息处理等重要领域，发展先进产品和服务，打造一批优势品牌。鼓励企业开展商业模式探索，推广成熟的物联网商业模式，发展物联网、移动互联网、云计算和大数据等新业态融合创新。支持互联网、电信运营、芯片制造、设备制造等领域龙头企业以互联网平台化服务模式整合感知制造、应用服务等上下游产业链，形成完整解决方案并开展服务运营，推动相关技术、标准和产品加速迭代、解决方案不断成熟，成本不断下降，促进应用实现规模化发展。培育 200 家左右技术研发能力较强、产值超 10 亿元的骨干企业，大力扶持一批“专精特新”中小企业，构筑大中小企业协同发展产业生态体系，形成良性互动的发展格局。

（2）推动物联网创业创新。完善物联网创业创新体制机制，加强政策协同与模式创新结合，营造良好创业创新环境。总结复制推广优秀的物联网商业模式和解决方案，培育发展新业态新模式。加强创业创新服务平台建设，依托各类孵化器、创业创新基地、科技园区等建设物联网创客空间，提升物联网创业创新孵化、支撑服务能力。鼓励和支持有条件的大型企业发展第三方创业创新平台，建立基于开源软硬件的开发社区，设立产业创投基金，通过开放平台、共享资源和投融资等方式，推动各类线上、线下资源的聚集、开放和共享，提供创业指导、团队建设、技术交流、项目融资等服务，带动产业上下游中小企业进行协同创新。引导社会资金支持创业创新，推动各类金融机构与物联网企业进行对接和合作，搭建产业新型融资平台，不断加大对创业创新企业的融资支持，促进创新成果产业化。鼓励开展物联网创客大赛，激发创新活力，拓宽创业渠道。引导各创业主体在设计、制造、检测、集成、服务等环节开展创意和创新实践，促进形成创新成果并加强推广，培养一批创新活力型企业快速发展。

2．完善技术创新体系

（1）加快协同创新体系建设。以企业为主体，加快构建政产学研用结合的创新体系。统筹衔接物联网技术研发、成果转化、产品制造、应用部署等环节工作，充分调动各类创新资源，打造一批面向行业的创新中心、重点实验室等融合创新载体，加强研发布局和协同创新。

继续支持各类物联网产业和技术联盟发展，引导联盟加强合作和资源共享，加强以技术转移和扩散为目的的知识产权管理处置，推进产需对接，有效整合产业链上下游协同创新。支持企业建设一批物联网研发机构和实验室，提升创新能力和水平。鼓励企业与高校、科技机构对接合作，畅通科研成果转化渠道。整合利用国际创新资源，支持和鼓励企业开展跨国兼并重组，与国外企业成立合资公司进行联合开发，引进高端人才，实现高水平高起点上的创新。

（2）突破关键核心技术。研究低功耗处理器技术和面向物联网应用的集成电路设计工艺，**开展面向重点领域的高性能、低成本、集成化、微型化、低功耗智能传感器技术和产品研发，提升智能传感器设计、制造、封装与集成、多传感器集成与数据融合及可靠性领域技术水平。**研究面向服务的物联网网络体系架构、通信技术及组网等智能传输技术，加快发展NB-IoT等低功耗广域网技术和网络虚拟化技术。研究物联网感知数据与知识表达、智能决策、跨平台和能力开放处理、开放式公共数据服务等智能信息处理技术，支持物联网操作系统、数据共享服务平台的研发和产业化，进一步完善基础功能组件、应用开发环境和外围模块。发展支持多应用、安全可控的标识管理体系。加强物联网与移动互联网、云计算、大数据等领域的集成创新，重点研发满足物联网服务需求的智能信息服务系统及其关键技术。强化各类知识产权的积累和布局。“发展规划”提出了4大关键技术突破工程，如图12.17所示。

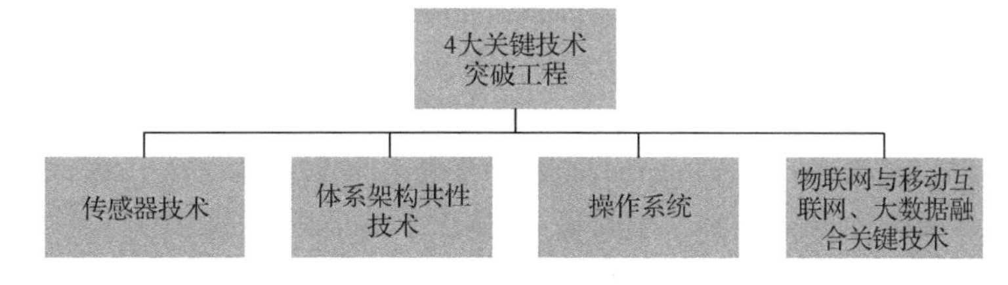

图12.17　4大关键技术

① **传感器技术。**

核心敏感元件：试验生物材料、石墨烯、特种功能陶瓷等敏感材料，抢占前沿敏感材料领域先发优势；强化硅基类传感器敏感机理、结构、封装工艺的研究，加快各类敏感元器件的研发与产业化。

传感器集成化、微型化、低功耗：开展同类和不同类传感器、配套电路和敏感元件集成等技术及工艺研究；支持基于MEMS工艺、薄膜工艺技术形成不同类型的敏感芯片，开展各种不同结构形式的封装和封装工艺创新；支持具有外部能量自收集、掉电休眠自启动等能量贮存与功率控制的模块化器件研发。

重点应用领域：支持研发高性能惯性、压力、磁力、加速度、光线、图像、温湿度、距离等传感器产品和应用技术，积极攻关新型传感器产品。

② 体系架构共性技术。

持续跟踪研究物联网体系架构演进趋势，积极推进现有不同物联网网络架构之间的互联互通和标准化，重点支持可信任体系架构、体系架构在网络通信、数据共享等方面的互操作技术研究，加强资源抽象、资源访问、语义技术，以及物联网关键实体、接口协议、通用能力的组件技术研究。

③ 操作系统。

用户交互型操作系统：推进移动终端操作系统向物联网终端移植，重点支持面向智能家

居、可穿戴设备等重点领域的物联网操作系统研发。

实时操作系统：重点支持面向工业控制、航空航天等重点领域的物联网操作系统研发，开展各类适应物联网特点的文件系统、网络协议栈等外围模块以及各类开发接口和工具研发，支持企业推出开源操作系统并开放内核开发文档，鼓励用户对操作系统的二次开发。

④ 物联网与移动互联网、大数据融合关键技术。面向移动终端，重点支持适用于移动终端的人机交互、**微型智能传感器**、**MEMS 传感器集成**、超高频或微波 RFID、融合通信模组等技术研究。面向物联网融合应用，重点支持操作系统、数据共享服务平台等技术研究。突破数据采集交换关键技术，突破海量高频数据的压缩、索引、存储和多维查询关键技术，研发大数据流计算、实时内存计算等分布式基础软件平台。结合工业、智能交通、智慧城市等典型应用场景，突破物联网数据分析挖掘和可视化关键技术，形成专业化的应用软件产品和服务。

3．构建完善标准体系

《发展规划》指出，需要构建完善的标准体系。

（1）完善标准化顶层设计。建立健全物联网标准体系，发布物联网标准化建设指南。进一步促进物联网国家标准、行业标准、团体标准的协调发展，以企业为主体开展标准制定，积极将创新成果纳入国际标准，加快建设技术标准试验验证环境，完善标准化信息服务。

（2）加强关键共性技术标准制定。加快制定**传感器**、仪器仪表、射频识别、多媒体采集、地理坐标定位等感知技术和设备标准。组织制定**无线传感器网络**、低功耗广域网、网络虚拟化和异构网络融合等网络技术标准。制定操作系统、中间件、数据管理与交换、数据分析与挖掘、服务支撑等信息处理标准。制定物联网标识与解析、网络与信息安全、参考模型与评估测试等基础共性标准。

（3）推动行业应用标准研制。大力开展车联网、健康服务、智能家居等产业急需应用标准的制定，持续推进工业、农业、公共安全、交通、环保等应用领域的标准化工作。加强组织协调，建立标准制定、实验验证和应用推广联合工作机制，加强信息交流和共享，推动标准化组织联合制定跨行业标准，鼓励发展团体标准。支持联盟和龙头企业牵头制定行业应用标准。

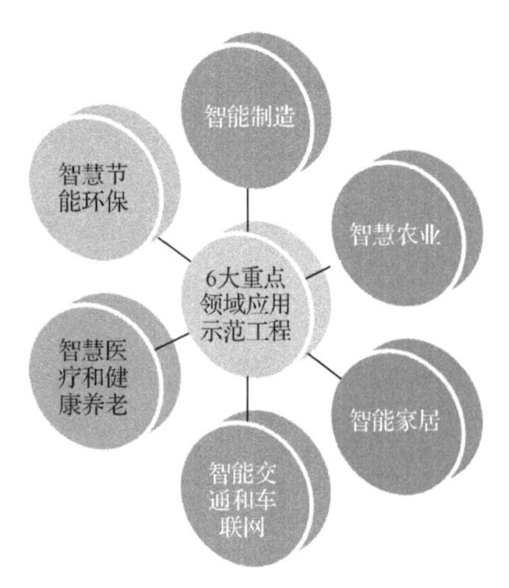

图 12.18　6 大重点领域应用示范工程

《发展规划》列出了 6 大重点领域应用示范工程，如图 12.18 所示。

（1）智能制造。面向供给侧结构性改革和制造业转型升级发展需求，发展信息物理系统和工业互联网，推动生产制造与经营管理向智能化、精细化、网络化转变；通过 RFID 等技术对相关生产资料进行电子化标识，实现生产过程及供应链的智能化管理，利用传感器等技术加强生产状态信息的实时采集和数据分析，提升效率和质量，促进安全生产和节能减排；通过在产品中预置传感、定位、标识等能力，实现产品的远程维护，促进制造业服务化转型。

（2）智慧农业。面向农业生产智能化和农产品流通管理精细化需求，广泛开展农业物联网应用示范；实施基于物联网技术的设施农业和大田作物耕种精准化、园艺种植智能化、畜禽养殖高效化、农副产品质量安全追溯、粮食与经济作物储运监管、农资服务等应用示范工程，促进形成现代农业经营方式和组织形态，提升我国农业现代化水平。

（3）智能家居。面向公众对家居安全性、舒适性、功能多样性等需求，开展智能养老、远程医疗和健康管理、儿童看护、家庭安防、水/电/气智能计量、家庭空气净化、家电智能控制、家务机器人等应用，提升人民生活质量；通过示范对底层通信技术、设备互连及应用交互等方面进行规范，促进不同厂家产品的互通性，带动智能家居技术和产品整体突破。

（4）智能交通和车联网。推动交通管理和服务智能化应用，开展智能航运服务、城市智能交通、汽车电子标识、电动自行车智能管理、客运交通和智能公交系统等应用示范，提升指挥调度、交通控制和信息服务能力；开展车联网新技术应用示范，包括自动驾驶、安全节能、紧急救援、防碰撞、非法车辆查缉、打击涉车犯罪等应用。

（5）智慧医疗和健康养老。推动物联网、大数据等技术与现代医疗管理服务结合，开展物联网在药品流通和使用、病患看护、电子病历管理、远程诊断、远程医学教育、远程手术指导、电子健康档案等环节的应用示范；积极推广社区医疗+三甲医院的医疗模式；利用物联网技术，实现对医疗废物追溯，对问题药品进行快速跟踪和定位，降低监管成本；建立临床数据应用中心，开展基于物联网智能感知和大数据分析的精准医疗应用；开展智能可穿戴设备远程健康管理、老人看护等健康服务应用，推动健康大数据创新应用和服务发展。

（6）智慧节能环保。推动物联网在污染源监控和生态环境监测领域的应用，开展废物监管、综合性环保治理、水质监测、空气质量监测、污染源治污设施工况监控、入境废物原料监控、林业资源安全监控等应用；推动物联网在电力、油气等能源生产、传输、存储、消费等环节的应用，提升能源管理智能化和精细化水平；建立城市级建筑能耗监测和服务平台，对公共建筑和大型楼宇进行能耗监测，实现建筑用能的智能控制和精细管理；鼓励建立能源管理平台，针对大型产业园区开展合同能源管理服务。

12.4 任务小结

通过本任务，读者可以学习到传感器的发展、种类和数据采集原理，并了解传感器在物联网中的应用。

12.5 思考与拓展

（1）传感器的种类有哪些？
（2）传感器有哪些应用？
（3）应用到物联网中的传感器有哪些？

任务 13

温室大棚光照度测量的设计与实现

本任务重点学习 I2C 总线及光照度传感器的基本原理，掌握 I2C 的基本原理和通信协议，通过 CC2530 模拟 I2C 通信，驱动光照度传感器，从而实现温室大棚光照度的测量。

13.1 开发场景：如何实现光照度的测量

我国的设施农业得到了较大的发展，温室大棚作为新的农作物种植技术，已突破了传统农作物种植受地域、自然环境、气候等诸多因素的限制，对农业生产有重大意义。

温室大棚中作物长势的好坏、质量和产量的高低与温室大棚中的光照、温度、湿度、土壤湿度等因素密切相关，因此对温室大棚的光照的检测是非常重要的一环。棚内的光照条件是蔬菜进行光合作用的唯一能源，也是提高棚温维持蔬菜生长的热源。棚内的光照条件主要受天气和大棚结构设计的影响，由于建材的遮挡、吸收和反射，减弱了棚内光照度，所以棚内的光照度总是低于露地光照度。尤其是冬季，本来光照度就弱、日照时间短，再加上棚膜的吸收、反射，晚揭早盖草苫也会造成日照时间的减少，从而导致棚内的光照条件变得更差，对蔬菜产量影响很大。特别是对于喜光、喜温的作物，冬季长势弱、产量低、病害严重的原因，除了棚温低，主要是由于棚内光照度弱、日照时间短所导致的，所以冬季棚内光照条件差是大棚蔬菜生产的突出问题。自动化温室大棚如图 13.1 所示，光照度传感器如图 13.2 所示。

图 13.1　自动化温室大棚

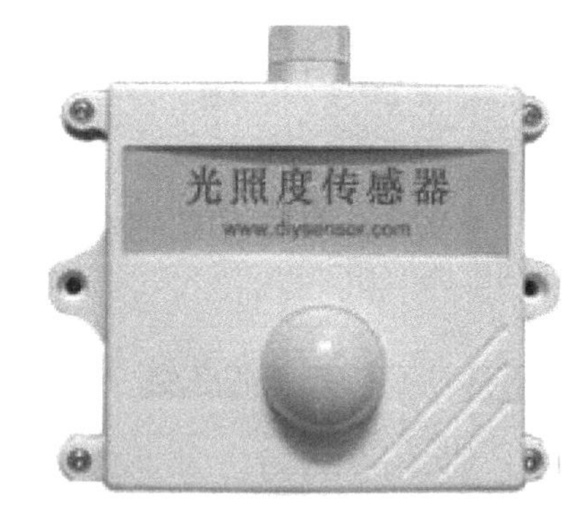

图 13.2　光照度传感器

13.2 开发目标

（1）知识要点：光照度基本概念，光照度传感器工作原理；HB1750FVI-TR 光照度传感器。

（2）技能要点：了解光照度传感器的原理结构；掌握光照度传感器的使用方法。

（3）任务目标：某蔬菜基地新建一批温室大棚，需设计一套光照度检测设备，能自动连续读取并显示光照度传感器 HB1750FVI-TR 采集的光照度测量值，并通过串口传送到上位机。

13.3 原理学习：光敏传感器和 I2C 总线

13.3.1 光敏传感器

1. 光照度

光照度是指光照的强弱，以单位面积上所接收可见光的能量来量度，单位为勒［克斯］(lx)。当光均匀照射到物体上时，在 1 m^2 面积上所得的光通量是 1 lm 时，它的光照度是 1 lx。流明是光通量的单位，发光强度为 1 烛光的点光源，在单位立体角（1 球面度）内发出的光通量为 1 流明（1 lm）。烛光的概念最早是英国人发明的，当时英国人以一磅的白蜡制造出一尺长的蜡烛所燃放出来的光来定义烛光单位。

夏季在阳光直接照射下，光照度可达 60000～100000 lx，没有太阳的室外光照度为 1000～10000 lx，日落时的光照度为 300～400 lx，夏天明朗的室内光照度为 100～550 lx，室内日光灯的光照度为 30～50 lx，夜里在明亮的月光下光照度为 0.3～0.03 lx，阴暗的夜晚光照度为 0.003～0.0007 lx。

2. 光敏传感器

光敏传感器是最常见的光照度传感器之一，它的工作原理是：利用光敏元件将光信号转换为电信号，它的敏感波长在可见光波长附近，包括红外线波长和紫外线波长。光敏传感器不只局限于对光的探测，它还可以作为探测元件组成其他传感器，对许多非电量进行检测，只要将这些非电量转换为光信号的变化即可。

光敏传感器就如同人的眼睛，能够对光线强度做出反应，能感应光线的明暗变化，输出微弱的电信号，然后通过简单的电子线路进行放大处理，在自动控制、家用电器中得到了广泛的应用。例如，在电视机中进行亮度自动调节，照相机中进行自动曝光；又如，在路灯、航标等自动控制电路、卷带自停装置及防盗报警装置中也有广泛应用。

光敏传感器是常见的传感器之一，它的种类繁多，主要有光电管、光电倍增管、光敏电阻、光敏三极管、太阳能电池、红外线传感器、紫外线传感器、光纤式光电传感器、色彩传感器、CCD 图像传感器和 CMOS 图像传感器等。光敏传感器是目前产量最多、应用最广的传感器之一，在自动控制和非电量电测技术中占有非常重要的地位。

最简单的光敏传感器是光敏电阻，电阻式光敏传感器如图 13.3 所示。

图 13.3 电阻式光敏传感器

3．光敏传感器特性

光敏传感器的主要特性有光敏电阻特性、伏安特性、光电特性、光谱特性、响应时间特性、温度特性和频率特性。

1）光敏电阻特性

光敏电阻的工作原理是基于内光电效应的，根据所处环境光照度不同，其电阻特性也不相同，总体而言可分为暗电阻和亮电阻两种。

（1）暗电阻：光敏电阻置于室温、全暗条件下的稳定电阻值称为暗电阻，流过电阻的电流称为暗电流。

（2）亮电阻：光敏电阻置于室温和一定光照条件下测得的稳定电阻值称为亮电阻，此时流过电阻的电流为亮电流。

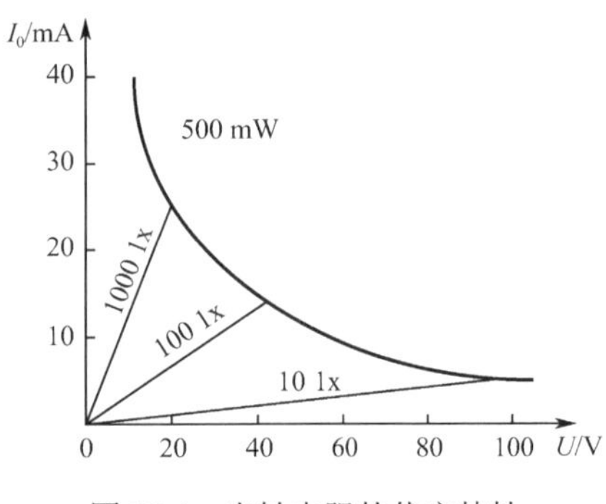

图 13.4 光敏电阻的伏安特性

2）伏安特性

光敏传感器的光敏电阻两端所加的电压和流过的电流间的关系称为伏安特性，如图 13.4 所示。从图中可知伏安特性近似直线，但在不同的电压下伏安特性有所不同，因此在测量时需要限定电压。

3）光电特性

光敏电阻两端间电压固定不变时，光照度与亮电流之间的关系称为光电特性。光敏电阻的光电特性呈非线性，此时要获取精确的光照度，则需要光电特性曲线的辅助。

4）光谱特性

当入射波长不同时，光敏传感器的灵敏度也不同，入射光波长与光敏传感器相对灵敏度间的关系称为光谱特性，可根据实际的应用场合选择不同材料制作的光敏传感器。

5）温度特性

光敏传感器受外界温度的影响也比较大，通常温度上升时，光敏传感器的暗电阻会增大，同时灵敏度会下降，因此，为保证高热辐射下光敏传感器的精度需要对光敏传感器做降温处理。

13.3.2 BH1750FVI-TR 光敏传感器

数字光敏传感器 BH1750FVI-TR 集成了 3 数字处理芯片，可以将检测信息转换为光照度物理量，微处理器可以通过 I2C 总线获取光照度的信息。

BH1750FVI-TR 是一种用于二线式串行总线接口的数字型光敏传感器。该传感器可以根据收集的光线强度数据来调整液晶或者键盘背景灯的亮度，利用它的高分辨率可以探测较大范围的光照度的变化，其测量范围为 1～65535 lx。BH1750FVI-TR 光敏传感器如图 13.5 所示。

图 13.5 BH1750FIV-TR 光敏传感器

BH1750FVI-TR 光敏传感器芯片有如下特点：

- 接近视觉灵敏度的光谱灵敏度特性（峰值灵敏度波长典型值为 560nm）；
- 对应广泛的输入光范围（相当于 1～65535 lx）；
- 光源依赖性弱，可使用白炽灯、荧光灯、卤素灯、白光 LED、日光灯；
- 可测量的范围为 1.1～100000 lx /min。
- 受红外线影响很小。

BH1750FVI-TR 光敏传感器的工作参数如表 13.1 所示。

表 13.1　BH1750FVI-TR 光敏传感器的工作参数

参　数	符　号	额 定 值	单　位
电源电压	V_{max}	4.5	V
运行温度	T_{opr}	-40～85	℃
存储温度	T_{stg}	40～100	℃
反向电源	I_{max}	7	mA
功率损耗	P_{d}	260	mW

BH1750FVI-TR 光敏传感器的运行条件如表 13.2 所示。

表 13.2　BH1750FVI-TR 光敏传感器的运行条件

参　数	符　号	最 小 值	时　间	最 大 值	单　位
VCC 电压	V_{CC}	2.4	3	3.6	V
I2C 参考电压	V_{DVI}	1.65	—	V_{CC}	V

BH1750FVI-TR 光敏传感器有 5 个引脚，分别是电源（VCC）、地（GND）、设备地址引脚（DVI）、时钟引脚（SCL）、数据引脚（SDA）。DVI 接电源或接地决定了不同的设备地址（接电源时为 0x47，接地时为 0x46）。BH1750FVI-TR 传感器工作原理如图 13.6 所示。

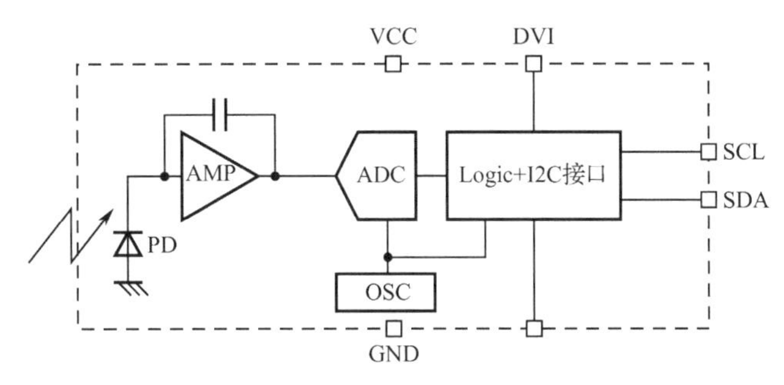

图 13.6　BH1750FVI-TR 传感器工作原理

从工作原理图可看出，外部光照被接近人眼反应的高精度光敏二极管 PD 探测到后，通过集成运算放大器 PD 将电流转换为 PD 电压，由 16 位模/数转换器获取数字数据，然后进行数据处理与存储。OSC 为内部的振荡器，提供内部逻辑时钟，通过相应的指令操作即可读取出内部存储的光照度数据。数据传输使用标准的 I2C 总线，按照时序要求操作起来也非常方便。各种模式的指令集如表 13.3 所示。

表 13.3　BH1750FVI-TR 光敏传感器的指令集

指　令	功能代码	注　释
断电	0000_0000	无激活状态
通电	0000_0001	等待测量指令
重置	0000_0111	重置数字寄存器值，重置指令在断电模式下不起作用
连续 H 分辨率模式	0001_0000	在 1 lx 分辨率下开始测量，测量时间一般为 120 ms
连续 H 分辨率模式 2	0001_0001	在 0.5 lx 分辨率下开始测量，测量时间一般为 120 ms
连续 L 分辨率模式	0001_0011	在 4 lx 分辨率下开始测量，测量时间一般为 120 ms
一次 H 分辨率模式	0010_0000	在 1 lx 分辨率下开始测量，测量时间一般为 120 ms，测量后自动设置为断电模式
一次 H 分辨率模式 2	0010_0001	在 0.5 lx 分辨率下开始测量，测量时间一般为 120 ms，测量后自动设置为断电模式
一次 L 分辨率模式	0010_0011	在 4 lx 分辨率下开始测量，测量时间一般为 120 ms，测量后自动设置为断电模式
改变测量时间（高位）	01000_MT[7,6,5]	改变测量时间
改变测量时间（低位）	011_MT[4,3,2,1,0]	改变测量时间

在 H 分辨率模式下，足够长的测量时间（积分时间）能够抑制一些噪声（包括 50 Hz/60 Hz 光噪声）；同时，H 分辨率模式的分辨率为 1 lx，适用于黑暗场合下（小于 10 lx）。H 分辨率模式 2 同样适用于黑暗场合下的检测。

13.3.3　I2C 总线和光照传感器

芯片的控制接口采用 I2C 数据协议，I2C 总线是通用一根串行数据线（SDA）和一根串行时钟线（SCL）来进行通信的。微处理器每次与从设备通信时都需要向从设备发送一个开始信号，通信结束之后再向从设备发送一个结束信号。开始条件和结束条件如下。

开始条件是 SDA 从高电平拉到低电平，SCL 保持低电平。结束条件是 SDA 从低电平拉到高电平，SCL 保持高电平。I2C 的开始条件和结束条件的时序如图 13.7 所示。

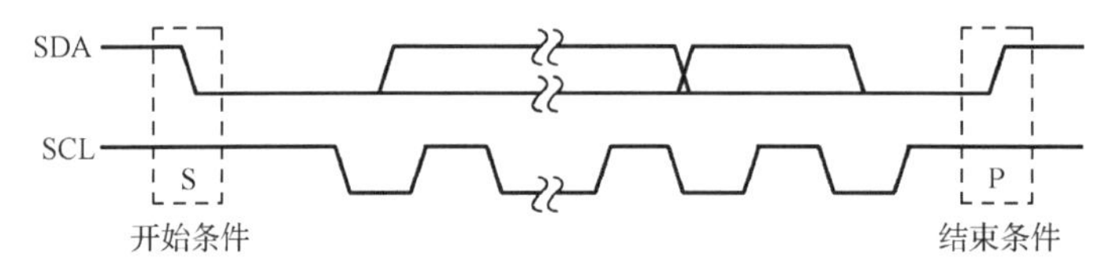

图 13.7　I2C 总线开始条件和结束条件的时序

（1）应答。在 I2C 总线的每个字节的数据传输结束之后都有一个应答位，而且当主设备充当数据发送者，数据接收者为不同角色时，应答信号也会不一样，图 13.8 所示为应答信号的时序。

从图 13.8 中可知，当主设备为发送者时（BY TRANSMITTER），发送完 1 字节的数据后，主设备等待从设备发送应答信号位，在等待过程中 SDA 会保持高电平，SCL 由低电平拉高到高电平；当检测到 SDA 为低电平时，从设备应答。当主设备为接收者时（BY RECEIVER），每接收完 1 字节的数据之后，主设备发送应答信号，将 SDA 置为低电平，SCL 从低电平拉高到高电平。

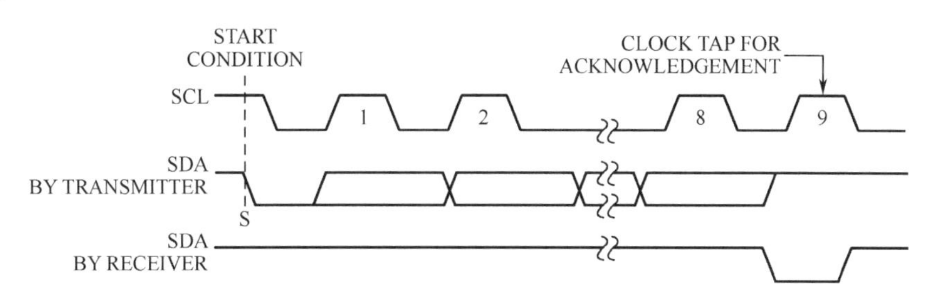

图 13.8　应答信号的时序

（2）写数据。当主设备需要向从设备写数据时，需要向从设备发送主机的写地址（0x98），然后发送数据内容。

（3）读数据。当主设备需要从从设备读数据时，需要向从设备发送主机的读地址（0x99），然后开始接收从设备发送的数据。

13.3.4　CC2530驱动BH1750FVI-TR光敏传感器

传感器遵循I2C总线接口时序，传感器上电后需要初始化，CC2530向传感器发送一组启动时序，具体过程为：

（1）将SDA和SCL分别置为高电平，延时约5 μs后将SDA置为低电平，再延时约5 μs后将SCL也置为低电平。

（2）CC2530向传感器发送通电指令（功能代码为0x01），接着发送一组停止时序，具体过程为：将SDA置为低电平，SCL置为高电平，延时约5 μs后将SDA置为高电平，再延时约5 μs。至此，传感器初始化结束，等待检测指令。

当需要检测时，CC2530向传感器发送一组启动时序，接着发送设备地址，当检测到传感器的应答信号后，便可发送测量指令了。根据测量分辨率的不同，需要延时一段时间，待测量结束后，CC2530即可读取测量数据。测量结果是16位的，先传递的是数据的高8位，然后是低8位。将测量结果转换成十进制数，再除以1.2，即可得到光照度的值。

13.4　任务实践：光照度测量的软/硬件设计

13.4.1　开发设计

1．硬件设计

本任务硬件结构主要由CC2530微处理器、光照度传感器组成，其中传感器和CC2530是通过I2C总线进行通信的。光照度测量系统的结构如图13.9所示。

光照度传感器的接口电路如图13.10所示。

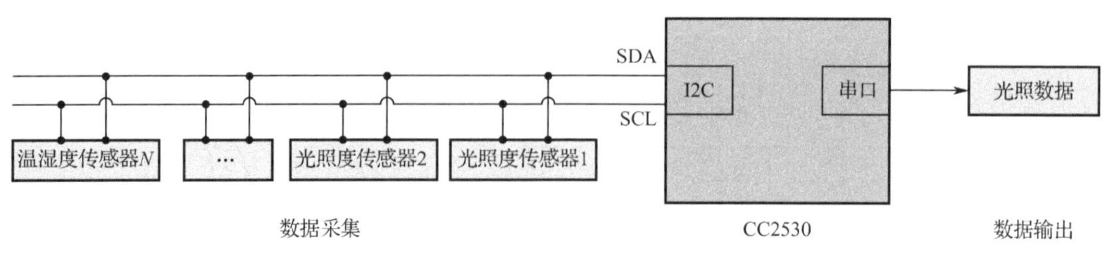

图 13.9　光照度测量系统的结构

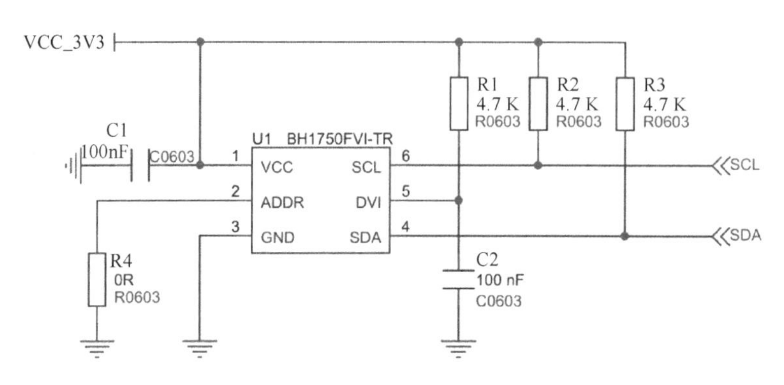

图 13.10　光照度传感器的接口电路

2. 软件设计

要实现光照度信息的采集，需要有合理的软件设计，本任务的程序设计思路如下所述。

（1）定义存储变量和串口发送数组。

（2）初始化系统时钟。

（3）初始化传感器基本配置。

（4）初始化串口。

（5）获取光照度值。

（6）将字符串写入缓冲数组。

（7）打印到串口。

（8）清空缓存。

（9）循环执行步骤（5）到（8）。

软件设计流程如图 13.11 所示。

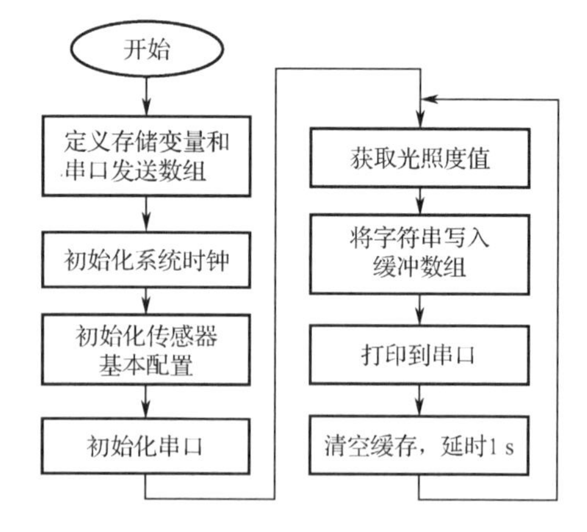

图 13.11　软件设计流程图

13.4.2　功能实现

1. 主函数模块

主函数在完成系统时钟、光照度传感器基本配置和串口初始化的工作后，进入主循环中等待中断触发。主函数代码如下。

```
void main(void)
```

```
{
    float light_data = 0;                           //存储光照度数据变量
    char tx_buff[64];                               //串口发送数组
    xtal_init();                                    //系统时钟初始化
    bh1750_init();                                  //光照度传感器初始化
    uart0_init(0x00,0x00);                          //串口初始化

    while(1)
    {
        light_data = bh1750_get_data();                     //获取传感器数值
        sprintf(tx_buff,"light:%.2f\r\n",light_data);       //复制字符串
        uart_send_string(tx_buff);                          //串口打印
        memset(tx_buff,0,64);                               //清空串口缓存
        delay_s(1);                                         //延时 1 s
    }
}
```

2．时钟初始化模块

CC2530 微处理器时钟初始化程序内容如下。

```
/*********************************************************************************************
* 名称：xtal_init()
* 功能：CC2530 系统时钟初始化
*********************************************************************************************/
void xtal_init(void)
{
    SLEEPCMD &= ~0x04;                              //上电
    while(!(CLKCONSTA & 0x40));                     //晶体振荡器开启且稳定
    CLKCONCMD &= ~0x47;                             //选择 32 MHz 晶体振荡器
    SLEEPCMD |= 0x04;
}
```

3．光照度传感器数据模块

```
/************************************ 全局变量 *********************************************/
uchar buf[2];                                       //接收数据缓存区
float s;
/*********************************************************************************************
* 名称：bh1750_send_byte()
* 功能：向从设备发送字节数据函数，完成启动总线到发送地址/数据、结束总线的全过程，从设备地
       址为 sla，使用前必须已结束总线
* 返回：返回 1 表示操作成功，否则操作有误
*********************************************************************************************/
uchar bh1750_send_byte(uchar sla,uchar c)
{
    iic_start();                                    //启动总线
```

```
        if(iic_write_byte(sla) == 0){                                    //发送从设备地址
            if(iic_write_byte(c) == 0){                                  //发送数据
            }
        }
        iic_stop();                                                      //结束总线
        return(1);
}
/*********************************************************************************************
* 名称：bh1750_read_nbyte()
* 功能：连续读出 BH1750FVI-TR 光敏传感器内部数据
* 返回：应答信号或非应答信号
*********************************************************************************************/
uchar bh1750_read_nbyte(uchar sla,uchar *s,uchar no)
{
        uchar i;
        iic_start();                                                 //开始信号
        if(iic_write_byte(sla+1) == 0){                              //发送从设备地址+读信号
            for (i=0; i<no-1; i++){                                  //连续读取 6 个地址数据，存储在 BUF 中
                *s=iic_read_byte(0);
                s++;
            }
            *s=iic_read_byte(1);
        }
        iic_stop();
        return(1);
}

/*********************************************************************************************
* 名称：bh1750_init()
* 功能：初始化 BH1750FVI-TR
*********************************************************************************************/
//初始化 BH1750 FVI-TR
void bh1750_init()
{
        iic_init();                                                  //I2C 总线初始化
}
/*********************************************************************************************
* 名称：bh1750_get_data()
* 功能：BH1750FVI-TR 数据处理函数
*********************************************************************************************/
float bh1750_get_data(void)
{
        uchar *p=buf;
        bh1750_init();                                               //初始化 BH1750FVI-TR
        bh1750_send_byte(0x46,0x01);                                 //上电
        bh1750_send_byte(0x46,0X20);                                 //H 分辨率模式
        delay_ms(180);                                               //延时 180  ms
```

```
        bh1750_read_nbyte(0x46,p,2);                          //连续读出数据，存储在 BUF 中
        unsigned short x = buf[0]<<8 | buf[1];
        return x/1.2;
    }
```

4．光照度传感器初始化模块

```
/*********************************************************************************************
* 名称：bh1750_init()
* 功能：初始化 BH1750FVI-TR
*********************************************************************************************/
void bh1750_init()
{
    iic_init();                                               //I2C 总线初始化
}
```

5．I2C 总线驱动模块

I2C 总线驱动模块包含 I2C 总线专用延时函数、I2C 总线初始化函数、I2C 总线开始信号函数、I2C 总线停止信号函数、I2C 总线发送应答函数、I2C 总线接收应答函数、I2C 总线写字节函数和 I2C 总线读字节函数，部分信息如表 13.4 所示，更详细的源代码请参考任务 11。

表 13.4　I2C 总线驱动模块函数

名　称	功　能	说　明
void　iic_delay_us(unsigned int i)	I2C 总线专用延时函数	i 为设置的延时值
void iic_init(void)	I2C 总线初始化函数	无
void iic_start(void)	I2C 总线开始信号函数	无
void iic_stop(void)	I2C 总线停止信号函数	无
void iic_send_ack(int ack)	I2C 总线发送应答函数	ack 表示应答信号
int iic_recv_ack(void)	I2C 总线接收应答函数	返回应答信号
unsigned char iic_write_byte(unsigned char data)	I2C 总线写字节函数，返回 ACK 或者 NACK，从高到低依次发送	data 为要写的数据，返回值表示是否写成功
unsigned char iic_read_byte(unsigned char ack)	I2C 总线读字节函数，返回读取的数据	ack 表示应答信号。返回采样数据

6．串口驱动模块

串口驱动模块包含串口初始化函数、串口发送字节函数、串口发送字符串函数和接收字节函数，部分信息如表 13.5 所示，更详细的源代码请参考任务 10。

表 13.5　串口驱动模块函数

名　称	功　能	说　明
char recvBuf[256];	定义存储接收数据的数组	无
int recvCnt	定义接收数据的数量	无
uart0_init(unsigned char StopBits,unsigned char Parity)	串口初始化函数	StopBits 为停止位，Parity 为奇偶校验
void uart_send_char(char ch)	串口发送字节函数	ch 为将要发送的数据
void uart_send_string(char *Data)	串口发送字符串函数	*Data 为将要发送的字符串指针
int uart_recv_char(void)	接收字节函数	返回接收的串口数据

13.5　任务验证

使用 IAR 开发环境打开任务设计工程，程序通过编译后，由 SmartRF 下载到 CC2530 微处理器中，暂不执行程序。

使用串口线连接 CC2530 开发平台与 PC，打开串口调试助手并配置其波特率为 38400、8 位数据位、无奇偶校验位，1 位停止位，取消十六进制显示，设置完成后执行程序。

程序运行后，串口调试助手的接收窗口每隔 1 s 就会打印一次光敏传感器采集到的光照度数据。改变光敏传感器周围的光照环境，通过串口调试助手可以查看到采集的光照度数据的变化。验证效果如图 13.12 所示。

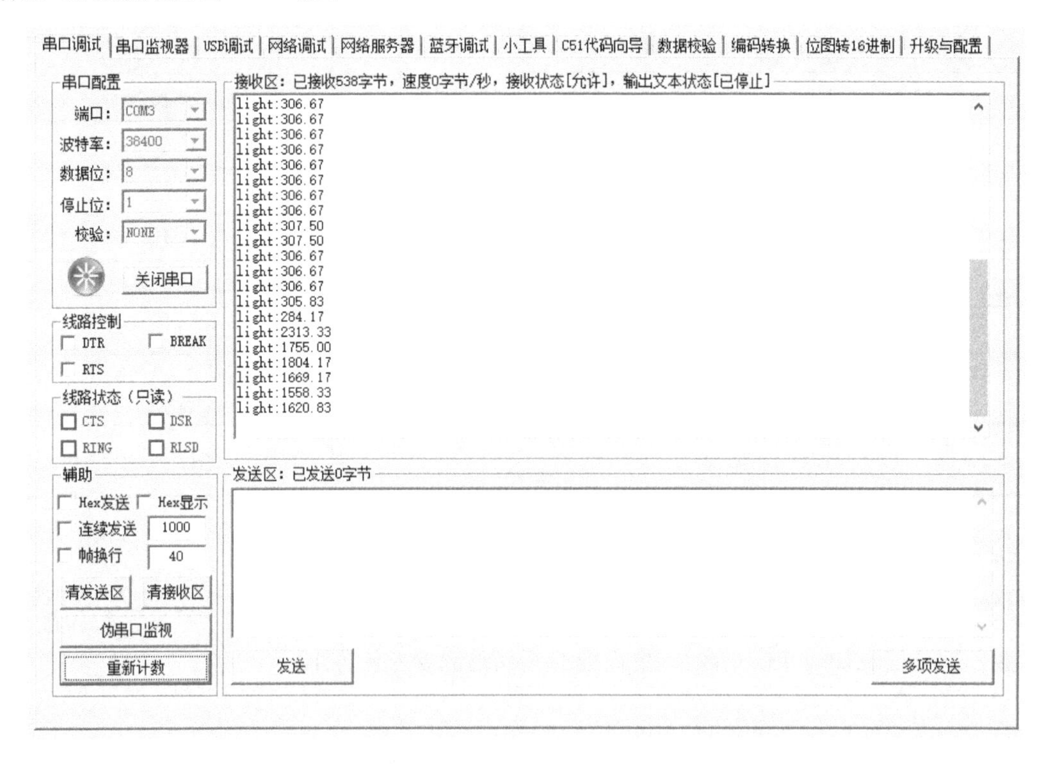

图 13.12　验证效果

13.6 任务小结

通过本任务读者可以学习光敏传感器的基本原理和特性，并通过 CC2530 微处理器驱动 I2C 总线，从而实现通过 CC2530 驱动光照度传感器。

13.7 思考与拓展

（1）简述光照度传感器的工作原理。

（2）光照度传感器在日常生活中还有哪些应用？

（3）如何使用 CC2530 微处理器的驱动光照度传感器？

（4）CC2530 微处理器通过光照度传感器获取到光照度信息后，如果不加以利用并不能对温室大棚产生帮助，只有将获取到的光照度信息融入对温室大棚的环境调节系统才有价值。尝试设置光照度范围，大于某值 LED1 亮，小于某值 LED2 亮，同时在 PC 上打印光照度值，并将两灯状态和光照度值进行比较。

任务 14

户外气压海拔测量计的设计与实现

本任务重点学习气压海拔传感器的工作原理，结合 CC2530 微处理器完成户外气压海拔测量计的设计与实现。

14.1 开发场景：如何实现气压高度测量

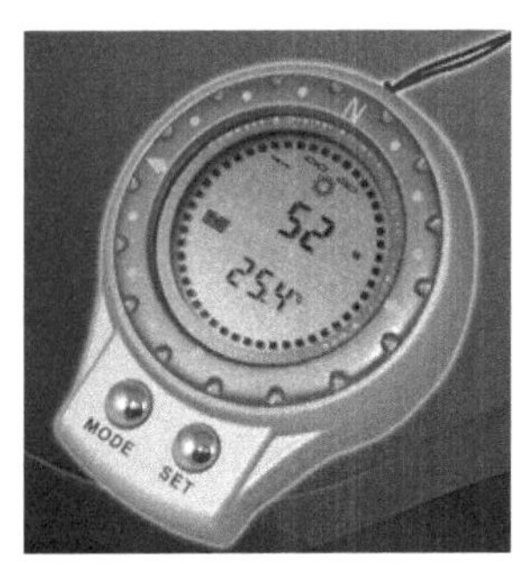

图 14.1 户外气压海拔计

当前对海拔高度的测量主要的方式有利用 GPS 的测量、采用仪器的测量和基于气压的海拔测量三种方式。GPS 测量的精度较高但成本较高；采用仪器的测量因仪器体积大携带不方便；相比较而言，采用基于气压的海拔测量在灵敏度、体积、成本、智能性等方面更符合实用的要求。

本任务采用 CC2530 和气压海拔传感器采集相关数据并经过处理后将大气压值转换成海拔值。实践表明得到的数据能够满足实际需求，在便携户外设备、气象仪系统、低空飞行器系统、气象控制系统等诸多领域有广泛的应用。户外气压海拔计如图 14.1 所示。

14.2 开发目标

（1）知识要点：气压海拔传感器的工作原理；FBM320 气压海拔传感器基本结构和原理。

（2）技能要点：了解气压海拔传感器的工作原理；掌握 CC2530 驱动气压海拔传感器的方法。

（3）任务目标：某地质研究所在进行户外考察时，需要一个可实时测量气压海拔的检测设备，该设备通过气压海拔传感器 FBM320 采集气压值并转换为海拔值，然后通过串口传输到上位机。

14.3 原理学习：气压海拔传感器原理与测量

14.3.1 气压海拔传感器

1. 气压海拔传感器简介

气压海拔传感器的核心测量部件是气压传感器，气压传感器主要用于测量气体的绝对压强，通过相应的物理关系可以将气压值转换为海拔值。

气压海拔传感器是通过气压的变化来测量海拔的传感器，可进行海拔的测量和相对高度的测量。但是，通过气压来计算海拔时，误差是相对较大的，特别是在近地面测量时，受风、湿度、粉尘颗粒等影响，测量高度的精度受到很大的影响，在高空测量中精度有所改善。气压海拔传感器可用于航模产品、楼层定位、GPS 测高、户外登山表、户外登山手机、狩猎相机、降落伞、气象设备等需要通过大气压强得到海拔值的场合。

2. 气压海拔传感器的工作原理

地球存在重力，当物体越靠近地心时所受引力越强，因此物体所受的引力与海拔有一定的关系。在重力场中，大气压强与海拔之间的关系是大气压强随着海拔的增加而减小。气压海拔传感器正是利用这一原理，通过测量出的大气压强，根据气压与海拔的关系，间接计算出海拔的。

气压海拔传感器主要的传感元件是一个对压强敏感的薄膜，它连接了一个柔性电阻器。当被测气体的压强降低或升高时，这个薄膜会变形，从而改变柔性电阻器的阻值，改变阻值两端的电压和电流。从传感元件取得相应的电信号后通过 A/D 转换器转换为数字量信息，然后以适当的形式传送给微处理器。有些气压海拔传感器的主要部件为变容式硅膜盒，当该变容式硅膜盒外界大气压力发生变化时，它将发生弹性变形，从而引起变容式硅膜盒平行板电容器电容量的变化。相较于薄膜式气压海拔传感器，电容式气压海拔传感器更灵敏、精度更高，但价格也更高。

3. 气压海拔传感器的海拔计算方法

通过了解气压海拔传感器获取海拔信息的工作原理可知，气压海拔传感器并不能较为精确地获取到海拔信息，还需要根据相关的参数进行换算和误差修正，因此还需要了解气压与海拔的换算关系。下面对几个航空领域的概念进行解释。

确定航空器在空间的垂直位置需要两个要素：测量基准面和自该基准面至航空器的垂直距离。我国民航飞行高度的测量通常以下面三种气压面作为测量基准面。

（1）标准大气压：是指在标准大气条件下海平面的气压，其值为 101325 Pa（约 760 mmHg）。

（2）修正海平面气压：是指将观测到的场面气压，按照标准大气压条件修正到平均海平面的气压。

（3）场面气压：是指航空器着陆区域最高点的气压。

航空器在飞行中，根据不同测量基准面，在同一垂直位置上会有不同的特定名称。

（1）高：指自某一个特定基准面至一个平面、一个点或者可以视为一个点的物体的垂直距离。

（2）高度：指自平均海平面至一个平面、一个点或者可以视为一个点的物体的垂直距离。

（3）飞行高度层：指以 101325 Pa 气压面为基准的等压面，各等压面之间具有规定的气压差。

（4）标准气压高度：指以标准大气压（其值为 101325 Pa 或 760 mmHg）作为气压高度表修正值，来计算某一点的垂直距离。

（5）真实高度：指飞行器相对于直下方地面的距离。

（6）修正海平面气压高度（也称为修正海压高度、海压高度或海高）：指以海平面气压调整高度表数值为零，上升至某一点的垂直距离。

（7）绝对高度：指飞行器相对于某一实际海平面并用重力势高度表示的高度。

（8）相对高度：指飞行器从空中到某一既定地面的垂直距离。

（9）场压高度（场高）：指以着陆区域最高点气压，调整高度表数值为零，上升至某一点的垂直距离，是相对高度的一种。

通常大气压强与海拔的变化关系受很多因素的影响，如大气温度、纬度、季节等都会导致变化关系发生变化。因此国际上统一采用了一种假想的国际标准大气，国际标准大气满足理想气体方式，并以平均海平面作为零高度，国际标准大气的主要常数有：

平均海平面标准大气压 $P_n = 101.325\times10^3$ Pa

平均海平面标准大气温度 $T_n = 228.15$ K

平均海平面标准大气密度 $\rho_n = 1.225$ kg/m^3

空气专用气体常数 $R = 287.05287$ m^2/Ks^2

自由落体加速度 $g_n = 9.80665$ m/s^2

大气温度垂直梯度 β 如表 14.1 所示，高度越高温度越低，不同高度层对应不同的温度梯度。

表 14.1　大气温度垂直梯度 β

标准气压高度 H/km	温度 T/km	温度梯度 β/（K/km）
−2.00	301.15	−6.50
0.00	288.15	−6.50
11.00	216.65	0.00
20.00	216.65	+1.00
32.00	228.65	+2.80
47.00	270.65	0.00
51.00	270.65	−2.80
71.00	214.65	−2.00
80.00	196.65	—

每一层温度均取为标准气压高度的线性函数，即

$$T_H = T_b + \beta(H - H_b)$$

式中，T_H 和 T_b 分别是相应层的标准气压高度和大气温度的下限值，β 为温度的垂直变化率（$\beta = \mathrm{d}T/\mathrm{d}H$）。

14.3.2　FBM320 气压海拔传感器

FBM320 气压海拔传感器是一种高分辨率数字气压海拔传感器，集成了 MEMS 压阻式压强传感器和高效的信号调理数字电路。信号调理数字电路包括 24 位Σ-Δ 模/数转换单元，用

于校准数据的 OTP 存储器单元和串行接口电路单元。FBM320 气压海拔传感器可以通过 I2C 和 SPI 两种总线接口与微处理器进行数据交换。FBM320 气压海拔传感器如图 14.2 所示。

图 14.2　FBM320 气压海拔传感器

气压校准和温度补偿是 FBM320 气压海拔传感器的关键特性，存储在 OTP 存储器中的气压数据可用于校准，校准程序需由外部微处理器自行设计实现。FBM320 气压海拔传感器进行了低功耗电源设计，适用于智能手环、导航仪等便携式设备，还可以在航模、无人探测器等电池供电环境中使用。FBM320 气压海拔传感器引脚分布如图 14.3 所示。

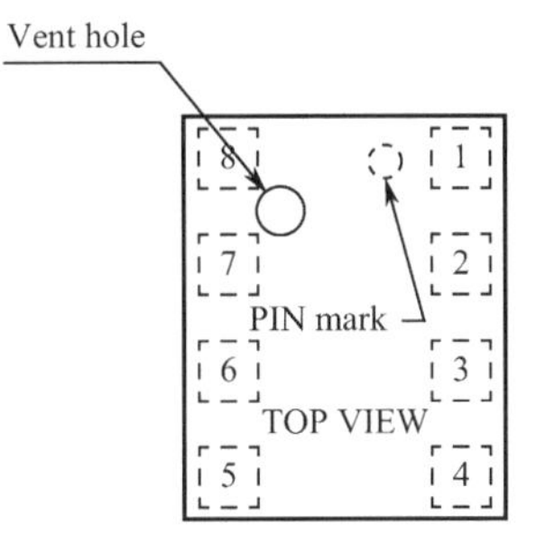

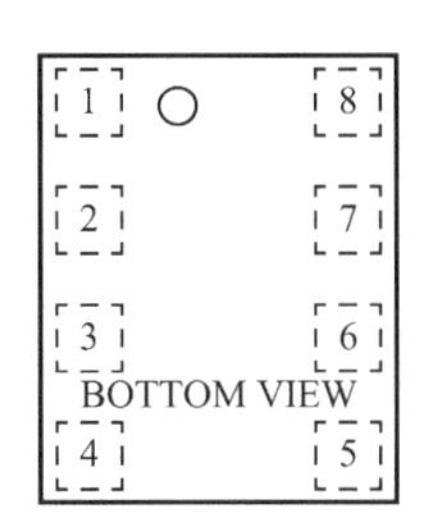

图 14.3　FBM320 气压海拔传感器引脚分布

FBM320 气压海拔传感器引脚含义如表 14.2 所示。

表 14.2　FBM320 气压海拔传感器引脚含义

引　脚　号	引 脚 名 称	描　　述
1	GND	接地
2	CSB	芯片选择
3	SDA	串行数据输入/输出，I2C 模式（SDA）
	SDI	串行数据输入，采用 4 线 SPI 模式（SDI）
	SDIO	串行数据输入/输出，采用 3 线 SPI 模式（SDIO）
4	SCL	串行时钟
5	SDO	以 4 线 SPI 模式输出串行数据
	ADDR	地址选择 I2C 模式
6	VDDIO	I/O 电路的电源
7	GND	接地
8	VDDIO	核心电路的电源

FBM320 气压海拔传感器寄存器及数据格式如表 14.3 所示。

表 14.3　FBM320 气压海拔传感器寄存器及数据格式

地　址	描　述	读/写	Bit7	Bit6	Bit5	Bit4	Bit3	Bit2	Bit1	Bit0	默 认 值
0xF8	DATA_LSB	读	输出数据<7:0>								0x00
0xF7	DATA_CSB	读	输出数据<15:8>								0x00
0xF6	DATA_MSB	读	输出数据<23:16>								0x00
0xF4	CONFIG_1	读/写	OSR<1:0>				Measurement_control<5:0>				0x0E 或 0x4E
0xF1	Cal_coeff	读	校准寄存器								N/A
0xE0	Soft_reset	写	软复位<7:0>								0x00
0xD0	Cal_coeff	读	校准寄存器								N/A
0xBB～0xAA	Cal_coeff	读	校准寄存器								N/A
0x6B	Part ID	读	PartID<7:0>								0x42
0x00	SPI _Ctrl	读/写	SDO_ active		LSB_ first				LSB_ first	SDO_ active	0x00

寄存器地址 0xF6～0xF8（Data_out）：24 位 ADC 输出数据。

寄存器地址 0xF4（OSR<1:0>）：00 表示 1024X，01 表示 2048X，10 表示 4096X，11 表示 8192X。Measurement_control <5:0>为 101110 时表示温度转换；为 110100 时表示压力转换。

寄存器地址 0xE0（软复位）：只写寄存器，如果设置为 0xB6，将执行上电复位序列，自动返回 0 表示软复位成功。

寄存器地址 0xF1、0xD0、0xBB:0xAA（校准寄存器）：用于传感器校准的共 20 B 的校准寄存器。

寄存器地址 0x6B（PartID）：8 位设备的 ID，默认值为 0x42。

寄存器地址 0x00（SDO_active）：1 表示 4 线 SPI，0 表示 3 线 SPI。LSB_first 为 1 时表示 SPI 接口的 LSB 优先，为 0 时表示 SPI 接口的 MSB 优先。

14.4　任务实践：户外气压海拔测量计的软/硬件设计

14.4.1　开发设计

1．硬件设计

由于户外设备显示的内容相对丰富，故其内部一般由微处理器、气压传感器、磁阻传感器、加速传感器等模块组成。本任务主要采集气压海拔信息，硬件结构主要由 CC2530 微处理器、气压海拔传感器组成。微处理器将 FBM320 气压海拔传感器采集的气压值转换成海拔值，并通过串口传输到上位机设备。架构设计如图 14.4 所示。

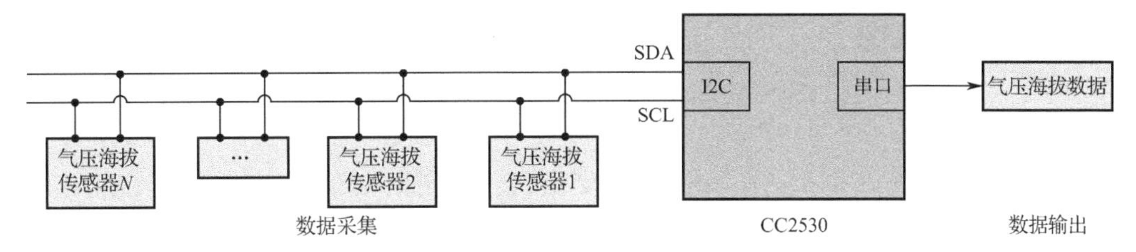

图 14.4　架构设计

FBM320 气压海拔传感器的接口电路如图 14.5 所示。

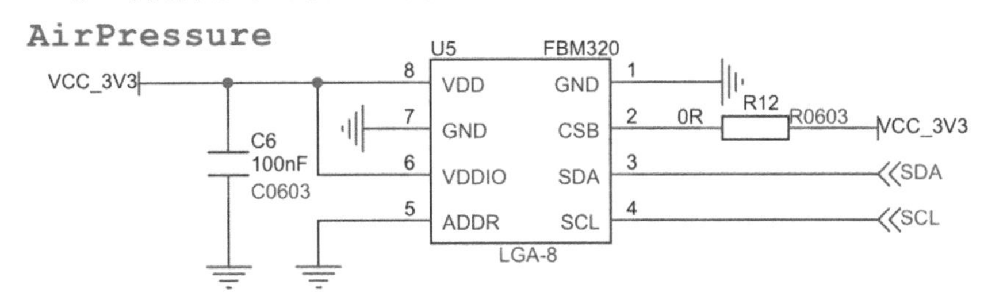

图 14.5　气压海拔传感器接口电路

2. 软件设计

要实现气压海拔信息的采集，需要合理地设计软件，本任务的软件设计流程如下。

（1）定义存储变量和串口发送数组。

（2）初始化系统时钟。

（3）初始化串口。

（4）获取温度、压强值。

（5）将字符写入缓冲数组中。

（6）打印到串口。

（7）清空缓存。

（8）循环执行步骤（4）到（7）。

软件设计流程如图 14.6 所示。

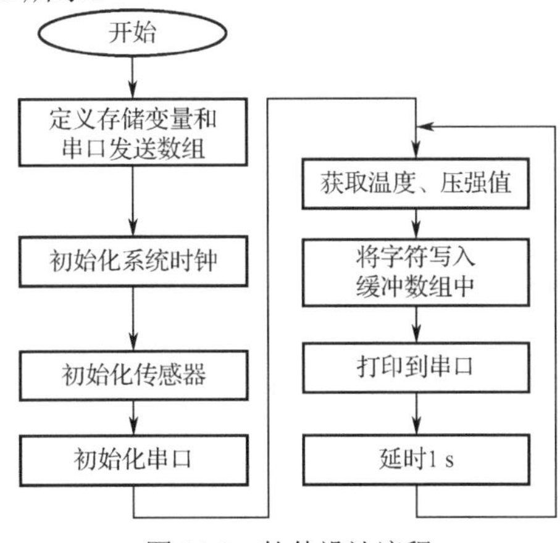

图 14.6　软件设计流程

14.4.2 功能实现

1. 主函数模块

```
void main(void)
{
    float temperature = 0;                              //存储温度数据变量
    long pressure = 0;                                  //存储压强数据变量
    float altitude = 0.0;                               //存储海拔变量
    char tx_buff[64];                                   //串口发送缓冲数组
    xtal_init();                                        //系统时钟初始化
    uart0_init(0x00,0x00);                              //串口初始化

    if(fbm320_init() == 1)
        uart_send_string("airpressure ok!\r\n");              //串口打印正常
    else{
        uart_send_string("airpressure error！ \r\n");         //串口打印错误
    }

    while(1)
    {
        fbm320_data_get(&temperature,&pressure);              //获取温度、压强数据
        altitude =  (101325-pressure)*(100.0f/(101325 - 100131));     //海拔换算
        //将字符串添加到串口发送缓存
        sprintf(tx_buff,"temperature:%.1f℃  pressure:%0.1fhPa\r\n", temperature,pressure/100.0f);
        uart_send_string(tx_buff);                                    //串口打印
        sprintf(tx_buff,"  altitude:%0.1f m\r\n",altitude);           //将字符写入缓存数组
        uart_send_string(tx_buff);                                    //串口打印
        memset(tx_buff,0,64);                                         //清空串口缓存
        delay_s(1);                                                   //延时 1 s
    }
}
```

2. 时钟初始化模块

CC2530 时钟初始化源代码如下。

```
/*********************************************************************************************
* 名称：xtal_init()
* 功能：CC2530 系统时钟初始化
*********************************************************************************************/
void xtal_init(void)
{
    CLKCONCMD &= ~0x40;                                 //选择 32 MHz 的外部晶体振荡器
    while(CLKCONSTA & 0x40);                            //晶体振荡器开启且稳定
    CLKCONCMD &= ~0x07;                                 //选择 32 MHz 系统时钟
}
```

3．气压海拔传感器初始化模块

气压海拔传感器初始化模块如下。

```
/*********************************************************************************************
* 名称：unsigned char fbm320_init(void)
* 功能：气压海拔传感器初始化
*********************************************************************************************/
unsigned char fbm320_init(void)
{
    iic_init();
    if(fbm320_read_id() == 0)
        return 0;
    return 1;
}

/*********************************************************************************************
* 名称：fbm320_read_id()
* 功能：读取 FBM320 气压海拔传感器的 ID
*********************************************************************************************/
unsigned char fbm320_read_id(void)
{
    iic_start();                                                    //启动总线
    if(iic_write_byte(FBM320_ADDR) == 0){                           //检测总线地址
        if(iic_write_byte(FBM320_ID_ADDR) == 0){                    //监测信道状态
            do{
                delay(30);                                          //延时 30 个指令周期
                iic_start();                                        //启动总线
            }
            while(iic_write_byte(FBM320_ADDR | 0x01) == 1);         //等待总线通信完成
            unsigned char id = iic_read_byte(1);
            if(FBM320_ID == id){
                iic_stop();                                         //停止总线传输
                return 1;
            }

        }
    }
    iic_stop();                                                     //停止总线传输
    return 0;                                                       //地址错误返回 0
}
```

4．气压海拔传感器数值获取模块

```
/*********************************************************************************************
* 名称：fbm320_data_get()
```

```
* 功能：气压海拔传感器数据读取函数
*********************************************************************************************/
void fbm320_data_get(float *temperature,long *pressure)
{
    Coefficient();                                          //系数换算
    fbm320_write_reg(FBM320_CONFIG,TEMPERATURE);            //发送识别信息
    delay_ms(5);                                            //延时 5 ms
    UT_I = fbm320_read_data();                              //读取传感器数据
    fbm320_write_reg(FBM320_CONFIG,OSR8192);                //发送识别信息
    delay_ms(10);                                           //延时 10 ms
    UP_I = fbm320_read_data();                              //读取传感器数据
    Calculate( UP_I, UT_I);                                 //传感器数值换算
    *temperature = RT_I * 0.01f;                            //温度计算
    *pressure = RP_I;                                       //压强计算
}
/*********************************************************************************************
* 名称：fbm320_read_reg()
* 功能：数据读取
* 返回：data1 数据，返回 0 时表示出错
*********************************************************************************************/
unsigned char fbm320_read_reg(unsigned char reg)
{
    iic_start();                                            //启动 I2C 总线传输
    if(iic_write_byte(FBM320_ADDR) == 0){                   //检测总线地址
        if(iic_write_byte(reg) == 0){                       //监测信道状态
            do{
                delay(30);                                  //延时 30 个指令周期
                iic_start();                                //启动 I2C 总线传输
            }
            while(iic_write_byte(FBM320_ADDR | 0x01) == 1); //等待 I2C 总线启动成功
            unsigned char data1 = iic_read_byte(1);         //读取数据
            iic_stop();                                     //停止 I2C 总线
            return data1;                                   //返回数据
        }
    }
    iic_stop();                                             //停止 I2C 总线
    return 0;                                               //返回错误 0
}

/*********************************************************************************************
* 名称：fbm320_read_data()
* 功能：数据读取
*********************************************************************************************/
long fbm320_read_data(void)
{
    unsigned char data[3];
```

```
    iic_start();                                              //启动总线
    iic_write_byte(FBM320_ADDR);                              //地址设置
    iic_write_byte(FBM320_DATAM);                             //读取数据指令
    iic_start();                                              //启动总线
    iic_write_byte(FBM320_ADDR | 0x01);
    data[2] = iic_read_byte(0);                               //读取数据
    data[1] = iic_read_byte(0);
    data[0] = iic_read_byte(1);
    iic_stop();                                               //停止总线传输
    return (((long)data[2] << 16) | ((long)data[1] << 8) | data[0]);
}

/*********************************************************************************************
* 名称：fbm320_write_reg()
* 功能：发送识别信息
*********************************************************************************************/
void fbm320_write_reg(unsigned char reg,unsigned char data)
{
    iic_start();                                          //启动 I2C 总线
    if(iic_write_byte(FBM320_ADDR) == 0){                 //检测总线地址
        if(iic_write_byte(reg) == 0){                     //监测信道状态
            iic_write_byte(data);                         //发送数据
        }
    }
    iic_stop();                                           //停止 I2C 总线
}
```

5. 大气压强换算模块

```
/*********************************************************************************************
* 名称：Coefficient()
* 功能：大气压强系数换算
*********************************************************************************************/
void Coefficient(void)
{
    unsigned char i;
    unsigned int R[10];
    unsigned int C0=0, C1=0, C2=0, C3=0, C6=0, C8=0, C9=0, C10=0, C11=0, C12=0;
    unsigned long C4=0, C5=0, C7=0;

    for(i=0; i<9; i++)
    R[i]=(unsigned int)((unsigned int)fbm320_read_reg(0xAA +
                                    (i*2))<<8) | fbm320_read_reg(0xAB + (i*2));
    R[9]=(unsigned int)((unsigned int)fbm320_read_reg(0xA4)<<8) |fbm320_read_reg(0xF1);
    if(((Formula_Select & 0xF0) == 0x10) || ((Formula_Select & 0x0F) == 0x01))
    {
        C0 = R[0] >> 4;
```

```
            C1 = ((R[1] & 0xFF00) >> 5) | (R[2] & 7);
            C2 = ((R[1] & 0xFF) << 1) | (R[4] & 1);
            C3 = R[2] >> 3;
            C4 = ((unsigned long)R[3] << 2) | (R[0] & 3);
            C5 = R[4] >> 1;
            C6 = R[5] >> 3;
            C7 = ((unsigned long)R[6] << 3) | (R[5] & 7);
            C8 = R[7] >> 3;
            C9 = R[8] >> 2;
            C10 = ((R[9] & 0xFF00) >> 6) | (R[8] & 3);
            C11 = R[9] & 0xFF;
            C12 = ((R[0] & 0x0C) << 1) | (R[7] & 7);
        } else {
            C0 = R[0] >> 4;
            C1 = ((R[1] & 0xFF00) >> 5) | (R[2] & 7);
            C2 = ((R[1] & 0xFF) << 1) | (R[4] & 1);
            C3 = R[2] >> 3;
            C4 = ((unsigned long)R[3] << 1) | (R[5] & 1);
            C5 = R[4] >> 1;
            C6 = R[5] >> 3;
            C7 = ((unsigned long)R[6] << 2) | ((R[0] >> 2) & 3);
            C8 = R[7] >> 3;
            C9 = R[8] >> 2;
            C10 = ((R[9] & 0xFF00) >> 6) | (R[8] & 3);
            C11 = R[9] & 0xFF;
            C12 = ((R[5] & 6) << 2) | (R[7] & 7);
        }
        C0_I = C0;
        C1_I = C1;
        C2_I = C2;
        C3_I = C3;
        C4_I = C4;
        C5_I = C5;
        C6_I = C6;
        C7_I = C7;
        C8_I = C8;
        C9_I = C9;
        C10_I = C10;
        C11_I = C11;
        C12_I = C12;
}
/*********************************************************************************************
* 名称：Calculate()
* 功能：大气压强换算
*********************************************************************************************/
void Calculate(long UP, long UT)
{
```

```
        signed char C12=0;
        int C0=0, C2=0, C3=0, C6=0, C8=0, C9=0, C10=0, C11=0;
        //long C0=0, C2=0, C3=0, C6=0, C8=0, C9=0, C10=0, C11=0;
        long C1=0, C4=0, C5=0, C7=0;
        long RP=0, RT=0;
        long DT, DT2, X01, X02, X03, X11, X12, X13, X21, X22, X23, X24, X25, X26, X31, X32, CF, PP1,
PP2, PP3, PP4;
        C0 = C0_I;
        C1 = C1_I;
        C2 = C2_I;
        C3 = C3_I;
        C4 = C4_I;
        C5 = C5_I;
        C6 = C6_I;
        C7 = C7_I;
        C8 = C8_I;
        C9 = C9_I;
        C10 = C10_I;
        C11 = C11_I;
        C12 = C12_I;
        //For FBM320-02
        if(((Formula_Select & 0xF0) == 0x10) || ((Formula_Select & 0x0F) == 0x01))
        {
            DT          =       ((UT - 8388608) >> 4) + (C0 << 4);
            X01         =       (C1 + 4459) * DT >> 1;
            X02         =       ((((C2 - 256) * DT) >> 14) * DT) >> 4;
            X03         =       (((((C3 * DT) >> 18) * DT) >> 18) * DT);
            RT          =       (((long)2500 << 15) - X01 - X02 - X03) >> 15;

            DT2         =       (X01 + X02 + X03) >> 12;

            X11         =       ((C5 - 4443) * DT2);
            X12         =       (((C6 * DT2) >> 16) * DT2) >> 2;
            X13         =       ((X11 + X12) >> 10) + ((C4 + 120586) << 4);

            X21         =       ((C8 + 7180) * DT2) >> 10;
            X22         =       (((C9 * DT2) >> 17) * DT2) >> 12;
            if(X22 >= X21)
            X23         =       X22 - X21;
            else
            X23         =       X21 - X22;
            X24         =       (X23 >> 11) * (C7 + 166426);
            X25         =       ((X23 & 0x7FF) * (C7 + 166426)) >> 11;
            if((X22 - X21) < 0)
            X26         =       ((0 - X24 - X25) >> 11) + C7 + 166426;
            else
            X26         =       ((X24 + X25) >> 11) + C7 + 166426;
```

```
        PP1         =           ((UP - 8388608) - X13) >> 3;
        PP2         =           (X26 >> 11) * PP1;
        PP3         =           ((X26 & 0x7FF) * PP1) >> 11;
        PP4         =           (PP2 + PP3) >> 10;

        CF          =           (2097152 + C12 * DT2) >> 3;
        X31         =           (((CF * C10) >> 17) * PP4) >> 2;
        X32         =           (((((CF * C11) >> 15) * PP4) >> 18) * PP4);
        RP          =           ((X31 + X32) >> 15) + PP4 + 99880;
    } else {
        DT          =           ((UT - 8388608) >> 4) + (C0 << 4);
        X01         =           (C1 + 4418) * DT >> 1;
        X02         =           ((((C2 - 256) * DT) >> 14) * DT) >> 4;
        X03         =           (((((C3 * DT) >> 18) * DT) >> 18) * DT);
        RT = (((long)2500 << 15) - X01 - X02 - X03) >> 15;

        DT2         =           (X01 + X02 + X03) >>12;

        X11         =           (C5 * DT2);
        X12         =           (((C6 * DT2) >> 16) * DT2) >> 2;
        X13         =           ((X11 + X12) >> 10) + ((C4 + 211288) << 4);

        X21         =           ((C8 + 7209) * DT2) >> 10;
        X22         =           (((C9 * DT2) >> 17) * DT2) >> 12;
        if(X22 >= X21)
        X23         =           X22 - X21;
        else
        X23         =           X21 - X22;
        X24         =           (X23 >> 11) * (C7 + 285594);
        X25         =           ((X23 & 0x7FF) * (C7 + 285594)) >> 11;
        if((X22 - X21) < 0)
        X26         =           ((0 - X24 - X25) >> 11) + C7 + 285594;
        else
        X26         =           ((X24 + X25) >> 11) + C7 + 285594;
        PP1         =           ((UP - 8388608) - X13) >> 3;
        PP2         =           (X26 >> 11) * PP1;
        PP3         =           ((X26 & 0x7FF) * PP1) >> 11;
        PP4         =           (PP2 + PP3) >> 10;

        CF          =           (2097152 + C12 * DT2) >> 3;
        X31         =           (((CF * C10) >> 17) * PP4) >> 2;
        X32         =           (((((CF * C11) >> 15) * PP4) >> 18) * PP4);
        RP = ((X31 + X32) >> 15) + PP4 + 99880;
    }

    RP_I = RP;
```

```
    RT_I = RT;
}
```

6. I2C 总线驱动模块

I2C 总线驱动模块包含 I2C 总线专用延时函数、I2C 总线初始化函数、I2C 总线起始信号函数、I2C 总线停止信号函数、I2C 总线发送应答函数、I2C 总线接收应答函数、I2C 总线写字节函数和 I2C 总线读字节函数，部分信息如表 14.4 所示，更详细的源代码请参考任务 11。

表 14.4　I2C 驱动模块函数

名　称	功　能	说　明
void iic_delay_us(unsigned int i)	I2C 总线专用延时函数	i 表示延时大小
void iic_init(void)	I2C 总线初始化函数	无
void iic_start(void)	I2C 总线起始信号函数	无
void iic_stop(void)	I2C 总线停止信号函数	无
void iic_send_ack(int ack)	I2C 总线发送应答函数	ack 表示应答信号
int iic_recv_ack(void)	I2C 总线接收应答函数	返回应答信号
unsigned char iic_write_byte(unsigned char data)	I2C 总线写字节数据函数，返回 ACK 或者 NACK，从高到低，依次发送	data：要写的数据，返回写成功与否
unsigned char iic_read_byte(unsigned char ack)	I2C 总线读字节数据函数，返回读取的数据	ack 表示应答信号。返回采样数据

7. 串口驱动模块

串口驱动模块包含串口初始化函数、串口发送字节函数、串口发送字符串函数和接收字节函数，部分信息如表 14.5 所示，更详细的源代码请参考任务 10。

表 14.5　串口驱动模块函数

名　称	功　能	说　明
char recvBuf[256];	定义存储接收数据的数组	无
int recvCnt	接收数据的数量	无
uart0_init(unsigned char StopBits,unsigned char Parity)	串口 0 初始化	StopBits 为停止位，Parity 为奇偶校验
void uart_send_char(char ch)	串口发送字节函数	ch 为将要发送的数据
void uart_send_string(char *Data)	串口发送字符串函数	*Data 为将要发送的字符串指针
int uart_recv_char(void)	接收字节函数	返回接收的串口数据

14.5 任务验证

使用 IAR 开发环境打开任务设计工程，程序通过编译后，由 SmartRF 下载到 CC2530 微处理器中，暂不执行程序。

使用串口线连接 CC2530 开发平台与 PC，打开串口调试助手并设置波特率为 38400、8 位数据位、无奇偶校验位、1 位停止位，取消十六进制显示，设置完成后执行程序。

程序运行后，如果传感器初始化正常，PC 串口调试助手的接收窗口会打印“airpressure ok!”，否则会打印“airpressure error!”。传感器初始化成功后 PC 串口调试助手会每秒打印一次温度数据和大气压强数据，以及经计算得到的海拔数据，当改变气压海拔传感器周围的气压时，通过 PC 串口调试助手可以查看到采集的气压数据变化，验证效果如图 14.7 所示。

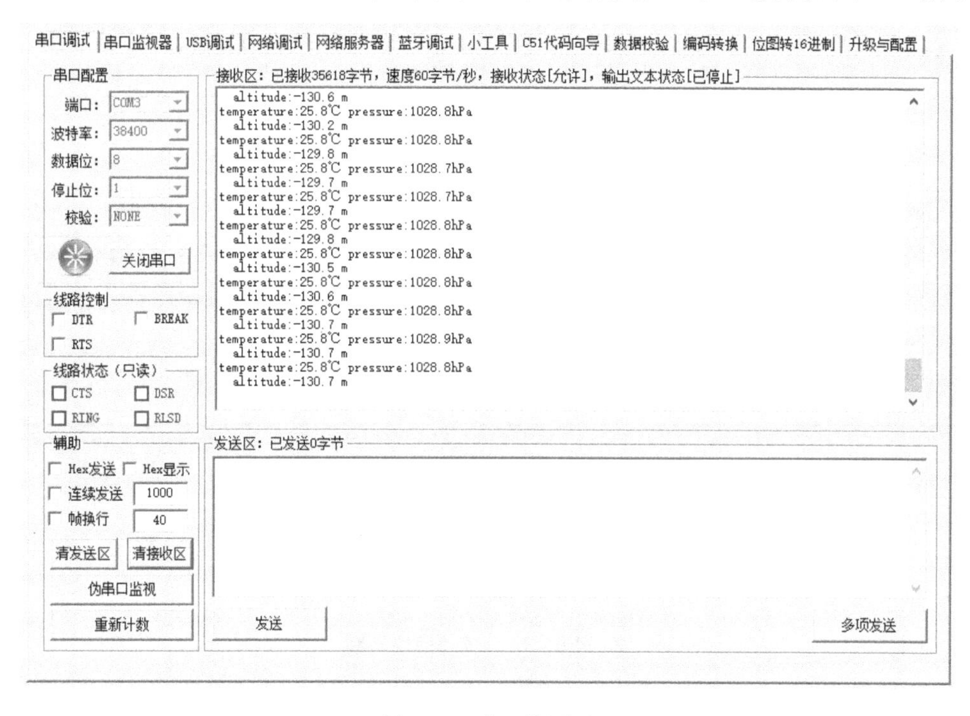

图 14.7　验证效果图

14.6 任务小结

通用本任务读者可学习气压海拔传感器的基本原理和海拔计算方法，并通过 CC2530 微处理器驱动 I2C 总线，从而驱动气压海拔传感器。

14.7 思考与拓展

（1）气压校准和温度补偿的注意事项有哪些？

（2）气压数据同海拔高度的转换关系是什么?

（3）如何使用 CC2530 微处理器的气压海拔传感器？

（4）气压海拔传感器可以通过采集气压参数并将气压参数转化为海拔信息，这是一种静态的使用方式。如果将气压海拔传感器进行动态的使用，则气压海拔传感器可以衍生出更多的用途，例如，记录一个运动的物体两侧的海拔信息，则可以得到物体在垂直方向的高度变化，若将时间加入其中，还可以得到一段时间内物体的垂直平均运动速度，通过微分的方法还可获取物体在垂直方向上的加速度。尝试模拟飞机测高仪，检测两次海拔值，通过高差求垂直方向上的速度，并在 PC 上打印海拔、速度信息，以及海拔变化信息（向上为+、向下为-）。

任务 15

室内空气质量检测的设计与实现

本任务重点学习空气质量传感器和 CC2530 的 ADC 转换的基本工作原理，通过 CC2530 的 ADC 驱动空气质量传感器，从而实现室内空气质量的检测。

15.1 开发场景：如何测量空气质量

室内空气污染物的来源广泛、种类繁多，各种污染物对人体的危害程度也不同，有的污染物在短期内就可对人体产生极大的危害，而有的潜伏期则很长，通常都在 3～15 年，如放射性污染物，潜伏期可达几十年之久。

室内空气污染物种类繁多，有物理污染、化学污染、生物污染、放射性污染等。造成室内外空气污染的污染物来源大致有以下几类：一是粉尘、烟尘等颗粒物，这些颗粒物一般来自吸烟、农村用柴火烧饭和施工工地的二次扬尘等；二是 SO_2、NO_2 等化学污染物，这些空气中的有害化学污染物主要来自煤炭燃烧释放出来的烟尘和汽车排放的尾气等，这些有害气体会通过门窗进入室内；三是微生物污染物，如 SARS。

图 15.1　室内空气质量检测设备

一个成年人每天呼吸大约 2 万次，吸入空气达 15～20 m^3，因此，被污染了的空气对人体健康有直接的影响，所以有必要安装质量空气室内检测设备。室内空气质量检测设备如图 15.1 所示。

15.2 开发目标

（1）知识要点：半导体气体传感器的原理；空气质量传感器的使用。

（2）技能要点：了解空气质量传感器的原理结构；掌握空气质量传感器的使用。

（3）任务目标：某公司要生产一款室内空气质量检测设备，该设备使用 MP503 空气质量传感器对室内空气质量进行采集，通过微处理器的串口传输采集到的空气质量数据信息。

15.3　原理学习：半导体气体传感器和空气质量传感器

15.3.1　半导体气体传感器

目前实际中使用的气体传感器大多是半导体气体传感器，可以分为电阻式半导体气体传感器和非电阻式半导体气体传感器。半导体气体传感器是利用气体在半导体敏感元件表面的氧化反应和还原反应导致敏感元件电阻或电容发生变化而制成的。

非电阻式半导体气体传感器是利用肖特基二极管的伏安特性、MOS 二极管的电容-电压特性的变化或者场效应晶体管的阈值电压的变化等物性而制成的气敏元件。

电阻式半导体气体传感器是目前广泛应用的气体传感器之一，根据结构的不同，电阻式半导体气体传感器可分为烧结型器件、厚膜型器件（包括混合厚膜型）和薄膜型器件（包括多层薄膜型）。其中烧结型器件和厚膜型器件属于容积控制型电阻式半导体气体传感器，而薄膜型器件属于表面控制型电阻式半导体气体传感器。

半导体气体传感器的主要特性有响应时间、线性度、灵敏度、选择性、初期稳定性、气敏响应、复原特性、时效性、互换性、环境依赖性等。其中，响应时间、线性度、灵敏度、选择性是半导体气体传感器的四个比较重要的性能指标，下面具体介绍这四个性能指标。

1. 线性度

线性度是指半导体气体传感器的输出量与输入量之间的实际关系曲线偏离参比直线的程度。任何一种传感器的特性曲线都有一定的线性范围，线性范围越宽，表明该传感器的有效量程越大，在设计时应尽可能保证传感器工作在近似线性的区间，必要时也可以对特性曲线进行线性补偿。

2. 灵敏度

灵敏度是指半导体气体传感器在静态工作条件下，其输出变化量与相应的输入变化量之比。对于线性传感器而言，其灵敏度就是它的静态特性曲线的斜率，是一个常数。传感器的灵敏度如图 15.2 所示，灵敏度的量纲等于输出量与输入量的量纲之比，当输入量与输出量纲相同时，灵敏度也称为“放大倍数”或“增益”。灵敏度反映了传感器对输入量变化的反应能力。灵敏度的高低由传感器的测量范围、抗干扰能力等决定，一般情况下，灵敏度越高就越容易引入外界干扰和噪声，从而使传感器稳定性变差，测量范围变窄。影响半导体气体传感器灵敏度的主要因素有被测气体在半导体敏感材料中的扩散系数，以及敏感单元自身的厚度和表面形状等。

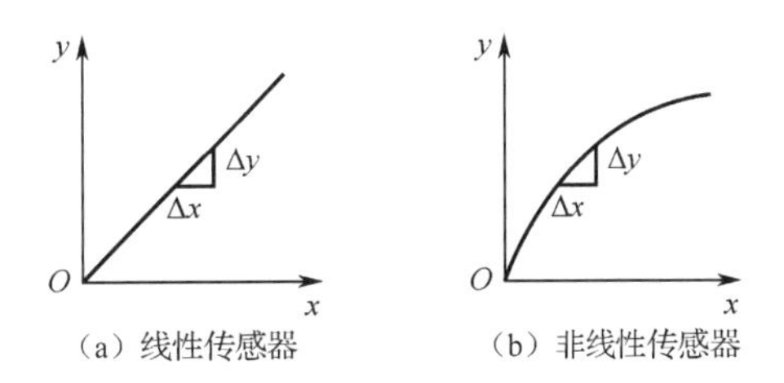

（a）线性传感器　（b）非线性传感器

图 15.2　传感器的灵敏度

3. 选择性

选择性是检验半导体气体传感器是否具有实用价值的一个重要尺度，它反映了一个传感器对待测和共存气体相对灵敏度的大小。要从气

体混合物中识别出某种气体，要求该传感器具有很好的选择性。半导体气体传感器的敏感对象主要是还原性气体，如 CO、H_2、CH_4、甲醇、乙醇等，但半导体气体传感器对各种还原性气体的灵敏度十分接近，这就需要通过一些措施来提高半导体气体传感器具有检测其中某一种气体的能力。

4．响应时间

半导体气体传感器的响应时间表示气敏元件对被测气体的响应速度，是指气敏元件从接触一定浓度的被测气体开始到其电阻值达到该浓度下稳定值的时间，即气体传感器的电阻值达到稳定状态的所需要的时间。影响半导体气体传感器响应时间的因素主要为：被测气体的浓度、被测气体在半导体敏感材料中的扩散系数、气敏元件自身的电导率和结构形状等。

15.3.2 MP503 型空气质量传感器

MP503 型空气质量传感器如图 15.3 所示，采用多层厚膜制造工艺，在微型 Al_2O_3 陶瓷基片上的两面分别形成加热器和金属氧化物半导体气敏层，用电极引线引出后经 TO-5 金属外壳封装而成。MP503 型空气质量传感器的结构如图 15.4 所示，当空气中有被检测气体存在时，空气质量传感器的电导率会发生变化，该气体的浓度越高，空气质量传感器的电导率就越高。采用简单的电路即可将这种电导率的变化转换为与气体浓度对应的输出信号。

图 15.3 MP503 型空气质量传感器

MP503 型空气质量传感器的优点有：对于酒精、烟雾灵敏度高；响应和恢复快；体积小、功耗低；检测电路简单；稳定性好、寿命长。该气体传感器广泛应用于家庭环境及办公室有害气体检测、空气清新机等领域。

传感器在使用中必须避免的情况如下：

（1）暴露在有机硅蒸气中。如果传感器的表面吸附了有机硅蒸气，传感器的气敏元件会被包裹，抑制传感器的敏感性，并且不可恢复。要避免传感器暴露在硅黏接剂、发胶、硅橡胶或其他含硅添加剂可能存在的地方。

（2）高腐蚀性的环境。传感器暴露在高浓度的腐蚀性气体（如 H_2S、SO_x、Cl_2、HCl 等）中时，不仅会引起加热材料及传感器引线的腐蚀或破坏，还会使气敏元件性能发生不可逆的改变。

（3）碱、碱金属盐、卤素的污染。传感器被碱金属，尤其是盐水喷雾污染后，及暴露在卤素中，也会引起性能劣变。

（3）接触到水。溅上水或浸到水中会造成敏感特性下降。

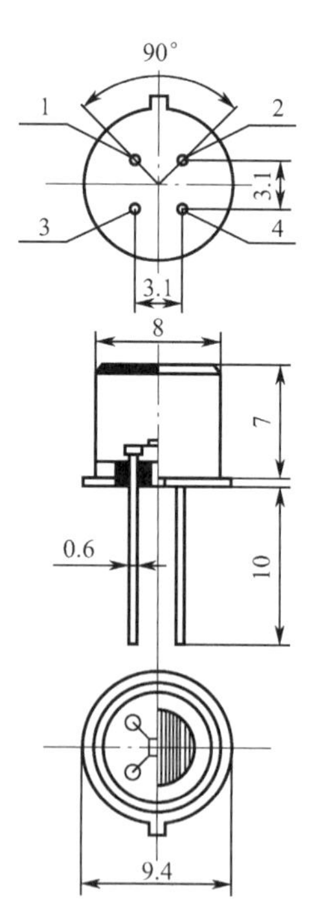

图 15.4 MP503 型空气质量传感器的结构

（4）结冰。水在气敏元件表面结冰会导致使气敏元件碎裂而丧失敏感特性。

（5）施加电压过高。如果给气敏元件施加的电压高于规定值，即使传感器没有受到物理损坏或破坏，也会造成传感器敏感特性下降。

（6）电压加错引脚。MP503型空气质量传感器的内部结构如图15.5所示，1、2引脚为加热电极，3、4引脚为测量电极；在满足传感器电性能要求的前提下，加热电极和测量电极可共用同一个电源电路。注意：紧邻突出标志的两只引脚为加热电极。

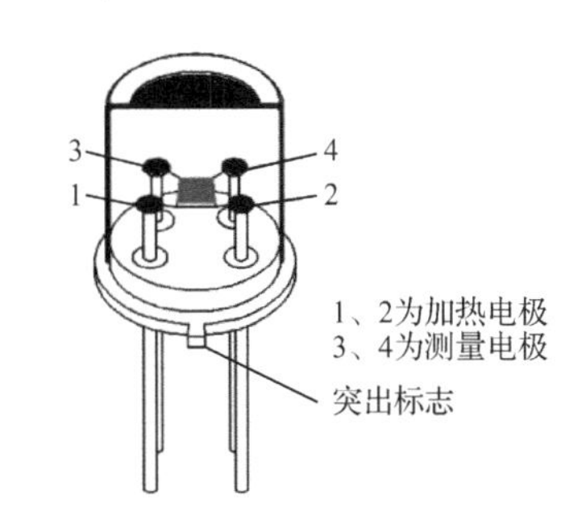

图15.5 MP503型空气质量传感器的内部结构图

传感器典型的灵敏度特性曲线如图15.6所示，图中 R_s 表示传感器在不同浓度气体中的电阻值；R_0 表示传感器在洁净空气中的电阻值。

传感器典型的温度、湿度特性曲线如图15.7所示，R_s 表示在含50 ppm酒精、各种温/湿度下的电阻值；R_{s0} 表示在含50 ppm酒精、20 ℃/65%RH下的电阻值。

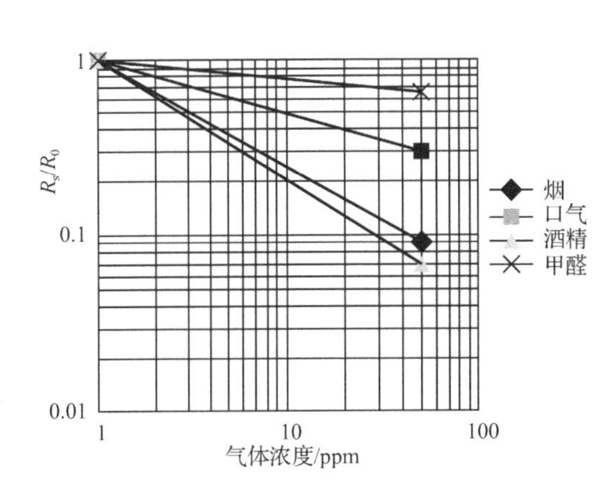

图15.6 传感器典型的灵敏度特性曲线

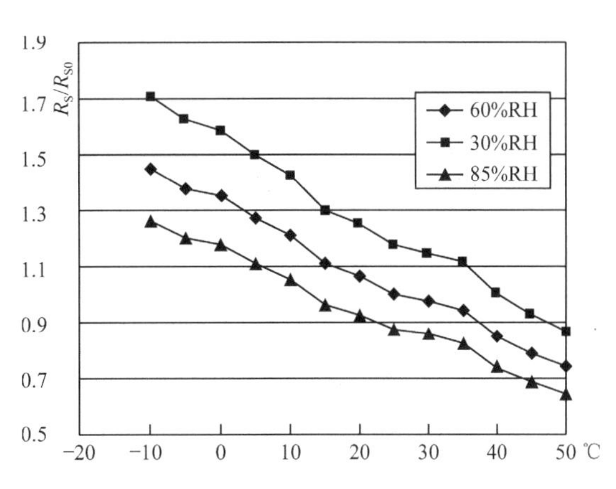

图15.7 传感器典型的温度、湿度特性曲线

15.4 任务实践：空气质量检测系统软/硬件设计

15.4.1 开发设计

1. 硬件设计

本任务通过MP503型空气质量传感器来采集空气质量信息，将采集到的信息打印在PC上，并定时进行更新，硬件结构主要由CC2530微处理器、MP503型空气质量传感器与串口通信接口组成。空气质量检测项目框架图如图15.8所示。

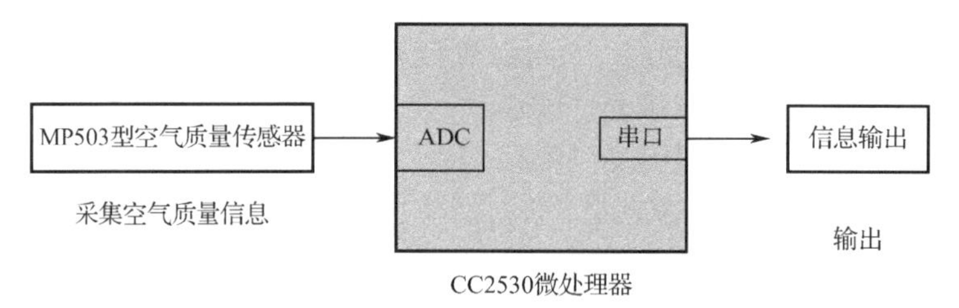

图 15.8　空气质量检测项目框架图

MP503 型空气质量传感器的接口电路如图 15.9 所示。

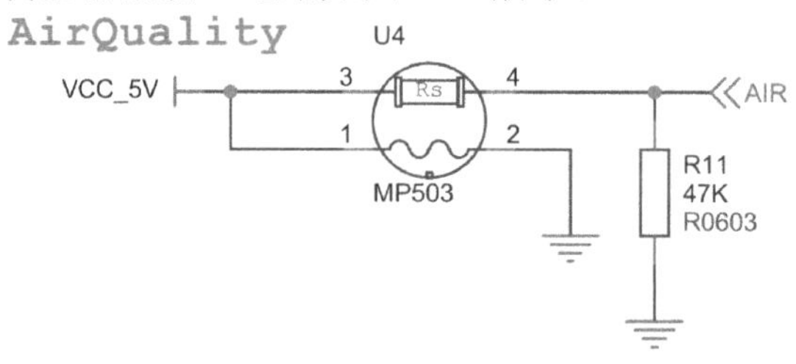

图 15.9　MP503 型空气质量传感器的接口电路

2．软件设计

要实现空气质量检测，需要有合理的软件设计，本任务程序设计的思路如下。

（1）定义存储变量和串口发送数组。

（2）初始化系统时钟。

（3）初始化传感器。

（4）初始化串口。

（5）获取空气质量信息。

（6）将字符写入缓冲数组中。

（7）打印到串口。

（8）延时 1 s。

（9）循环执行步骤（5）到步骤（8）。

软件设计流程图如图 15.10 所示。

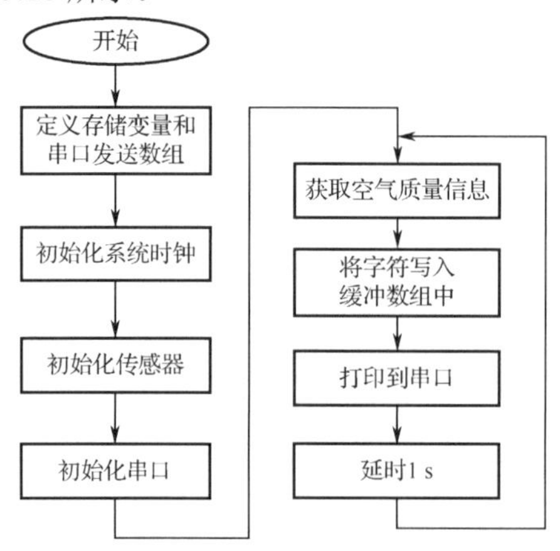

图 15.10　软件设计流程图

15.4.2　功能实现

1．主函数模块

主函数首先初始化系统时钟，然后初始化空气质量传感器、串口，最后进入主循环执行数据读取和打印操作。主函数程序如下。

```
void main(void)
{
    unsigned int airgas = 0;                    //定义存储空气质量信息的变量
    char tx_buff[64];
    xtal_init();                                //初始化系统时钟
    airgas_init();                              //初始化空气质量传感器
    uart0_init(0x00,0x00);                      //串口初始化

    while(1)
    {
        airgas = get_airgas_data();             //获取空气质量信息
        sprintf(tx_buff,"airgas:%d\r\n",airgas); //添加空气质量信息字符到缓冲数组
        uart_send_string(tx_buff);              //串口打印
        delay_s(1);                             //延时 1 s
    }
}
```

2．时钟初始化模块

CC2530 系统时钟初始化源代码如下。

```
/*********************************************************************************************
* 名称：xtal_init()
* 功能：CC2530 系统时钟初始化
*********************************************************************************************/
void xtal_init(void)
{
    CLKCONCMD &= ~0x40;                         //选择 32 MHz 的外部晶体振荡器
    while(CLKCONSTA & 0x40);                    //晶体振荡器开启且稳定
    CLKCONCMD &= ~0x07;                         //选择 32 MHz 系统时钟
}
```

3．空气质量传感器初始化模块

初始化空气质量传感器模拟量信息采集引脚，模块初始化程序如下。

```
/*********************************************************************************************
* 名称：airgas_init()
* 功能：空气质量传感器初始化
*********************************************************************************************/
```

```
void airgas_init(void)
{
    APCFG |= 0x20;                    //模拟 I/O 使能
    P0SEL |= 0x20;                    //端口 0_5 功能选择外设功能
    P0DIR &= ~0x20;                   //设置输入模式
    ADCCON3  = 0xB5;                  //选择 AVDD5 为参考电压，12 位分辨率，P0_5 接 ADC
    ADCCON1 |= 0x30;                  //选择 ADC 的启动模式为手动
}
```

4. 空气质量传感器数据采集模块

空气质量传感器模拟数据循环采集程序如下。

```
/*********************************************************************************************
* 名称：unsigned int get_airgas_data(void)
* 功能：获取空气质量传感器采集的信息
*********************************************************************************************/
unsigned int get_airgas_data(void)
{
    unsigned int  value;
    ADCCON3  = 0xB5;                  //选择 AVDD5 为参考电压，12 位分辨率，P0_5 接 ADC
    ADCCON1 |= 0x30;                  //选择 ADC 的启动模式为手动
    ADCCON1 |= 0x40;                  //启动 A/D 转化

    while(!(ADCCON1 & 0x80));         //等待 A/D 转化结束
    value =  ADCL >> 2;
    value |= (ADCH << 6)>> 2;         //取得最终转化结果，存入 value 中
    return value;                     //返回有效值
}
```

5. 串口驱动模块

串口驱动模块包含串口初始化函数、串口发送字节函数、串口发送字符串函数和接收字节函数，部分信息如表 15.1 所示，更详细的源代码请参考任务 10。

表 15.1　串口驱动模块函数

名　称	功　能	说　明
char recvBuf[256];	存储接收数据的数组	无
int recvCnt	接收数据的数量	无
uart0_init(unsigned char StopBits,unsigned char Parity)	串口 0 初始化	StopBits 为停止位，Parity 为奇偶校验
void uart_send_char(char ch)	串口发送字节函数	ch：将要发送的数据
void uart_send_string(char *Data)	串口发送字符串函数	*Data：将要发送的字符串
int uart_recv_char(void)	接收字节函数	返回接收的串口数据

15.5　任务验证

使用 IAR 开发环境打开任务设计工程，程序通过编译后，由 SmartRF 下载到 CC2530 微处理器中，暂不执行程序。

使用串口线连接 CC2530 开发平台与 PC，打开串口调试助手并配置其波特率为 38400、8 位数据位、无奇偶校验位、1 位停止位，取消十六进制显示，设置完成后执行程序。

程序运行后，PC 串口调试助手会每秒打印一次空气质量传感器采集到的空气质量数据，当改变空气质量传感器周围的空气质量信息时，通过 PC 串口工具可以查看空气质量传感器采集的空气质量数据的变化，验证效果如图 15.11 所示。

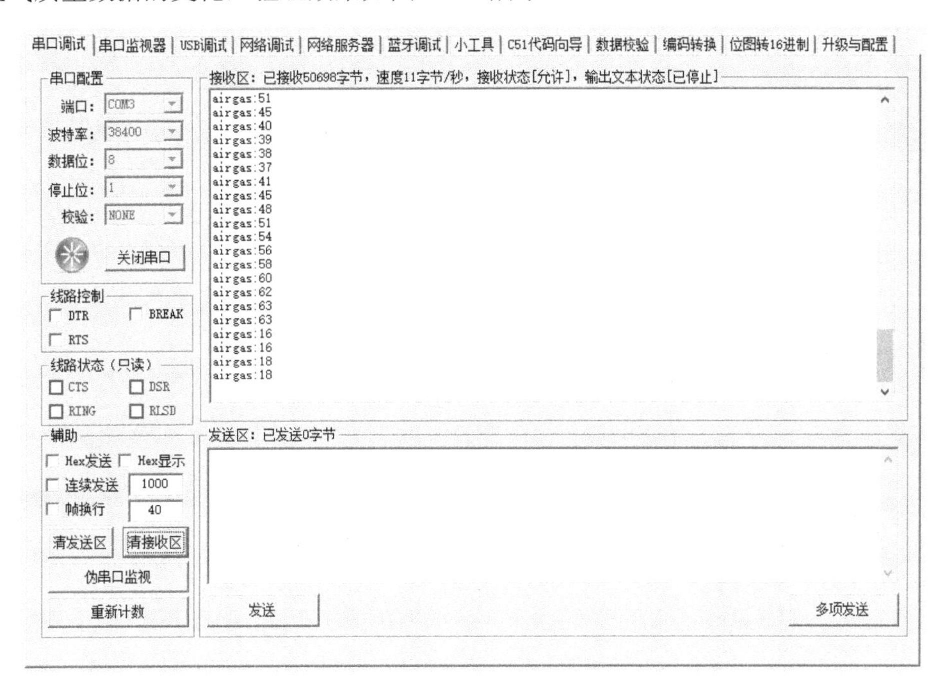

图 15.11　验证效果图

15.6　任务小结

通过对室内空气质量检测项目的学习与开发，读者可以学习半导体气体传感器和空气质量传感器基本原理，并掌握通过 CC2530 微处理器驱动 A/D 转换器来实现 CC2530 驱动空气质量传感器，实现室内空气质量的检测。

15.7　思考与拓展

（1）空气质量传感器的使用注意事项有哪些？

（2）空气质量传感器的温湿度特性曲线对检测有何影响？

（3）如何使用 CC2530 微处理器驱动空气质量传感器？

（4）尝试模拟环境监测站对空气质量信息进行预警，设置空气质量阈值，当空气质量小于阈值时，串口打印空气质量优良，并且每 3 s 打印一次采集到的数据；当空气质量大于或等于阈值时，串口打印空气质量较差，并且每秒打印一次采集到的数据，同时 LED 灯闪烁。

任务 16

电子计步器的设计与实现

本任务重点学习三轴加速度传感器的基本原理，掌握三轴加速度传感器的基本工作原理，通过 CC2530 和计步算法，驱动三轴加速度传感器，从而实现单击计步器设计。

16.1 开发场景：如何实现计步器

智能穿戴产品已经走进人们的生活，计步成为智能穿戴产品中的必备功能。步行是安全、健康、环保的有氧运动之一，计步器就成为一种受欢迎的日常锻炼进度监控器。计步器不仅可以记录人们每天行走的步数，还可以计算距离和消耗的卡路里，时刻掌握运动信息；可以自动识别慢走、快走、慢跑、快跑等各项运动，随时随地地记录运动数据，并且可以通过算法分析健康指数。早期的计步器利用机械开关检测步伐，其准确度和灵敏度较差。目前利用微处理器和三轴加速度传感器设计的电子计步器，通过测量人体行走时的加速度信息，经过软件算法计算步伐，可以克服机械式计步器准确度和灵敏度低的缺点，可准确地检测步伐，同时还可以输出运动状态的实时数据，对运动数据进行采集和分析。

本项目基于 LIS3DH 三轴加速度传感器设计了一种电子式计步器。LIS3DH 是意法半导体（ST）公司的三轴重力加速度传感器，可以精确测量人们在行走时的步态加速度信息，具有功耗低、精确度和灵敏度高的特点。电子计步器如图 16.1 所示。

图 16.1　电子计步器

16.2 开发目标

（1）知识要点：三轴加速度传感器基本工作原理；LIS3DH 三轴加速度传感器的功能和应用。

（2）技能要点：理解三轴加速度传感器的工作原理；熟悉三轴加速度传感器的应用领域；掌握三轴加速度传感器的驱动方法。

（3）任务目标：某公司要生产一款电子计步器，该设备使用 LIS3DH 三轴加速度传感器采集 *X*、*Y*、*Z* 三轴信息，并将采集信息通过微处理器的串口进行输出显示。

16.3 原理学习：三轴加速度传感器与测量

16.3.1 人体运动模型

通过人体运动模型和步态加速度信号提取人们步行的特征参数是一种简便、可行的步态分析方法。人体行走模型如图 16-2 所示，运动包括 3 个分量，分别在前向轴、侧向轴以及垂直轴上。

图 16.2 人体行走模型

LIS3DH 是一种三轴（*X*、*Y*、*Z* 轴）加速度传感器，可以与运动的 3 个方向相对应。人体行走模型分析，即一个迈步周期中加速度变化规律如图 16.3 所示，脚蹬地离开地面是一步的开始，此时，由于地面的反作用力垂直加速度开始增大，身体重心上移；当脚达到最高位置时，垂直加速度达到最大，然后脚向下运动，垂直加速度开始减小，直至脚着地，加速度减至最小值；接着开始下一次迈步。前向加速度是由脚与地面的摩擦力产生的，因此在双脚触地时增大，在一脚离地时减小。

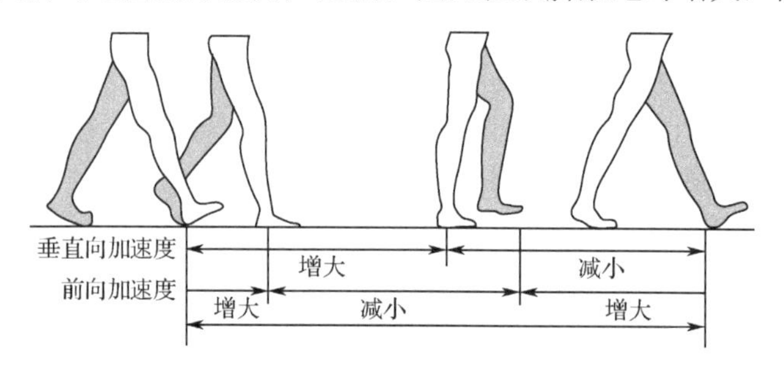

图 16.3 人体行走模型分析

16.3.2 三轴加速度传感器

加速度传感器是一种能够测量加速力的电子设备。加速力就是当物体在加速过程中作用在物体上的力，就好比地球引力，也就是重力。加速力可以是个常量，也可以是变量。加速度传感器有两种：一种是角加速度传感器，是由陀螺仪（角速度传感器）改进的；另一种就是线加速度传感器。加速度传感器可分为压阻式、压电式、电容式、力平衡式、光纤式、隧道式和谐振式等类型。目前的三轴加速度传感器大多采用压阻式、压电式和电容式等类型，产生的加速度正比于电阻、电压和电容的变化，然后通过相应的放大和滤波电路进行采集。它和普通的加速度传感器基于同样的原理，所以通过技术处理三个单轴就可以变成一个三轴。

传感器会接收外界的传递的物理性输入，通过感应器件转换为电子信号，最终转换为可用的信息，如加速度传感器、陀螺仪、压力传感器等。其主要感应方式是对一些微小的物理量的变化进行测量，如电阻值、电容值、应力、形变、位移等，再通过电压信号来表示这些变化量。

目前的加速度传感器有多种实现方式，主要可分为压电式、电容式及压阻式三种，这三种技术各有其优缺点。这里简要介绍电容式三轴加速度传感器的技术原理，电容式三轴加速度传感器能够感测不同方向的加速度或振动等运动状况，其主要部件是利用硅的机械性质设计出的可移动机构，该机构主要包括两组硅梳齿（Silicon Fingers），一组固定，另一组随运动物体移动；前者相当于固定的电极，后者相当于可移动电极。当可移动的硅梳齿产生了位移，就会产生与位移成比例的电容值变化。

当运动物体出现变速运动而产生加速度时，其内部的电极位置发生变化，就会反映到电容值的变化（ΔC）上，该变化会传送给相关接口芯片并由其输出电压值。因此三轴加速度传感器必然包含一个单纯的机械性MEMS传感器和一个ASIC接口芯片，前者内部有成群移动的电子，主要测量X、Y及Z轴上的加速度，后者则将电容值的变化转换为电压输出。

16.3.3 三轴加速度传感器的应用

1．车身安全、控制及导航系统中的应用

在进入消费电子领域之前，加速度传感器已被广泛应用于汽车电子领域，主要集中在车身操控、安全系统和导航等方面，典型的应用有汽车安全气囊（Airbag）、ABS防抱死刹车系统、车身电子稳定程序（ESP）、电控悬挂系统等。汽车中的三轴加速度传感器应用如图16.4所示。

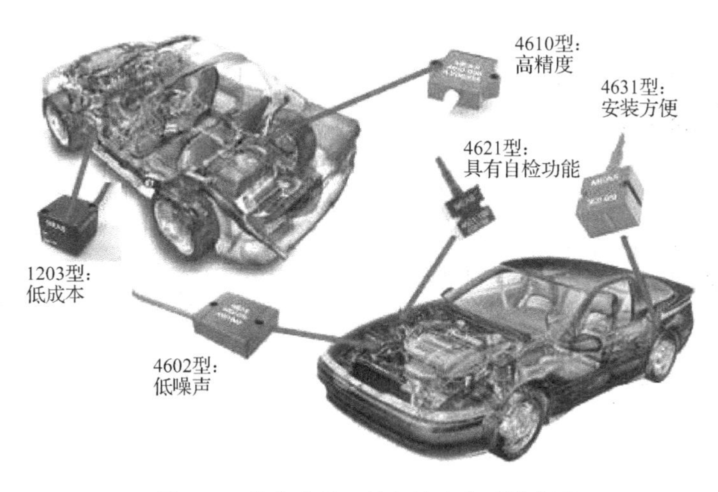

图16.4 汽车中的三轴加速度传感器应用

目前人们越来越重视汽车的安全，汽车中安全气囊的数量越来越多，相应地对传感器的要求也越来越严格。整个安全气囊控制系统包括车身外的冲击传感器（Shock Sensor），安置于车门、车顶和前后座等位置的加速度传感器（G-Sensor），电子控制器，以及安全气囊等。电子控制器通常为16位或32位微处理器，当车身受到撞击时，冲击传感器会在几微秒内将信号发送至该电子控制器。随后电子控制器会立即根据碰撞的强度、乘客数量及座椅/安全带的位置等参数，配合分布在整个车体上的传感器传回的数据进行计算和做出相应评估，并在最短的时间内通过电爆驱动器（Squib Driver）启动安全气囊，保证乘客的生命安全。

除了汽车安全系统这类重要应用以外，目前三轴加速度传感器在导航系统中的也在扮演重要角色。专家预测，便携式导航设备（PND）将成为中国市场的热点，其主要利于GPS卫星信号实现定位。当PND进入卫星信号接收不良的区域或环境中就会因失去信号而丧失导航

功能。基于 MEMS 技术的三轴加速度传感器配合陀螺仪或电子罗盘等元件可创建航位推算系统，是对 GPS 系统实现的互补性应用。

2．硬盘抗冲击防护

目前由于海量数据对存储方面的需求，硬盘和光驱等器件被广泛应用在笔记本电脑、手机、数码相机/摄像机、便携式 DVD 机等便携式设备中。由于应用场合的原因，便携式设备经常会意外跌落或受到碰撞，从而对内部元器件造成巨大的冲击。硬盘中的加速度传感器如图 16.5 所示。

为了使设备以及其中数据免受损伤，越来越多的用户对便携式设备的抗冲击能力提出要求。一般便携式产品的跌落高度为 1.2～1.3 m，其在撞击大理石等地面时会受到约 490 N 的冲击力。虽然良好的缓冲设计可由设备外壳或 PCB 板来分解大部分的冲击力，但硬盘等高速转动的器件却在此类冲击下显得十分脆弱。如果在硬盘中内置三轴加速度传感器，当跌落发生时，系统会检测到加速度的突然变化，并执行相应的自我保护操作，如关闭抗震性能差的电子或机械器件，从而避免受损，或发生硬盘磁头损坏或刮伤盘片等可能造成数据永久丢失的情况。

3．消费产品中的创新应用

三轴加速度传感器为传统消费及手持电子设备实现了革命性的创新空间，它可被安装在游戏机手柄上，作为用户动作采集器来感知其手臂前后、左右和上下等的移动动作，并在游戏中转化为虚拟的场景动作，如挥拳、挥球拍、跳跃等，把过去单纯的手指运动变成真正的肢体和身体的运动，实现比以往按键操作所不能实现的现场游戏感和参与感。

此外，三轴加速度传感器还可用于电子计步器，为电子罗盘提供补偿功能，也可用于数码相机的防抖。

4．趣味性扩展功能

三轴加速度传感器对用户操控动作的转变还可转化为许多趣味性的扩展功能上，如虚拟乐器、虚拟骰子游戏等。

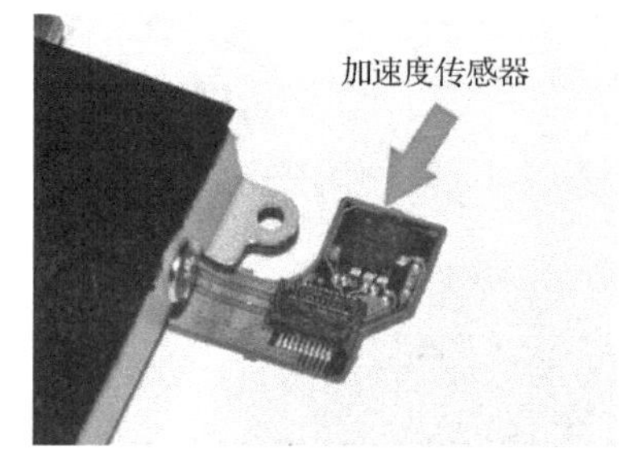

图 16.5　硬盘中的加速度传感器

16.3.4　LIS3DH 三轴加速度传感器

LIS3DH 是 ST 公司推出的一款具备低功耗、高性能、三轴数字输出加速传感器特性的 MEMS 运动传感器。LIS3DH 三轴加速度传感器的功能结构如图 16.6 所示，可分为上下两个部分，上部分左边是采用了差动电容原理的微加速度传感器系统，它根据电容容量的变化差来反映加速度数据测量的变化。上部分其余部分可以作为一个数字处理器系统，它通过电荷放大器将传感器的电容变化量转换为可以被检测的电量，这些模拟量信号经过 A/D 转换器 1 的处理，最终被转换为可被微处理器识别的数字量信号，并且在一个具有温度补偿功能的三路 A/D 转换器 2 的作用下，控制逻辑模块将 A/D 转换器 1 和 2 的值保存在传感器内置的输出数据寄存器中。这些输出数据通过传感器配备的 I2C 接口或 SPI 接口传递到系统中的微处理器。

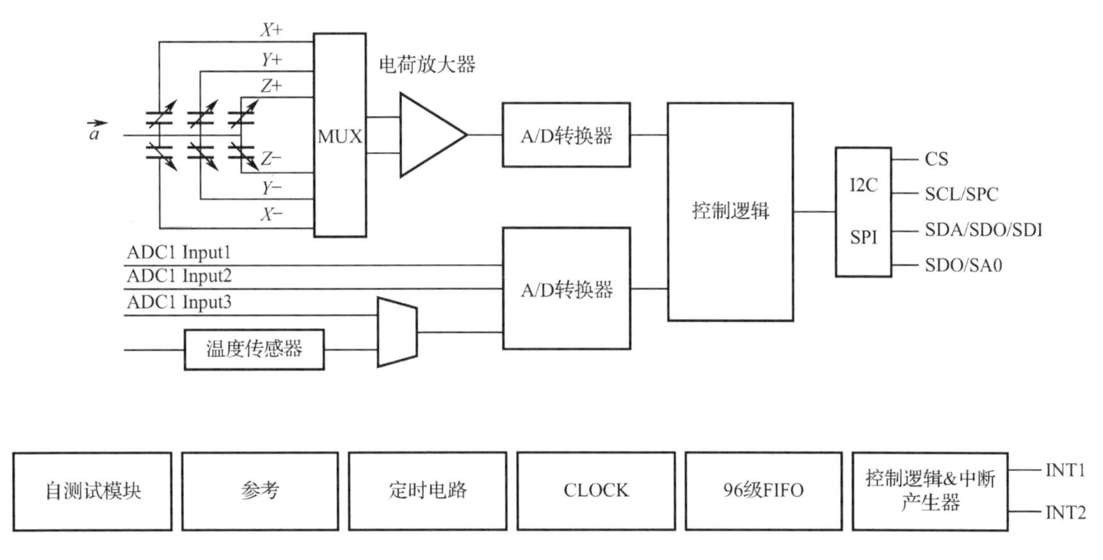

图 16.6 LIS3DH 三轴加速度传感器的功能结构

LIS3DH 是一种 MEMS 运动传感器，功耗极低，性能高，以数字形式输出三轴的加速度，主要具备如下特性。

（1）具有 *X*、*Y* 和 *Z* 轴灵敏性；

（2）1.71～3.6 V 宽范围供应电压；

（3）提供了四种动态的可选择范围，±2*g*、±4*g*、±8*g*、±16*g*；

（4）内置温度传感器、自测试模块和 96 级 16 位数据输出 FIFO；

（5）配备了 I2C 和 SPI 串行接口，本任务使用 I2C 串行接口；

（6）具备多种检测和识别能力，如自由落体检测、运动检测、6D/4D 方向检测、单/双击识别等；

（7）提供分别用于运动检测和自由落体检测的两个可编程中断产生器；

（8）两种可选的工作模式，即常规模式和低功耗模式，常规模式下具有更高的分辨率，低功耗模式下功耗低至 2 μA；

（9）提供非常精确的 16 位输出数据。

LIS3DH 有两种工作方式，一种是利用其内置的多种算法来处理常见的应用场景（如静止检测、运动检测、屏幕翻转、失重、位置识别、单击和双击等），只需要简单地配置算法对应的寄存器即可开始检测，一旦检测到目标事件，LIS3DH 的引脚 INT1 会产生中断。另一种是通过 SPI 和 I2C 串行接口来读取底层加速度数据，并通过软件来做进一步复杂的处理，如电子计步器等。LIS3DH 三轴加速度传感器如图 16.7 所示。

1．加速度传感器工作原理

加速度传感器可以是对自身器件的加速度进行检测，其自身的物理实现方式本书不做讨论，可以想象芯片内部有一个真空区域，感应器件即处于该区域，通过惯性力作用引起电压变化，并通过内部的 A/D 转换器给出量化数值。

LIS3DH 是三轴加速度传感器，因此能检测 *X*、*Y* 和 *Z* 轴的加速度，如图 16.8 所示。

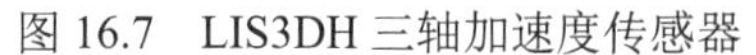

图 16.7　LIS3DH 三轴加速度传感器

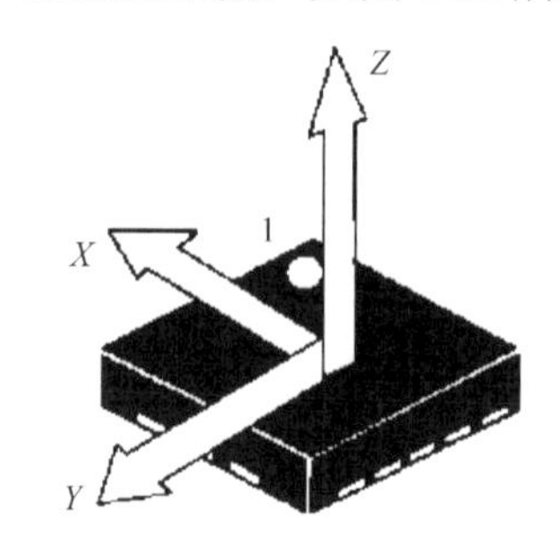

图 16.8　LIS3DH 三轴加速度传感器

在静止的状态下，传感器一定会在一个方向重力的作用，因此有一个轴的数据是 1*g*（即 9.8 m/s^2）。在实际的应用中，我们并不使用和 9.8 相关的计算方法，而是以 1*g* 作为标准加速度单位，或者使用 *g*/1000，既然使用 A/D 转换器，那么肯定会有量程和精度的概念，在量程方面，LIS3DH 支持±2*g*、±4*g*、±8*g*、±16*g* 四种。对于计步应用来说，2*g* 是足够的，除去重力加速度 1*g*，还能检测出 1*g* 的加速度。至于精度，那就跟其使用的寄存器位数有关了。LIS3DH 使用高低两个 8 位（共 16 位）寄存器来存取一个轴的当前读数。由于有正反两个方向的加速度，所以 16 位数是有符号的，实际数值是 15 位。以±2*g* 量程来算，精度为 $2g/2^{15}$=2*g*/32768 =0.000061*g*。

当 LIS3DH 处于图 16.8 所示的静止状态时，*Z* 轴正方向会检测出 1g，*X*、*Y* 轴为 0；如果调转位置（如手机屏幕翻转），那么总会有一个轴会检测出 1g，其他轴为 0。在实际的测值中，可能并不是 0，而是有细微数值。

2．理解加速度传感器的坐标系

如图 16.9 所示的 *X*、*Y*、*Z* 除了代表三维坐标系外，还有一个重要的知识点，就是 *X*、*Y*、*Z* 轴对应的寄存器分别按照芯片图示（以芯片的圆点来确定）的方向来测加速度值，不管芯片的位置如何，即 *X*、*Y*、*Z* 轴对应的三个寄存器的工作方式是：*Z* 轴寄存器测芯片垂直方向的数据，*Y* 轴寄存器测芯片左右方的数据，*X* 轴寄存器测芯片前后的数据。例如，在静止状态下，*X* 轴寄存器测芯片前后方向的加速度，如果芯片如图 16.9 所示的静止状态时，*X* 轴寄存器测的是 *Z* 轴方向的加速度。

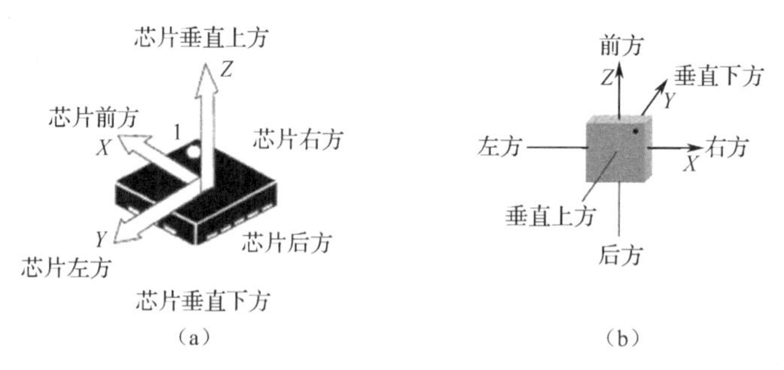

图 16.9　LIS3DH 三轴加速度传感器坐标

3. 加速度传感器应用

（1）运动检测。使用或逻辑电路工作方式，设置一个较小的运动阈值，只检测 X、Y 轴数据是否超过该阈值（Z 轴这时有 1g，可不管这个轴）即可。只要 X、Y 任一轴数据超过阈值一定时间，即可认为设备处于运动状态。

（2）失重检测。失重时 Z 轴的加速度和重力加速度抵消，在短时间内会为 0，而且 X、Y 轴没有变化，因此在短时间内三者都为 0。这里使用与逻辑电路工作方式，设置一个较小的运动阈值，当三个方向的数据都小于该阈值一定时间时，即可认为失重。

（3）位置姿势识别。手机翻转等应用场景就是利用位置姿态识别这个功能来实现的。

16.3.5 计步算法

通过分析人行走时加速度传感器输出信号的变化特征，可知在一个步伐周期里，加速度有一个增大过程和一个减小过程，在一个周期内会有出现一个加速度波峰和一个加速度波谷。当脚抬起来时，身体重心上移，加速度逐步变大，脚抬至最高处时，加速度值出现波峰；当脚往下放时，加速度逐步减小，脚到达地面时，加速度值出现波谷，这就是一个完整的步伐周期内加速度的变化规律。此外，步行之外的原因引起加速度波形振动时，也会被计数器误判是步伐，在行走时，速度快时一个步伐所用的时间短，速度慢时所用的时间长，但一个步伐所用时间都应在动态时间窗口，即 0.2～2.0 s 内，所以，利用这个确定时间窗口就可以剔除无效振动对步伐判断造成的影响。基于以上分析，可以确定一个步伐周期中加速度变化规律应具备以下特点：

（1）极值检测：在一个步伐里周期内，加速度会出现一个极大值和一个极小值，有一组上升和下降区间。

（2）时间阈值：两个有效步伐的时间间隔应在 0.2～2.0 s。

（3）幅度阈值：人在运动时，加速度的最大值与最小值是交替出现的，且其差的绝对值阈值不小于预设值 1。

LIS3DH 三轴加速度传感器的内置硬件算法主要由 2 个参数和 1 个模式选择来确定，2 个参数分别是阈值和持续时间。例如，在检测运动时，可以设定一个运动对应的阈值，并且要求芯片检测数据在超过这个阈值后并持续一定的时间才可以认为芯片是运动的。内置算法是基于阈值和持续时间来检测运动的。

LIS3DH 三轴加速度传感器一共有两种能够同时工作的硬件算法电路，一种是专门针对单击、双击这种场景，如鼠标应用；另一种是针对其他所有场景的，如静止运动检测、运动方向识别、位置识别等。这里主要讲述后者，有四种工作模式，如表 16.1 所示。

表 16.1 LIS3DH 三轴加速度传感器的四种工作模式

序号	AOI	6D	中断模式
1	0	0	中断事件的或逻辑组合
2	0	1	6 方向运动识别
3	1	0	中断事件的与逻辑组合
4	1	1	6 方向位置识别

第1种：或逻辑电路，即X、Y、Z任一轴数据超过阈值即可完成检测。

第3种：与逻辑电路，即X、Y、Z所有轴的数据均超过阈值才能完成检测。当然，也允许只检测任意两个轴或者一个轴，不检测的轴可以认为永远为真。

以上两种电路的阈值比较是绝对值比较，没有方向之分。不管在正方向还是负方向，只要绝对值超过阈值，那么X_H（Y_H、Z_H）为1，此时相应的X_L（Y_L、Z_L）为0；否则X_L（Y_L、Z_L）为1，相应的X_H（Y_H、Z_H）为0。X_H（Y_H、Z_H）、X_L（Y_L、Z_L）可以认为是检测条件是否满足的指示位。

第2种和第4种是一个物体6方向的检测，即检测运动方向的变化，也就是从一个方向变化到另一个方向。位置检测芯片稳定时可假设为一种确定的方向，如平放朝上、平放朝下、竖立时前后左右等。

其阈值比较电路如下，该阈值比较使用正负数真实数据比较。正方向超过阈值，则X_H（Y_H、Z_H）为1，否则为0；负方向超过阈值，X_L（Y_L、Z_L）为1，否则为0。X_H（Y_H、Z_H）、X_L（Y_L、Z_L）代表了6个方向。由于在静止稳定状态时，只有一个方向有重力加速度，因此可以据此知道当前芯片的位置姿势。

16.3.6　获取传感器数据

1．传感器的启动操作

传感器一旦上电，就会自动从内存中下载校准系数到内部的寄存器中，在完成导入程序5 ms后传感器自动进入电源关闭模式。要想打开传感器设备并从中获取加速度数据，必须先通过配置CTRL_REG1寄存器来选择一种工作模式。启动LIS3DH的方法为：写CTRL_REG1、写CTRL_REG2、写CTRL_REG3、写CTRL_REG4、写CTRL_REG5、写CTRL_REG6、写参考值、写INT1_THS、写INT1_DUR、写INT1_CFG、写CTRL_REG5。

2．获取加速度数据

（1）使用状态寄存器。在获得一组新数据时，传感器设备中的状态寄存器（STATUS_REG）要对这些数据进行审核。获取加速度数据的步骤如下：

① 读STATUS_REG；

② 如果STATUS_REG为“0”，则跳回步骤①；

③ 如果STATUS_REG为“1”，则一些数据将被重写；

④ 读输出寄存器OUTX_L、OUTX_H、OUTY_H、OUTY_H、OUTZ_L、OUTZ_H；

⑤ 数据处理。

审核过程在步骤③中完成，它用来确定传感器的数据读取速率和数据产生率是否匹配。如果数据读取速率较慢，则一些来不及被读取的数据会被新产生的数据覆盖。

（2）使用数据准备信号（DRY）。传感器使用状态寄存器（STATUS_REG）中的XYZDA位来决定何时可以读取一组新数据。在传感器采样一组新数据且这些数据能够被读取时，DRY将被置为1。数据准备信号（DRY）的时序如图16.11所示。

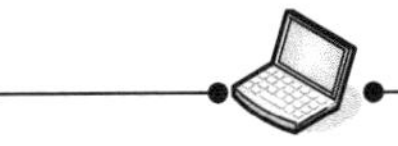

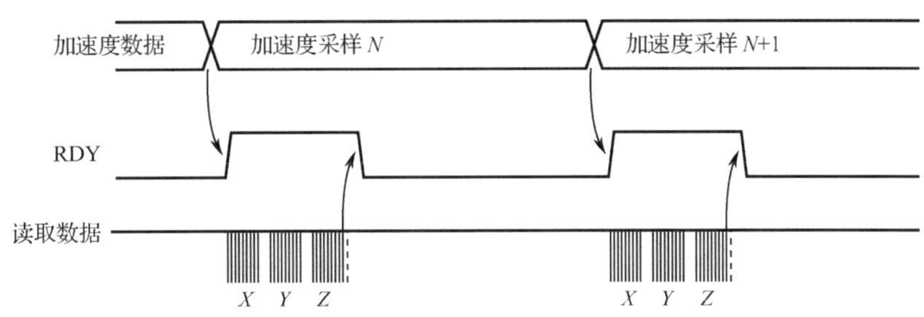

图 16.10　数据准备信号（DRY）的时序

3. 有关加速度数据的处理

测量后的加速度数据被保存在 OUTX_H 和 OUTX_L、OUTY_H 和 OUTY_L、OUTZ_H 和 OUTZ_L 等数据输出寄存器中。例如，*X*（*Y*，*Z*）通道中的完整加速度数据以串联 OUTX_H 和 OUTX_L（OUTY_H 和 OUTY_L，OUTZ_H 和 OUTZ_L）的形式被保存。

（1）大小端模式选择：LIS3DH 可以交换加速度寄存器（如 OUTX_H 和 OUTX_L）中高低部分位的内容，这适合小端和大端数据表示法。小端指数据的低位字节存储在内存的最低地址，高位存储在最高地址；大端是数据的高位字节存储在内存的最低地址，低位则存储在最高地址。

（2）LIS3DH 的加速度数据为 16 位，三轴加速度数据以二进制形式被存放在 OUT_ADC3_L（0C）和 OUT_ADC3_H（0D）寄存器中，其中 *X* 轴加速度数据被存放在 OUT_X_L（28）和 OUT_X_L（29）寄存器中，*Y* 轴加速度数据被存放在 OUT_Y_L（2A）和 OUT_Y_H（2B）寄存器中，*Z* 轴加速度数据被存放在 OUT_Z_L（2C）和 OUT_Z_H（2D）寄存器中，如表 16.2 所示。

表 16.2　寄存器映射图

名　字	类型	寄存器地址		默　认	说　明
		十六进制	二进制		
保留（无法修改）		00～06			保留
STATUS_REG_AUX	读	07	0000111		
OUT_ADC1_L	读	08	0001000	输出	
OUT_ADC1_H	读	09	0001001	输出	
OUT_ADC2_L	读	0A	0001010	输出	
OUT_ADC2_H	读	0B	0001011	输出	
OUT_ADC3_L	读	0C	0001100	输出	
OUT_ADC3_H	读	0D	0001101	输出	
INT_COUNTER_REG	读	0E	0001110		
WHO_AM_I	读	0F	0001111	00110011	空寄存器
保留（无法修改）		10～1E			保留
TEMP_CFG_REG	读/写	1F	0011111		
CTRL_REG1	读/写	20	0100000	00000111	

续表

名　字	类型	寄存器地址		默　认	说　明
		十六进制	二进制		
CTRL_REG2	读/写	21	0100001	00000000	
CTRL_REG3	读/写	22	0100010	00000000	
CTRL_REG4	读/写	23	0100011	00000000	
CTRL_REG5	读/写	24	0100100	00000000	
CTRL_REG6	读/写	25	0100101	00000000	
REFERENCE	读/写	26	0100110	00000000	
STATUS_REG2	读	27	0100111	00000000	
OUT_X_L	读	28	0101000	output	
OUT_X_H	读	29	0101001	output	
OUT_Y_L	读	2A	0101010	output	
OUT_Y_H	读	2B	0101011	output	
OUT_Z_L	读	2C	0101100	output	
OUT_Z_H	读	2D	0101101	output	
FIFO_CTRL_REG	读/写	2E	0101110	00000000	
FIFO_SRC_REG	读	2F	0101111		
INT1_CFG	读/写	30	0110000	00000000	
INT1_SOURCE	读	31	0110001	00000000	
INT1_THS	读/写	32	0110010	00000000	
INT1_DURATION	读/写	33	0110011	00000000	
保留	读/写	34～37		00000000	
CLICK_CFG	读/写	38	0111000	00000000	
CLICK_SRC	读	39	0111001	00000000	
CLICK_THS	读/写	3A	0111010	00000000	
TIME_LIMIT	读/写	3B	0111011	00000000	
TIME_LATENCY	读/写	3C	0111100	00000000	
TIME_WINDOW	读/写	3D	0111101	00000000	

16.4 任务实践：电子计步器的软/硬件设计

16.4.1 开发设计

1. 硬件设计

本任务通过 LIS3DH 三轴加速度传感器采集 *X*、*Y*、*Z* 轴上的加速度信息，通过串口将采

集的信息打印在 PC 上并定时进行更新，硬件结构主要由 CC2530 微处理器、三轴传感器与串口通信接口组成。本任务的硬件框架如图 16.11 所示。

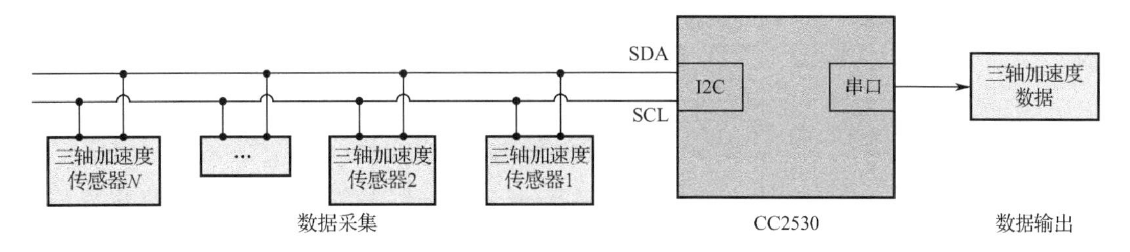

图 16.11　硬件框架

LIS3DH 三轴加速度传感器的接口电路如图 16.12 所示。

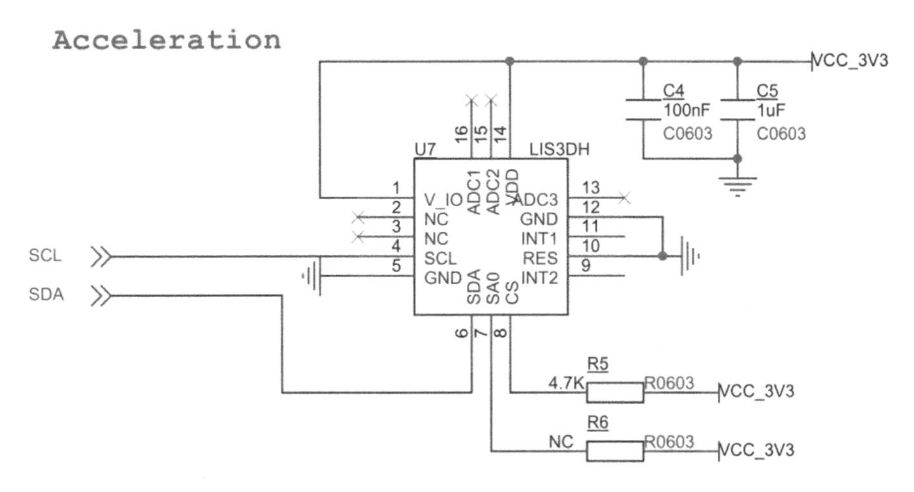

图 16.12　LIS3DH 三轴加速度传感器的接口电路

2. 软件设计

要实现计步器检测，需要有合理的软件设计，本任务程序设计思路如下：
（1）定义存储变量和发送缓冲数组。
（2）初始化系统时钟。
（3）初始化串口。
（4）初始化三轴加速度传感器。
（5）读取数据。
（6）将数据写入字符串。
（7）串口打印信息。
（8）延时 1 s。
（9）循环执行步骤（5）到步骤（8）。
软件设计流程图如图 16.14 所示。

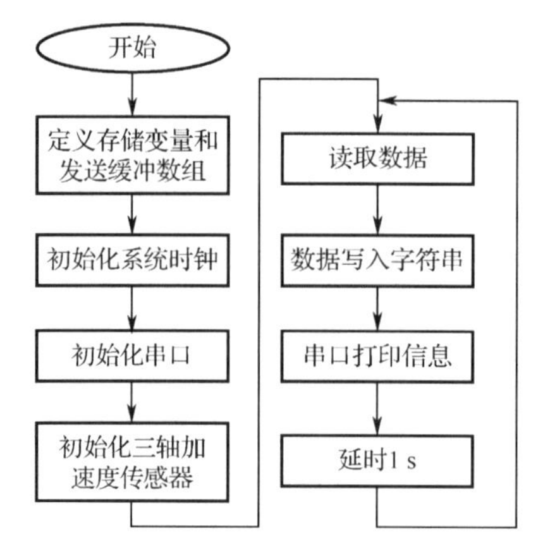

图 16.13　软件设计流程图

16.4.2　功能实现

1. 主函数模块

主函数中首先定义了串口数据发送缓冲数组和三轴加速度角度的存储变量，接着初始化时钟、串口。初始化完成后对三轴加速度传感器的硬件状态进行检测，判断三轴加速度传感器的硬件是否完好。判断完成后程序进入主函数，读取三轴加速度传感器的加速度信息并通过串口打印在 PC 上。主函数程序如下。

```
void main(void)
{
    char tx_buff[64];
    float accx,accy,accz;
    xtal_init();                                          //系统时钟初始化
    uart0_init(0x00,0x00);                                //串口初始化
    if(lis3dh_init() == 0){                               //三轴传感器加速度初始化
        uart_send_string("lis3dh ok!\r\n");               //如果串口初始化成功
    }else{
        uart_send_string("lis3dh error!\r\n");            //如果串口初始化失败
    }
    while(1)
    {
        lis3dh_read_data(&accx,&accy,&accz);              //获取三轴加速度传感器的数据
        //将要发送的串口数据缓存在数组中
        sprintf(tx_buff,"accx:%.1f accy:%.1f accz:%.1f\r\n",accx,accy,accz);
        uart_send_string(tx_buff);                        //发送数据
        delay_s(1);                                       //延时 1 s
    }
}
```

2．系统时钟初始化模块

CC2530 系统时钟初始化源代码如下。

```
/*********************************************************************************************
* 名称：xtal_init()
* 功能：CC2530 系统时钟初始化
*********************************************************************************************/
void xtal_init(void)
{
    CLKCONCMD &= ～0x40;                        //选择 32 MHz 的外部晶体振荡器
    while(CLKCONSTA & 0x40);                    //晶体振荡器开启且稳定
    CLKCONCMD &= ～0x07;                        //选择 32 MHz 系统时钟
}
```

3．三轴加速度传感器的初始化模块

三轴加速度传感器的初始化较为复杂，要对传感进行一定的配置，如输出频率、加速度量程等。

```
/*********************************************************************************************
* 名称：lis3dh_init()
* 功能：LIS3DH 初始化
*********************************************************************************************/
unsigned char lis3dh_init(void)
{
    iic_init();                                              //I2C 初始化
    delay(600);                                              //短延时
    if(LIS3DH_ID != lis3dh_read_reg(LIS3DH_IDADDR))          //读取设备 ID
        return 1;
    delay(600);                                              //短延时
    if(lis3dh_write_reg(LIS3DH_CTRL_REG1,0x97))              //1.25 kHz，X、Y、Z 输出使能
    return 1;
    delay(600);                                              //短延时
    if(lis3dh_write_reg(LIS3DH_CTRL_REG4,0x10))              //4g 量程
    return 1;
    return 0;
}
```

4．三轴加速度获取模块

三轴加速度传感器初始化完成后就可以对传感器的数据进行读取了，读取的值都是十六进制的，需要将其换算为加速度信息，换算程序如下。

```
/*********************************************************************************************
* 名称：lis3dh_read_data()
* 功能：LIS3DH 读数据
```

```
* 参数：accx－X 轴加速度；accy－Y 轴加速度；accz－Z 轴加速度
*********************************************************************************************/
void lis3dh_read_data(float *accx,float *accy,float *accz)
{
    char accxl,accxh,accyl,accyh,acczl,acczh;

    //处理 X 轴数据
    accxl = lis3dh_read_reg(LIS3DH_OUT_X_L);                    //获取 X 轴加速度低位数据
    accxh = lis3dh_read_reg(LIS3DH_OUT_X_H);                    //获取 X 轴加速度高位数据
    if(accxh & 0x80){                                           //判断 X 轴加速度方向
        //对负方向 X 轴加速度进行换算
        *accx = (float)(((int)accxh << 4 | (int)accxl >> 4)-4096)/2048*9.8*4;
    }else{
        //对正方向 X 轴加速度进行换算
        *accx = (float)((int)accxh << 4 | (int)accxl >> 4)/2048*9.8*4;
    }
    //处理 Y 轴数据
    accyl = lis3dh_read_reg(LIS3DH_OUT_Y_L);                    //获取 Y 轴加速度低位数据
    accyh = lis3dh_read_reg(LIS3DH_OUT_Y_H);                    //获取 Y 轴加速度高位数据
    if(accyh & 0x80){                                           //判断 Y 轴加速度方向
        //对负方向 Y 轴加速度进行换算
        *accy = (float)(((int)accyh << 4 | (int)accyl >> 4)-4096)/2048*9.8*4;
    }else{
        //对正方向 Y 轴加速度进行换算
        *accy = (float)((int)accyh << 4 | (int)accyl >> 4)/2048*9.8*4;
    }
    //处理 Z 轴数据
    acczl = lis3dh_read_reg(LIS3DH_OUT_Z_L);                    //获取 Z 轴加速度低位数据
    acczh = lis3dh_read_reg(LIS3DH_OUT_Z_H);                    //获取 Z 轴加速度高位数据
    if(acczh & 0x80){                                           //判断 Z 轴加速度方向
        //对负方向 Z 轴加速度进行换算
        *accz = (float)(((int)acczh << 4 | (int)acczl >> 4)-4096)/2048*9.8*4;
    }else{
        //对正方向 Z 轴加速度进行换算
        *accz = (float)((int)acczh << 4 | (int)acczl >> 4)/2048*9.8*4;
    }
}
/*********************************************************************************************
* 名称：lis3dh_read_reg()
* 功能：读取寄存器
* 参数：cmd－寄存器地址
* 返回：data－寄存器数据
*********************************************************************************************/
unsigned char lis3dh_read_reg(unsigned char cmd)
{
    unsigned char data = 0;                                     //定义数据
    iic_start();                                                //启动总线
```

```
    if(iic_write_byte(LIS3DHADDR & 0xfe) == 0){                //地址设置
        if(iic_write_byte(cmd) == 0){                          //命令输入
            do{
                delay(300);                                    //延时
                iic_start();                                   //启动总线
            }
            while(iic_write_byte(LIS3DHADDR | 0x01) == 1);     //等待数据传输完成
            data = iic_read_byte(1);                           //读取数据
            iic_stop();                                        //停止总线传输
        }
    }
    return data;                                               //返回数据
}

/*********************************************************************************************
* 名称：lis3dh_write_reg()
* 功能：写寄存器
* 参数：cmd—寄存器地址；data—寄存器数据
* 返回：0—寄存器写入成功；1—写失败
*********************************************************************************************/
unsigned char lis3dh_write_reg(unsigned char cmd,unsigned char data)
{
    iic_start();                                               //启动总线
    if(iic_write_byte(LIS3DHADDR & 0xfe) == 0){                //地址设置
        if(iic_write_byte(cmd) == 0){                          //命令输入
            if(iic_write_byte(data) == 0){                     //数据输入
                iic_stop();                                    //停止总线传输
                return 0;                                      //返回结果
            }
        }
    }
    iic_stop();
    return 1;                                                  //返回结果
}
```

5．串口驱动模块

串口驱动模块包含串口初始化函数、串口发送字节函数、串口发送字符串函数和接收字节函数，部分信息如表 16.3 所示，更详细的源代码请参考任务 10。

表 16.3　串口驱动模块函数

名　称	功　能	说　明
char recvBuf[256];	接收的数据存储在数组	无
int recvCnt	接收数据的数量	无

续表

名　称	功　能	说　明
uart0_init(unsigned char StopBits,unsigned char Parity)	串口 0 初始化	StopBits 为停止位，Parity 为奇偶校验
void uart_send_char(char ch)	串口发送字节函数	ch 为将要发送的数据
void uart_send_string(char *Data)	串口发送字符串函数	*Data 为将要发送的字符串
int uart_recv_char(void)	接收字节函数	返回接收的串口数据

16.5 任务验证

使用 IAR 开发环境打开任务设计工程，程序通过编译后，由 SmartRF 下载到 CC2530 微处理器中，暂不执行程序。

使用串口线连接 CC2530 开发平台与 PC，打开串口调试助手并配置波特率为 38400、8 位数据位、无奇偶校验位、1 位停止位，取消十六进制显示，设置完成后执行程序。

程序运行后，通过 PC 串口调试助手的数据接收窗口可以看到三轴加速度传感器采集的各个轴上的重力加速度数值信息。当改变三轴加速度传感器空间状态时，通过 PC 串口调试助手可以看到三轴加速度传感器采集到各个轴上的重力加速度变化值，验证效果如图 16.14 所示。

图 16.14　验证效果图

16.6 任务小结

通过本任务读者可学习 LIS3DH 三轴加速度传感器的基本原理和使用，CC2530 通过 I2C 总线驱动三轴加速度传感器，实现电子计步器的设计。

16.7 思考与拓展

（1）简述三轴加速度传感器的工作原理。

（2）简述三轴加速度传感器 LIS3DH 内置硬件算法的应用场景。

（3）如何使用 CC2530 微处理器驱动三轴加速度传感器？

（4）尝试模拟相机云台设备在空间位置静止的情况下，对要保持设备水平的角度偏移量进行计算，参考平面及状态以采集类传感器初始状态为准，偏移参数为 *X* 轴偏移 30°，*Y* 轴偏移-15°，*Z* 轴偏移 17°。

任务 17

红外测距系统的设计与实现

本任务重点学习距离传感器的基本原理，掌握距离传感器的功能和基本工作原理，通过CC2530和A/D转换器驱动距离传感器，从而实现红外测距系统的设计。

17.1 开发场景：如何用红外距离传感器测量距离

红外线是不可见的光，是电磁波的一种形式，可以用来进行距离的测量，其应用历史可以追溯到20世纪60年代。随着现代科学技术的发展，在测距方面先后出现了激光测距、微波雷达测距、超声波测距及红外线测距，其中激光测距是靠照射在物体上反射回来的激光束探测物体的距离的，由于受恶劣的天气、污染等因素影响，使反射回来激光束在功率有损耗，致使探测距离比实际的最大距离减少一半左右，影响探测的精确度；微波雷达测距技术为军事和某些工业开发所采用，其装备价格昂贵，现在还没有开拓民用市场；超声波测距在国内外已有很多研究，由于采用特殊组件使其价格高，难以推广；红外线作为一种特殊光波，具有光波的基本物理传输特性，即反射、折射、散射等，且由于其技术难度相对不大，构成的测距系统的成本低廉、性能优良，便于民用推广。

红外测距的应用越来越普遍，在很多领域都会用到红外线测距仪。红外线测距仪具有精确度和分辨率高、抗干扰能力强、体积小、重量轻等优点，因而应用领域广、行业需求众多、市场需求空间大。

红外线测距仪（红外测距仪）是采用调制的红外线进行精密测距的仪器，其测程一般为1～5 km。通常在100 m以内，超声波测距更有优势，但是超声波测距一般无法测量1 m以内的距离，而红外测距则可以测出这一段距离，而且有着不错的精度。红外测距设备如图17.1所示。

图17.1　红外测距设备

17.2 开发目标

（1）知识要点：距离传感器分类、工作原理；红外距离传感器的基本工作原理。

（2）技能要点：了解距离传感器的分类和工作原理；掌握红外距离传感器的使用。

（3）任务目标：要生产一款红外测距设备，使用GP2D12红外距离传感器对1 m以内的距离进行测量，测量到的数据通过串口上传到上位机。

17.3 原理学习：距离传感器与测量

17.3.1 距离传感器

距离传感器，又称为位移传感器，用于感应其与某物体间的距离以完成预设的某种功能，目前已得到相当广泛的应用。

根据其工作原理的不同，距离传感器可分为光学距离传感器、红外距离传感器、超声波距离传感器等。目前手机上使用的距离传感器大多是红外距离传感器，主要由一个红外线发射管和一个红外线接收管组成，当红外线发射管发出的红外线被红外线接收管接收到时，表明距离较近，需要关闭屏幕以免出现误操作现象；而当红外线接收管接收不到红外线发射管发射的红外线时，表明距离较远，则无须关闭屏幕。

1．超声波测距

超声波测距是根据超声波遇到障碍物能反射回来的特性而进行的。超声波发射器向某一方向发射超声波，在发射的同时开始计时，超声波可以利用空气作为介质进行传播，当它遇到障碍物阻碍的时候，就会反射回来，当接收器接收到反射波的时候，计时器中断。反复这一过程，就可以测出超声波从发出到返回所需的时间 T，然后根据超声波的传播速度，可计算出距离 L。超声波测距具有成本低、结构简单、测量速度快等特点。但由于超声波受周围环境影响较大，所以一般测量距离比较短，测量精度比较低；而且超声波在传播过程中会出现多普勒效应，即当超声波与介质之间有相对运动时，接收器收到的超声波的频率会与发出的超声波频率有所不同，相对运动的速度越快，多普勒效应越明显。

2．激光测距

激光测距是利用激光对目标距离进行测定的，测距时，首先向目标发射出一束很细的激光，然后由光电元件接收目标反射回来的激光束，通过计时器测定激光束从发射到接收的时间，可以计算出从观测者到目标的距离。由于激光方向性好、亮度高、波长单一，所以测量距离比较远、测量精度比较高，激光测距也是激光技术应用最早、最成熟的一个领域。但是一般激光设备价格比较高，尺寸、重量较大，不是所有场合都可以使用的，而且激光测距原理是利用激光脉冲从发射到遇到障碍物反射回来所需要的时间来计算距离的，而光敏元件只能分辨有限的最小时间间隔，所以激光测距的测量精度一般不高，当测量距离减小时，误差就会更大。

3．红外线测距

红外线测距是利用调制的红外线进行的精密测距，利用的是红外线在传播过程中不扩散的原理。因为红外线可以穿透物体，并且有很小的折射率，所以要求测距的精度较高时都会考虑使用红外线测距。红外线以一定速度在介质中传播，测算出红外线发射器发出的红外线到遇到障碍物反射后被红外线接收器接收这一过程所需的时间，再乘以红外线在介质中的传播速度，即可得到距离值。红外线测距具有结构简单、易于应用、数据处理方便、测量精度

比较高、抗干扰性强、几乎不受被测物体尺寸及位置的影响、价格便宜、安全稳定等优点，其缺点是测量距离比较近、远距离测量精度低、方向性差等。

光电传感器可以把光强度的变化转换成电信号的变化，反射式光电传感器包括许多类型，普遍使用的有红外发光二极管、一般发光二极管和激光二极管，红外发光二极管和一般发光二极管易受外部光源影响，由于激光二极管光源频率不分散，发射给传感器的信号频率宽度小，所以很难受外界影响，但是价格较高。因为光在反射时会受许多条件制约，如反射面的外形、颜色、整洁度、其他光源照射等，所以直接用发射管、接收管进行实验可能会受到外界影响而得到不正确的信号，利用反射能量法进行距离的测量，可以增加系统的准确性。

17.3.2 Sharp 红外距离传感器

Sharp 红外距离传感器使用简单，对于 1 m 以内的距离测试精度良好、性能优越，而且数据测量值稳定，测量结果波动较小。其中，Sharp 红外距离传感器的内部结构如图 17.2 所示，包含有信号处理电路，电压调节电路，晶振电路，输出电路和 LED 驱动电路。

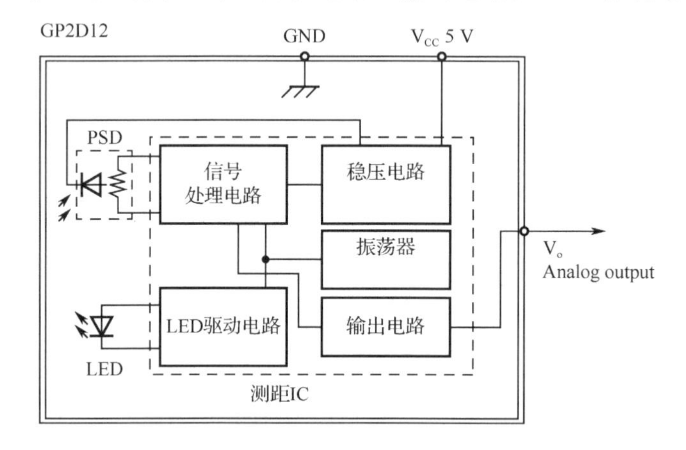

图 17.2 Sharp 红外距离传感器的内部结构

Sharp 红外距离传感器的工作时序如图 17.3 所示，表示测量和输出的关系。

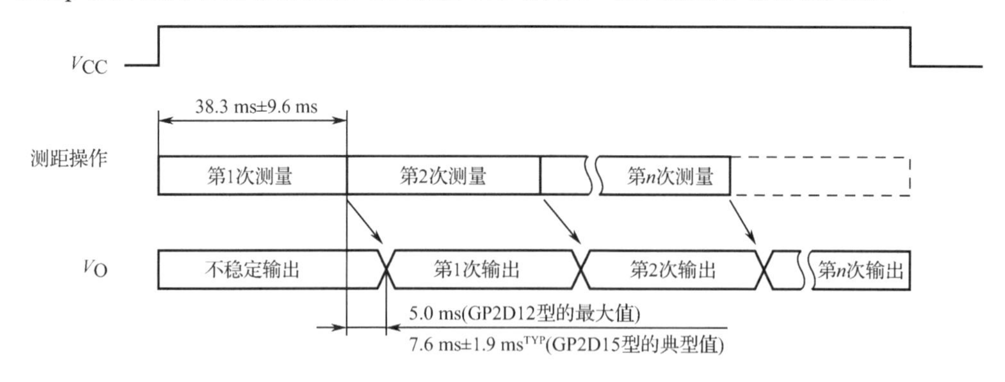

图 17.3 Sharp 红外距离传感器的工作时序

Sharp 红外距离传感器的输出如图 17.4 所示。

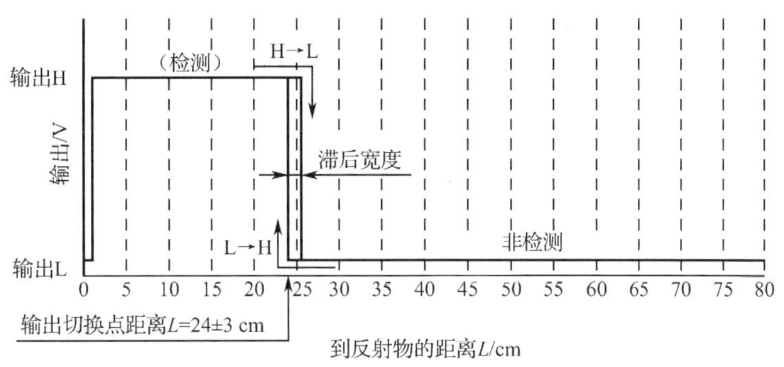

图 17.4　Sharp 红外距离传感器的输出

Sharp 红外距离传感器基于三角测量原理，红外发射器按照一定的角度发射红外线光束，当遇到物体以后，红外线光束会反射回来，Sharp 红外距离传感器测量原理如图 17.5 所示，反射回来的红外线光束被 CCD 检测器检测到以后，会获得一个偏移值 L，利用三角关系，在知道了发射角度 a、偏移距 L、中心矩 X，以及滤镜的焦距 f 以后，Sharp 红外距离传感器到物体的距离 D 就可以通过几何关系计算出来了。

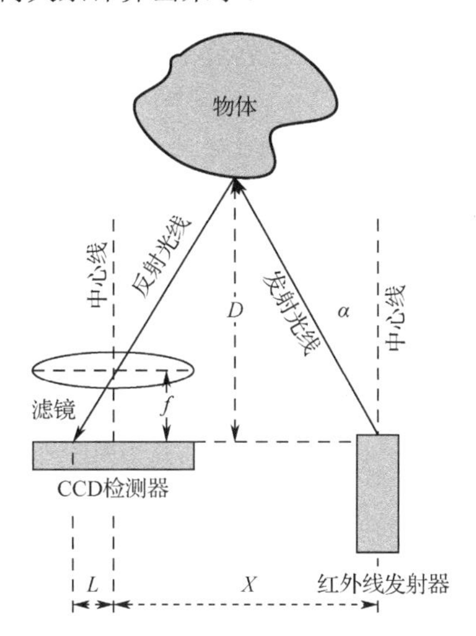

图 17.5　Sharp 红外距离传感器测量原理

可以看到，当 D 的距离足够近的时候，L 值会相当大，超出了 CCD 检测器的探测范围，这时，虽然物体很近，但是传感器反而看不到了。当物体距离 D 很大时，L 值就会很小，CCD 检测器能否分辨得出这个很小的 L 值成为关键，也就是说 CCD 检测器的分辨率决定能不能获得足够精确的 L 值。要检测的物体越远，对 CCD 检测器的分辨率要求就越高。

GP2D12 型 Sharp 红外距离传感器的特点如下：

（1）测量范围为 10～80 cm，并且 60 cm 开始，距离增大时测量值的波动较大，与实际情况偏差增大。

（2）当障碍物（或目标）与红外距离传感器之间的距离小于 10 cm 时，测量值将与实际值出现明显偏差，当距离从 10 cm 降至 0 的过程中，测量值将在 10～35 cm 之间递增。

（3）红外距离传感器在使用时会受到环境光的影响，例如，在室内使用时，可能会受到白炽灯光线的影响，产生一些非真实的距离值。

17.4 任务实践：红外测距系统的软/硬件设计

17.4.1 开发设计

1. 硬件设计

本任务通过 GP2D12 型红外距离传感器获取与目标物之间的距离，并将测得的距离通过串口输出到上位机程序，每秒更新一次。红外测距系统的框架如图 17.6 所示。

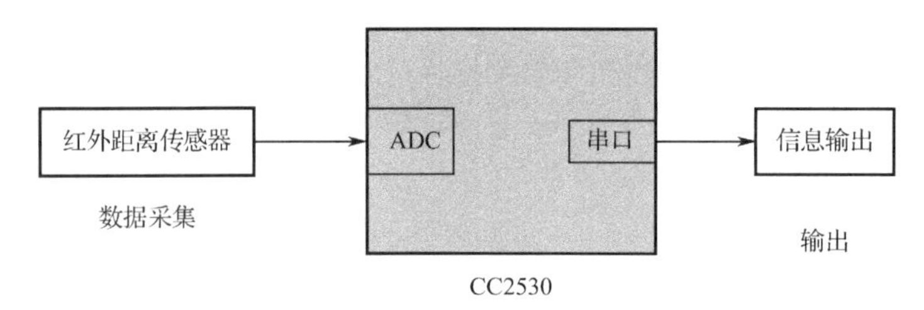

图 17.6 红外测距系统的框架

GP2D12 型红外距离传感器的接口如图 17.7 所示。

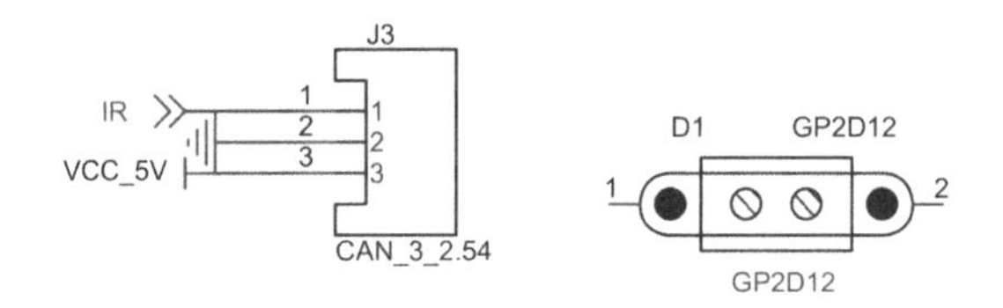

图 17.7 GP2D12 型红外距离传感器的接口

2. 软件设计

要实现红外测距系统，需要有合理的软件设计，本任务程序设计思路如下：

（1）定义存储变量和缓冲数组。

（2）初始化系统时钟。

（3）初始化红外距离传感器。

（4）初始化串口。

（5）获取距离值。

（6）将字符写入缓冲数组。

（7）串口打印信息。

（8）延时 1 s。

（9）循环执行步骤（5）到步骤（8）。

软件设计流程如图 17.8 所示。

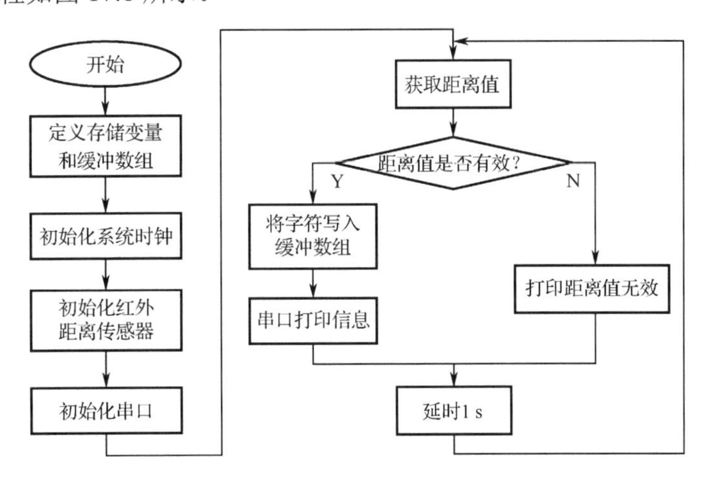

图 17.8　软件设计流程

17.4.2　功能实现

1．主函数模块

主函数中首先定义缓冲数组和存储变量，接着初始化系统时钟、红外距离传感器和串口，初始化完成后程序进入主循环。在主循环中获取距离值，并对距离值进行判断，存在有效数据时通过串口打印距离值，距离值无效时打印距离值无效。主函数程序如下。

```
void main(void)
{
    float distance = 0.0f;                              //存储红外距离传感器状态变量
    char tx_buff[64];
    xtal_init();                                        //系统时钟初始化
    stadiometry_init();                                 //红外距离传感器初始化
      uart0_init(0x00,0x00);                            //串口初始化

    while(1){
        distance = get_stadiometry_data();              //获取距离值
        if(distance != 0){
            //添加字符到缓冲数组
            sprintf(tx_buff,"distance:%.1f\r\n",distance);
        }else{
            sprintf(tx_buff,"distance out of range!\r\n");  //距离值超范围信息
        }
        uart_send_string(tx_buff);                      //串口打印信息
        delay_s(1);                                     //延时 1 s
    }
}
```

2．系统时钟初始化模块

CC2530 系统时钟初始化源代码如下。

```
/*****************************************************************************************
* 名称：xtal_init()
* 功能：CC2530 系统时钟初始化
*****************************************************************************************/
void xtal_init(void)
{
    CLKCONCMD &=  ~0x40;                                //选择 32 MHz 的外部晶体振荡器
    while(CLKCONSTA & 0x40);                            //晶体振荡器开启且稳定
    CLKCONCMD &=  ~0x07;                                //选择 32 MHz 系统时钟
}
```

3．红外距离传感器初始化模块

检测红外距离传感器的 A/D 转换器外设初始化程序如下。

```
/*****************************************************************************************
* 名称：stadiometry_init()
* 功能：红外距离传感器初始化
*****************************************************************************************/
void stadiometry_init(void)
{
    APCFG |= 0x10;                          //模拟 I/O 使能
    P0SEL |= 0x10;                          //端口 0_4 功能选择外设功能
    P0DIR &=  ~0x10;                        //设置输入模式
    ADCCON3   = 0xB4;                       //选择 AVDD5 为参考电压，12 分辨率，P0_4 连接 ADC
    ADCCON1 |= 0x30;                        //选择 A/D 转换器的启动模式为手动
}
```

4．距离获取模块

手动获取 A/D 转换数据并转换为距离信息的代码如下。

```
/*****************************************************************************************
* 名称：float get_stadiometry_data(void)
* 功能：获取红外距离传感器状态
* 返回：距离
*****************************************************************************************/
float get_stadiometry_data(void)
{
    unsigned int   value;
    char symbol = 1;                                    //符号位标志位
    float voltage = 0.0f;                               //电压值变量
    unsigned short get_ADCH = 0, get_ADCL = 0;          //A/D 转换结果高位，低位存储临时参数
```

```
    ADCCON3 = 0xB4;                 //选择 AVDD5 为参考电压，12 分辨率，P0_4 连接 ADC
    ADCCON1 |= 0x30;                //选择 A/D 转换器的启动模式为手动
    ADCCON1 |= 0x40;                //启动 A/D 转换器

    while(!(ADCCON1 & 0x80));                                  //等待 A/D 转换结束
    get_ADCL = ADCL;                                           //获取低位 A/D 转换数据
    get_ADCH = ADCH;                                           //获取高位 A/D 转换数据
    value = ((get_ADCH << 4) | get_ADCL >> 4);                 //取得最终转换结果，存入 value 中
    if(value & 0x0800){                                        //如果符号位为 1
        value =  ~value + 1;                                   //A/D 转换值取反加 1
        symbol = 0;                                            //符号位清 0
    }else symbol = 1;                                          //否则符号位置 1

    if((value >= 249)&&(value <= 1400)){                       //筛选有效电压值的数字量范围
        voltage = 0.00161132 * value;             //获取电压值（3.3 / 2048）= 0.00161132
        if(symbol) return (33.6 / voltage - 7);   //获取距离，加上符号(33.6/x-7=y)
        else return -(33.6 / voltage - 7);        //获取距离，加上符号(33.6/x-7=y)
    }else{
        return 0;                                              //如果无效返回 0
    }
}
```

5．串口驱动模块

串口驱动模块包括串口初始化函数、串口发送字节函数、串口发送字符串函数和接收字节函数，串口驱动模块函数如表 17.1 所示，详细的源代码请参考任务 10。

表 17.1　串口驱动模块函数

名　称	功　能	说　明
char recvBuf[256];	定义存储接收数据的数组	无
int recvCnt	接收数据的数量	无
uart0_init(unsigned char StopBits,unsigned char Parity)	串口 0 初始化	StopBits 为停止位，Parity 为奇偶校验
void uart_send_char(char ch)	串口发送字节函数	ch 为将要发送的数据
void uart_send_string(char *Data)	串口发送字符串函数	*Data 为将要发送的字符串
int uart_recv_char(void)	接收字节函数	返回接收的串口数据

17.5　任务验证

使用 IAR 开发环境打开任务设计工程，程序通过编译后，由 SmartRF 下载到 CC2530 微处理器中，暂不执行程序。

使用串口线连接 CC2530 开发平台与 PC，打开串口调试助手并配置波特率为 38400、8 位数据位、无奇偶校验位、1 位停止位，取消十六进制显示，设置完成后运行 CC2530 程序。

程序运行后，通过 PC 串口调试助手的数据接收窗口查看到红外距离传感器采集的距离数据。当红外距离传感器前方的阻挡物距离发生变化时，通过 PC 串口调试助手可以看到红外距离传感器采集的距离值数变化，验证效果如图 17.9 所示。

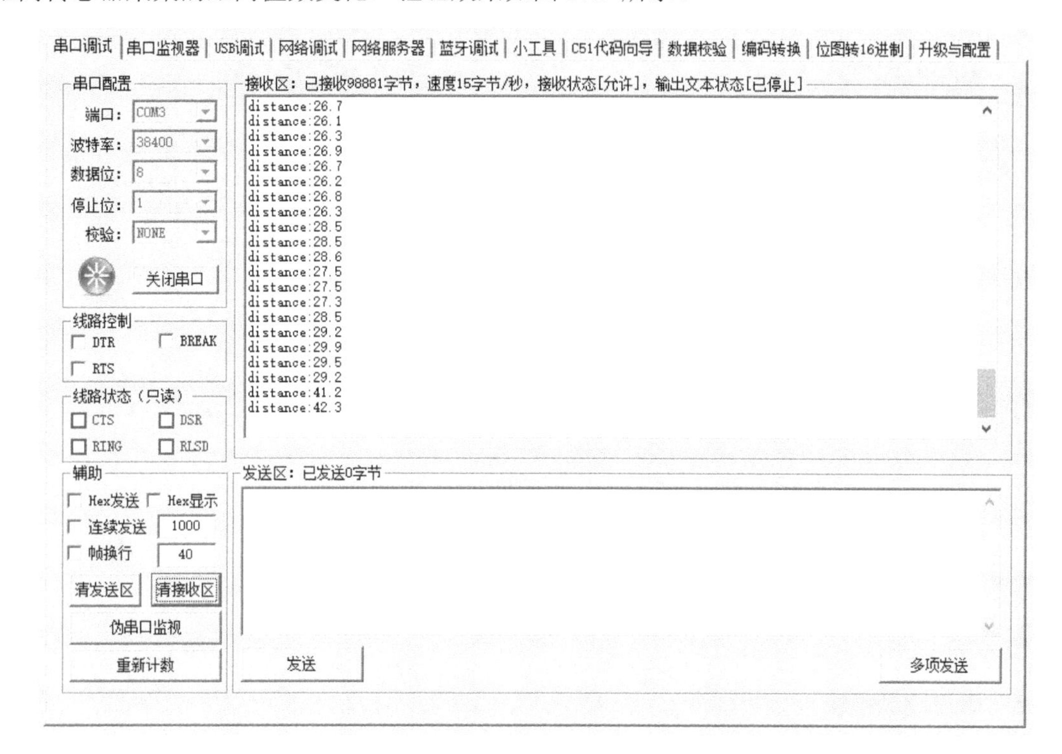

图 17.9　验证效果图

17.6　任务小结

通过本任务读者可以学习红外距离传感器基本原理和使用方法，并通过 CC2530 微处理器和 A/D 转换器来驱动红外距离传感器，实现红外测距系统的设计。

17.7　思考与拓展

（1）红外距离传感器的测量原理是什么？

（2）红外距离传感器在生活中有哪些用途？

（3）如何通过 CC2530 微处理器驱动红外距离传感器？

（4）尝试模拟车载倒车雷达，通过 LED 指示距离，当距离越小时 LED 闪烁得越快，同时在 PC 上打印距离信息，每秒打印一次。

任务 18

人体红外报警器的设计与实现

本任务重点学习人体红外传感器的基本原理和功能，掌握人体红外传感器的使用方法，通过 CC2530 驱动人体红外传感器，从而实现人体红外报警器的设计。

18.1 开发场景：如何实现人体红外报警

热释电传感器在人体运动检测方面具有极大的优势，具有低成本、低功耗和高灵敏度等特点。单一的热释电传感器通常用在报警系统中，将其输出转化为开关信号后可确定监测区域内是否存在活动的人体。如果将多个传感器进行组合，形成空间热释电传感器阵列，便可获得一系列的人体运动信号，从而达到人体识别的目的。随着社会的不断进步和科学技术、经济的不断发展，人们生活水平得到了很大的提高，对私有财产的保护意识在不断增强，因而对防盗措施提出了新的要求。目前装备的压力触发式防盗报警器、开关电子防盗报警器和压力遮光触发式防盗报警器等各种报警器，但这几种常见的报警器都存在一些缺点。

红外线是不可见光，有很强的隐蔽性和保密性，因此在防盗、警戒等安保装置中得到了广泛的应用。热释电红外传感器能以非接触形式检测出人体辐射的红外线，并将其转变为电压信号。热释电红外传感器既可用于防盗报警装置，也可用于制动控制、接近开关、遥测等领域。家庭防盗系统拓扑图如图 18.1 所示，防盗系统中的红外线探测器如图 18.2 所示。

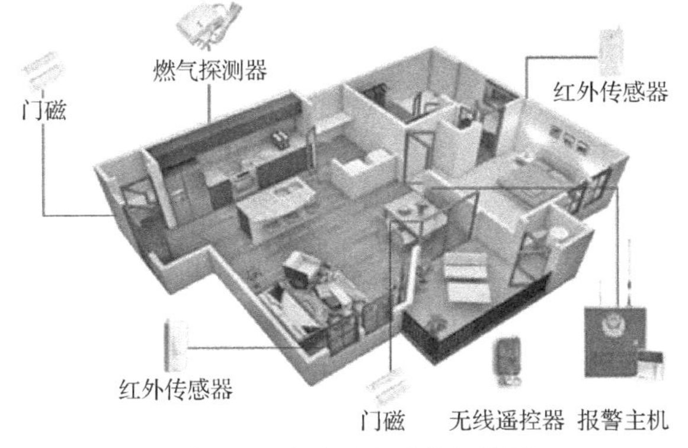

图 18.1　家庭防盗系统拓扑图

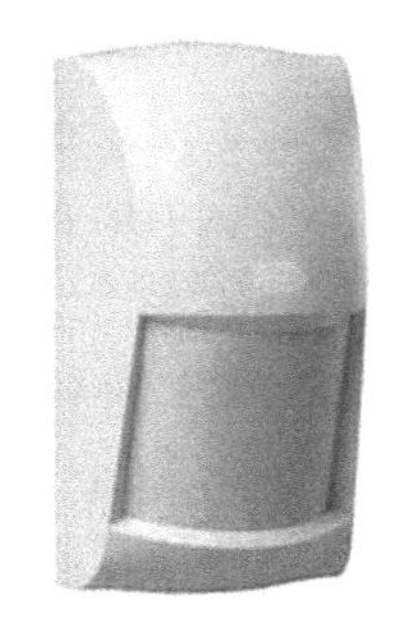

图 18.2　防盗系统中的红外线探测器

18.2 开发目标

（1）知识要点：人体红外传感器的功能、基本工作原理；AS312 型热释电红外传感器。

（2）技能要点：了解人体红外传感器的原理结构；掌握人体红外传感器的使用方法。

（3）任务目标：某公司服务器机房因夜间无人值守，因此需要设计一套安防报警系统，其中对人员检测的设备，使用 AS312 型热释电红外传感器进行开发。

18.3 原理学习：人体红外传感器与测量

18.3.1 人体红外传感器

黑体热辐射的三个基本定律是研究红外线辐射的基本准则，揭示了红外线辐射与温度之间的关系，量化了其中的相关性。第一个定律是普朗克辐射，它揭示了红外线辐射中辐射能量的光谱分布情况；第二个定律是维恩位移定律，它揭示了红外线辐射中辐射光谱主要能量的波长与温度的关系，如图 18.3 所示；第三个定律是斯蒂芬-玻尔兹曼定律，它揭示了红外线辐射中辐射的功率与温度的关系。

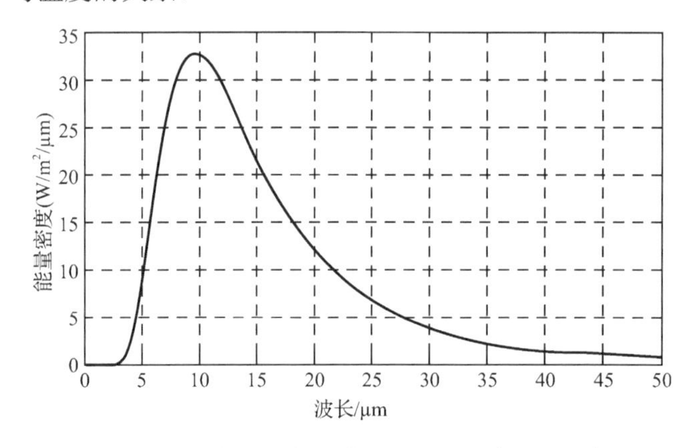

图 18.3　红外线辐射中辐射光谱主要能量的波长与温度的关系

红外线传感器（即红外传感器）是利用红外线的物理性质来进行测量的传感器。红外线又称为红外光，具有反射、折射、散射、干涉、吸收等性质。任何物质，只要它本身具有一定的温度（高于绝对零度），都能辐射红外线。红外传感器在测量时不需要与被测物体直接接触，因而不存在摩擦，并且有灵敏度高、反应快等优点。

任何高于绝对零度的物体都将产生红外线，不同的物体释放的红外线能量波长是不一样的，红外线波长与温度的高低是有关的。

在被动红外传感器中有两个关键性的元件，其中一个元件是热释电红外传感器，它能将波长为 8～12 μm 的红外线信号转变为电信号，并对自然界中的白光信号具有抑制作用，因此在被动红外传感器的警戒区内，当无人体移动时热释电红外传感器感应到的只是背景温度，当人体进入警戒区，通过菲涅尔透镜，热释电红外传感器感应到的是人体温度与背景温度的差异信号。红外传感器的重要作用之一就是感应移动物体与背景的温度差异。

另一个元件就是菲涅尔透镜。菲尼尔透镜有折射式和反射式两种形式，其作用有两个：一是聚焦作用，将红外线信号折射在热释电红外传感器上；二是将警戒区内分为若干个明区和暗区，使进入警戒区的移动物体能以温度变化的形式在被动红外传感器（PIR）上产生变化的热释电红外线信号，从而在 PIR 上产生变化的电信号。

红外传感器常用于无接触温度测量、气体成分分析和无损探伤，在医学、军事、空间技术和环境工程等领域得到了广泛应用。例如，采用红外传感器远距离测量人体表面温度的热像图，可以发现温度异常的部位，及时对疾病进行诊断治疗；利用人造卫星上的红外传感器对地球云层进行监视，可实现大范围的天气预报；采用红外传感器可检测飞机上正在运行的发动机的过热情况等。

18.3.2　热释电红外传感器

热释电红外传感器具有热电效应，即温度上升或下降时，物质的表面会产生电荷的变化，这种现象在钛酸钡等强电介质材料中是非常明显的。热释电红外传感器发展迅速，已被广泛应用在多个领域。目前，市场上主要的热释电红外传感器有 IH1954、IH1958、PH5324、SCA02-1、RS02D、P2288 等。其主要结构形式和技术参数大致是一样的，很多器件可以彼此互换使用。热释电红外传感器实际上是主要由敏感单元、阻抗变换器和滤光窗等三大部分组成。

热释电红外传感器的工作过程主要有三个阶段：第一阶段是将外部辐射转换成热吸收阶段；第二阶段是吸收热能，用于提高加热阶段的温度；第三阶段是将热信号转变为电信号的温度测量阶段。热释电效应示意图如图 18.4 所示。

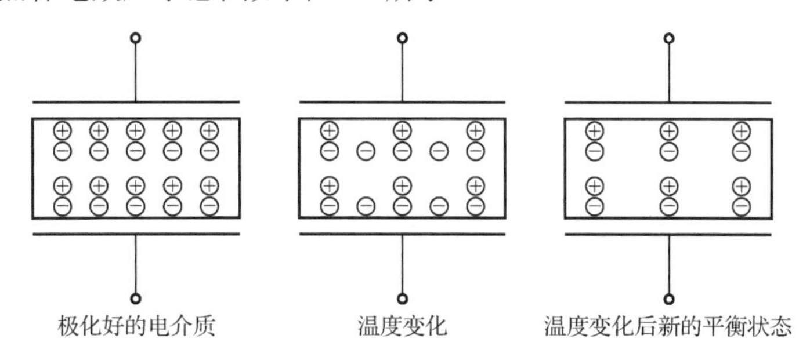

图 18.4　热释电效应示意图

任何发热体都会辐射红外线，红外线的波长跟物体温度有关。表面温度越高，辐射能量越强。人体的正常体温为 36～37.5℃，其辐射的能量最强的红外线的波长为 9.67～9.64 μm。热释电红外传感器是利用热释电材料自发极化强度随温度变化所产生的热释电效应来探测红外辐射能量的器件，它能以非接触地检测出来自人体及外界物体辐射出的微弱红外线能量并将其转化成电信号输出。将这个电信号加以放大，便可驱动各种控制电路，如电源开关控制、防盗报警、自动监测等。

热释电红外传感器内部电路如图 18.5 所示，其内部的热电元由高热电系数的铁钛酸铅汞陶瓷、钽酸锂、硫酸三甘铁等组成，其极化产生正、负电荷，电压值随温度的变化而变化。

滤光片是在一块薄玻璃片镀上多层滤光层薄膜制成的，能有效滤除 7.0～14 μm 波长以外的红外线。人体正常体温时，辐射的最强的红外线的中心波长为 9.65 μm，正好在滤光片的响应波长中，因此滤光片能最大限度地阻止外界可见光及灯光中的红外线通过，而让人体辐射的红外线有效地通过，很好地避免了其他光线的干扰。

在实际使用热释电红外传感器时，需要配合使用一个重要器件——菲涅尔透镜，该透镜的作用有两个：一是聚焦作用，即将探测空间的红外线有效地集中到传感器上，不使用菲涅尔透镜时传感器的探测半径不足 2 m，配上菲涅尔透镜后传感器的探测半径可达到 10 m，因此只有

配合菲涅尔透镜使用才能最大限度地发挥热释电红外传感器的作用；二是将探测区域内分为若干个明区和暗区，进入探测区域的物体被探测感知后会在PIR上产生变化的热释电红外线信号。

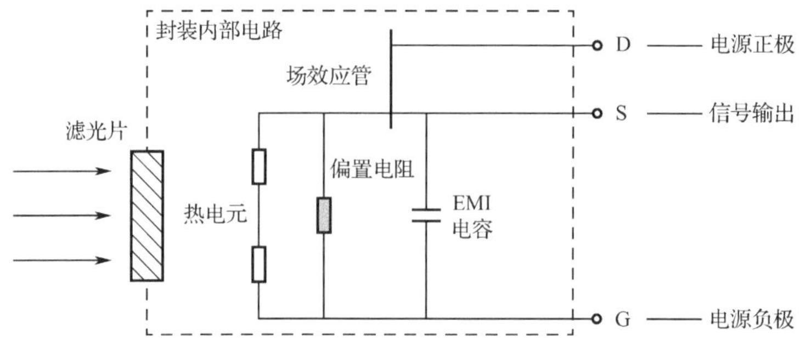

图 18.5　热释电红外传感器内部电路图

由于热释电红外传感器输出的信号变化缓慢、幅值小，不能直接作为控制系统的控制信号，因此传感器的输出信号必须经过一个专门的信号处理电路，使得热释电红外传感器输出信号的不规则波形转换成适合微处理器处理的高、低电平。因此，实际使用的热释电红外传感器检测系统构成如图 18.6 所示。

图 18.6　热释电红外传感器检测系统构成图

由于热释电红外传感器具有响应速度快、探测率高、频率响应宽、可在室温下工作等特点，目前在日常生活中出现了许多应用，如自动门、红外线防盗报警器、高速公路车辆车流计数器、自动开关的照明灯等。

人体都有恒定的体温，一般都在37℃，所以会发出特定波长为10 μm左右的红外线，被动式红外探头就是靠人体发射的波长为10 μm左右的红外线工作的，人体发射的波长为10 μm左右的红外线通过菲涅尔透镜增强后聚集到红外线感应源上。红外线感应源通常采用热电释元件，这种元件收到人体红外线辐射温度发生变化的信号就会失去电荷的平衡，向外释放电荷，经电路检测处理后就能产生报警信号。人体红外传感器的关键部件的工作原理如下：

（1）探头是以探测人体辐射为目标的，所以热释电元件对波长为10 μm左右的红外线必须非常敏感。

（2）为了仅仅对人体辐射的红外线敏感，在它辐射照面通常覆盖有特殊的菲涅尔透镜，使环境的干扰受到明显的抑制作用。

（3）被动红外探头包括两个互相串联或并联的热释电元件，而且两个电极化的方向正好相反，环境背景辐射的红外线对两个热释电元件具有相同的作用，使其产生的热释电效应相互抵消，于是传感器无信号输出。

（4）人体一旦入侵探测区域内，其辐射的红外线通过菲涅尔透镜聚焦并被热释电元件接收，但是两个热释电元件接收到的热量不同，热释电也不同，不能抵消，经信号处理后报警。

（5）菲涅尔透镜根据性能要求的不同，具有不同的焦距，从而产生不同的监控视场，视场越多，控制越严密。

被动式热释电红外传感器的优点是本身不发任何辐射，器件功耗很小、隐蔽性好、价格低廉。其缺点如下：

- 容易受各种热源、光源的干扰。
- 被动红外线穿透力差，人体辐射的红外线容易被遮挡，不易被探头接收。
- 易受射频辐射的干扰。
- 环境温度和人体温度相接近时，灵敏度会明显降低，有时会造成短时失灵。
- 热释电红外传感器不能直对着门窗及阳光直射的地方，否则窗外的热气流扰动和人员走动会引起误报警。

18.3.3　AS312 型热释电红外传感器

AS312 型热释电红外传感器如图 18.7 所示，它将数字智能控制电路与人体探测敏感元件都集成在电磁屏蔽罩内，人体探测敏感元件将感应到的人体移动信号通过甚高阻抗差分输入电路耦合到数字智能控制电路芯片上，并转化成 15 位 A/D 转换器的数字信号，当 PIR 信号超过设定的数字阈值时就会有 LED 动态输出，以及具有定时时间的 REL 电平输出。OEN 使能端可使 REL 输出或通过光照度传感器进行自动控制。灵敏度和时间参数可通过电阻设置，对于相应的数值，其电压被转化成为具有 7 位分辨率的数字阈值，所有的信号处理都是在芯片上完成的。AS312 型热释电红外传感器的内部框图如 18.8 所示。

图 18.7　AS312 型热释电红外传感器

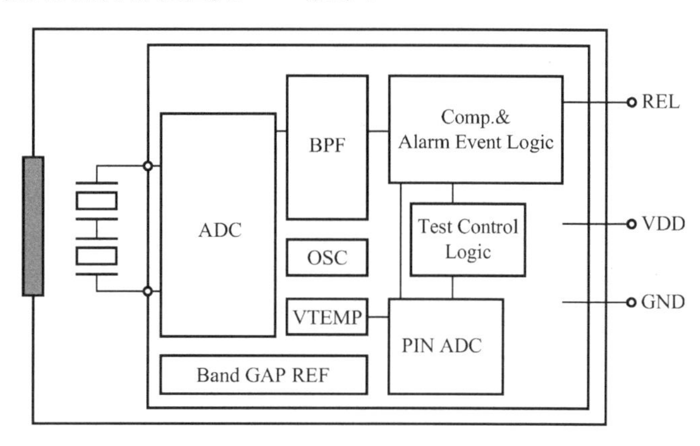

图 18.8　AS312 型热释电红外传感器的内部框图

18.4　任务实践：人体红外报警器的软/硬件设计

18.4.1　开发设计

1．硬件设计

本任务采用人体红外传感器来采集人体信息，硬件部分主要由 CC2530 微处理器、人体红外传感器、LED 指示灯组成。

微处理器通过 I/O 接口连接到红外传感器，当人体红外传感器检测有人体活动时，向接口输入高电平，CC2530 微处理器使 LED 灯发光，表示检测到人活动。人体红外报警器的硬

件框架如图 18.9 所示。

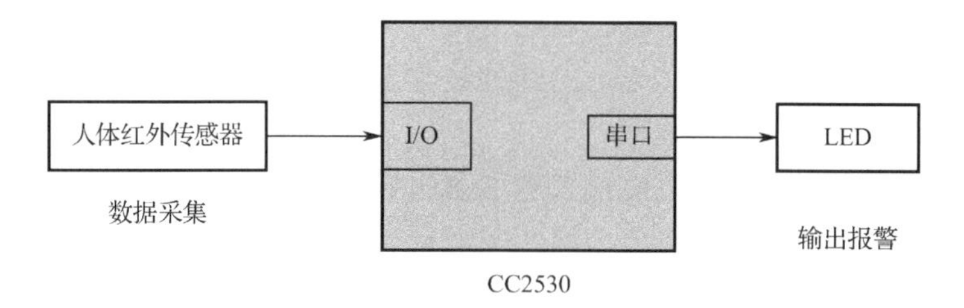

图 18.9　人体红外报警器的硬件框架

人体红外传感器的接口电路如图 18.10 所示。

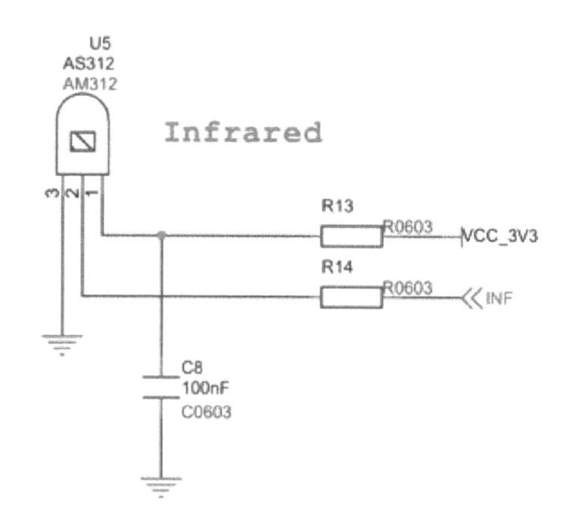

图 18.10　人体红外传感器接口电路

2．软件设计

要实现人体红外报警器，需要有合理的软件设计，本任务程序设计思路如下：

（1）初始化人体红外传感器的状态为 0。

（2）初始化系统时钟。

（3）初始化 LED。

（4）初始化串口。

（5）初始化人体红外传感器。

（6）检测人体活动，如果检测到人体活动，执行步骤（7），如果没有检测到人体活动，执行步骤（8）。

（7）点亮 LED2，判断人体红外传感器的状态是否 0，如果是，则打印串口信息，并将人体红外传感器的状态改为 1；如果否，则执行步骤（6）。

（8）关闭 LED2，判断人体红外传感器的状态是否 1，如果是，则打印串口信息，并将人体红外传感器的状态改为 0；如果否，则执行步骤（6）。

软件设计流程图如图 18.11 所示。

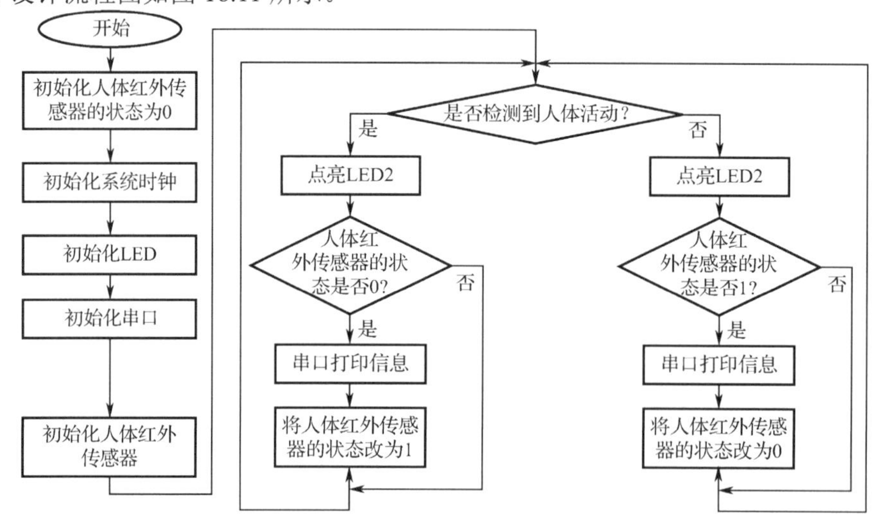

图 18.11　软件设计流程图

18.4.2　功能实现

1．相关头文件模块

```
/*********************************************************************************************
* 文件：led.h
*********************************************************************************************/
#define D1     P1_1                                //宏定义 LED1 控制引脚 P1_1
#define D2     P1_0                                //宏定义 LED2 控制引脚 P1_0
#define ON      0                                  //宏定义打开状态控制为 ON
#define OFF     1                                  //宏定义关闭状态控制为 OFF
```

2．主函数模块

```
void main(void)
{
    unsigned char infrared_status = 0;              //定义人体红外传感器状态为 0
    xtal_init();                                    //系统时钟初始化
    led_io_init();                                  //LED 初始化
    infrared_init();                                //人体红外传感器初始化
    uart0_init(0x00,0x00);                          //串口初始化

    while(1)
    {
        if(get_infrared_status() == 1){             //检测到人体活动
            D2 = ON;                                //点亮 LED2
            if(infrared_status == 0){               //人体红外传感器状态发生改变
                uart_send_string("human!\r\n");     //串口打印提示信息
                infrared_status = 1;                //更新人体红外传感器的状态
            }
        }
        else{                                       //没有检测到人体
            D2 = OFF;                               //熄灭 LED2
            if(infrared_status == 1){               //人体红外传感器状态发生改变
                uart_send_string("no human!\r\n");          //串口打印提示信息
                infrared_status = 0;                        //更新人体红外传感器的状态
            }
        }
    }
}
```

3．系统时钟初始化模块

CC2530 系统时钟初始化源代码如下。

```
/*********************************************************************************************
```

```
* 名称：xtal_init()
* 功能：CC2530 系统时钟初始化
*************************************************************************************/
void xtal_init(void)
{
    CLKCONCMD &= ~0x40;                          //选择 32 MHz 的外部晶体振荡器
    while(CLKCONSTA & 0x40);                     //晶体振荡器开启且稳定
    CLKCONCMD &= ~0x07;                          //选择 32 MHz 系统时钟
}
```

4．LED 初始化模块

LED 初始化程序内容如下。

```
/*************************************************************************************
* 名称：led_init()
* 功能：LED 控制引脚初始化
*************************************************************************************/
void led_init(void)
{
    P1SEL &= ~0x03;                 //配置控制引脚（P1_0、P1_1）为通用 I/O 模式
    P1DIR |= 0x03;                  //配置控制引脚（P1_0、P1_1）为输出模式

    D1 = OFF;                       //初始状态为关闭
    D2 = OFF;                       //初始状态为关闭
}
```

5．人体红外传感器模块初始化模块

```
/*************************************************************************************
* 名称：infrared_init()
* 功能：人体红外传感器初始化
*************************************************************************************/
void infrared_init(void)
{
    P0SEL &= ~0x01;                      //配置引脚为通用 I/O 模式
    P0DIR &= ~0x01;                      //配置控制引脚为输入模式
}
```

6．获取人体红外传感器数据模块

```
/*************************************************************************************
* 名称：unsigned char get_infrared_status(void)
* 功能：获取人体红外传感器数据
* 返回：检测结果
*************************************************************************************/
unsigned char get_infrared_status(void)
```

```
{
    if(P0_0==1)                          //检测 I/O 口电平
    return 1;
    else
    return 0;
}
```

7. 串口驱动模块

串口驱动模块包括串口初始化函数、串口发送字节函数、串口发送字符串函数和接收字节函数，如表 18.1 所示，详细的源代码请参考任务 10。

表 18.1　串口驱动模块函数

名　称	功　能	说　明
char recvBuf[256];	定义存储接收数据的数组	无
int recvCnt	接收数据的数量	无
uart0_init(unsigned char StopBits,unsigned char Parity)	串口 0 初始化	StopBits 为停止位，Parity 为奇偶校验
void uart_send_char(char ch)	串口发送字节函数	ch 为将要发送的数据
void uart_send_string(char *Data)	串口发送字符串函数	*Data 为将要发送的字符串
int uart_recv_char(void)	接收字节函数	返回接收的串口数据

18.5　任务验证

使用 IAR 开发环境打开任务设计工程，程序通过编译后，由 SmartRF 下载到 CC2530 微处理器中，暂不执行程序。

使用串口线连接 CC2530 开发平台与 PC，打开串口调试助手并配置波特率为 38400、8 位数据位、无奇偶校验位、1 位停止位，取消十六进制显示，设置完成后运行程序。

程序运行后，当有人在人体红外传感器前面遮挡时，PC 端的串口调试助手的接收窗口上会打印“human!”，LED2 灯点亮；当没有检测到人时，PC 端的串口调试助手的接收窗口上会打印“no human!”。LED2 熄灭，验证效果如图 18.12 所示。

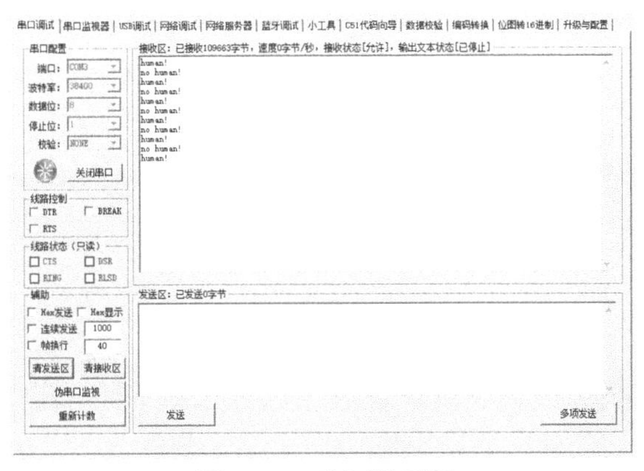

图 18.12　验证效果图

18.6 任务小结

通过本任务读者可学习人体红外传感器基本原理和使用方法，通过 CC2530 微处理器驱动 GPIO 来实现人体红外报警器的设计。

18.7 思考与拓展

（1）热释电人体红外传感器的工作原理是什么？

（2）人体红外传感器在检测中有哪些注意事项？

（3）如何使用 CC2530 微处理器驱动人体红外传感器？

（4）由于人体红外传感器可以高精度地检测人体红外信号的变化，使其在门禁、安防、自动门窗灯等领域有着广泛的应用。请尝试模拟家居安防系统，无人时每 3 秒打印一次安全结果，有人时每秒打印一次结果，同时 LED1 和 LED2 闪烁。

任务19

燃气报警器的设计与实现

本任务重点学习可燃气体传感器的基本原理和功能，通过 CC2530 微处理器驱动可燃气体传感器，从而实现燃气报警器的设计。

19.1 开发场景：如何实现可燃气体传感器的报警

随着科技的发展，可燃气体在给我们带来极大便利的同时，也存在巨大的隐患。由于管道设备的老化、地理、气候条件等各种因素的影响，以及人为的破坏，经常会造成泄漏事故。可燃气体一旦泄漏，不仅会带来经济上的损失和环境污染，还会发生火灾和爆炸，造成财产损失和人员伤亡事故。

可燃气体监测预警装置是指可对周边环境中的可燃气浓度进行检测，并在浓度超过安全界线时及时发出预警的设备。

在家庭等用气环境的安全防护中，以甲烷为主要构成组分的气体危害性监测一直是其中极为关键的核心要点之一，对生产、生活中的用气环境状况进行有效的实时监控，确保及时发现异常状况，并迅速实施具有针对性的防治手段，从而确保各项社会活动的有效进行，已在企业生产、家庭用气、环保监测等诸多方面得到了推广与普及。便携式气体检测器因其自身体积小、操作简便、安装工艺简单、可有效实现对周边环境的实时检测等优点，在家庭用气的检测中得到了广泛的应用。

为了用气安全，需要对这些可燃性气体进行实时检测，采用可靠的可燃气体报警装置，严密监测室内环境中可燃气体的浓度，及早发现事故隐患，采取有效措施，避免事故发生。

本任务设计的燃气报警器就是为了检测可燃气体（也称燃气）浓度，当空气中可燃气体的浓度超过设定值时，燃气报警器就会被触发报警，并对外发出声光报警信号。厨房燃气报警器如图 19.1 所示。

图 19.1　厨房燃气报警器

19.2 开发目标

（1）知识要点：可燃气体传感器的分类以及基本原理；MP-4 型燃气检测传感器。

（2）技能要点：了解可燃气体传感器的原理结构；掌握可燃气体传感器的使用。

（3）任务目标：开发一款家用燃气检测装置，需要使用 MP-4 型燃气检测传感器，对厨房燃气是否泄漏进行检测。

19.3 原理学习：可燃气体传感器与测量

19.3.1 可燃气体传感器

在可燃气体传感器中，可燃气体监测传感装置是其核心部件，其性能决定着可燃气体传感器的可靠性。气体传感器的种类很多，应用于可燃气体探测领域的气体传感器按照检测原理的不同大致可分为：半导体气体传感器、催化燃烧式气体传感器、电化学气体传感器、光学式气体传感器，如图19.2所示。

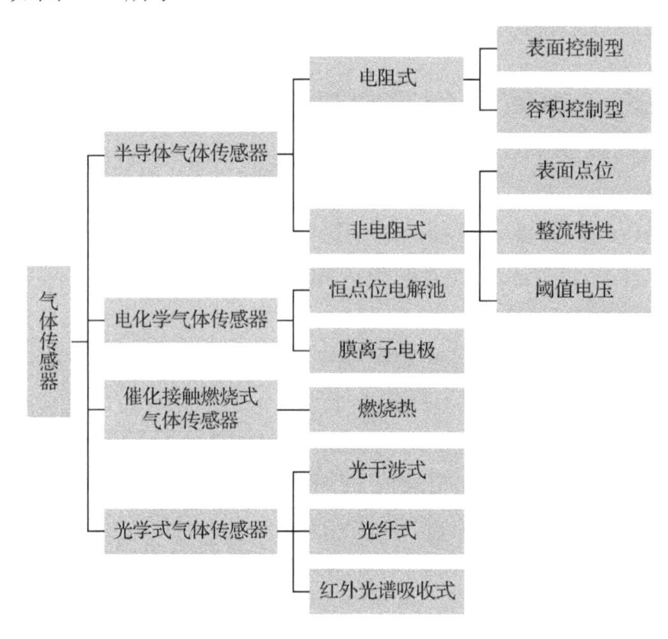

图19.2 气体传感器分类

1. 半导体气体传感器

半导体气体传感器是运用量和运用范围最广的一类气体传感器，这类传感器的基本原理是：采用金属氧化物或金属半导体氧化物材料做成气敏元件，工作时，与气体相互作用产生表面吸附或反应，其电学特性会发生变化，通过分析电学特性的变化，可检测被测气体的浓度。气敏元件工作时必须加热，加热的作用是加速被测气体的吸附、脱出；烧去气敏元件的油塘或污物；不同的加热温度对不同的气体有选择性的作用，加热温度与气敏元件输出灵敏度有关。半导体气体传感器的工作原理如图19.3所示。

半导体气体传感器的优点是成本低、制造简单、灵敏度高、响应快、寿命长、对湿度敏感低、电路简单等；其缺点是必须在高温下工作、对气体的选择性差、元件参数分散、稳定性不高、要求功率高等。

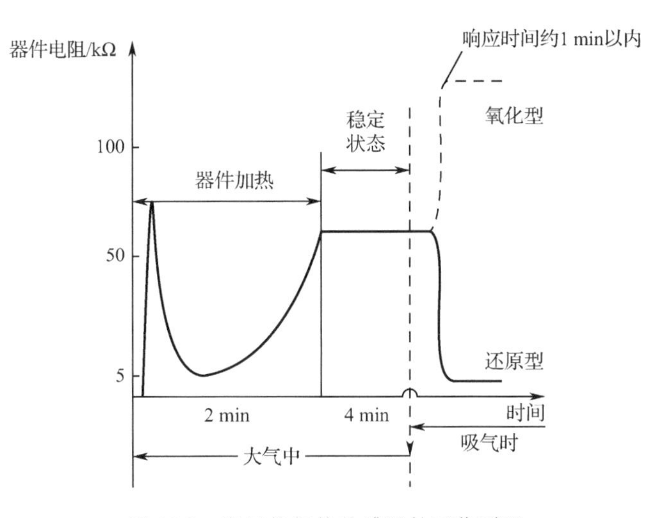

图 19.3　半导体气体传感器的工作原理

2. 催化燃烧式气体传感器

在可燃气体的探测中，催化燃烧式的探测方法应用得最久，也最有效，在石油化工厂、造船厂、矿井、隧道、浴室和厨房等场合都有应用。催化燃烧式气体传感器的工作原理是：在气敏材料上涂敷活性催化剂，如铀、钮等稀有金属，在通电状态下保持高温，若此时与可燃气体接触，可燃气体在催化剂的催化作用下发生氧化反应，引起气敏材料的温度上升、电阻值升高，通过测量气敏材料电阻的变化就可以得到可燃气体的浓度。催化燃烧式传感器采用惠斯通电桥，其工作原理如图 19.4 所示。

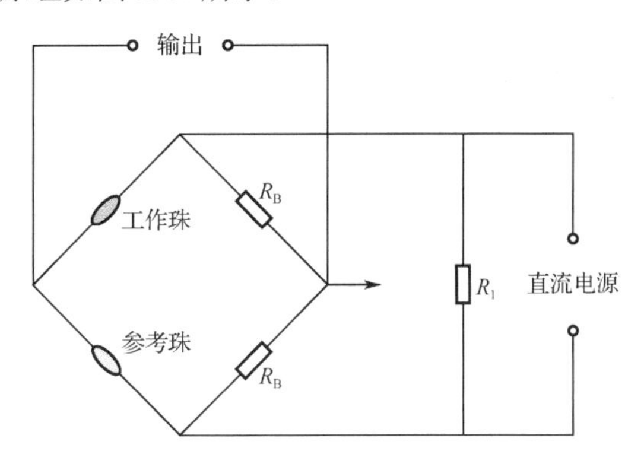

图 19.4　催化燃烧式气体传感器的工作原理

惠斯通电桥是通过与已知电阻相比较来测量未知电阻的，其中，R_1 是微调电阻器，用于保持电桥均衡，使电桥输出信号为 0。R_B 电阻及微调电位器 R_1 通常选择相对较大的电阻值，以确保电路正常运行。当气体在工作传感器表面发生无焰燃烧时将导致温度上升，温度上升反过来又会改变传感器的电阻，打破电桥平衡，使其输出稳定的电流信号。信号再经过后期电路的放大、稳定后最终显示可靠的数值。

催化燃烧式气体传感器的优点是稳定性高、电路设计简单等，但有寿命短、催化剂容易“中毒”等缺点，而且催化燃烧式气体传感器要求将可燃气体采集到传感器内进行化学反应，

存在不安全性和不稳定性的缺点，例如必须经常进行校准等操作，需要有专业技术人员，不便于日常使用。

3. 电化学气体传感器

最早的电化学气体传感器可以追溯到 20 世纪 50 年代，当时用于氧气监测。电化学气体传感器是通过与目标气体发生反应并产生与气体浓度成正比的电信号来工作的。典型的电化传感器由传感电极（或工作电极）和反电极组成，两者之间由一个薄电解层隔开，其基本结构如图 19.5 所示。

气体首先通过微小的毛管扩散屏障的开孔与传感器发生反应，然后通过憎水膜最终到达传感电极表面。穿过毛管扩散屏障的气体与传感电极发生反应，传感电极可以采用氧化机理或还原机理，这些反应由针对目标气体而设计的电极材料进行催化。通过电极间连接的电阻器（参考电极），与气体浓度成正比的电流会在正极与负极间流动，测量该电流即可确定气体浓度。由于该过程中会产生电流，因此电化学气体传感器又常被称为电流气体传感器或微型燃料电池。参考电极的作用是为了保持传感电极上的固定电压值，从而改善传感器性能。

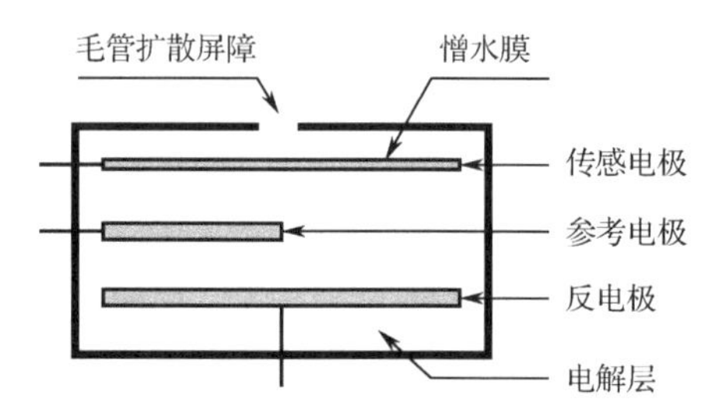

图 19.5　典型的电化学气体传感器的基本结构

4. 光学式气体传感器

根据检测方法和原理不同，光学式气体传感器可以分为光干涉式、光纤式、红外光谱吸收式等类型，其中以红外光谱吸收式传感器运用最广。红外气体传感器是近几年发展和采用的传感器，它可以有效地分辨气体的种类，准确测定气体的浓度，已经成功用于 CO_2、CH_4 等的检测。红外气体传感器工作的基本原理是：不同气体的具有不同的特征吸收波长，通过测量和分析红外线通过气体后特征吸收波长的变化来检测气体。

红外气体传感器的优点是：选择性强、灵敏度高、不损害待测气体、不需要加热、使用寿命长、受环境影响小等，是一种安全、无损、高效的气体传感器。但同时也存在传感器制作成本高、制作工艺严格，抗外界光干扰能力弱的缺点。

19.3.2　MP-4 可燃气体传感器

图 19.6　MP-4 型可燃气体传感器

MP4 型可燃气体传感器的主要部件是平面半导体气敏元件，采用先进的平面生产工艺，在微型 Al_2O_3 陶瓷基片上形成加热器和金属氧化物半导体气敏材料，用电极引线引出，封装在金属管座、管帽内。当有被检测气体存在时，该气体的浓度越高，传感器的电导率就越高，使用简单的

电路即可将这种电导率的变化转换为与气体浓度对应的输出信号。MP-4 型可燃气体传感器如图 19.6 所示，主要用于家庭、工厂、商业等场所的可燃气体泄漏检测装置，防火/安全探测系统，可燃气体泄漏报警器，以及气体检漏仪。

MP-4 型可燃气体传感器的内部结构如图 19.7 所示。

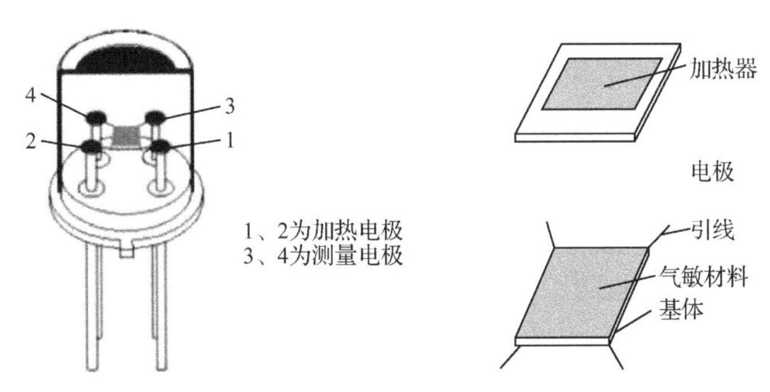

图 19.7　MP-4 型可燃气体传感器的内部结构

19.4　任务实践：燃气报警器的软/硬件设计

19.4.1　开发设计

1．硬件设计

本任务的目的是掌握可燃气体传感器的使用，硬件结构主要由 CC2530 微处理器、可燃气体传感器组成，项目框架图如图 19.8 所示，可燃气体传感器的接口电路如图 19.9 所示。

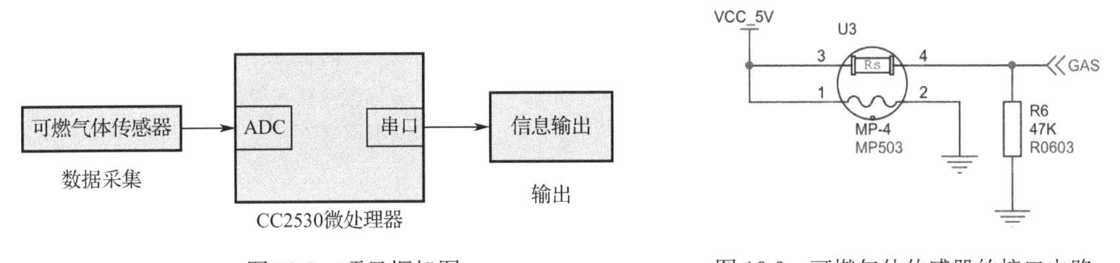

图 19.8　项目框架图　　图 19.9　可燃气体传感器的接口电路

2．软件设计

要实现可燃气体的检测，需要有合理的软件设计，本任务程序设计思路如下：

（1）定义存储变量和串口发送数组。

（2）初始化系统时钟。

（3）初始化可燃气体传感器。

（4）初始化串口。

（5）获取可燃气体的状态。

（6）将字符写入缓冲数组中。
（7）打印到串口。
（8）延时 1 s。
（9）循环执行步骤（5）到（8）。
软件设计流程图如图 19.10 所示。

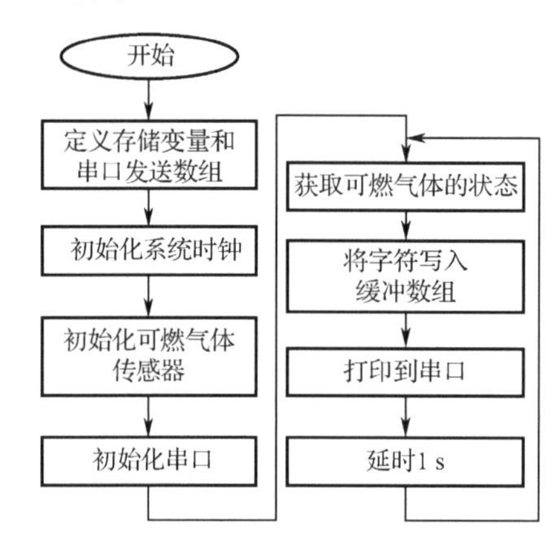

图 19.10　软件设计流程图

19.4.2　功能实现

1．主函数模块

```
void main(void)
{
    unsigned int combustiblegas = 0;                    //存储可燃气体状态变量
    char tx_buff[64];
    xtal_init();                                        //系统时钟初始化
    combustiblegas_init();                              //可燃气体传感器初始化
    uart0_init(0x00,0x00);                              //串口初始化

    while(1)
    {
        combustiblegas = get_combustiblegas_data();     //获取可燃气体状态
        //添加可燃气体状态数据到串口缓存
        sprintf(tx_buff,"combustiblegas:%d\r\n",combustiblegas);
        uart_send_string(tx_buff);                      //打印到串口
        delay_s(1);                                     //延时 1 s
    }
}
```

2．系统时钟初始化模块

CC2530 系统时钟初始化源代码如下。

```
/*********************************************************************************************
* 名称：xtal_init()
* 功能：CC2530 系统时钟初始化
*********************************************************************************************/
void xtal_init(void)
{
    CLKCONCMD &= ~0x40;                         //选择 32 MHz 的外部晶体振荡器
    while(CLKCONSTA & 0x40);                    //晶体振荡器开启且稳定
    CLKCONCMD &= ~0x07;                         //选择 32 MHz 系统时钟
}
```

3. 气体传感器模块初始化

```
/*********************************************************************************************
* 名称：combustiblegas_init()
* 功能：可燃气体传感器初始化
*********************************************************************************************/
void combustiblegas_init(void)
{
    APCFG |= 0x20;                  //模拟 I/O 使能
    P0SEL |= 0x20;                  //端口 P0_5 功能选择外设功能
    P0DIR &= ~0x20;                 //设置输入模式
    ADCCON3  = 0xB5;                //选择 AVDD5 为参考电压，12 位分辨率，P0_5 连接 A/D 转换器
    ADCCON1 |= 0x30;                //选择 A/D 转换器的启动模式为手动
}
```

4. 数据获取模块

```
/*********************************************************************************************
* 名称：unsigned int get_infrared_status(void)
* 功能：获取可燃气体的状态
*********************************************************************************************/
unsigned int get_combustiblegas_data(void)
{
    unsigned int  value;
    ADCCON3  = 0xB5;                //选择 AVDD5 为参考电压，12 位分辨率，P0_5 连接 A/D 转换器
    ADCCON1 |= 0x30;                //选择 A/D 转换器的启动模式为手动
    ADCCON1 |= 0x40;                //启动 A/D 转化

    while(!(ADCCON1 & 0x80));       //等待 A/D 转化结束
    value =  ADCL >> 2;
    value |= (ADCH << 6)>> 2;       //取得最终转化结果，存入 value 中
    return value;                   //返回有效值
}
```

5．串口驱动模块

串口驱动模块包括串口初始化函数、串口发送字节函数、串口发送字符串函数和接收字节函数，如表 19.1 所示，详细的源代码请参考任务 10。

表 19.1　串口驱动模块函数

名　称	功　能	说　明
char recvBuf[256];	定义存储接收数据的数组	无
int recvCnt	接收数据的数量	无
uart0_init(unsigned char StopBits,unsigned char Parity)	串口 0 初始化	StopBits 为停止位，Parity 为奇偶校验
void uart_send_char(char ch)	串口发送字节函数	ch 为将要发送的数据
void uart_send_string(char *Data)	串口发送字符串函数	*Data 为将要发送的字符串
int uart_recv_char(void)	接收字节函数	返回接收的串口数据

19.5　任务验证

使用 IAR 开发环境打开任务设计工程，程序通编译后，由 SmartRF 下载到 CC2530 微处理器中，暂不执行程序。

使用串口线连接 CC2530 开发平台与 PC，打开串口调试助手并配置波特率为 38400、8 位数据位、无奇偶校验位、1 位停止位，取消十六进制显示，设置完成后运行程序。

程序运行后，PC 串口调试助手的接收窗口将会每秒打印一次可燃气体传感器采集到的可燃气体浓度数据，当改变可燃气体传感器周围可燃燃气的浓度时，通过 PC 串口调试助手的接收窗口可以看到可燃气体浓度数据的变化。验证效果如图 19.11 所示。

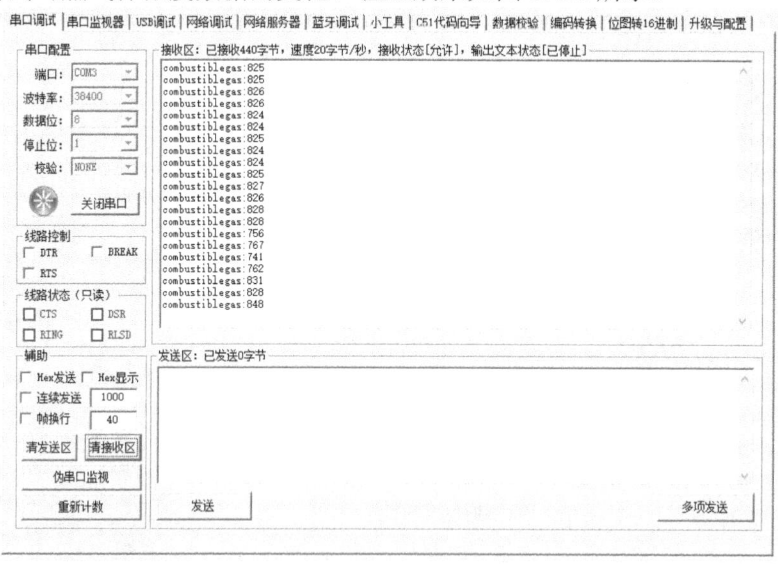

图 19.11　验证效果图

19.6　任务小结

通过本任务读者可学习可燃气体传感器的工作原理和使用方法，并通过 CC2530 微处理器驱动 A/D 转换器来实现燃气报警器的设计。

19.7　思考与拓展

（1）可燃气体传感器的工作原理是什么？

（2）现实生活中哪些领域应用了可燃气体传感器？

（3）如何使用 CC2530 微处理器驱动可燃气体传感器？

（4）MP-4 型可燃气体传感器的检测精度较高，又可采集可燃气体浓度的模拟量信息，其应用十分广泛。请尝试模拟家居燃气安全检测，当可燃气体浓度达到一定阈值时系统向 PC 每秒打印一次危险信息，未超阈值时每 3 s 打印一次安全信息，并打印可燃气体的浓度值。

任务 20

电动车报警器的设计与实现

本任务重点学习振动传感器的功能和基本工作原理，通过 CC2530 驱动振动传感器来实现电动车报警器的设计。

20.1 开发场景：如何实现电动车报警器

随着科学技术的不断发展，交通工具也在不断更新换代。国家推行节能环保理念后，电动车这一交通工具深得人们的喜爱。然而随着电动车用户的不断增加，街上的电动车也越来越多，电动车的丢失率也在不断上升，让广大市民头痛不已。所以，能否出现一款优秀的电动车报警器成了许多人越来越关心的问题。研制出一款经济实惠且实用性较强的报警器，用于解决电动车丢失的问题。电动车电子防盗报警器如图 20.1 所示。

图 20.1　电动车电子防盗报警器

20.2 开发目标

（1）知识要点：振动信号的概念；各种振动传感器分类和基本工作原理。

（2）技能要点：了解振动传感器的原理和结构；掌握振动传感器的使用。

（3）任务目标：某电动车生产厂家，需要一个低成本的防盗报警器，该设备使用滚珠开关来检测车辆的异常振动信号。

20.3 原理学习：振动信号和振动传感器测量

20.3.1 振动信号

在现实世界中，振动可谓无处不在。不管是有生命的物体，如人、植物、动物，还是没有生命的物体，如火车、汽车、飞机，只要存在运动行为就必然会产生或强或弱的振动信号，通过数据采集系统对振动信号进行采集、分析、处理，就可以得到目标物体的运动特征，为判断是否人为入侵行为提供依据。

振动信号可分为连续信号和离散信号两大类。如果在某一时间间隔内，对于一切时间值，除若干不连续点外，该函数都能给出确定的函数值，此信号称为连续信号。与连续信号相对

应的是离散信号。代表离散信号的时间函数只在某些不连续的时间值上给定函数值。

20.3.2　振动传感器

随着电子科技的高速发展，越来越多的振动传感器被开发研制，其种类也随之增多。一般情况下，在现场振动测试时通常采用的传感器有以下几种：电涡流振动传感器、光纤光栅振动传感器、振动加速度传感器、振动速度传感器四种。每一种振动传感器的工作范围都是由它们固定的频率响应特性决定的。众所周知，每种传感器都需要在其自身频率响应特性内工作，如果工作的时候超出其线性频率响应区域，得到的测量结果将会有较大的偏差。

1．电涡流振动传感器

电涡流振动传感器的头部有一个线圈，此线圈利用高频电流（由前置放大器的高频振荡器提供的）产生交变磁场，如果待测量的物体表面具有一定的铁磁性能，那么此交变磁场将会产生一个电涡流，此电涡流会产生另一个磁场，这个磁场与传感器的磁场在方向上恰好相反，所以对传感器有一定的阻抗性。这样就会得到如下结论：待测量物体的表面与传感器之间的间隙大小将直接影响电涡流强度，当间隙较小时，电涡流较强，导致最终传感器的输出电压变小；当间隙较大时，电涡流较弱，导致最终传感器的输出电压变大。既然间隙的大小和涡流的强弱成正比，那么振动位移和传感器的输出也成正比。电涡流振动传感器结构如图20.2所示，其原理如图20.3所示。

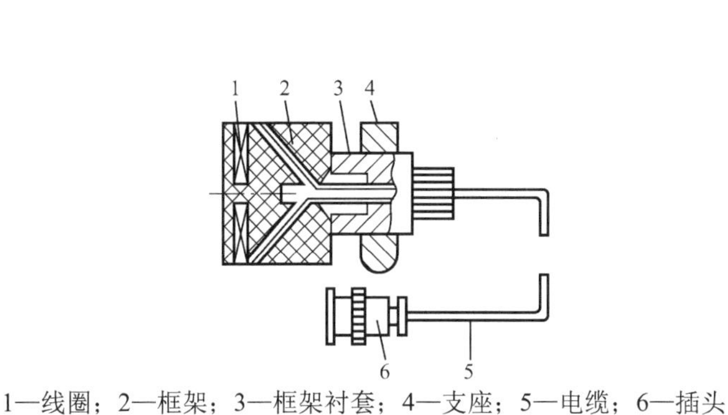

1—线圈；2—框架；3—框架衬套；4—支座；5—电缆；6—插头

图20.2　电涡流振动传感器结构

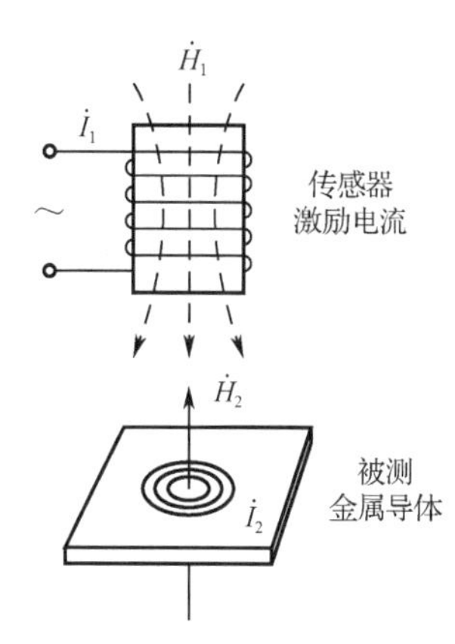

图20.3　电涡流振动传感器原理

2．振动速度传感器

振动速度传感器的内部有一个被固定的永久性磁铁和一个被弹簧固定的线圈，当存在振动时，永久性磁铁会随着外壳和物体一同振动，但此时的线圈却不能和磁铁一起振动，这样就形成了电磁感应，线圈以一定的速度切割磁体产生的磁力线，最终输出由此产生的电动势。输出的电动势大小不仅和磁通量的大小有关，还和线圈参数、线圈切割磁力线的速度成正比，这样就会得到如下结论：磁铁的运动速度和输出电动势成正比，也就是传感器的输出电压正比于待测量物体的振动速度。振动速度传感器的结构示意图如图 20.4 所示。

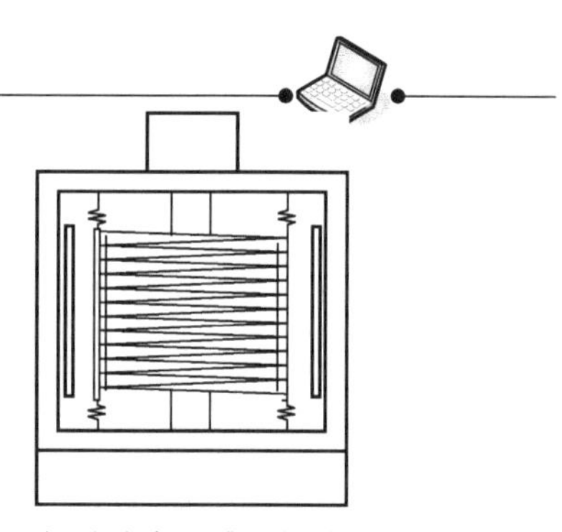

图 20.4　振动速度传感器的结构示意图

3．振动加速度传感器

振动加速度传感器是以某些晶体元件受力后会在其表面产生不同电荷的压电效应为原理工作的，压电原理图如图 20.5 所示，振动加速度传感器的结构模型如图 20.6 所示。

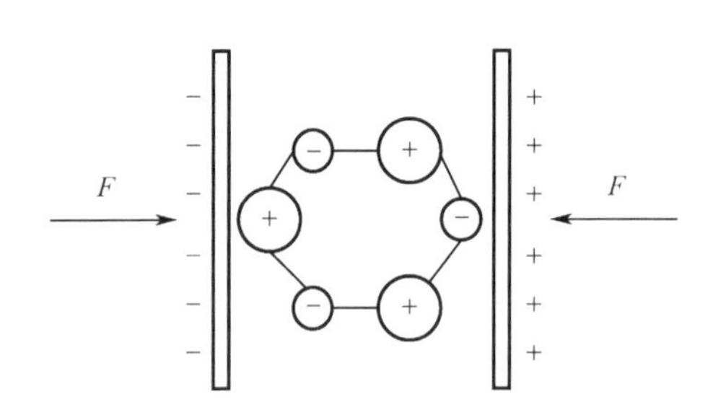

图 20.5　压电原理图

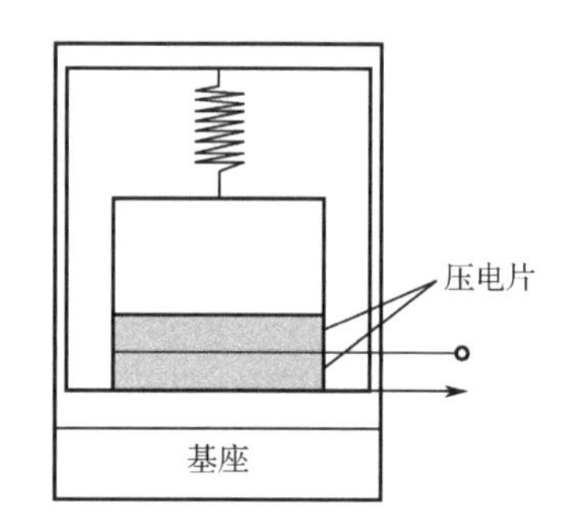

图 20.6　振动加速度传感器的结构模型

当晶体受外力影响时，其内部会产生一定的变化，当受力方向一定时就会产生极化现象，在晶体的两个表面产生电荷，且电荷的极性恰好相反。电荷的极性和受力方向有关，电荷的极性会随着受力方向的改变而改变；电荷量的多少和所受外力的大小有关，当受到的外力较大时，产生的电荷量较多，当受到的外力较小时，产生的电荷量较少。力的大小与物体的运动加速度大小成正比，即 $F = ma$，而当去掉外力时，晶体就会恢复到原来的状态（不带电状态）。上述现象称为正压电效应。当把交变电场作用于晶体上，晶体就会产生机械形变，把这种现象称为逆压电效应，或者电致伸缩效应，经常被用在电声材料上，如喇叭、超声探头等。振动加速度传感器最大的特点就是具有极宽的频率响应范围，最高可以达到几十 kHz，也因为这一特性使得它的测量范围特大，最大可达十几万个重力加速度 g，因此被广泛应用于高频振动检测中，如接触式测量齿轮、滚动轴承等。

一般情况下，使用电缆将振动加速度传感器和电荷放大器连接起来共同使用时会不可避免地对电缆造成干扰。为了把外界造成的干扰降低到最低，已经将放大电路集成到一些振动加速度传感器内，这样可大大提高可靠性。

4．光纤光栅振动传感器

光纤光栅振动传感器是利用光纤光栅的波长对温度、应力的反应敏感的特性研制而成的，光纤光栅基于掺杂光纤的特殊的光敏特性，通过特殊的工艺加工使得外界激光器（如紫外光激光器等）写入的光子和光纤纤芯内的掺杂粒子相互作用，从而使折射率发生轴向周期或非周期调制而形成的空间相位光栅。光纤光栅振动传感器的原理如图 20.7 所示。

光纤光栅振动传感器的核心元件就是光纤光栅，光纤光栅在外界振动信号的作用下，通过光路传输及折射效应，进而引起光纤光栅的中也波长发生移位，这种移位能够精确反映外界信号的振动信息。

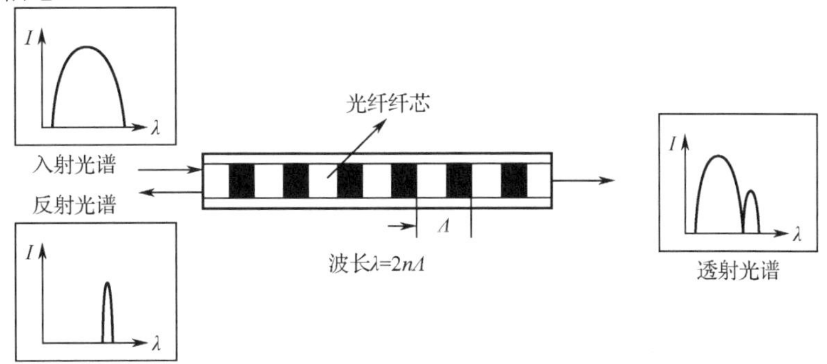

图 20.7　光纤光栅振动传感器的原理

20.4　任务实践：电动车报警器的软/硬件设计

20.4.1　开发设计

1. 硬件设计

本项任务的目的主要是掌握振动传感器的使用，硬件结构主要由 CC2530 微处理器、振动传感器与输出部分组成。振动传感器项目框架图如图 20.8 所示。

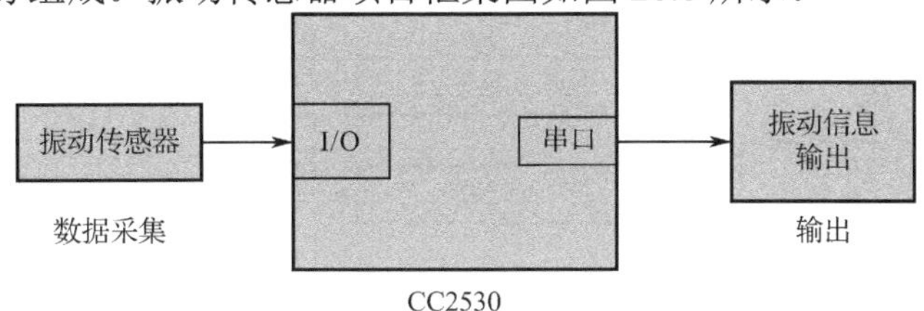

图 20.8　振动传感器项目框架

振动传感器的接口电路如图 20.9 所示。

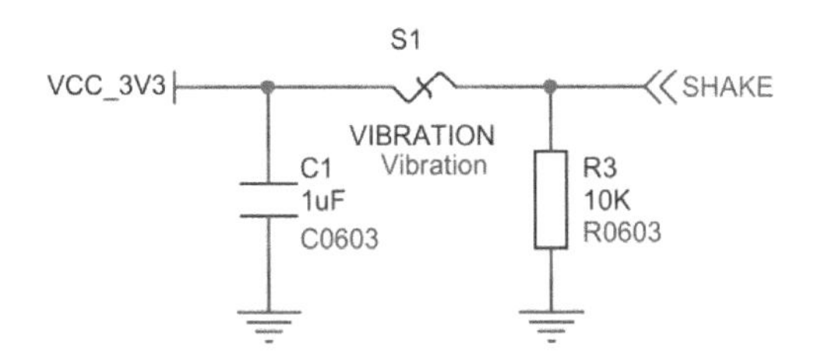

图 20.9　振动传感器的接口电路

2. 软件设计

要实现振动检测，还需要有合理的软件设计，本任务程序设计思路如下：

（1）初始化振动传感器的状态为 0。

（2）初始化系统时钟。

（3）初始化振动传感器。

（4）初始化串口。

（5）初始化振动计数为 0。

（6）检测振动，分别执行步骤（7）或者步骤（8）。

（7）如果检测到振动，先判断状态是否为 0，如果不是 0，则计数清 0；如果是 0 则串口打印信息，并将状态改为 1，计数清 0。

（8）如果没有检测到振动，则计数加 1。

（9）判断计数是否大于 5000，如果否，则重新执行步骤（6）；如果是，则计数清 0，判断状态是否为 1，如果否，则重新执行步骤（6），如果是则串口打印信息，并将状态改为 0，重新执行步骤（6）。

软件设计流程图如图 20.10 所示。

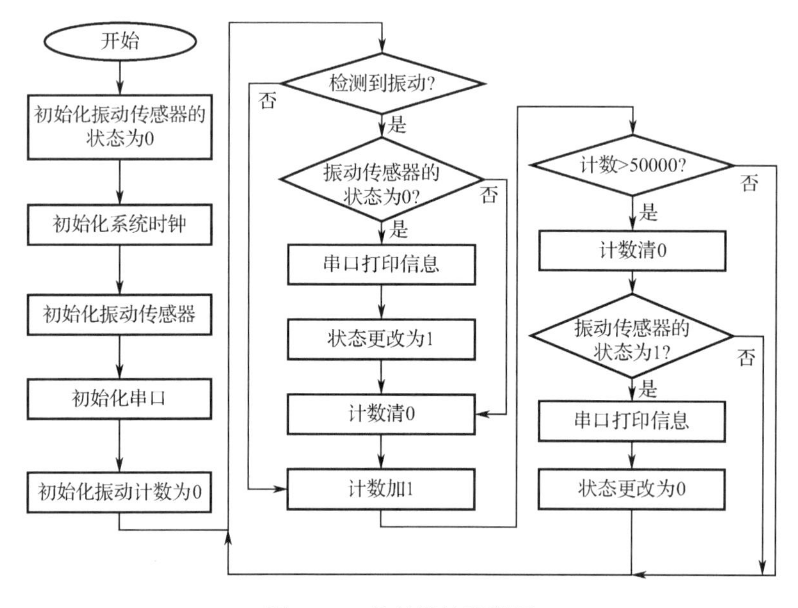

图 20.10　软件设计流程图

20.4.2　功能实现

1．主函数模块

```
void main(void)
{
    char Vibration_status = 0;                    //初始化振动传感器的状态为 0
    xtal_init();                                  //系统时钟初始化
    vibration_init();                             //振动传感器初始化
    uart0_init(0x00,0x00);                        //串口初始化
    unsigned int count = 0;                       //无振动计数
```

```
    while(1)
    {
        if(get_vibration_status() == 1){                    //检测到振动
            if(Vibration_status == 0){                      //振动传感器状态发生改变
                uart_send_string("Vibration!\r\n");         //串口打印提示信息
                Vibration_status = 1;                       //更新振动传感器状态
            }
            count = 0;                                      //计数清 0
        }
        else{                                               //没有检测到振动
            count ++;                                       //计数加 1
            if(count > 50000)                               //判断是否停止振动
            {
                count =   0;                                //计数清 0
                if(Vibration_status == 1){                  //振动传感器状态发生改变
                    uart_send_string("no Vibration!\r\n");      //串口打印提示信息
                    Vibration_status = 0;                       //更新振动传感器状态
                }
            }
        }
    }
}
```

2. 系统时钟初始化模块

CC2530 系统时钟初始化源代码如下。

```
/*********************************************************************************
* 名称：xtal_init()
* 功能：CC2530 系统时钟初始化
*********************************************************************************/
void xtal_init(void)
{
    CLKCONCMD &= ~0x40;                                     //选择 32 MHz 的外部晶体振荡器
    while(CLKCONSTA & 0x40);                                //晶体振荡器开启且稳定
    CLKCONCMD &= ~0x07;                                     //选择 32 MHz 系统时钟
}
```

3. 振动传感器初始化模块

```
/*********************************************************************************
* 名称：vibration_init()
* 功能：振动传感器初始化
*********************************************************************************/
void vibration_init(void)
{
    P0SEL &= ~0x02;                                         //配置引脚为通用 I/O 模式
    P0DIR &= ~0x02;                                         //配置控制引脚为输入模式
```

```
}
```

4．获取传感器数值模块

```
/*********************************************************************************************
* 名称：unsigned char get_vibration_status(void)
* 功能：获取振动传感器状态
* 返回：检测结果
*********************************************************************************************/
unsigned char get_vibration_status(void)
{
    if(P0_1)                                    //振动传感器检测引脚
    return 0;                                   //没有检测到信号返回 0
    else
    return 1;                                   //检测到信号返回 1
}
```

5．串口驱动模块

串口驱动模块包括串口初始化函数、串口发送字节函数、串口发送字符串函数和接收字节函数，如表 20.1 所示，详细的源代码请参考任务 10。

表 20.1　串口驱动模块函数

名　称	功　能	说　明
char recvBuf[256];	定义存储接收数据的数组	无
int recvCnt	接收数据的数量	无
uart0_init(unsigned char StopBits,unsigned char Parity)	串口 0 初始化	StopBits 为停止位，Parity 为奇偶校验
void uart_send_char(char ch)	串口发送字节函数	ch 为将要发送的数据
void uart_send_string(char *Data)	串口发送字符串函数	*Data 为将要发送的字符串
int uart_recv_char(void)	接收字节函数	返回接收的串口数据

20.5 任务验证

使用 IAR 开发环境打开任务设计工程，程序通过编译后，由 SmartRF 下载到 CC2530 微处理器中，暂不运行程序。

使用串口线连接 CC2530 开发平台与 PC，打开串口调试助手并配置波特率为 38400、8 位数据位、无奇偶校验位、1 位停止位，取消十六进制显示，设置完成后运行程序。

程序运行后，当振动传感器检测到振动发生时，PC 串口调试助手的接收窗口将立即打印一次数据“Vibration!”，若振动传感器未检测到振动信号，PC 串口调试助手的接收窗口将打印数据“no Vibration!”。检测变化发生一次，PC 串口调试助手打印一次信息。验证效果如图 20.11 所示。

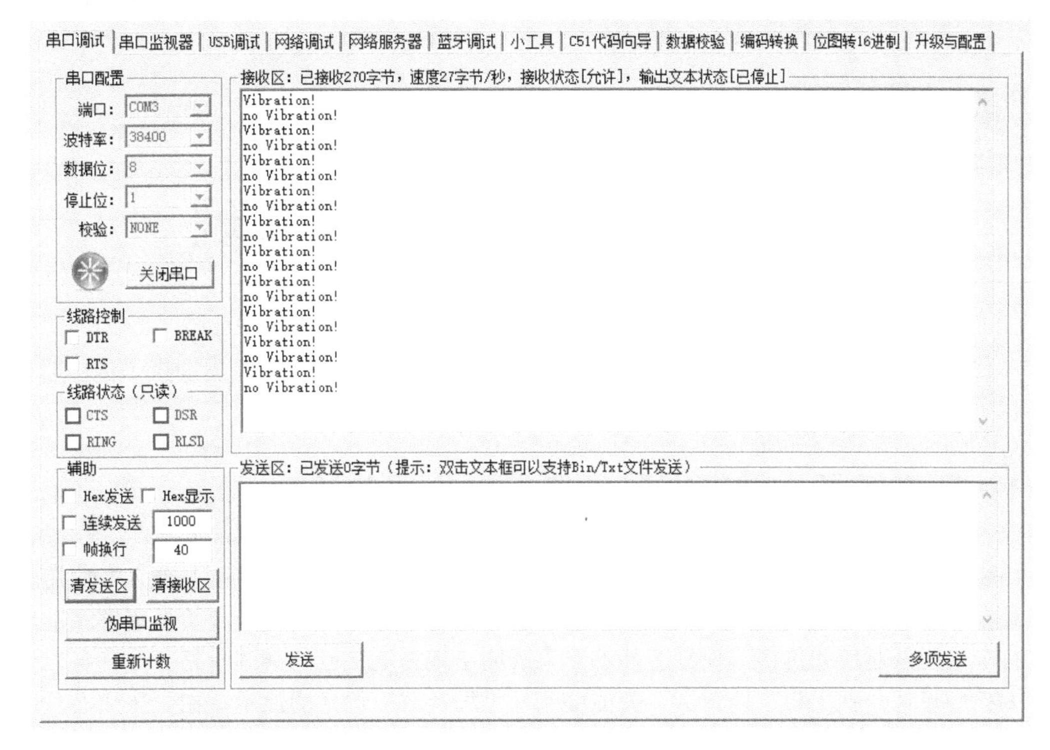

图 20.11　验证效果图

20.6　任务小结

本任务介绍了振动传感器的使用，通过本任务读者可学习振动传感器基本原理和使用方法，通过 CC2530 微处理器驱动振动传感器，从而实现电动车报警器的设计。

20.7　思考与拓展

（1）如何设置振动传感器的灵敏度？如何控制误报警问题？

（2）振动传感器在生活中还有哪些应用场景？

（3）如何使用 CC2530 微处理器驱动振动传感器？

（4）振动传感器可以采集振动信号，当振动强度达到振动传感器的物理阈值时振动传感器的电信号将会发生变化。振动传感器在车辆防盗方面有着广泛的应用，多个振动传感器如果同时在大范围内使用可拥有更强大的功能，例如，通过振动传感器阵列可以实现对地震波的监测，监测地震的影响范围等。尝试模拟地震检测，当振动发生时 LED 跟随振动传感器同步闪烁，并且每秒向 PC 打印一次数据，若未检测到振动，则每 3 s 打印一次安全信息。

任务 21 出租车计价器的设计与实现

本任务重点介绍霍尔传感器的功能和基本工作原理，通过 CC2530 驱动霍尔传感器来实现出租车计价器的设计。

21.1 开发场景：如何实现出租车计价器的设计

出租车计价器是出租车上必不可少的一种仪表，随着电子技术，特别是嵌入式应用技术的飞速发展，智能芯片越来越多地应用到了出租车计价器上，得出租车计价器能够精准地计算出行车里程及对应的价格，使乘客能够更直观明了地知道自己的乘车价格。本任务以微处理器为核心设计一款出租车计费器，使能够实现里程及对应价格的显示，由于采用芯片的自动定时计数，所以能够准确地计算出总的行车里程并能转换成对应的价格来。路程采集原理如图 21.1 所示，出租车计价器如图 21.2 所示。

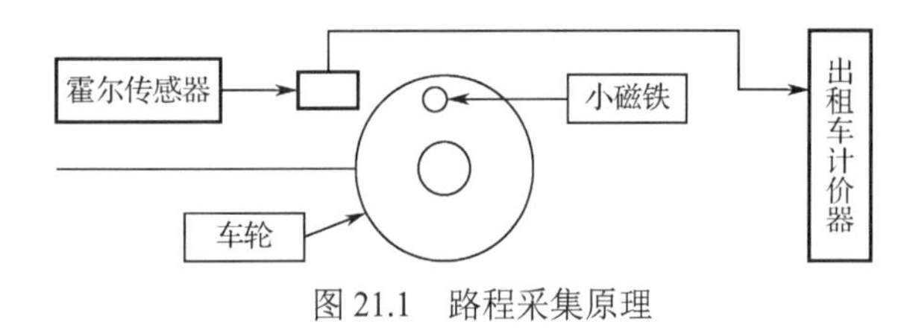

图 21.1　路程采集原理

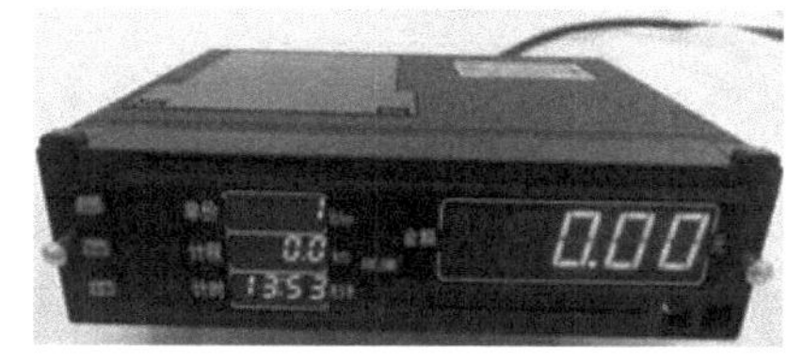

图 21.2　出租车计价器

21.2 开发目标

（1）知识要点：霍尔传感器基本概念；霍尔传感器工作原理与分类。

（2）技能要点：了解霍尔传感器的原理结构和应用领域；掌握霍尔传感器的工作原理。

（3）任务目标：某公司需要设计制作一套出租车计价系统，要求使用 AH3144 型霍尔传感器实现路程采集的功能，微处理器对行车里程进行计算并转换成对应的价格。

21.3 原理学习：霍尔传感器与测量

21.3.1 霍尔传感器

1. 霍尔传感器概念与应用

（1）霍尔传感器概念。霍尔效应是磁电效应的一种，这一现象是霍尔（A.H.Hall，

1855—1938 年）于 1879 年在研究金属的导电机构时发现的。后来发现半导体、导电流体等也有这种效应，而半导体的霍尔效应比金属强得多，利用这现象制成的各种霍尔传感器，广泛应用于工业自动化技术、检测技术及信息处理等方面。霍尔效应是研究半导体材料性能的基本方法，通过霍尔效应实验测定的霍尔系数，能够判断半导体材料的导电类型、载流子浓度及载流子迁移率等重要参数。

霍尔传感器具有许多优点，如结构牢固、体积小、重量轻、寿命长、安装方便、功耗小、频率高（可达 1 MHz）、耐振动，不怕灰尘、油污、水汽及盐雾等的污染或腐蚀。

霍尔线性传感器的精度高、线性度好；霍尔开关无触点、无磨损、输出波形清晰、无抖动、无回跳、位置重复精度高（可达 μm 级）；采用各种补偿和保护措施的霍尔传感器的工作温度范围宽，可达-55～150 ℃。

按被检测的对象的性质可将霍尔传感器的应用分为：直接应用和间接应用。前者直接检测受测对象本身的磁场，后者检测受检对象上人为设置的磁场，用这个磁场来作为被检测的信息的载体，通过它将许多非电、非磁的物理量，如力、力矩、压力、应力、位置、位移、速度、加速度、角度、角速度、转数、转速以及工作状态发生变化的时间等，转变成电量来进行检测和控制。

（2）霍尔传感器的应用。霍尔传感器技术在汽车工业中有着广泛的应用，包括动力、车身控制、牵引力控制，以及防抱死制动系统。为了满足不同系统的需要，霍尔传感器有开关式、模拟式和数字式三种形式。

霍尔传感器可以采用金属和半导体等制成，霍尔效应的改变取决于导体的材料，材料会直接影响流过传感器的正离子和电子。制造霍尔传感器时，汽车工业通常使用三种半导体材料，即砷化镓、锑化铟及砷化铟，最常用的半导体材料是砷化铟。

霍尔传感器的形式决定了放大电路的形式，放大电路的输出要适应所控制的装置，可能是模拟式输出，如加速位置传感器或节气门位置传感器，也可能是数字式输出，如曲轴或凸轮轴位置传感器。

当霍尔传感器用于模拟信号时，如作为空调系统中的温度表或动力控制系统中的节气门位置传感器，霍尔传感器与微分放大器连接，放大器与晶体管连接，磁铁固定在旋转轴上，轴在旋转时，霍尔元件上的磁场加强，其产生的霍尔电压与磁场强度成正比。

当霍尔传感器用于数字信号时，如作为曲轴位置传感器、凸轮轴位置传感器或车速传感器，霍尔传感器与微分放大器连接，微分放大器与施密特触发器连接，霍尔传感器输出一个开或关的信号。

2. 工作原理与分类

霍尔传感器是基于霍尔效应的一种传感器，霍尔效应最先是在金属材料中发现的，但由于金属材料的霍尔现象太微弱而没有得到发展。由于半导体技术的迅猛发展和半导体显著的霍尔效应现象，使得霍尔传感器发展极为迅速，被广泛用于日常电磁、压力、加速度、振动等方面的测量。霍尔传感器有直测式和磁平衡式两种工作方式。

（1）直测式。当电流通过一根长导线时，在导线周围将产生磁场，该磁场的大小与流过导线的电流成正比，它可以通过磁芯聚集感应到霍尔传感器上并使其有一信号输出，该信号经信号放大器放大后直接输出，如图 21.3 所示。

（2）磁平衡式。霍尔闭环电流传感器，也称补偿式传感器，即主回路被测电流 I_P 在聚磁环处所产生的磁场通过一个次级线圈对电流所产生的磁场进行补偿，从而使霍尔传感器处于零磁通的工作状态，如图 21.4 所示。

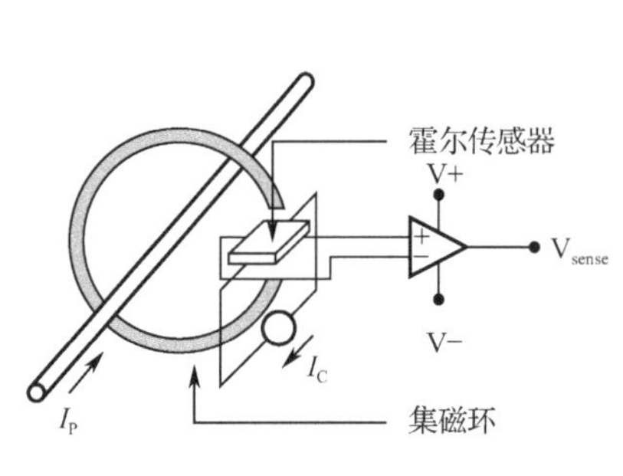

图 21.3　直测式

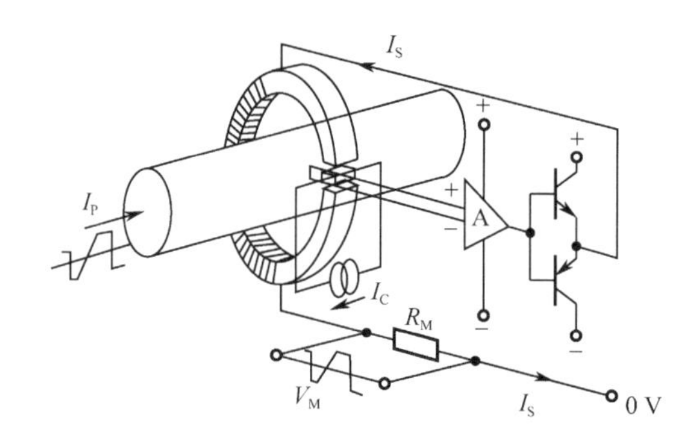

图 21.4　磁平衡式

当主回路有一电流通过时，在导线上产生的磁场被聚磁环聚集并感应到霍尔传感器上，所产生的信号输出用于驱动相应的功率管并使其导通，从而获得一个补偿电流 I_S。这一电流再通过多匝绕组产生磁场，该磁场与被测电流产生的磁场正好相反，因而补偿了原来的磁场，使霍尔传感器的输出逐渐减小。当 I_P 与匝数相乘所产生的磁场相等时，I_S 不再增加，这时的霍尔传感器起指示零磁通的作用，可以通过 I_S 来平衡。被测电流的任何变化都会破坏这一平衡，一旦磁场失去平衡，霍尔传感器就有信号输出。经功率放大器放大后，立即就有相应的电流流过次级绕组以对失衡的磁场进行补偿。从磁场失衡到再次平衡，所需的时间理论上不到 1 μs，这是一个动态平衡的过程。即原边电流 I_P 的任何变化都会破坏这一磁场平衡，一旦磁场失去平衡，霍尔传感器就有信号输出，经功率放大器放大后，立即有相应的电流流过次级线圈对其补偿。

21.3.2　AH3144 型霍尔传感器

AH3144E 型和 AH3144L 型高灵敏度单极霍尔开关电路（霍尔传感器）是由电压调整器、霍尔电压发生器、差分放大器、斯密特触发器和集电极开路的输出级组成的磁敏传感电路，其输入为磁感应强度，输出是一个数字电压信号。它是一种单磁极工作的磁敏电路，适合于矩形或者柱形磁体下工作，工作温度范围为-40～150 ℃，可应用在汽车工业和军事工程中。

图 21.5　AH3144 型霍尔传感器

AH3144 型霍尔传感器如图 21.5 所示，广泛应用在无触点开关、位置控制、转速检测、隔离检测、直流无刷电机、电流传感器、汽车点火器、安全报警装置等方面。

21.4　任务实践：出租车计价器的软/硬件设计

21.4.1　开发设计

1．硬件设计

本任务采用 AH3144 型霍尔传感器，它是一种磁传感器，当电机带动叶轮转动时，在叶轮上固定一块小磁铁，在霍尔传感器靠近小磁铁时，叶轮上小磁铁每经过一次霍尔传感器，就会产生一个脉冲信号，并通过微处理器 I/O 端口位将脉冲信号传递给 CC2530 微处理器。CC2530 微处理器处理数据后，通过串口上传数据。霍尔传感器项目框架图如图 21.6 所示。

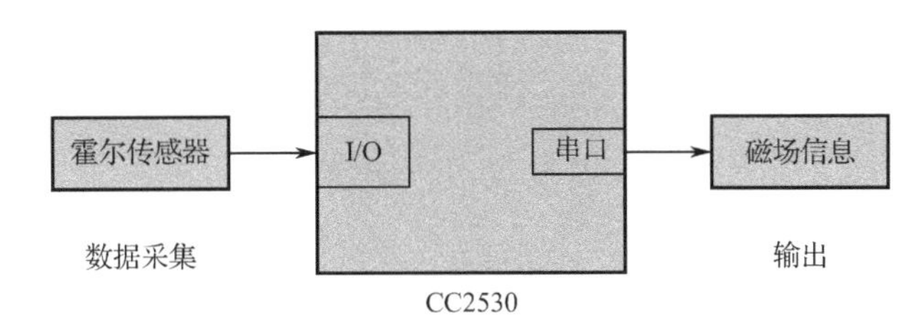

图 21.6　霍尔传感器项目框架图

霍尔传感器接口电路如图 21.7 所示。

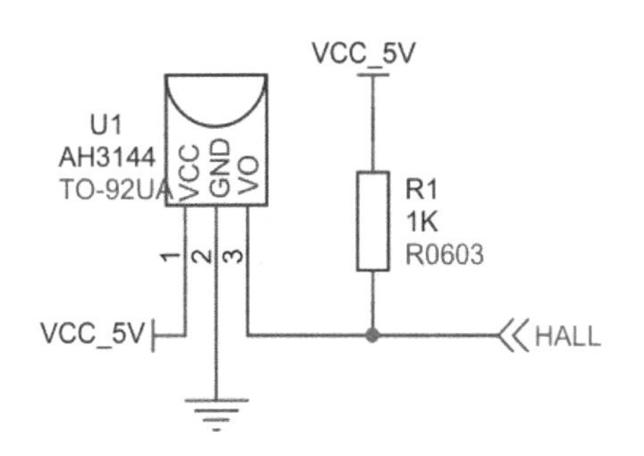

图 21.7　霍尔传感器接口电路

2．软件设计

要实现本任务，还需要有合理的软件设计，本任务程序设计思路如下：

（1）初始化霍尔传感器的状态为 0。

（2）初始化系统时钟。

（3）初始化 LED。

（4）初始化串口。

（5）初始化霍尔传感器。

（6）检测磁场，如果检测到磁场，执行步骤（7）；如果没有检测到磁场，执行步骤（8）。

（7）点亮 LED2，判断磁场状态是否为 0，如果是，则打印串口信息，并将磁场状态改为 1；如果否，则执行步骤（6）。

（8）关闭 LED2，判断磁场状态是否为 1，如果是，则打印串口信息，并将磁场状态改为 0；如果否，则执行步骤（6）。

软件设计流程如图 21.8 所示。

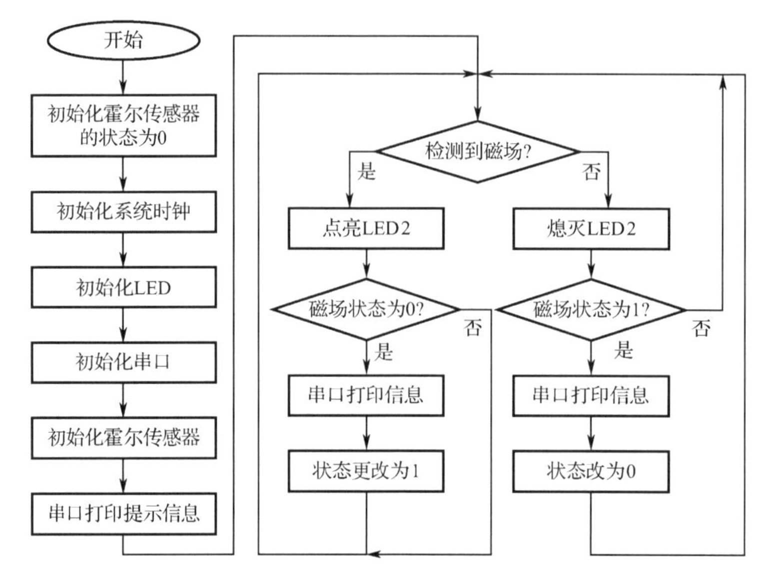

图 21.8　软件设计流程

21.4.2　功能实现

1. 相关头文件模块

```
/*********************************************************************************************
* 头文件：led.h
*********************************************************************************************/
#define D1      P1_1                    //宏定义 D1 灯（即 LED1）控制引脚 P1_1
#define D2      P1_0                    //宏定义 D2 灯（即 LED2）控制引脚 P1_0
#define ON       0                      //宏定义打开状态控制为 ON
#define OFF      1                      //宏定义关闭状态控制为 OFF
```

2. 主函数模块

```
void main(void)
{
    unsigned char hall_status = 0;              //存储霍尔状态变量
    xtal_init();                                //系统时钟初始化
    led_init();                                 //LED 初始化
    hall_init();                                //霍尔传感器初始化
    uart0_init(0x00,0x00);                      //串口初始化

    uart_send_string("hall!\r\n");              //串口打印提示信息
    while(1)
    {
        if(get_hall_status() == 1){             //检测到磁场
            D2 = ON;                            //点亮 LED2
            if(hall_status == 0){               //霍尔传感器状态发生改变
```

```
                uart_send_string("hall!\r\n");          //串口打印提示信息
                hall_status = 1;                        //更新霍尔传感器状态
            }
        }
        else{                                           //没有检测到磁场
            D2 = OFF;                                   //熄灭 LED2
            if(hall_status == 1){                       //霍尔传感器状态发生改变
                uart_send_string("no hall!\r\n");       //串口打印提示信息
                hall_status = 0;                        //更新霍尔传感器状态
            }
        }
    }
}
```

3．系统时钟初始化模块

CC2530 系统时钟初始化源代码如下。

```
/*********************************************************************************************
* 名称：xtal_init()
* 功能：CC2530 系统时钟初始化
*********************************************************************************************/
void xtal_init(void)
{
    CLKCONCMD &= ~0x40;                                 //选择 32 MHz 的外部晶体振荡器
    while(CLKCONSTA & 0x40);                            //晶体振荡器开启且稳定
    CLKCONCMD &= ~0x07;                                 //选择 32 MHz 系统时钟
}
```

4．霍尔传感器模块初始化

```
void hall_init(void)
{
    P0SEL &= ～0x04;                                    //配置引脚为通用 I/O 模式
    P0DIR &= ～0x04;                                    //配置控制引脚为输入模式
}
```

5．数据获取模块

```
unsigned char get_hall_status(void)
{
    if(P0_2==1)                                         //霍尔传感器检测引脚
    return 0;                                           //没有检测到信号返回 0
    else
    return 1;                                           //检测到信号返回 1
}
```

5. 串口驱动模块

串口驱动模块包括串口初始化函数、串口发送字节函数、串口发送字符串函数和接收字节函数，如表 21.1 所示，详细的源代码请参考任务 10。

表 21.1　串口驱动模块函数

名　　称	功　　能	说　　明
char recvBuf[256];	定义存储接收数据的数组	无
int recvCnt	接收数据的数量	无
uart0_init(unsigned char StopBits,unsigned char Parity)	串口 0 初始化	StopBits 为停止位，Parity 为奇偶校验
void uart_send_char(char ch)	串口发送字节函数	ch 为将要发送的数据
void uart_send_string(char *Data)	串口发送字符串函数	*Data 为将要发送的字符串
int uart_recv_char(void)	接收字节函数	返回接收的串口数据

21.5 任务验证

使用 IAR 开发环境打开任务设计工程，程序通过编译后，由 SmartRF 下载到 CC2530 微处理器中，暂不运行程序。

使用串口线连接 CC2530 开发平台与 PC，打开串口调试助手并配置波特率为 38400、8 位数据位、无奇偶校验位、1 位停止位，取消十六进制显示，设置完成后运行程序。

程序运行后，当霍尔传感器检测到有磁场时，LED2 点亮，PC 端串口调试助手的接收窗口打印提示信息“hall!”；当没有检测到磁场时，LED2 熄灭，PC 端串口调试助手的接收窗口打印提示信息“no hall!”，磁场信息变化发生一次系统则打印一次信息。验证效果如图 21.9 所示。

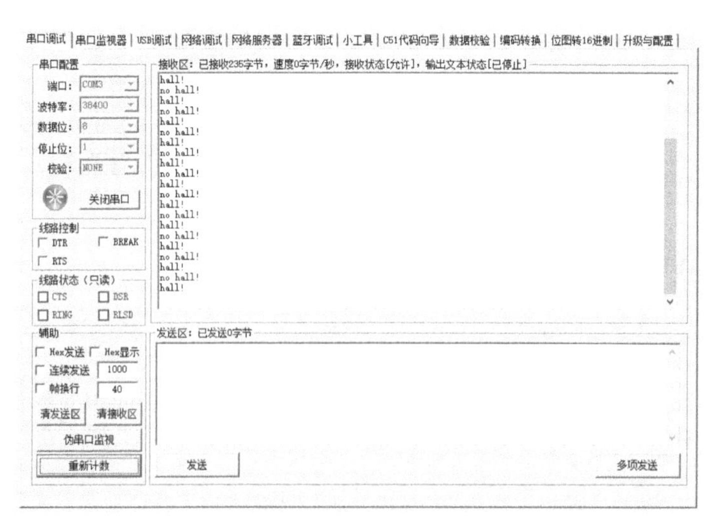

图 21.9　验证效果图

21.6 任务小结

通过本任务读者可学习霍尔传感器工作原理，并通过 CC2530 微处理器 GPIO 来驱动霍尔传感器，实现出租车计价器的设计。

21.7 思考与拓展

（1）霍尔传感器可应用在哪些领域？

（2）霍尔传感器基本原理是什么？有哪些分类？

（3）如何使用 CC2530 微处理器驱动霍尔传感器？

（4）霍尔传感器具有检测磁场的功能，当磁场强度发生变化时霍尔传感器的输出信号也会发生变化，因此在工业领域有着广泛的使用。请读者尝试模拟工厂流水线产品计数，PC 向 CC2530 微处理器发送开始计数指令，CC2530 微处理器开始记录检测到的磁场变化次数并将次数打印在 PC 上，当发送总计数指令时，向 PC 打印计数数量。

任务 22

生产线计件器的设计与实现

本任务重点学习光电传感器的功能和基本工作原理，通过 CC2530 微处理器驱动光电传感器，从而实现生产线计件器的设计。

22.1 开发场景：如何实现生产线计件器

自动化的计件器提高了工业生产上的效率及准确性，计件器的自动化和智能化最终也能加速实现现代化的工业。随着生产自动化、设备数字化和机电一体化的发展，对计数器的需求日益增多。

在应用中，光电传感器主要有光电断路器和光电开关，工业生产中主要使用的是光电开关。计件电路主要是由 CD 系列芯片或 74 系列芯片组成的，实际功能差别不大。计件器主要用于工厂生产线工件计数，通过红外光电管接收的信号情况，由微处理器程序来控制是否计数。红外光电管包括发射管和接收管，当有物体穿过光路时，接收管输出为高电平，反之输出则为低电平，接收管的电平信号经由电压比较器反相后送入微处理器处理。工业中常用的光电计件器如图 22.1 所示。

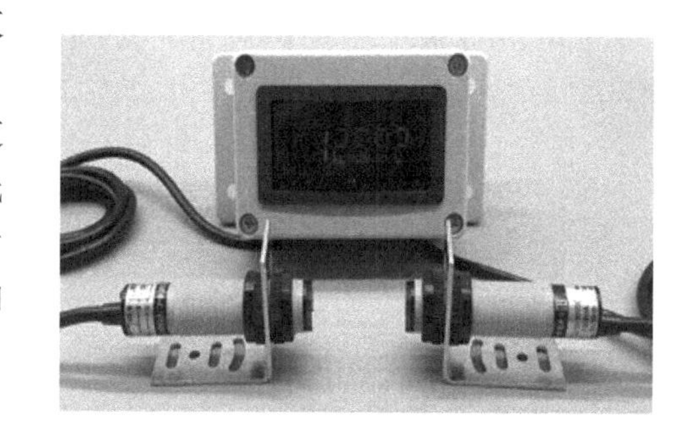

图 22.1　光电计件器

22.2 开发目标

（1）知识要点：光电传感器基本概念、工作原理；槽式光电开关的使用。

（2）技能要点：了解光电传感器的原理结构；掌握光电开关的使用。

（3）任务目标：某生产线需要对传送带上的产品进行计件，计件器使用光电开关来检测产品数量，通过串口上传到上位机进行处理。

22.3 原理学习：光电传感器与应用

22.3.1 光电传感器

光电开关（即光电传感器）是传感器大家族中的成员之一，它把发射端和接收端之间光的强弱变化转化为电流的变化，从而达到检测遮挡物的目的。由于光电开关输出回路和输入回路是光电隔离（即电绝缘），所以它在工业控制领域得到很广泛的应用。光电开关可分为漫反射式光电开关、镜反射式光电开关、对射式光电开关、槽式光电开关和光纤式光电开关。

光电传感器是一种集发射器和接收器于一体的传感器，当有被测物体经过时，被测物体将发射器发射的足够量的光线反射到接收器，于是光电传感器就产生了检测开关信号。光电检测原理如图22.2所示。

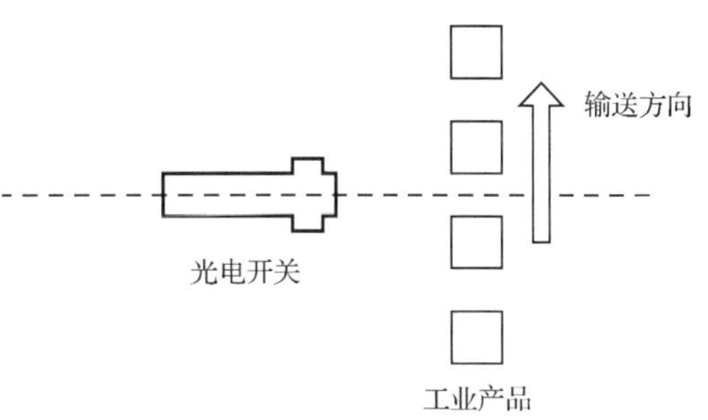

图22.2　光电检测原理

光电传感器具有反应速度快、灵敏度高、分辨率高、可靠性和稳定性好，可实现非接触式检测，并且自身体积小、携带方便、易于安装等优点，被广泛应用于各行各业。光电传感器可以分为模拟式光电传感器和脉冲式光电传感器两大类。模拟式光电传感器通过光通量的大小来确定光电流的值，光通量由被测非电量来决定，这样在光电流和测非电量之间就可以建立一个函数关系，从而来测定被测非电量的变化，此类传感器主要用于测量位移、表面粗超度及振动参数等。脉冲式光电传感器中的光电器件仅仅输出通和断两个稳定状态，当光电器件受光照时，有光照时信号输出，无光照射时就没光信号输出，这类光电传感器通常用于继电器和脉冲发射器，用于测量线位移、角位移、角速度等。

22.3.2　光电开关的原理

光电开关主要由发射器、接收器和检测电路三部分构成，其基本原理是光电效应，即光生电，是指在光的照射下，某些物质内部的电子会被光子激发出来而形成电流。光电效应可分为内光电效应、外光电效应和光生伏特效应。内光电效应是指光使光电器件的电阻率发生变化，如光敏电阻；光生伏特效应是指光使物体产生定向的电动势，如光敏二极管、三极管和光电池；外光电效应发生在物体表面，是指被光激发产生的电子离开物质表面，形成电子的现象。

光电开关的发送器用于发射光束，开关光束一般来源于半导体光源，如发光二极管、激光二极管及红外发射二极管，可根据不同的要求选择发射光源。接收器一般选择光敏二极管或光敏三极管，光敏三极管除了具有光敏二极管能将光信号转换成电信号的功能外，还可对电信号进行放大，在接收器的前面，通常还装有光学元件，如透镜和光圈等，接收器后面的是检测电路。检测电路能滤出有效信号并应用该信号。当发射器发出恒定光源并被光电码盘调制后，周期性的光线照射到光敏三极管（接收器），光敏三极管将光信号转换成电信号并将电信号放大。光电码盘有遮光和通光孔之分，这样接收器接收到的电信号就是一系列高、低电平的脉冲。

光电开关结构如图22.3所示。

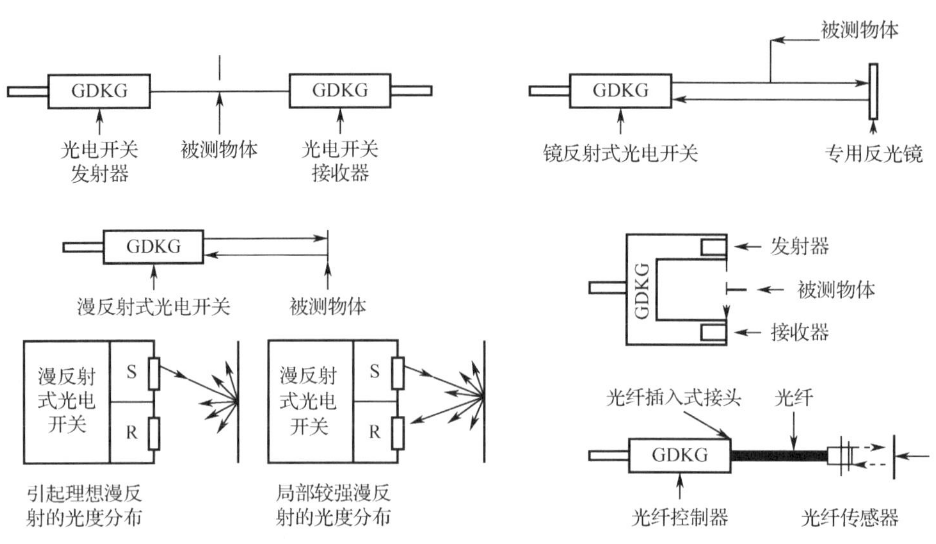

图 22.3　光电开关结构

22.3.3　光电传感器的应用

用光电元件作为敏感元件的光电传感器，其种类繁多，用途广泛，主要应用在以下领域。

（1）烟尘浊度监测仪。防止工业烟尘污染是环保的重要任务之一，为了消除工业烟尘污染，首先要知道烟尘排放量，因此必须对烟尘源进行监测、自动显示和超标报警。烟道里的烟尘浊度是通过光在烟道里传输过程中的变化大小来检测的，如果烟道烟尘浊度增加，光源发出的光被烟尘颗粒的吸收和折射的量会增加，到达光检测器的光就会减少，因而光检测器输出信号的强弱便可反映烟道浊度的变化。

（2）条形码扫描笔。当扫描笔头在条形码上移动时，若遇到黑色线条，发光二极管的光线将被黑线吸收，光敏三极管接收不到反射光，呈高阻抗，处于截止状态；当遇到白色间隔时，发光二极管所发出的光线被反射到光敏三极管的基极，光敏三极管产生光电流而导通。整个条形码被扫描过之后，光敏三极管将条形码变形一个个电脉冲信号，该信号经放大、整形后便可形成脉冲列，经计算机处理后即可完成对条形码信息的识别。

（3）产品计件器。产品在传送带上传送时，不断地遮挡光源到光电传感器的光路，使光电脉冲电路产生一个个电脉冲信号。产品每遮光一次，光电传感器电路便产生一个脉冲信号，因此，输出的脉冲数即代表产品的数目，该脉冲可由计数电路计数并由显示电路显示出来。

（4）光电式烟雾报警器。没有烟雾时，发光二极管发出的光线沿直线传播，光电三极管没有接收信号，没有输出；有烟雾时，发光二极管发出的光线被烟雾颗粒折射，使光电三极管接收到光线，有信号输出，发出报警。

（5）测量转速。在电动机的旋转轴上涂上黑白两种颜色，当旋转轴转动时，反射光与不反射光交替出现，光电传感器相应地间断接收光的反射信号，并输出间断的电信号，再经放大器放大及整形电路整形后输出方波信号，最后输出电动机的转速。

（6）光电池在光电检测和自动控制方面的应用。光电池作为光电探测使用时，其基本原理与光敏二极管相同，但它们的基本结构和制造工艺不完全相同。光电池具有在工作时不需要外加电压、光电转换效率高、光谱范围宽、频率特性好、噪声低等优点，已广泛地用于光电读出、光电耦合、光栅测距、激光准直、紫外光监视器和燃气轮机的熄火保护装置等。

工业级光电开关如图 22.4 所示，槽式光电开关的如图 22.5 所示。

图 22.4　工业级光电开关

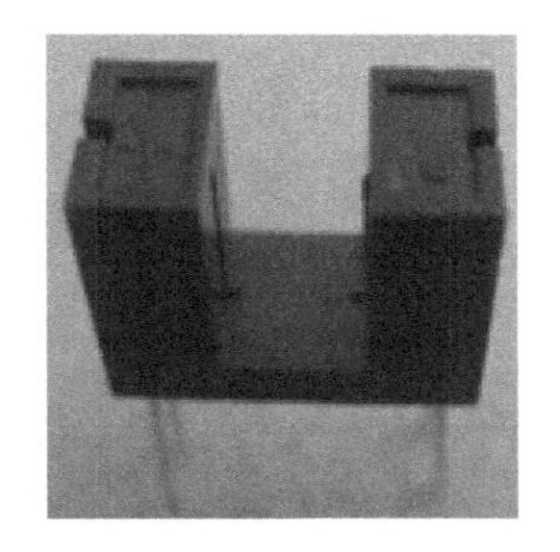

图 22.5　槽式光电开关

22.4　任务实践：生产线计件器的软/硬件设计

22.4.1　开发设计

1．硬件设计

本任务是实现生产线计件器，硬件结构主要由 CC2530 微处理器、光电传感器组成。当有物体穿过光电传感器时，光电传感器会产生电平变化，CC2530 微处理器对从光电传感器接收到的电平变化次数进行统计，实现生产线计件功能。生产线计件器的框架如图 22.6 所示。

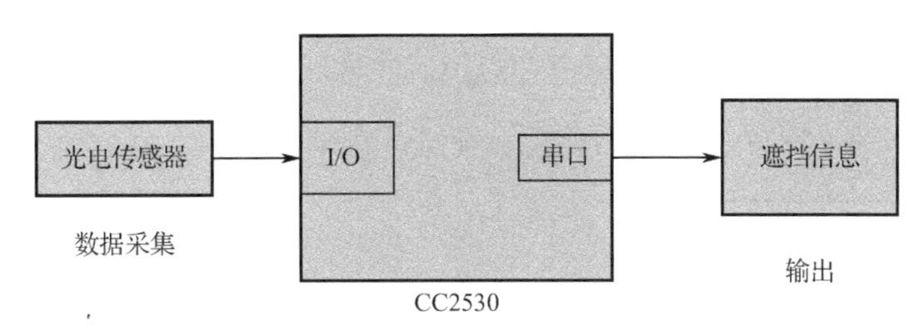

图 22.6　生产线计件器的框架

光电传感器的接口电路如图 22.7 所示。

2．软件设计

要实现生产线计件器，还需要有合理的软件设计，本任务程序设计思路如下：

（1）初始化计数状态为 0。

（2）初始化系统时钟。

（3）初始化光电传感器。

（4）初始化串口。

（5）检测遮挡，分别执行步骤（7）或者步骤（8）。

（6）如果检测到遮挡，向串口发送信息，计数清0，执行步骤（8）。

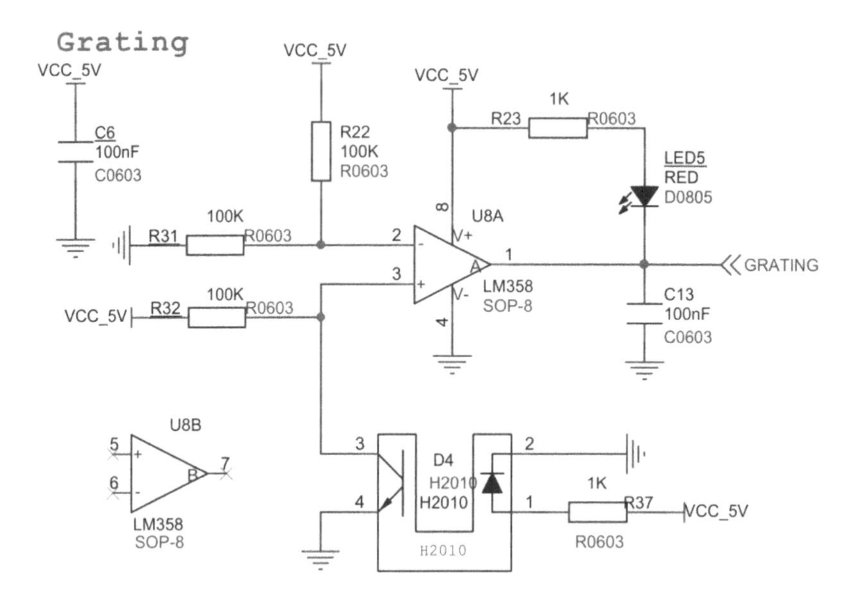

图22.7　光电传感器的接口电路

（7）如果没有检测到遮挡，则计数加1，判断计数是否大于3，如果是，则串口打印信息，计数清0，执行步骤（8）；如果否，则串口打印信息，计数清0，执行步骤（8）。

（8）延时1s。

（9）执行步骤（5）。

软件设计流程如图22.8所示。

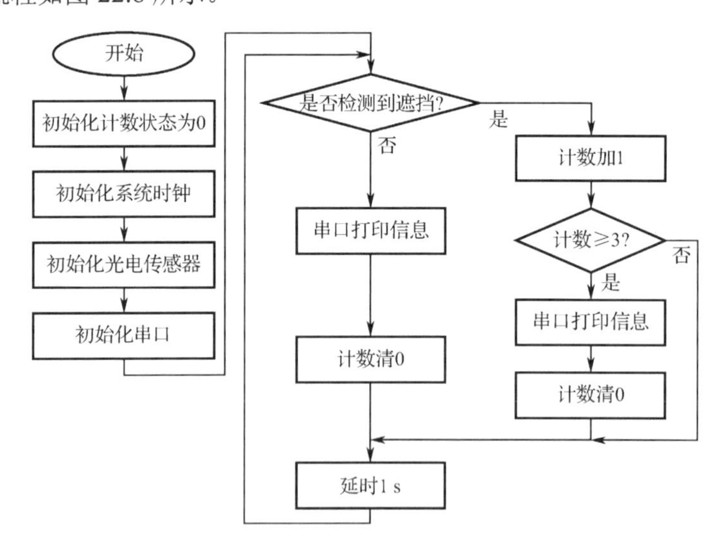

图22.8　软件设计流程

22.4.2　功能实现

1．主函数模块

```
void main(void)
{
    unsigned char num = 0;                          //初始化计数状态为 0
    xtal_init();                                    //系统时钟初始化
    grating_init();                                 //光电传感器初始化
    uart0_init(0x00,0x00);                          //串口初始化

    while(1)
    {
        if(get_grating_status() == 1){              //检测到遮挡
            uart_send_string("Grating!\r\n");       //串口打印提示信息
            num = 0;                                //计数清 0
        }
        else{                                              //没有检测到遮挡
            num ++;                                        //计数递增
            if(num == 3){                                  //连续 3 次检测到没有遮挡
                uart_send_string("no Grating!\r\n");       //串口打印提示信息
                num = 0;                                   //计数清 0
            }
        }
        delay_s(1);                                        //延时 1 s
    }
}
```

2．系统时钟初始化模块

CC2530 系统时钟初始化源代码如下。

```
/*********************************************************************************************
* 名称：xtal_init()
* 功能：CC2530 系统时钟初始化
*********************************************************************************************/
void xtal_init(void)
{
    CLKCONCMD &= ~0x40;                             //选择 32 MHz 的外部晶体振荡器
    while(CLKCONSTA & 0x40);                        //晶体振荡器开启且稳定
    CLKCONCMD &= ~0x07;                             //选择 32 MHz 系统时钟
}
```

3．光电传感器模块初始化

```
/*********************************************************************************************
* 名称：grating_init()
```

```
* 功能：光电传感器初始化
*********************************************************************************************/
void grating_init(void)
{
    P0SEL &= ~0x10;                                           //配置引脚为通用 I/O 模式
    P0DIR &= ~0x10;                                           //配置控制引脚为输入模式
}
```

4．光电传感器检测模块

```
/*********************************************************************************************
* 名称：unsigned char get_grating_status(void)
* 功能：获取光电传感器状态
*********************************************************************************************/
unsigned char get_grating_status(void)
{
    if(P0_4)                                       //检测光电传感器引脚
    return 1;                                      //检测到信号返回 1
    else
    return 0;                                      //没有检测到信号返回 0
}
```

5．串口驱动模块

串口驱动模块包括串口初始化函数、串口发送字节函数、串口发送字符串函数和接收字节函数，如表 22.1 所示，详细的源代码请参考任务 10。

表 22.1　串口驱动模块函数

名　　称	功　　能	说　　明
char recvBuf[256]	定义存储接收数据的数组	无
int recvCnt	接收数据的数量	无
uart0_init(unsigned char StopBits,unsigned char Parity)	串口 0 初始化	StopBits 为停止位，Parity 为奇偶校验
void uart_send_char(char ch)	串口发送字节函数	ch 为将要发送的数据
void uart_send_string(char *Data)	串口发送字符串函数	*Data 为将要发送的字符串
int uart_recv_char(void)	接收字节函数	返回接收的串口数据

22.5　任务验证

使用 IAR 开发环境打开任务设计工程，程序通过编译后，由 SmartRF 下载到 CC2530 微处理器中，暂不运行程序。

使用串口线连接 CC2530 开发平台与 PC，打开串口调试助手并配置波特率为 38400、8 位数据位、无奇偶校验位、1 位停止位，取消十六进制显示，设置完成后运行程序。

程序运行后，当物体在光电传感器中间遮挡时，PC 端串口调试助手的接收窗口上会每秒打印一次信息“Grating!”；当光电传感器中间没有物体遮挡时，PC 端串口调试助手的接收窗口上会每 3 秒打印一次信息“no Grating!”，验证效果如图 22.9 所示。

图 22.9　验证效果图

22.6　任务小结

通过本任务读者可学习光电传感器工作原理，通过 CC2530 微处理器 GPIO 驱动光电传感器，实现生产线计件器的设计。

22.7　思考与拓展

（1）光电传感器的工作原理是什么？

（2）光电传感器对生产线上检测的对象有什么要求？

（3）如何使用 CC2530 微处理器驱动光电传感器？

（4）光电传感器因其反应速度快、无接触且不易察觉的特性，在安防领域有着广泛的应用。请读者尝试模拟家居的门窗非法闯入，系统每 3 s 将安全信息打印在 PC 上，当检测到有物体闯入时 LED 闪烁并将危险信息打印在 PC 上。

任务 23 火灾报警器的设计与实现

本任务重点学习火焰传感器的功能和基本工作原理，通过 CC2530 微处理器驱动火焰传感器，从而实现火灾报警器的设计。

23.1 开发场景：如何实现火焰探测

工厂作为产品生产的重要场所，有各种生产原料、加工设备、成品仓库、厂房工人等，一旦发生火灾后果将不堪设想，会造成巨大的经济财产和人员损失，容易发生火灾的工厂有造纸厂、面粉加工厂、化工厂、肥料加工厂等，对这些厂区的明火进行及时检测对预防火灾有着重要的意义。常用火焰探测器如图 23.1 所示。

图 23.1 火焰探测器

23.2 开发目标

（1）知识要点：火焰传感器功能、基本原理；火焰传感器的分类。

（2）技能要点：熟悉火焰传感器的结构和功能；掌握火焰传感器的基本原理；熟悉光电效应原理。

（3）任务目标：某铝材加工厂需要经常对铝制板材切削，切削产生的铝粉烟雾遇到明火容易引发爆炸，因此对厂区内明火检测尤为重视。现需要使用火焰传感器对厂区内的火焰信号进行检测，当检测到火焰信号时使用 LED 进行火警提示。

23.3 原理学习：光电效应和火焰传感器

23.3.1 火焰传感器

火焰是由各种燃烧生成物、中间物、高温气体、碳氢物质及无机物质为主的高温固体微粒构成的，火焰的热辐射具有离散光谱的气体辐射和连续光谱的固体辐射，不同燃烧物的火焰辐射强度、波长分布有所差异，但总体来说，其对应火焰温度的 1～2 μm 近红外波长域具有最大的辐射强度，例如汽油燃烧时的火焰辐射强度的波长。火焰光谱分段如图 23.2 所示。

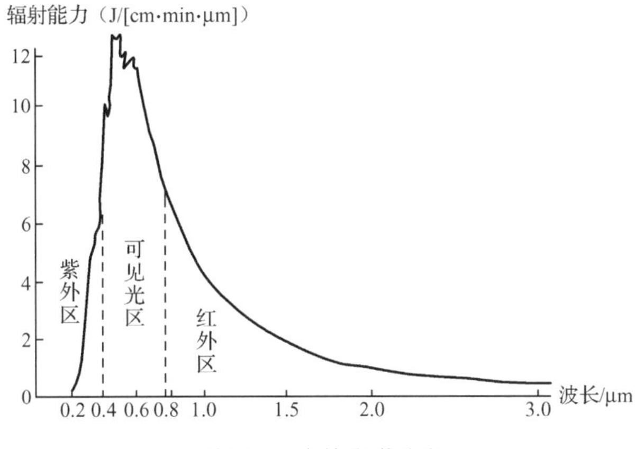

图 23.2 火焰光谱分段

火焰传感器检测火焰时主要是检测火焰光谱中的特征波长的光线，根据不同特征波长的光线，可将火焰传感器分为远红外火焰传感器和紫外火焰传感器。

传统火焰传感器主要是感烟、感温、感光型火焰传感器。感烟、感温型火焰传感器虽然漏报率很低，但是易受环境湿气、温度等因素的影响。感光型火焰传感器主要有两种：紫外火焰传感器和红外火焰传感器，又可细分为单紫外、单红外、双红外和三红外火焰传感器。紫外火焰传感器响应快速，对人和高温物体不敏感，但存在本底噪声，且易受雷电、电弧等影响；红外火焰传感器易受高温物体、人、日光等影响，所以单紫外、单红外火焰传感器易发生误报现象。双红外和三红外火焰传感器响应时间长，在背景复杂的情况下难以区分火焰和背景，误报率较高。紫红外火焰传感器结合了紫外火焰传感器和红外火焰传感器优势，互补不足，可以快速识别火焰，且准确率高。

目前已存在的紫红外火焰传感器，其主要应用在石油、煤矿等防爆场所，这类场所对响应速度要求极高，由于恶劣的环境下使得误报现象严重，而且对其外包装有很高的防爆要求，成本高，不适合民用场所。仓库环境相对较好，响应时间要求较低，对火焰传感器的外包装没有较高的防爆要求。鉴于此要求设计的紫红外火焰传感器可快速检测到火焰信息，并有一定时间对其信号进行处理，在快速响应的同时提高了准确率，适合仓库防火的应用。

在火焰红外线辐射光谱范围内，辐射强度最大波长位于4.1～4.7 μm。在火灾探测过程中，红外火焰传感器会受到环境辐射干扰，干扰源主要为太阳光。在红外光谱分布区，太阳是一种温度为6000 K的黑体辐射，这些辐射在穿越大气层时，波长小于2.7 μm的辐射大部分被CO_2和水蒸气吸收，波大于4.3 μm的太阳辐射被CO_2吸收。采用具有带通性质的滤光片，仅让波长在4.3 μm附近的火焰红外线辐射通过，可减小背景辐射对红外火焰传感器造成的干扰。

23.3.2 火焰传感器分类

1. 紫外火焰传感器

紫外火焰传感器只对185～260 nm范围内的紫外线有响应，对其他频谱范围的光线不敏感，利用这一特性可以对火焰中的紫外线进行检测。经过大气层的太阳光和非透紫材料作为玻璃壳的电光源发出的光波长均大于300 nm，故波长为220～280 nm的紫外线波段属于太阳

光谱盲区（日盲区）。紫外火焰传感使系统避开了最强大的自然光源——太阳光造成的复杂背景，使系统中信息处理的负担大为减轻，可靠性较高，由于它是光子检测手段，因而信噪比高，具有检测极微弱信号的能力，此外，它还具有反应时间极快的特点。

在紫外线波段内能够检测到火焰的光谱是带状谱，由于大气层对短波紫外线的吸收，由太阳辐射照射到地球表面的紫外线只有波长大于 0.29 μm 的长波紫外线，小于 0.29 μm 的短波辐射在地球表面极少，故采用紫外火焰探测技术，可使火焰传感器避开最大干扰源——太阳光，从而可提高信噪比，提升对极微弱信号的检测能力。紫外火焰传感器检测区域如图 23.3 所示。

2．红外火焰传感器

热释电红外火焰传感器基于热电效应原理，其传感元由高热电系数的钛酸铅陶瓷和硫酸三甘肽等组成。为克服环境温度变化对传感元造成干扰，在设计时将参数相同的两个热电元反向串联或接成差动方式，双探测元热释电红外传感器原理如图 23.4 所示。热释电红外火焰传感器采用非接触的方式检测物体辐射的红外线能量变化并将其转换为电荷信号，在传感器内部用 N 沟道 MOSFET 接成共漏极形式（源极跟随器），将电荷信号转化为电压信号。

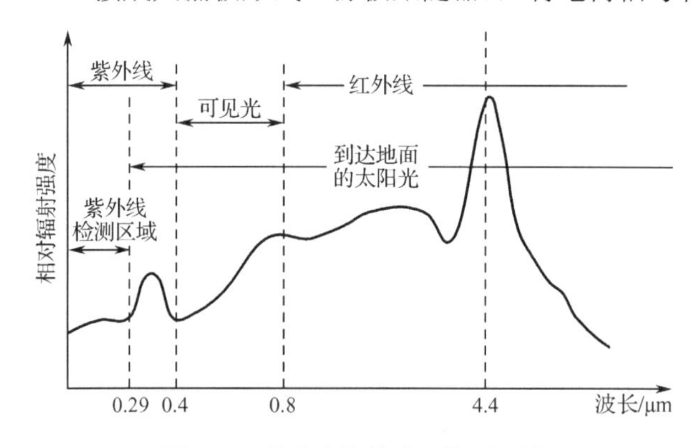

图 23.3　紫外火焰传感器检测区域

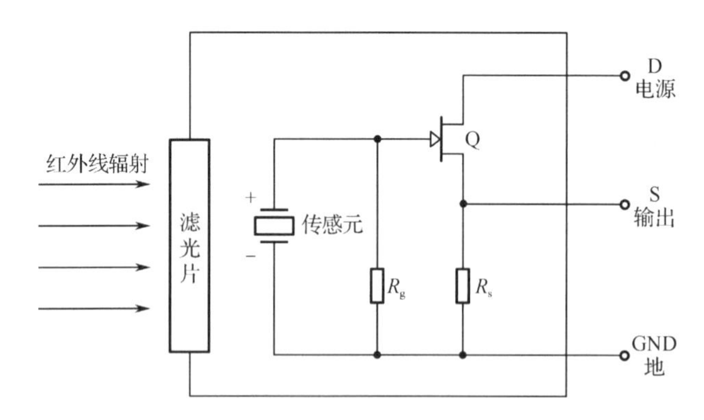

图 23.4　双探测元热释电红外传感器原理图

红外火焰传感器能够检测波长为 700～1000 nm 的红外线，探测角度为 60°，其中红外线波长在 880 nm 附近时，其灵敏度达到最大。远红外火焰传感器可将外界红外线的强弱变化转化为电流的变化，通过 A/D 转换器转换为 0～255 范围内数值的变化。外界红外线越强，数值越小；红外线越弱，数值越大。

热释电红外火焰传感器中滤光片用于提高热释电探测元对特定波长范围内红外线辐射的响应灵敏度，滤光片只通过特定波长范围的红外线，其余波长的红外线将被阻止。

23.3.3　接收管和光电效应原理

接收管是将光信号变成电信号的半导体器件，其核心部件是一个特殊材料的 PN 结，和普通二极管相比，在结构上采取了大的改变，接收管为了更多地接收入射光线，PN 结面积尽量做得比较大，电极面积尽量减小，而且 PN 结的结深很浅，一般小于 1 μm。红外线接收二极管是在反向电压作用之下工作的，没有红外线光照时，反向电流很小（一般小于 0.1 μA），称为暗电流；当有红外线光照时，携带能量的红外线光子进入 PN 结后，把能量传给共价键上的束缚电子，使部分电子挣脱共价键，从而产生电子-空穴对，它们在反向电压作用下参加漂移运动，使反向电流明显变大，光的强度越大，反向电流也越大，这种特性称为光电导。接收二极管在一般照度的光线照射下，所产生的电流叫光电流。如果在外电路上接上负载，负载上就可获得电信号，而且这个电信号随着光的变化而相应变化。

入射光照射在半导体材料上时，材料中处于价带的电子吸收光子能量后从禁带进入导带，使导带内电子数增多，价带内空穴数增多，产生电子-空穴对，使半导体材料产生光电效应。内光电效应按其工作原理可分为光电导效应和光生伏特效应。

1．光电导效应

半导体材料受到光照后会产生光生电子-空穴对，使半导体材料阻值变小，导电能力增强。这种光照后使材料电阻率发生变化的现象称为光电导效应。基于光电导效应的光电器件有光敏电阻、光敏二极管与光敏三极管等。

（1）光敏电阻。光敏电阻是电阻型器件，其工作原理如图 23.5 所示。使用光敏电阻时可外加直流偏压或交流电压。禁带宽度较大的半导体材料，在室温下产生的电子-空穴对越少，无光照时的电阻越大。

（2）光敏二极管。光敏二极管的工作原理如图 23.6 所示。

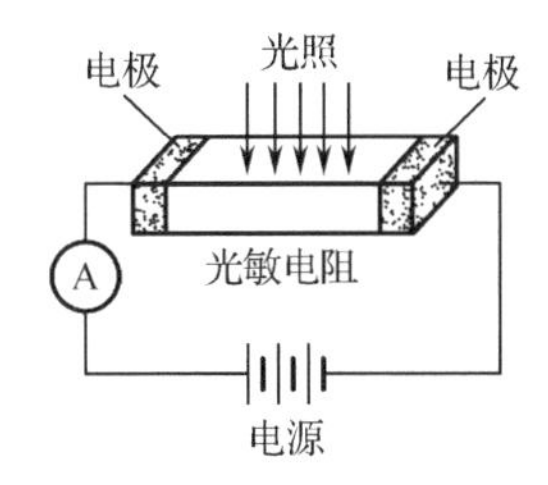

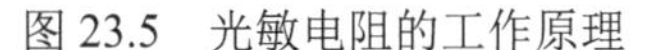
图 23.5　光敏电阻的工作原理

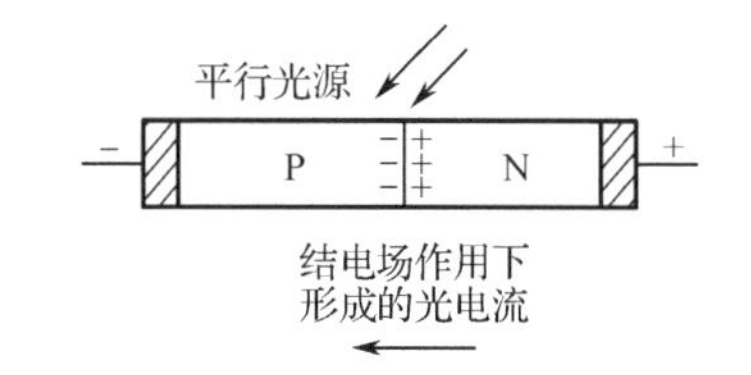

图 23.6　光电二极管的工作原理

（3）光敏三极管。光敏三极管工作原理和等效电路如图 23.7 所示。

2．光生伏特效应

光生伏特效应是由入射光照引起 PN 结两端产生电动势的效应，如图 23.8 所示。

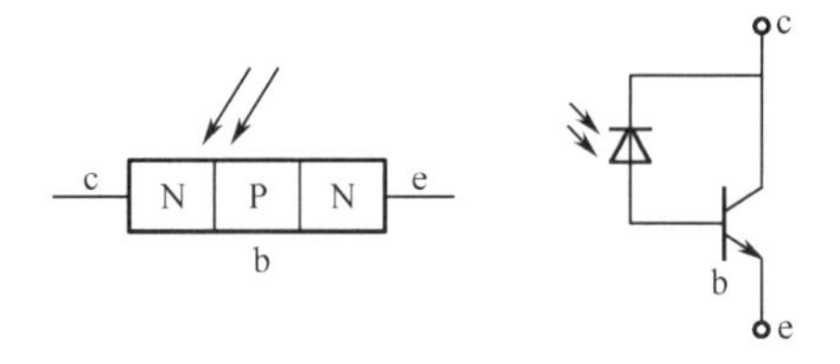

图 23.7 光敏三极管工作原理及等效电路

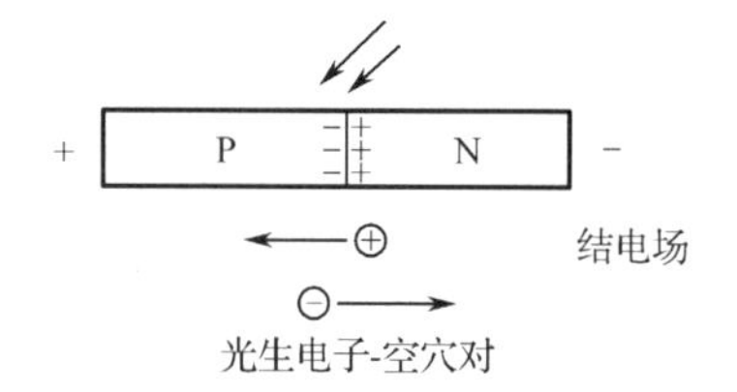

图 23.8 PN 结光生伏特效应原理图

当 PN 结两端没有外加电场时，在 PN 结势垒区的内建结电场方向从 N 区指向 P 区；当光线照射到 PN 结区时，光照产生的电子-空穴对在结电场作用下，电子移向 N 区，空穴移向 P 区，形成光电流。光电池外电路的连接方式如图 23.9 所示。

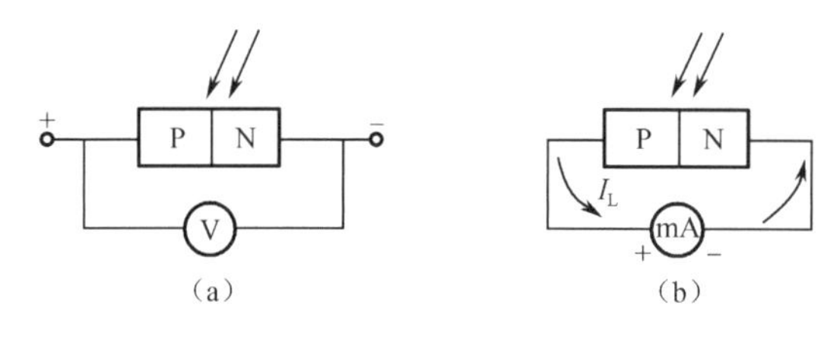

图 23.9 光电池外电路的连接方式

图 23.9（a）所示为开路电压输出，开路电压与光照度之间成非线性关系；图 23.9（b）所示为把 PN 结两端直接导线短接，形成输出短路电流，其大小与光照度成正比。

23.4 任务实践：火灾报警器的软/硬件设计

23.4.1 开发设计

1．硬件设计

本任务采用火焰传感器和 CC2530 微处理器采集和处理火焰中的红外线信息，将采集到的信息打印在 PC 上，并定时进行更新，硬件结构主要由 CC2530 微处理器和火焰传感器组成。火灾报警器的框架如图 23.10 所示。

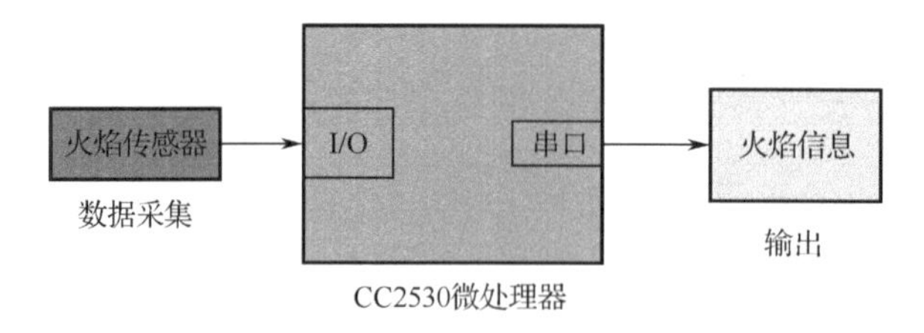

图 23.10 火灾报警器的框架

火焰传感器接口电路如图 23.11 所示。

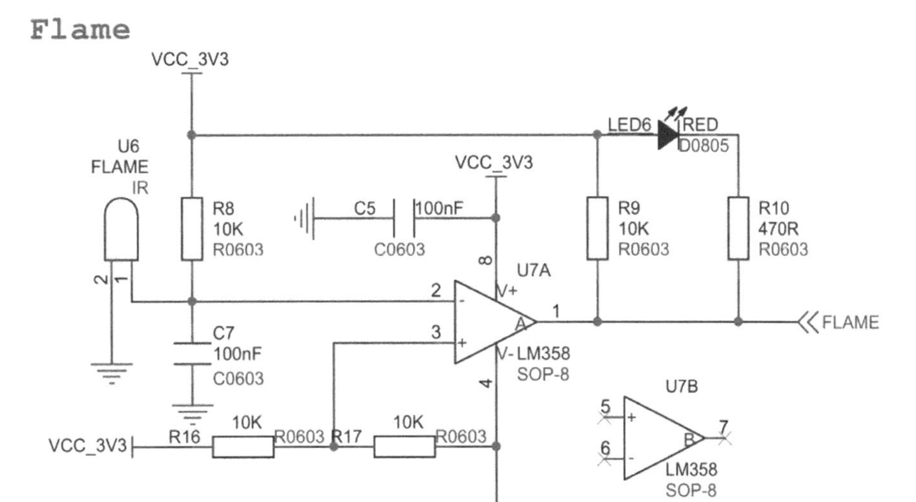

图 23.11　火焰传感器接口电路

2. 软件设计

要实现火灾报警器，还需要有合理的软件设计，本任务程序设计思路如下。

（1）初始化系统时钟。

（2）初始化 LED。

（3）初始化火焰传感器。

（4）检测火焰，如果检测到火焰，执行步骤（5）；如果没有检测到火焰，执行步骤（6）。

（5）点亮 D1 状态，点亮 D2 状态。

（6）关闭 D1 状态，关闭 D2 状态。

（7）延时 1 s。

（9）执行步骤（4）。

软件设计流程如图 23.12 所示。

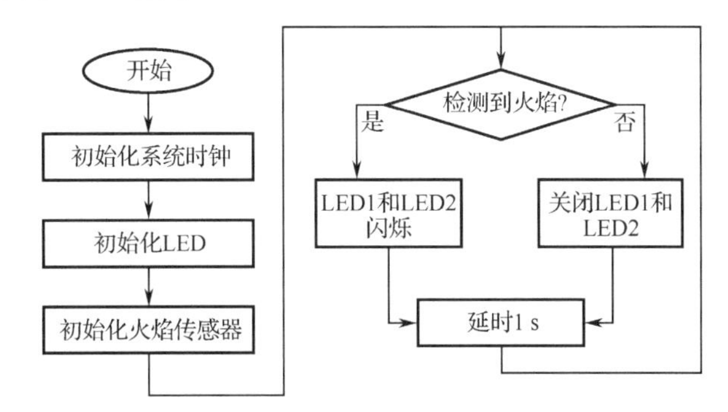

图 23.12　软件设计流程

23.4.2 功能实现

1．相关头文件模块

```
/*********************************************************************************************
* 文件：led.h
*********************************************************************************************/
#define D1      P1_1                                    //宏定义 D1 灯（即 LED1）控制引脚 P1_1
#define D2      P1_0                                    //宏定义 D2 灯（即 LED2）控制引脚 P1_0
#define ON       0                                      //宏定义打开状态控制为 ON
#define OFF      1                                      //宏定义关闭状态控制为 OFF
```

2．主函数模块

主函数首先初始化系统时钟、LED 和火焰传感器，然后检测是否有火焰，检测到火焰时 LED1 和 LED2 闪烁，当没有检测到火焰时关闭 LED1 和 LED2，主函数程序如下。

```
void main(void)
{
    bool flame_status = 0
    xtal_init();                                        //系统时钟初始化
    led_init();                                         //LED 初始化
    flame_init();                                       //火焰传感器初始化

    while(1)
    {
        flame_status    = get_flame_status();
        if(flame_status == 1){                          //检测到火灾
            D2 = ~D2;                                   //LED2 闪烁
            D1 = ~D1;                                   //LED1 闪烁
        }else{
            D1 = OFF;
            D2 = OFF;
        }
        delay_s(1);                                     //延时 1 s
    }
}
```

3．系统时钟初始化模块

系统 CC2530 时钟初始化源代码如下。

```
/*********************************************************************************************
* 名称：xtal_init()
* 功能：CC2530 系统时钟初始化
*********************************************************************************************/
void xtal_init(void)
```

```
{
    CLKCONCMD &= ~0x40;                          //选择 32 MHz 的外部晶体振荡器
    while(CLKCONSTA & 0x40);                     //晶体振荡器开启且稳定
    CLKCONCMD &= ~0x07;                          //选择 32 MHz 系统时钟
}
```

4．LED 初始化模块

LED 初始化程序内容如下。

```
/*********************************************************************************************
* 名称：void led_init(void)
* 功能：LED 控制引脚初始化
*********************************************************************************************/
void led_init(void)
{
    P1SEL &= ~0x03;                    //配置控制引脚（P1_0 和 P1_1）为通用 I/O 模式
    P1DIR |= 0x03;                     //配置控制引脚（P1_0 和 P1_1）为输出模式

    D1 = OFF;                          //初始状态为关闭
    D2 = OFF;                          //初始状态为关闭
}
```

5．火焰传感器初始化模块

```
/*********************************************************************************************
* 名称：flame_init()
* 功能：火焰传感器初始化
*********************************************************************************************/
void flame_init(void)
{
    P0SEL &= ~0x08;                              //配置引脚为通用 I/O 模式
    P0DIR &= ~0x08;                              //配置控制引脚为输入模式
}
```

6．获取火焰传感器状态模块

```
/*********************************************************************************************
* 名称：unsigned char get_flame_status(void)
* 功能：获取火焰传感器状态
*********************************************************************************************/
unsigned char get_flame_status(void)
{
    if(P0_3)                                     //检测 I/O 口电平
    return 1;
    else
    return 0;
}
```

23.5 任务验证

使用 IAR 开发环境打开任务设计工程，程序通过编译后，由 SmartRF 下载到 CC2530 微处理器中并运行程序。

当火焰传感器检测到火焰时，LED 1 和 LED2 每秒闪烁一次；当火焰传感器没有检测到火焰时关闭 LED1 和 LED2。

23.6 任务小结

通过本任务读者可学习光电效应和火焰传感器的工作原理，通过 CC2530 微处理器 GPIO 驱动火焰传感器，实现火灾报警器的设计。

23.7 思考与拓展

（1）火焰传感器检测火焰的原理是什么？

（2）火焰传感器在工业上有哪些应用？

（3）如何使用 CC2530 微处理器驱动火焰传感器？

（4）尝试模拟仓库火灾报警器并采取消防措施，通过火焰传感器采集火焰信号，检测到火焰时 LED1 和 LED2 每秒闪烁一次，轻击触摸开关打开两路继电器模拟的灭火装置灭火；当火焰信号消失时，灭火装置将自动关闭，LED1 和 LED2 停止闪烁。

任务 24 触摸开关的设计与实现

本任务重点学习触摸传感器的功能和基本工作原理，通过 CC2530 微处理器驱动触摸传感器，实现触摸开关的设计。

24.1 开发场景：如何实现触摸开关

传统的家电开关采用机械结构，内置开关触头，表面为塑料材质，用久了之后塑料材质会出现老化的现象，机械结构也会因为多次的开合使用使寿命逐渐降低；同时机械结构导致其防水、防潮的效果不好，内置的开关触头在多次闭合时可能会出现电弧而烧毁开关。

随着移动设备的发展，多点触控加大提升了用户体验感，电容式触摸屏慢慢进入人们的生活并受到了热烈追捧。

触摸开关不需要直接与电路接触，在设计上使用一体式的屏蔽外壳，具有良好的绝缘效果，同时也更加美观，由于这些优良的特性，触摸开关被使用得越来越广泛。触摸开关如图 24.1 所示。

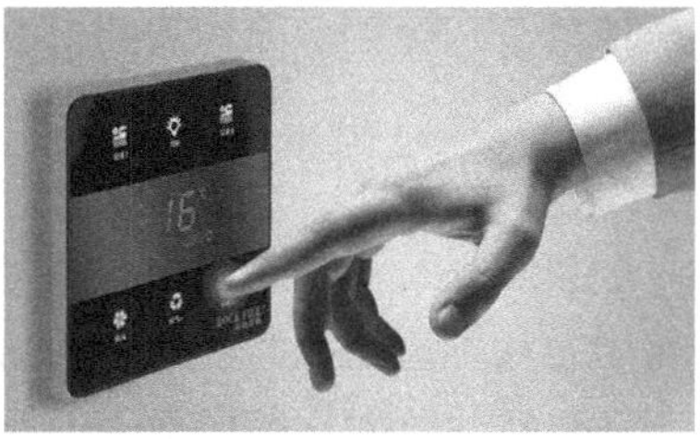

图 24.1　触摸开关

24.2 开发目标

（1）知识要点：触摸开关和触摸传感器的使用。

（2）技能要点：了解触摸传感器的工作原理；掌握触摸传感器的使用。

（3）任务目标：某公司为改善传统家电开关的机械性能差、寿命短、防水性低、设计平庸等缺点，决定研发一种一体式的触摸家电开关，通过触摸传感器采集触摸信号，并通过串口将其发送至上位机处理。

24.3 原理学习：触摸开关和触摸传感器

24.3.1 触摸开关

采用触摸传感器设计的触摸开关，是传统机械按键式开关的换代产品。更加智能化、操作更方便的触摸开关有传统开关不可比拟的优势，是目前家居产品的非常流行的一种装饰性开关。

触摸开关广泛应用于遥控器、灯具调光、各类开关，以及车载、小家电和家用电器控制

界面等场合中，触摸芯片内部集成了高分辨率的触摸检测模块和专用信号处理电路。

酒店触摸开关如图 24.2 所示。

图 24.2　酒店触摸开关

触摸开关与传统开关的区别如下：

（1）采用电容式触摸按键，不需要人体直接接触金属，可以彻底消除安全隐患，即使戴手套也可以使用，不受天气干燥潮湿人体电阻变化等影响，使用更加方便。

（2）电容式触摸按键没有任何机械部件，不会磨损，可减少后期维护成本。

（3）电容式触摸按键感测部分可以放置到任何绝缘层（通常为玻璃或塑料材料）的后面，很容易制成与周围环境相密封的键盘。

（4）电容式触摸按键面板图案、按键大小、形状可以任意设计，字符、商标、透视窗 LED 透光等可任意搭配，外形美观、时尚，不褪色、不变形、经久耐用。从根本上解决了各种金属面板以及各种机械面板无法达到的效果。

24.3.2　触摸屏简介

触摸屏系统一般包括触摸屏控制器和触摸检测装置两个部分。其中，触控屏控制器的主要作用是从触摸检测装置上接收触摸信息，并将它转换成触点坐标，它同时能接收发来的命令并加以执行。触摸检测装置一般安装在显示器的前端，主要作用是检测用户的触摸位置，并传送给触控屏控制器。目前的触摸屏主要有电阻式触摸屏、电容式触摸屏、红外触摸屏和表面声波触摸屏。

1. 电阻式触摸屏

电阻式触摸屏的屏体部分是一块与显示器表面相匹配的多层复合薄膜，由一层玻璃或有机玻璃作为基层，表面涂有一层透明的导电层，上面再覆盖一层外表面硬化处理、光滑防刮的塑料层，它的内表面也涂有一层透明导电层，在两层导电层之间有许多细小的透明隔离点，把两层导电层隔开绝缘。

当手指触摸屏幕时，相互绝缘的两层导电层在触摸点位置就有了一个接触，因其中一面导电层接通轴方向的均匀电压场，使得检测层的电压由零变为非零。这种接通状态被控制器检测到后进行 A/D 转换，并将得到的电压值与 5 V 相比即可得到触摸点的 Y 轴坐标，同理可得到 Z 轴的坐标。这就是电阻式触摸屏基本原理。

电阻式触摸屏对外界完全隔离，不怕灰尘和水汽，它可以用任何物体来触摸，可以用来写字画画，比较适合工业控制领域。电阻式触摸屏的缺点是由于复合薄膜的外层采用塑料材料，太用力或使用锐器触摸可能划伤整个触控屏而导致报废。

电阻式触摸屏是市场上最常见的一种触摸屏产品，其中使用最为广泛的一种为4线电阻式触摸屏，电阻式触摸屏用一块与液晶显示屏紧贴的玻璃作为基层，其外表面涂有一层氧化铟（InO），其水平方向及垂直方向均加5 V和0 V的直流电压，形成均匀的直流电场。水平方向与垂直方向之间用许多大约千分之一英寸大小的透明绝缘隔离物隔开。电阻式触摸屏的基本结构如图24.3所示。

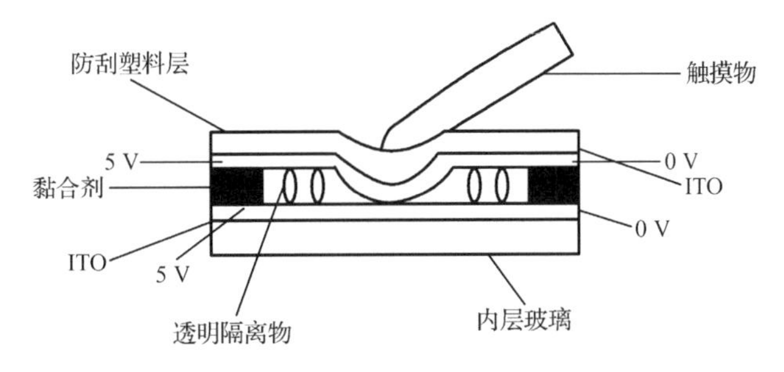

图24.3 电阻式触摸屏基本结构

电阻式触摸屏的工作原理为：采用透明绝缘隔离物分开的两层ITO均加有5 V的电压，当触摸物或手指触摸式电阻触摸屏表面时，两层会在触摸点导通。*X*轴方向的位置通过扫描*Y*轴方向的电极得出电压并通过A/D转换得出，*Y*方向的位置通过扫描*X*方向的电极得出电压并通过A/D转换得出。通过A/D转换器之后得到的数据进运算转换后可得到*Z*轴与*Y*轴的坐标值。

2. 红外触摸屏

红外触摸屏利用在Z轴、Y轴方向上密布的红外线矩阵来检测并定位用户的触摸。红外触摸屏在显示器的前面安装一个电路板外框，电路板在屏幕四边排布红外发射管和红外接收管，一一对应形成纵横交错的红外线矩阵。用户在触控屏幕时，手指就会挡住经过该位置的横竖两条红外线，因而可以判断出触摸点在屏幕的位置，任何触摸物体都可改变触点上的红外线而实现触摸屏操作。红外触摸屏不受电流、电压和静电干扰，适宜工作于恶劣的环境。

红外触摸屏是利用红外线发射器与红外线接收器之间的红外线纵横交错形成的矩阵来工作的，其工作原理如图24.4所示。

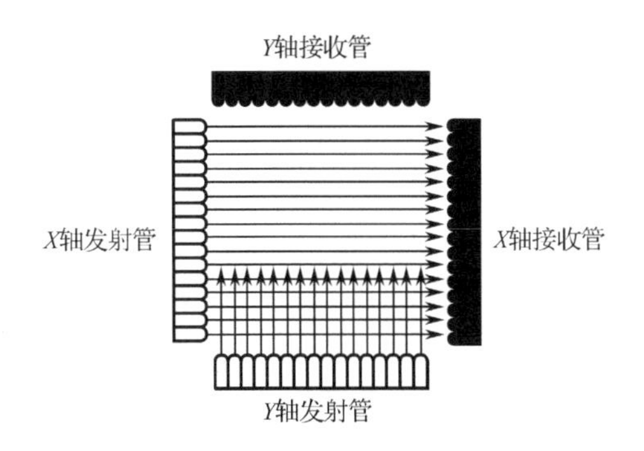

图24.4 红外触摸屏的工作原理

红外触摸屏只需要在显示屏四周的框架内安装红外线发射管与接收管，同时安装控制电路与主板通信，具有安装简单、成本较低、可应用于大尺寸设计、支持多点触控等优点，但限于红外线发射器的数量及尺寸限制，其实现的分辨率有限，且红外触摸屏受外界光线影响较大，功耗较高。

3. 表面声波触摸屏

表面声波触摸屏是利用声波来检测并定位用户的触摸的，其内部中的发射换能器可以将控制器通过触摸屏电缆送来的电信号转化为声波能量并向左方表面传递，然后由玻璃板下边的一组精密反射条纹把声波能量反射后向上均匀地传递，声波能量经过屏体表面，再由上边的反射条纹聚成向右的线传播给 *X* 轴的接收换能器，接收换能器将返回的表面声波能量变为电信号。当发射换能器发射一个窄脉冲后，声波能量历经不同途径到达接收换能器，走最右边的最早到达，走最左边的最晚到达，早到达的和晚到达的声波能量叠加成一个较宽的波形信号。接收信号集合了所有在 *X* 轴方向历经长短不同路径回归的声波能量，它们在 *Y* 轴走过的路程是相同的，但在 *Z* 轴上，最远的比最近的多走了两倍 *Z* 轴最大距离，因此这个波形信号的时间轴可以反映各原始波形叠加前的位置，也就是轴坐标。

在没有触摸时，接收信号的波形与参照波形完全一样；当手指或其他能够吸收或阻挡声波能量的物体触控屏幕时，*Z* 轴途经手指部位向上走的声波能量被部分吸收，反映在接收波形上即某一时刻位置上波形有一个衰减缺口。控制器分析接收信号的衰减并由缺口的位置判定 *Z* 轴的坐标，之后用同样的方法可以判定出触摸点在 Y 轴的坐标。

除了一般触摸屏都能响应的 Z 轴和 Y 轴坐标表面声波触摸屏还可响应第三轴轴坐标，也就是说能感知用户触摸压力大小值。

表面声波是一种在介质表面进行浅层传播的机械能量波，其性能稳定，在横波传递中具有非常尖锐的频率特性。表面声波触摸屏的工作原理如图 24.5 所示。

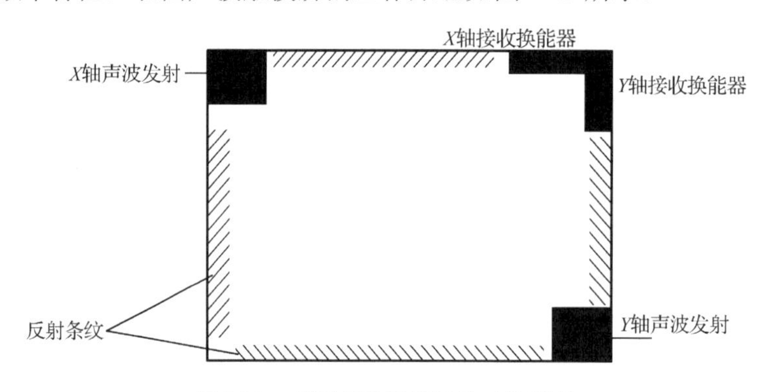

图 24.5　表面声波触摸屏的工作原理

表面声波触摸屏的主要优点是不受温度、湿度等环境影响，解析度极高，有极好的防刮性，使用寿命长，透光率高，比较适合公共场合使用；其主要缺点是成本较高、上下游技术不易整合、不支持多点触摸，并且表面容易受灰尘、液体污染干扰导致误操作。

4. 电容式触摸屏

电容式触摸屏是利用人体的电流感应进行工作的。人体组织中充满了传导电解质（一种有损电介质），正是手指的这种导电特性，使得电容式触摸屏成为可能。电容式触摸屏是一块 4 层复合玻璃屏，玻璃屏的内表面和夹层各涂有一层 ITO，最外层是一薄层矽土玻璃保护层，夹层 ITO 涂层作为工作面，4 个角上引出 4 个电极，内层 ITO 为屏蔽层以保证良好的工作环境。当手指触摸在金属层上时，由于人体电场，用户和触控屏表面形成以一个耦合电容。对于高频电流来说，电容是直接导体，于是手指从接触点吸走一个很小的电流。这个电流分从触控屏的 4 角上的电极中流出，并且流经这 4 个电极的电流与手指到 4 角的距离成正比，控制器通过对这 4 个电流比例的精确计算可得出触摸点的位置。

（1）表面电容式触摸屏。表面电容式触摸屏是一块四层复合的玻璃屏，其基本结构是：一个单层玻璃作为基板，用真空镀膜技术在玻璃层的内表面和夹层均匀地涂上透明的 ITO 涂层，4 个电极从涂层的 4 个角上引出，形成一个低电压的交流电场，最外层是 0.005 mm 的矽土玻璃保护层。表面电容式触摸屏的工作原理如图 24.6 所示，因人体是一个导体，当手指触摸触摸屏表面时，手指与触摸屏表面形成一个耦合电容，因电容对高频信号是导体，高频电流会流入手指，且此电流从表面电容式触摸屏的 4 个电极流出。流入手指的电流与电极到手指的距离成比例，通过计算 4 个电极的电流即可得出触摸点位置。

表面电容式触摸屏的主要优点为感应灵敏度比电阻式触摸屏高，因外面一般使用保护玻璃，故其使用寿命长；它的主要缺点是受外界电场干扰影响较大。

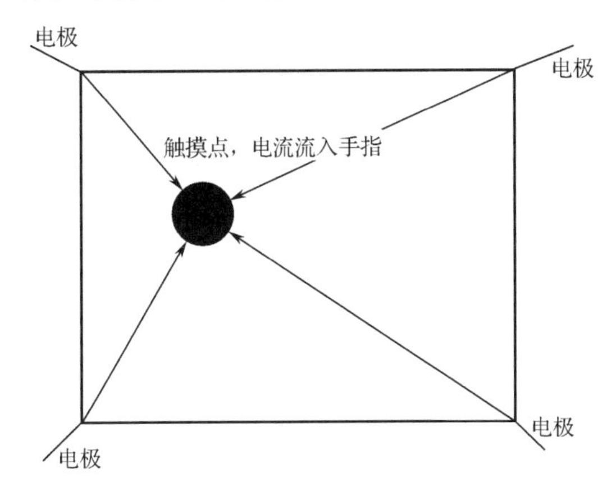

图 24.6　表面电容式触摸屏的基本工作原理

（2）投射电容式触摸屏。投射电容式触摸屏分为自电容式触摸屏与互电容式触摸屏，其原理是将手指作为一个导体，当手指触摸触摸屏表面时，手指与触摸屏之间会形成耦合电容，触摸点的电容值会发生变化，通过对 X、Y 轴扫描即可检测在触摸位置处电容的变化，再通过 A/D 转换运算即可得出手指触摸点的坐标值。

自电容式触摸屏的检测电极同时用于发射点与接收点。因人体是一个导体，当手指触摸玻璃表面的时候，触摸点因并联上一个人体电容导致触摸点的电容值发生变化。互电容式触摸屏扫描电极分驱动电极（类似于坐标系统的 X 方向）与感应电极（类似于坐标系统的 Y 方向），驱动线与感应线之间存在交互电容，当手指触摸电容屏表面时感应电极接收的电荷会减少，通过检测电荷的变化即可判定触摸动作的发生。

24.3.3　电容式触摸开关

电容式触摸开关的优势如下：

（1）电容式触摸开关在各种环境都具有出色的性能，如耐受电磁干扰，具有一系列高附加值的功能特点，如定制背光功能、离散按钮、直线滑块及转轮。

（2）电容式触摸开关可配合手套和触笔使用，可提供不锈钢、铝和其他金属或非金属材料的覆盖层，并且可以提供压花按键或盲文设计。

（3）电容式触摸开关在手指之类的导电物体进入电场后，电容开关可以加以识别。玻璃、金属和搪瓷涂层的基片，以及钢化玻璃、聚碳酸酯、聚酯或腈纶材料的覆盖层可以实现流线型的电容开关设计，并且方便清理。

（4）电容式触摸开关是一种透明的导电聚合物涂层，在要求严格的开关应用中良好地结合了导电性、透光率，以及具有无限的手指控制次数。

TW301 是单键电容式触摸传感器，利用操作者的手指与触摸开关之间产生电荷电平来确定手指接近或者触摸到感应表面，没有任何机械部件，不会磨损，感测部分可以放置到任何绝缘层（通常为玻璃或者塑料材料）的后面，容易制成与周围环境相密封的开关。具有以下特点：

- 输入电压范围较宽：2.0～5.5 V。
- 工作电流极低：2.5 μA。
- 灵敏度可通过外部电容来调整。
- 可实现 ON/OFF 控制输出及 LEVEL-HOLD 方式输出。
- 带有自校准的独立触摸按键控制。
- 内置稳压电路 LDO，更稳定可靠。
- 可以广泛应用于触摸 DVD、触摸遥控器、触摸 MP3、触摸 MP4、触摸密码锁、触摸电饭煲、触摸微波炉。

24.4 任务实践：触摸开关的软/硬件设计

24.4.1 开发设计

1．硬件设计

本任务通过 TW301 触摸传感器采集电容的变化信息，将采集信息打印在 PC 上，并定时进行更新，硬件结构主要由 CC2530 微处理器、触摸感器与串口组成。触摸开关的硬件框架图 24.7 所示。

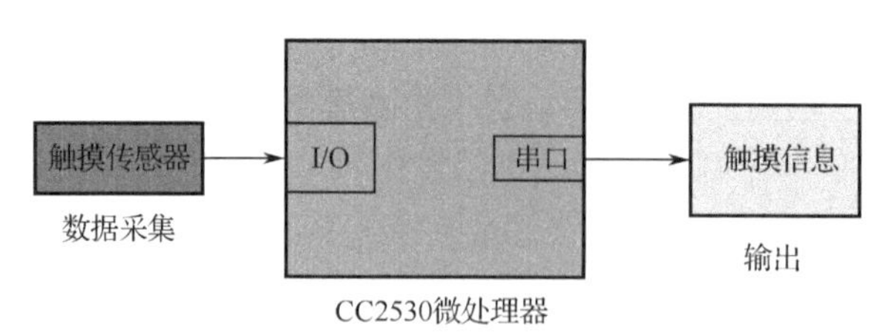

图 24.7　触摸开关的硬件框架

触摸传感器接口电路如图 24.8 所示，C2 电容值越大，灵敏度越低，感应面板的厚度就越薄；反之电容值越小，灵敏度就越高，感应面板厚度就越厚。

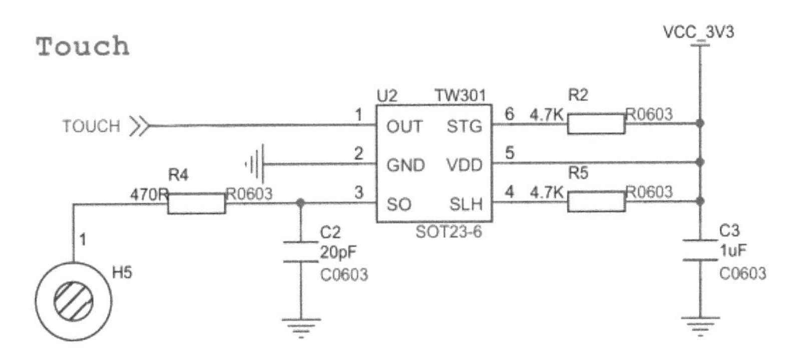

图 24.8　触摸传感器接口电路

2. 软件设计

要实现触摸开关，还需要有合理的软件设计，本任务程序设计思路如下：

（1）初始化触摸状态为 0。

（2）初始化系统时钟。

（3）初始化 LED。

（4）初始化触摸传感器。

（5）检测触摸，如果检测到触摸，执行步骤（6）；如果没有检测到触摸，执行步骤（7）；

（6）点亮 LED2，发送信息到串口；

（7）熄灭 LED2。

（8）执行步骤（5）。

详细项目流程如图 24.9 所示。

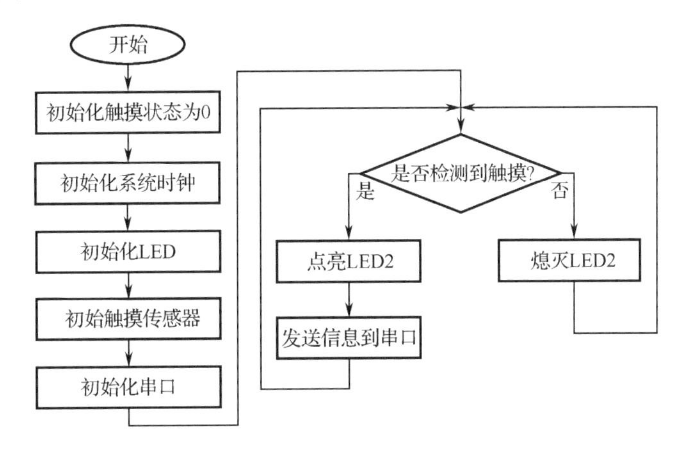

图 24.9　软件设计流程图

24.4.2 功能实现

1. 相关头文件模块

```
/*********************************************************************************************
* 文件：led.h
*********************************************************************************************/
#define D1        P1_1                              //宏定义 D1 灯（即 LED1）控制引脚 P1_1
#define D2        P1_0                              //宏定义 D2 灯（即 LED2）控制引脚 P1_0
#define ON         0                                //宏定义打开状态控制为 ON
#define OFF        1                                //宏定义关闭状态控制为 OFF
```

2. 主函数模块

主函数首先初始化系统时钟和 LED 灯，在初始化触摸开关和串口后，程序进入主循环，主循环中对触摸开关的状态进行检测，当检测到触摸动作时，LED2 亮同时答应信息，否则 LED2 灭。主函数如下。

```
void main(void)
{
    bool touch_status;
    xtal_init();                                   //系统时钟初始化
    led_init();                                    //LED 初始化
    touch_init();                                  //触摸传感器初始化
    uart0_init(0x00,0x00);                         //串口初始化

    while(1)
    {
        touch_status = get_touch_status();
        if(touch_status == 1){                     //检测到触摸
            D2 = ON;                               //点亮 LED2
            uart_send_string("touch!\r\n");        //串口打印提示信息
        }
        else{                                      //没有检测到触摸
            D2 = OFF;                              //熄灭 LED2
        }
    }
}
```

3. 系统时钟初始化模块

CC2530 系统时钟初始化源代码如下。

```
/*********************************************************************************************
* 名称：xtal_init()
* 功能：CC2530 系统时钟初始化
*********************************************************************************************/
```

```
void xtal_init(void)
{
    CLKCONCMD &= ~0x40;                    //选择 32 MHz 的外部晶体振荡器
    while(CLKCONSTA & 0x40);               //晶体振荡器开启且稳定
    CLKCONCMD &= ~0x07;                    //选择 32 MHz 系统时钟
}
```

4．LED 初始化模块

LED 初始化程序内容如下。

```
/*********************************************************************************************
* 名称：void led_init(void)
* 功能：LED 控制引脚初始化
*********************************************************************************************/
void led_init(void)
{
    P1SEL &= ~0x03;                        //配置控制引脚（P1_0 和 P1_1）为通用 I/O 模式
    P1DIR |= 0x03;                         //配置控制引脚（P1_0 和 P1_1）为输出模式

    D1 = OFF;                              //初始状态为关闭
    D2 = OFF;                              //初始状态为关闭
}
```

5．触摸传感器初始化模块

```
/*********************************************************************************************
* 名称：touch_init()
* 功能：触摸传感器初始化
*********************************************************************************************/
void touch_init(void)
{
    P0SEL &= ~0x01;                        //配置引脚为通用 I/O 模式
    P0DIR &= ~0x01;                        //配置控制引脚为输入模式
}
```

6．触摸状态判断模块

```
/*********************************************************************************************
* 名称：unsigned char get_touch_status(void)
* 功能：获取触摸传感器状态
*********************************************************************************************/
unsigned char get_touch_status(void)
{
    static unsigned char touch_status = 0;
    if(P0_0){                              //检测 I/O 口电平
        if(touch_status == 0){             //检测按键标志为状态
```

```
                touch_status = 1;               //当确认为0时，将标志位置1
                return 1;                       //返回状态1
            }else{
                return 0;                       //返回状态0
            }
        }else{
            if(touch_status == 1){              //检测标志位为1
                touch_status = 0;               //标志位置0
                return 1;                       //状态返回1
            }else{
                return 0;                       //否则状态返回0
            }
        }
    }
```

7. 串口驱动模块

串口驱动模块包括串口初始化函数、串口发送字节函数、串口发送字符串函数和接收字节函数，如表24.1所示，详细的源代码请参考任务10。

表24.1 串口驱动模块函数

名 称	功 能	说 明
char recvBuf[256];	定义数据接收存储的数组	无
int recvCnt	接收数据的数量	无
uart0_init(unsigned char StopBits,unsigned char Parity)	串口0初始化	StopBits为停止位，Parity为奇偶校验
void uart_send_char(char ch)	串口发送字节函数	ch为将要发送的数据
void uart_send_string(char *Data)	串口发送字符串函数	*Data为将要发送的字符串
int uart_recv_char(void)	接收字节函数	返回接收的串口数据

24.5 任务验证

使用IAR开发环境打开任务设计工程，程序通过编译后，由SmartRF下载到CC2530微处理器中，暂不运行程序。

使用串口线连接CC2530开发平台与PC，打开串口调试助手并配置波特率为38400、8位数据位、无奇偶校验位、1位停止位，取消十六进制显示，设置完成后运行程序。

程序运行后，当按下触摸开关时，PC串口调试助手的接收窗口上会打印“touch!”，表示触摸开关被按下。验证效果如图24.12所示。

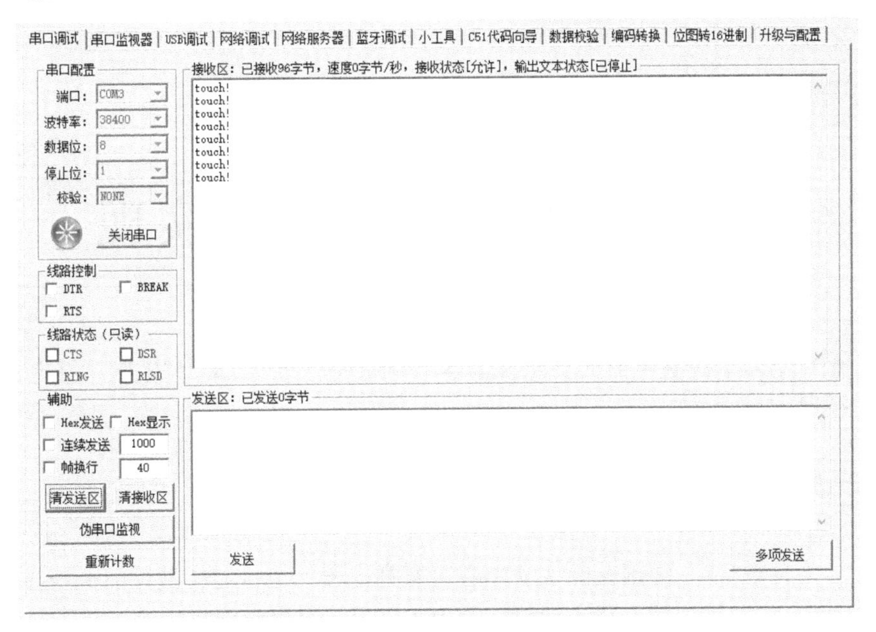

图 24.12　验证效果图

24.6　任务小结

通过本任务读者可学习触摸传感器工作原理，通过 CC2530 微处理器的 GPIO 来驱动触摸传感器，实现触摸开关的设计。

24.7　思考与拓展

（1）触摸传感器分类有哪些？其基本工作原理是什么？

（2）触摸开关在日常生活中有哪些应用？

（3）如何使用 CC2530 微处理器驱动触摸传感器？

（4）尝试模拟智能家居触摸开关，对 LED 的亮度和开关进行调节，第一次触摸时 LED1 点亮，第二次触摸时 LED1 和 LED2 点亮，第三次触摸时 LED1 和 LED2 均熄灭。

任务 25

定时开关插座的设计与实现

本任务重点学习掌握继电器的功能和基本工作原理，通过 CC2530 驱动继电器，从而实现定时开关插座的设计。

25.1 开发场景：如何实现定时开关插座

图 25.1 定时开关插座

中国节能认证中心对家庭电器的待机能耗做过的调查显示，待机能耗占到家庭电力消耗的 10%左右，仅以电视机为例，平均每台电视机的待机能耗是 8.07 W，每天待机 2 小时，大约耗电 0.016 度（千瓦时）。定时开关插座能够实现定时给电器供电，在工作时间之外把电器的电源切断，这样就能解决电器的待机损耗，达到节约用电的目的。定时开关插座如图 25.1 所示。

定时开关是为了人们的日常生活的方便而研发出来的一款电子控制的插座，其设计是在插座外壳上布置有插孔，在插孔及与外界连接的电源线之间连接定时控制电路，通过该定时控制电路控制插孔与外界电源的接通或断开。

开关插座是指安装在墙壁上的电器开关与插座，用来接通和断开电路使用的家用电器，同时还具有一定的装饰作用。定时开关插座本质上是具有微处理器定时开关器，其面板一般设有定时时间数字显示屏、设置按键、指示灯。

25.2 开发目标

（1）知识要点：继电器的基本原理和应用。

（2）技能要点：了解继电器的原理结构；掌握继电器的使用方法。

（3）任务目标：某公司办公大楼内有多台饮水机设备，现需要设计一款定时开关设备，能实现上班时间饮水机自动通电工作，下班后自动关闭电源的功能。该设备通过微处理器来驱动继电器来实现。

25.3 原理学习：继电器的原理和应用

继电器是一种用于自动控制、远距离操作的电器。从电路角度来看，继电器包含两个主要部分：输入回路和输出回路。输入回路是继电器的控制部分，如电、磁、光、热、流量、加速度等；输出回路是被控制部分电路，也就是实现外围电路的通或断的功能部分。继电器是指在控制部分（输入回路）中输入的某信号（输入量），当物理量达到某一设定值时，能使输出回路的电参量发生阶跃式变化的控制元件。继电器广泛地应用于各种电力保护系统、自动控制系统、遥控和遥测系统，以及通信系统中，用于实现控制、保护和调节等作用。常见的继电器如图 25.2 所示。

图 25.2　常用的继电器

继电器的种类很多，可按不同的原则对其进行分类。按输入回路控制信号的性质，可分为电流继电器、电压继电器、温度继电器、加速度继电器、风速继电器、频率继电器等；按照输出控制回路触点负载的大小，可分为大功率继电器、中功率继电器、弱功率继电器、微功率继电器；按照外形尺寸、体积的大小，可分为微型继电器、超小型继电器、小型继电器。另外，还有根据继电器的封装形式、工作原理等进行分类。

25.3.1　电磁继电器的原理

电磁继电器是利用电磁铁控制工作电路通断的一组开关，其工作原理如图 25.3 所示。

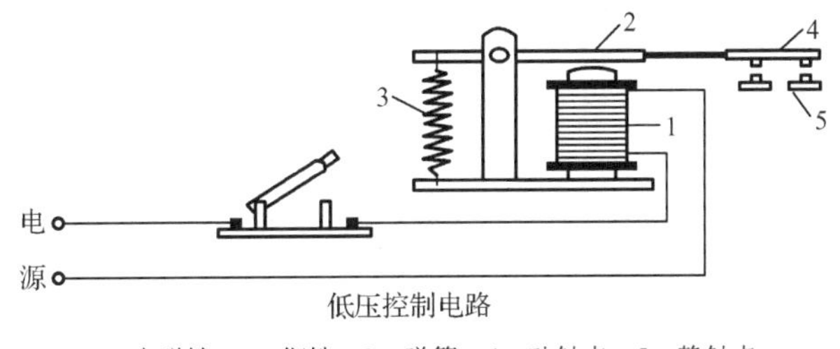

1—电磁铁；2—衔铁；3—弹簧；4—动触点；5—静触点

图 25.3　电磁继电器工作原理

电磁继电器一般由电磁铁、线圈、衔铁、触点和弹簧等组成。只要在线圈两端加上一定的电压，线圈中就会流过一定的电流，从而产生电磁效应，衔铁就会在电磁力吸引的作用下克服返回弹簧的拉力吸向铁芯，从而带动衔铁的动触点与静触点（常开触点）吸合。当线圈断电后，电磁的吸力也随之消失，衔铁就会在弹簧的反作用力返回原来的位置，使动触点与原来的静触点（常闭触点）释放。通过吸合和释放，从而达到在电路中的导通、切断的目的。

常开触点和常闭触点：继电器线圈未上电时处于断开状态的静触点称为常开触点；处于接通状态的静触点称为常闭触点。

25.3.2 继电器的开关分类

继电器的开关可分为常闭开关和常开开关，如图 25.4 所示。动合型（常开）线圈在不通电时两触点是断开的，通电后两个触点就闭合，以字母“H”表示；动开型（常闭）线圈在不通电时两触点是闭合的，通电后两个触点就断开，以字母“D”表示。

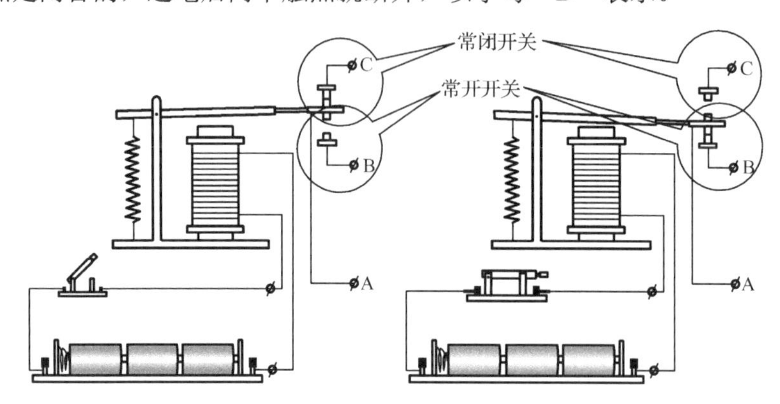

图 25.4　继电器的常开开关和常闭开关

25.3.3 继电器的作用

继电器是具有隔离功能的自动开关元件，广泛应用于遥控、遥测、通信、自动控制、机电一体化及电力电子设备中。

继电器一般都有能反映一定输入变量（如电流、电压、功率、阻抗、频率、温度、压力、速度、光等）的感应机构（输入部分），能对被控电路实现“通”、“断”控制的执行机构（输出部分），在继电器的输入部分和输出部分之间，还有对输入量进行耦合隔离、功能处理和对输出部分进行驱动的中间机构（驱动部分）。

作为控制元件，概括起来，继电器有如下几种作用。

（1）扩大控制范围：如多触点继电器控制信号达到某一定值时，可以按触点的不同形式，同时换接、开断、接通多路电路。

（2）放大：如灵敏型继电器、中间继电器等，可用一个很微小的控制量控制功率很大的电路。

（3）综合信号：当多个控制信号按规定的形式输入多绕组继电器时，经过比较综合，可达到预定的控制效果。

（4）自动、遥控、监测：自动装置上的继电器与其他电器一起可以组成程序控制线路，从而实现自动化运行。

25.3.4 继电器的种类

继电器有很多不同的种类，可按不同的原则对其分类，分类如下。

（1）按继电器的工作原理或结构特征，可分为：

- 电磁继电器：利用输入电路内电磁铁铁芯与衔铁间产生的吸力作用而工作的一种电气继电器。

- 固体继电器：指电子元件履行其功能而无机械运动构件的、输入和输出隔离的一种继电器。
- 温度继电器：当外界温度达到给定值时而动作的继电器。
- 舌簧继电器：利用密封在管内、具有触电簧片和衔铁磁路双重作用的舌簧动作来开闭或转换线路的继电器。
- 时间继电器：当加上或除去输入信号时，输出部分需延时或限时到规定时间才闭合或断开被控线路继电器。
- 高频继电器：用于切换高频、射频线路且具有最小损耗的继电器。
- 极化继电器：由极化磁场与控制电流通过控制线圈所产生的磁场综合作用而动作的继电器，继电器的动作方向取决于控制线圈中流过电流的方向。
- 其他类型的继电器：如光继电器、声继电器、热继电器、仪表式继电器、霍尔效应继电器、差动继电器等。

（2）按继电器的负载，可分为微功率继电器、弱功率继电器、中功率继电器、大功率继电器。

（3）按继电器按照动作原理，可分为电磁型、感应型、整流型、电子型、数字型等继电器。

本任务使用的继电器为5 V电压驱动，受控引脚为常开开关，继电器如图25.6所示。

图25.5　继电器

25.4　任务实践：定时开关插座的软/硬件设计

25.4.1　开发设计

1. 硬件设计

本任务主要使用继电器实现定时开关插座，其硬件结构主要由CC2530微处理器、继电器组成，如图25.7所示。

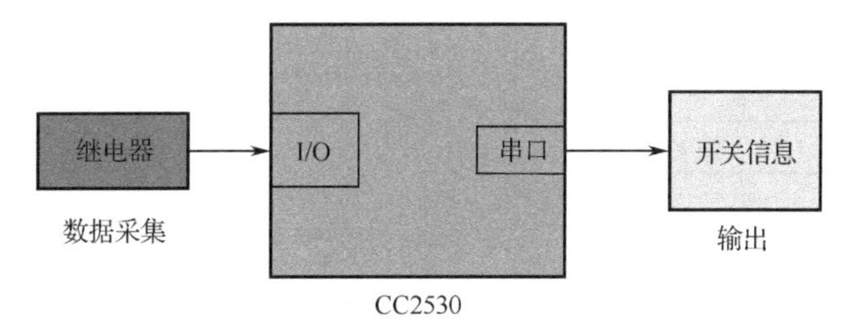

图25.6　定时开关插座的硬件结构

继电器接口电路如图 25.7 所示。

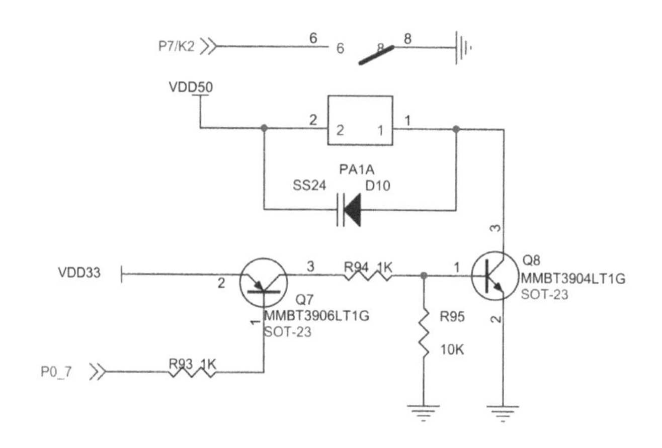

图 25.7　继电器接口电路

2. 软件设计

要实现定时开关插座，还需要有合理的软件设计，本任务程序设计思路如下：

（1）初始化继电器状态为 0。

（2）初始化系统时钟。

（3）初始化继电器。

（4）初始化串口。

（5）判断继电器状态，如果为 0，执行步骤（6）；如果不为 0，执行步骤（7）。

（6）标志位改为 1，打开继电器 1 和 2，打印串口信息，执行步骤（8）。

（7）标志位改为 0，关闭继电器 1 和 2，打印串口信息，执行步骤（8）。

（8）延时 1 s。

（9）执行步骤（5）。

软件设计流程如图 25.8 所示。

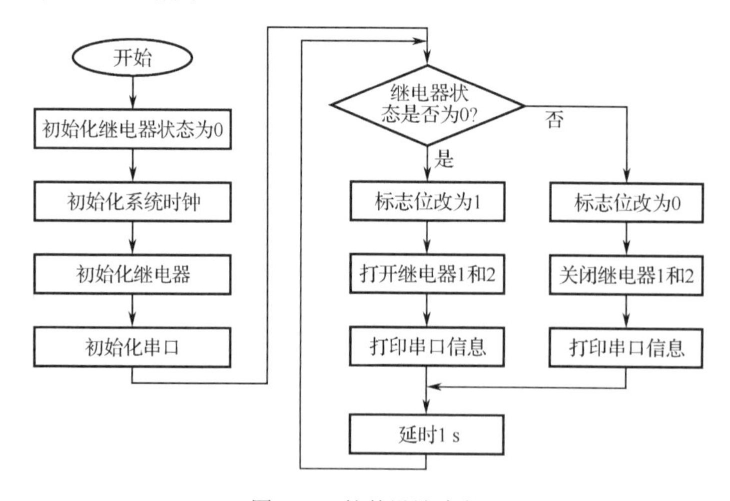

图 25.8　软件设计流程

25.4.2　功能实现

1．相关头文件模块

```
/********************************************************************************
* 文件：relay.h
********************************************************************************/
#define RELAY1   P0_6
#define RELAY2   P0_7
```

2．主函数模块

```
void main(void)
{
    unsigned char relay_flag = 0;                          //标志位
    xtal_init();                                           //系统时钟初始化
    relay_init();                                          //继电器初始化
    uart0_init(0x00,0x00);                                 //串口初始化

    while(1)
    {
        if(relay_flag == 0){
          relay_flag = 1;                                  //标志位置 1
          RELAY1 = ON;                                     //打开继电器
          RELAY2 = ON;                                     //打开继电器
          uart_send_string("RELAY ON!\r\n");               //串口打印提示信息
        }
        else{
            relay_flag = 0;                                //标志位清 0
            RELAY1 = OFF;                                  //关闭继电器
            RELAY2 = OFF;                                  //关闭继电器
            uart_send_string("RELAY OFF!\r\n");            //串口打印提示信息
        }
        delay_s(1);                                        //延时 1 s
    }
}
```

3．系统时钟初始化模块

CC2530 系统时钟初始化源代码如下。

```
/********************************************************************************
* 名称：xtal_init()
* 功能：CC2530 系统时钟初始化
********************************************************************************/
void xtal_init(void)
{
```

```
        CLKCONCMD &= ~0x40;                          //选择 32 MHz 的外部晶体振荡器
        while(CLKCONSTA & 0x40);                     //晶体振荡器开启且稳定
        CLKCONCMD &= ~0x07;                          //选择 32 MHz 系统时钟
    }
```

4．继电器初始化模块

```
/*********************************************************************************************
* 名称：relay_init()
* 功能：继电器初始化
*********************************************************************************************/
void relay_init(void)
{
        P0SEL &= ~0xC0;                              //配置引脚为通用 I/O 模式
        P0DIR |= 0xC0;                               //配置控制引脚为输入模式
}
```

5．串口驱动模块

串口驱动模块包括串口初始化函数、串口发送字节函数、串口发送字符串函数和接收字节函数，如表 25.1 所示，详细的源代码请参考任务 10。

表 25.1　串口驱动模块函数

名　称	功　能	说　明
char recvBuf[256];	定义存储接收数据的数组	无
int recvCnt	接收数据的数量	无
uart0_init(unsigned char StopBits,unsigned char Parity)	串口 0 初始化	StopBits 为停止位，Parity 为奇偶校验
void uart_send_char(char ch)	串口发送字节函数	ch 为将要发送的数据
void uart_send_string(char *Data)	串口发送字符串函数	*Data 为将要发送的字符串
int uart_recv_char(void)	接收字节函数	返回接收的串口数据

25.5　任务验证

使用 IAR 开发环境打开任务设计工程，程序通过编译后，由 SmartRF 下载到 CC2530 微处理器中，暂不运行程序。

使用串口线连接 CC2530 开发平台与 PC，打开串口调试助手并配置波特率为 38400、8 位数据位、无奇偶校验位、1 位停止位，取消十六进制显示，设置完成后运行程序。

程序运行后，两路继电器 RL1 和 RL2 将打开，PC 端串口调试助手的接收页面上会打印“RELAY ON!”；经过 1 s 之后，两路继电器 RL1 和 RL2 关闭，PC 端串口调试助手的接收页面上会打印“RELAY OFF!”，继电器的开关状态每秒切换一次。验证效果如图 25.9 所示。

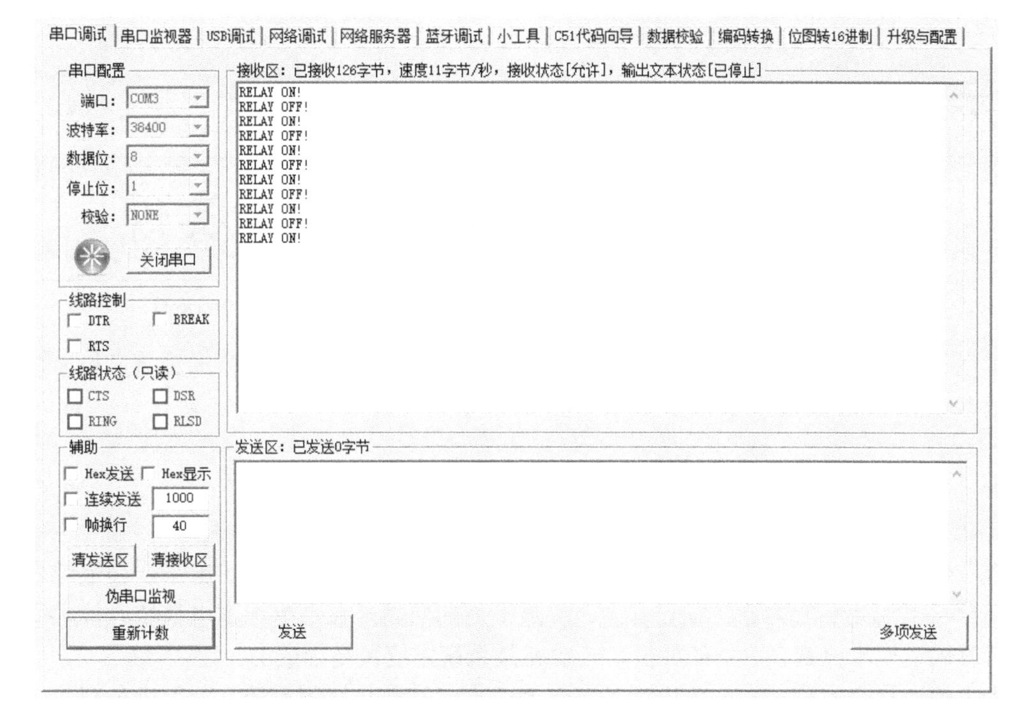

图 25.9　验证效果图

25.6　任务小结

通过本任务读者可学习继电器工作原理，并通过 CC2530 微处理器的 GPIO 驱动继电器，从而实现定时开关插座的设计。

25.7　思考与拓展

（1）常见的继电器有哪些分类？每类各有什么特点？

（2）继电器的触电三种基本形式是什么？

（3）如何使用 CC2530 微处理器驱动继电器？

（4）因继电器具有隔离强电，弱电控制强电的作用，在工控领域有着十分广泛的使用，工业上的电机控制通常都是采用继电器实现的。请读者尝试模拟工业继电器开关控制，通过两路按键控制两路继电器的开关，并将每个继电器状态打印在 PC 上。

任务 26

笔记本电脑散热器的设计与实现

本任务重点学习轴流风机的功能和基本工作原理，通过 CC2530 驱动轴流风机，从而实现笔记本电脑散热器的设计。

26.1 开发场景：如何实现笔记本电脑散热器

随着使用笔记本电脑人数的增加，笔记本电脑的各种问题也暴露了出来，如笔记本电脑散热问题、电池续航能力等。发热过大、散热不足的问题一直是笔记本电脑核心技术中的瓶颈。有时候笔记本电脑会意外的死机，一般就是系统温度过高导致的。

为了解决这个问题，本任务设计了一个笔记本电脑散热控制系统，利用风扇制作成一个散热底座放置于笔记本电脑下方，当笔记本电脑温度过高时，我们控制风扇开始运行，这样可以使笔记本电脑产生的热量尽快地扩散，不影响笔记本电脑的正常使用。当笔记本电脑温度正常时，则停止风扇。笔记本电脑内部风扇如图 26.1 所示，散热底座如图 26.2 所示。

图 26.1　笔记本电脑内部风扇

图 26.2　散热底座

26.2 开发目标

（1）知识要点：风扇传感器原理；GM0501PFB3-8 5V 0.2W 小型轴流风机的应用。

（2）技能要点：了解风扇传感器的原理结构；掌握风扇传感器的使用。

（3）任务目标：使用小型轴流风机制作笔记本电脑散热器，并可以对其进行控制。

26.3　原理学习：轴流风机和应用

26.3.1　轴流风机

1．轴流风机构成

轴流风机主要用于加速空气流动和散热，用途非常广泛，轴流风机的气流与风叶轴的方向相同，如电风扇、空调外机风扇就是以轴流方式运行风机。之所以称为轴流式，是因为气流平行于风机轴的方向。轴流风机通常用在对流量要求较高而压力要求较低的场合。轴流风机如图 26.3 所示

图 26.3　轴流风机

轴流风机一般由叶轮、机壳、集流器、流线罩、导叶和扩散器等部分组成，叶轮是轴流风机的关键部件。

（1）叶轮：主要由叶片和轮毂组成，叶片截面可能是机翼形或单板形。

（2）机壳：机壳与轮毂一起形成气体的流动通道，提供电动机传动机构安装部件、与基础的连接部件、与管道的连接法兰等部件。

（3）集流器与流线罩：集流器与流线罩组合形成一个渐缩的光滑通道，有利于气流顺畅地进入轮毂与机壳风筒之间，减少气流进口损失。

（4）导叶：导叶对风机性能有重要影响，它可分前导叶与后导叶。前导叶在叶轮前使气流产生旋绕，可以改变气流进入叶片的入口气流角，从而改变叶轮的气动性能；后导叶将叶轮后气流旋绕产生的部分动能转变为压力升高。

（5）扩散器：扩散器可将气流的部分动能转化为提高通风机的静压，从而提高风机的静压效率。

轴流风机通过叶片旋转输送气体，属于透平式风机的一种，其特点为工作时气体沿轴向流动，低压、大流量。图 26.4 所示为典型轴流风机结构，其工作原理为：当叶轮旋转时，气体进入集流器，通过叶轮做功获得能量，将机械能转换为气体的动能和压力能，之后气流流入导叶，在导叶的作用下偏转气流变为轴向流，最后经由出风筒吹出。

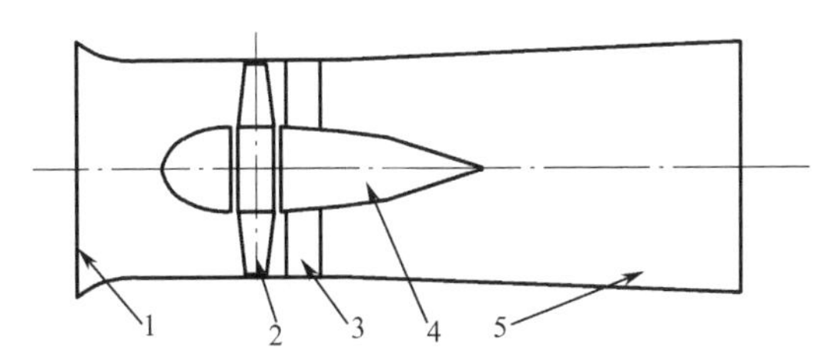

1—集流器；2—叶轮；3—导叶；4—导流体；5—出风筒

图 26.4　典型的轴流风机结构

由于轴向流动面内气流在不同半径上所受离心力大小不同，故气流参数为变量。基于此，

将动叶片设计为沿叶高方向扭曲状。将半径相同的环形叶栅展开所得到的平面叶栅称为基元级。通常通过分析基元级来研究在不同半径上的流面内的气体流动情况，如图 26.5 所示为基元级内速度三角形。

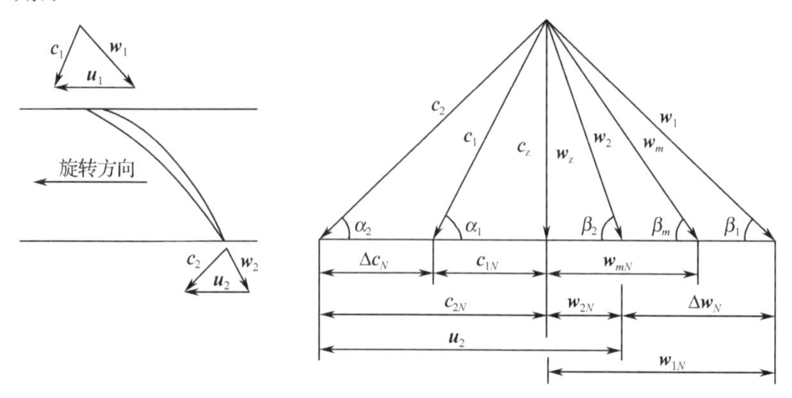

图 26.5　基元级内速度三角形

气体在叶轮中做复合运动，在叶轮进口处，气流以相对速度 $\boldsymbol{w}_1$ 进入叶栅，通过叶轮旋转获得牵连速度 $\boldsymbol{u}_1$、气体绝对速度 $\boldsymbol{c}_1$ 为相对速度与牵连速度矢量和。$\boldsymbol{w}_1$、$\boldsymbol{u}_1$、$\boldsymbol{c}_1$ 构成叶栅进口速度三角形。在叶轮出口处，气流获得相对速度 $\boldsymbol{w}_2$，牵连速度为 $\boldsymbol{u}_2$，绝对速度 $\boldsymbol{c}_2$ 随之确定。为了便于分析，将叶轮进、出口速度三角形画在同一矢量图中，如图 26.5 所示，$\boldsymbol{c}_1$、$\boldsymbol{c}_2$ 的轴向分速度分别为 $\boldsymbol{c}_{1z}$、$\boldsymbol{c}_{2z}$，α_1、α_2、β_1、β_2 分别为气流绝对速度、相对速度和叶轮旋转方向的夹角。

2．轴流风机的参数

轴流风机的流量、压力、功率、效率和转速是表示轴流风机性能的主要参数，统称为轴流风机的性能参数。下面分别介绍轴流风机轴流的主要性能参数。

（1）轴流风机进口标准状态。轴流风机进口标准状态指轴流风机进口处的压力为一个标准大气压（温度为 20℃，相对湿度为 50%RH）。轴流风机进口标准状态下的空气密度为 1.2 kg/m^3，但在汽车用轴流风机中的进口处的压力往往有特殊的要求。

（2）流量。轴流风机的流量一般指单位时间内流过轴流风机流道某一截面的气体容积，也称为轴流风机的送风量。如无特殊说明，指轴流风机进口标准状态下的容积流量。

（3）压力。压力主要分为气体的压力和轴流风机的压力。

气体的压力：气体在平直流道中流动时，流道某一截面上垂直于壁面的气体压力称为该截面上气体的静压；该截面上气体流动速度所产生的压力称为动压。截面上的气体速度分布是不均匀的，通常所说的截面上气体的动压，是指该截面上所有气体质点的动压平均值。在同一截面上气体的静压和动压之和，称为气体的全压。

轴流风机的压力：轴流风机出口截面上气体的全压与进口截面上气体的全压之差称为轴流风机的全压，它表示了单位体积气体轴流风机内获得的能量。轴流风机出口截面上气体的动压定义为轴流风机的动压。轴流风机的全压与轴流风机的动压之差定义为轴流风机的静压。轴流风机性能参数系指轴流风机的全压，因而轴流风机性能中所给出的压力一般是指轴流风机的全压。

（4）功率。轴流风机的功率可分为轴流风机的有效功率、轴功率和内部功率。轴流风机的有效功率是指轴流风机所输送的气体在单位时间内从轴流风机所获得的有效能量；轴流风机的轴功率是指单位时间内原动机传递给轴流风机轴上的能量，也称为风机的输入功率；轴流风机的内部功率是指轴流风机的有效功率加上轴流风机内部的流动损失功率，等于轴流风机的轴功率减去外部机械损失，如轴承和传动装置等所耗的功率。

（5）效率。轴流风机在把原动机的机械能传递给气体的过程中，要克服各种损失而消耗一部分能量。轴流风机的轴功率不可能全部转变为有效功率，可用效率来反映轴流风机能量损失的大小。轴流风机的全压效率是指轴流风机的有效功率与轴功率之比，也就是在全压下的输出能量与输入能量之比。轴流风机静压有效功率与轴功率之比定义为轴流风机静压效率。轴流风机的内效率是指轴流风机的全压功率与内部功率之比定义为轴流风机的全压内效率。而轴流风机的静压有效功率与内部功率之比定义为轴流风机的静压内效率，它表示了轴流风机内部流动过程的好坏，是轴流风机气动力设计的主要指标。

（6）转速。轴流风机的流量、压力、功率等参数都随着轴流风机的转速而改变，所以轴流风机的转速也是一个重要的性能参数。

3．轴流风机原理与分类

（1）轴流风机的工作原理。当叶轮旋转时，气体从进风口轴向进入叶轮，受到叶轮上叶片的推挤后使气体的能量升高，然后进入导叶。导叶将偏转气流变为轴向流动，同时将气体导入扩压管，进一步将气体动能转换为压力能，最后引入工作管路。

轴流风机叶片的工作方式与飞机的机翼类似，但后者是将升力向上作用于机翼上，并支撑飞机的重量，而轴流风机则固定位置并使空气移动。

轴流风机的横截面一般为翼剖面。叶片可以固定位置，也可以围绕其纵轴旋转，叶片与气流的角度或者叶片间距可以不可调或可调。改变叶片角度或间距是轴流式风机的主要优势之一，小叶片间距角度产生较低的流量，而增加间距则可产生较高的流量。

先进的轴流风机能够在风机运转时改变叶片间距（这与直升机旋翼颇为相似），从而相应地改变流量，这种轴流风机称为动叶可调轴流式风机。工业轴流风机如图 26.6 所示。

图 26.6　工业轴流风机

（2）轴流风机的分类。根据轴流风机的特性可以分为以下几类：

- 按材质可分为：钢制风机、玻璃钢风机、塑料风机、PP 风机、PVC 风机、镁合金风机、铝风机、不锈钢风机等。
- 按用途可分为：防爆风机、防腐风机、防爆防腐风机、专用轴流风机等类型。
- 按使用要求可分为：管道式、壁式、岗位式、固定式、防雨防尘式、移动式、电机外置式等类型。
- 按安装方式可分为：皮带传动式、电机直联式。

（3）离心风机与轴流风机。离心风机和轴流风机主要区别在于：

- 离心风机改变了风管内介质的流向，而轴流风机不改变风管内介质的流向；
- 离心安装较复杂；
- 离心电机一般是通过皮带带动转动轮连接的，轴流电机一般在风机内；
- 离心风机常安装在空调机组进、出口处，锅炉鼓、引风机等，轴流风机常安装在风管

当中或风管出口前端。

26.3.2 GM0501PFB3 型轴流风机

GM0501PFB3 型轴流风机有三根引出线，这三根线分别是电源正极接线、电源负极接线、转速控制线。电源正极接线和电源负极接线是用来为轴流风机供电的，轴流风机的转速控制则是通过转速控制线实现的。控制轴流风机的转速的信号是一种脉冲宽度调制信号（PWM），通过调制 PWM 的脉冲宽度（占空比）可以实现对轴流风机的转速调节。PWM 信号波形如图 26.7 所示。

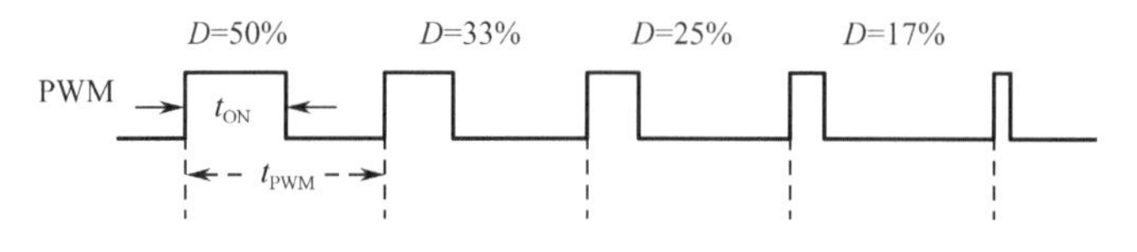

图 26.7　PWM 信号波形

风扇控制实例使用的是小型轴流风机，如图 26.8 所示。

图 26.8　小型轴流风机

26.4 任务实践：笔记本电脑散热器的软/硬件设计

26.4.1 开发设计

1．硬件设计

本任务主要是完成笔记本电脑散热器的设计，硬件结构主要由 CC2530 微处理器、轴流风机组成。笔记本电脑散热器的硬件结构如图 26.9 所示。

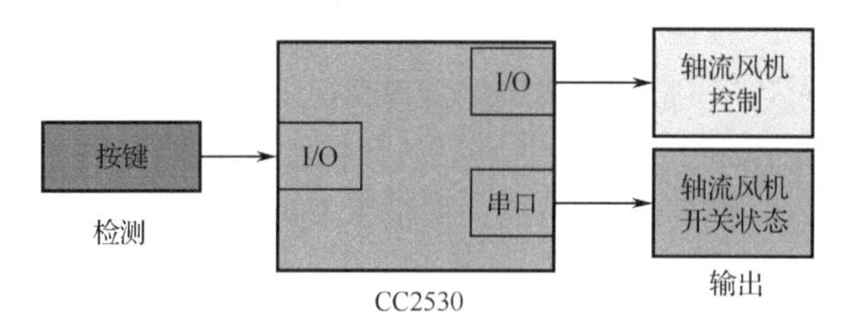

图 26.9　笔记本电脑散热器的硬件结构

轴流风机接口电路如图 26.10 所示

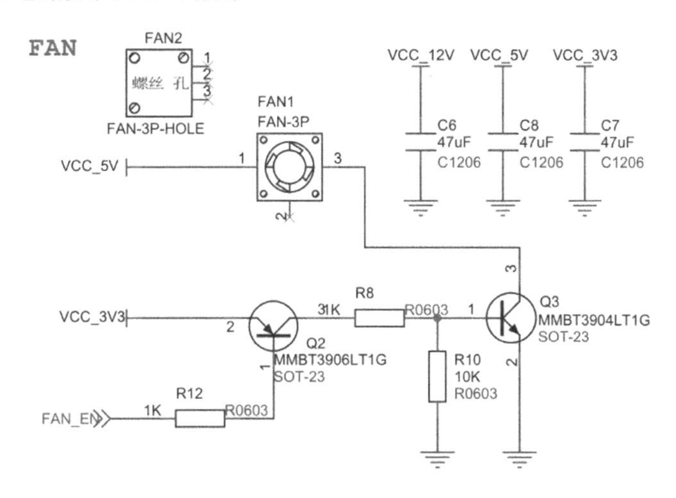

图 26.10　轴流风机接口电路

2. 软件设计

要实现轴流风机控制，需要有合理的软件设计，本任务程序设计思路如下：

（1）初始化轴流风机状态为 0。

（2）初始化系统时钟。

（3）初始化 LED。

（4）初始化轴流风机。

（5）初始化串口。

（6）初始化按键。

（7）判断按键 K1 是否按下，如果按下，则延时 10 ms，执行步骤（8）；如果否，则继续检测按键 K1 是否按下。

（8）再次判断按键 K1 是否按下，如果按下，等待按键松开，执行步骤（9）。

（9）判断标志位是否为 0，如果是，执行步骤（10）；如果否，执行步骤（11）。

（10）标志位改为 1、初始化串口、串口打印信息、初始化轴流风机、打开轴流风机、执行步骤（7）。

（11）标志位改为 0，初始化串口，串口打印信息，初始化轴流风机，关闭轴流风机，执行步骤（7）。

软件设计流程如图 26.11 所示。

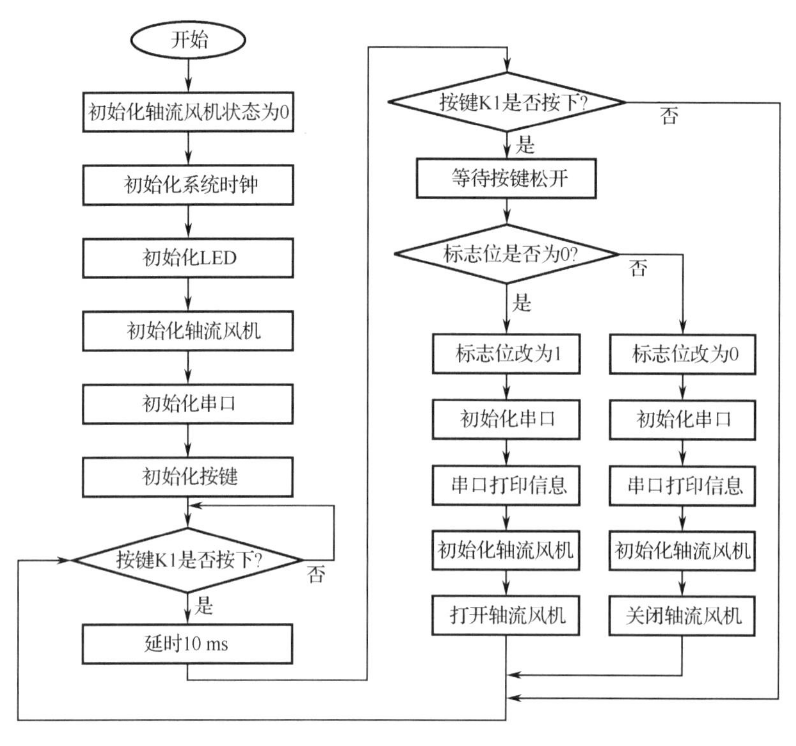

图 26.11 软件设计流程图

26.4.2 功能实现

1. 相关头文件模块

```
/*********************************************************************************
* 文件：led.h
*********************************************************************************/
#define D1        P1_1                              //宏定义 D1 灯（即 LED1）控制引脚 P1_1
#define D2        P1_0                              //宏定义 D2 灯（即 LED2）控制引脚 P1_0
#define ON        0                                 //宏定义打开状态控制为 ON
#define OFF       1                                 //宏定义关闭状态控制为 OFF
/*********************************************************************************
* 文件：key.h
*********************************************************************************/
#define K1        P1_2                              //宏定义按键检测引脚 P1_2
#define K2        P1_3                              //宏定义按键检测引脚 P1_3
#define UP        1                                 //按键弹起
#define DOWN      0                                 //按键被按下
```

2. 主函数模块

```
void main(void)
{
    unsigned char fan_flag = 0;                     //轴流风机状态标志位
```

```
    xtal_init();                                    //系统时钟初始化
    led_io_init();                                  //LED初始化
    fan_init();                                     //轴流风机初始化
    uart0_init(0x00,0x00);                          //串口初始化
    key_io_init();                                  //按键初始化
    while(1)
    {
        if(KEY1 == ON)                              //按键按下，改变2个LED灯状态
        {
            delay_ms(10);                           //按键防抖
            if(KEY1 == ON)                          //按键按下，改变2个LED灯状态
            {
                while(KEY1 == ON);                  //松手检测
                if(fan_flag == 0){                  //检测之前的轴流风机状态
                  fan_flag = 1;                     //轴流风机状态标志位置1
                  uart0_init(0x00,0x00);            //串口初始化
                  uart_send_string("FAN ON!\r\n");  //串口打印提示信息
                  fan_init();                       //轴流风机初始化
                  FAN = ON;                         //开启轴流风机
                }
                else{
                    fan_flag = 0;                   //轴流风机状态标志位清0
                    uart0_init(0x00,0x00);          //串口初始化
                    uart_send_string("FAN OFF!\r\n"); //串口打印提示信息
                    fan_init();                     //轴流风机初始化
                    FAN = OFF;                      //关闭风扇
                }
            }
        }
    }
}
```

3．系统时钟初始化模块

CC2530系统时钟初始化源代码如下。

```
/*********************************************************************************************
* 名称：xtal_init()
* 功能：CC2530系统时钟初始化
*********************************************************************************************/
void xtal_init(void)
{
    CLKCONCMD &= ~0x40;                             //选择32 MHz的外部晶体振荡器
    while(CLKCONSTA & 0x40);                        //晶体振荡器开启且稳定
    CLKCONCMD &= ~0x07;                             //选择32 MHz系统时钟
}
```

4. LED 初始化模块

LED 初始化程序内容如下。

```
/*********************************************************************************************
* 名称：void led_init(void)
* 功能：LED 控制引脚初始化
*********************************************************************************************/
void led_init(void)
{
    P1SEL &= ~0x03;                          //配置控制引脚（P1_0 和 P1_1）为通用 I/O 模式
    P1DIR |= 0x03;                           //配置控制引脚（P1_0 和 P1_1）为输出模式

    D1 = OFF;                                //初始状态为关闭
    D2 = OFF;                                //初始状态为关闭
}
```

4. 轴流风机初始化模块

```
void fan_init(void)
{
    P0SEL &= ~0x08;                          //配置引脚为通用 I/O 模式
    P0DIR |= 0x08;                           //配置控制引脚为输出模式
}
```

5. 串口驱动模块

串口驱动模块包括串口初始化函数、串口发送字节函数、串口发送字符串函数和接收字节函数，如表 26.1 所示，详细的源代码请参考任务 10。

表 26.1　串口驱动模块函数

名　称	功　能	说　明
char recvBuf[256];	定义存储接收数据的数组	无
int recvCnt	接收数据的数量	无
uart0_init(unsigned char StopBits,unsigned char Parity)	串口 0 初始化	StopBits 为停止位，Parity 为奇偶校验
void uart_send_char(char ch)	串口发送字节函数	ch 为将要发送的数据
void uart_send_string(char *Data)	串口发送字符串函数	*Data 为将要发送的字符串
int uart_recv_char(void)	接收字节函数	返回接收的串口数据

26.5　任务验证

使用 IAR 开发环境打开任务设计工程，程序通过编译后，由 SmartRF 下载到 CC2530 微处理器中，暂不运行程序。

使用串口线连接 CC2530 开发平台与 PC，打开串口调试助手并配置波特率为 38400、8

位数据位、无奇偶校验位、1位停止位，取消十六进制显示，设置完成后运行程序。

程序运行后，当按下按键K1时，轴流风机打开，PC串口调试助手接收窗口打印“FAN ON!”，再次按下按键K1，轴流风机关闭，PC串口调试助手接收窗口打印“FAN OFF!”。验证效果如图26.12所示。

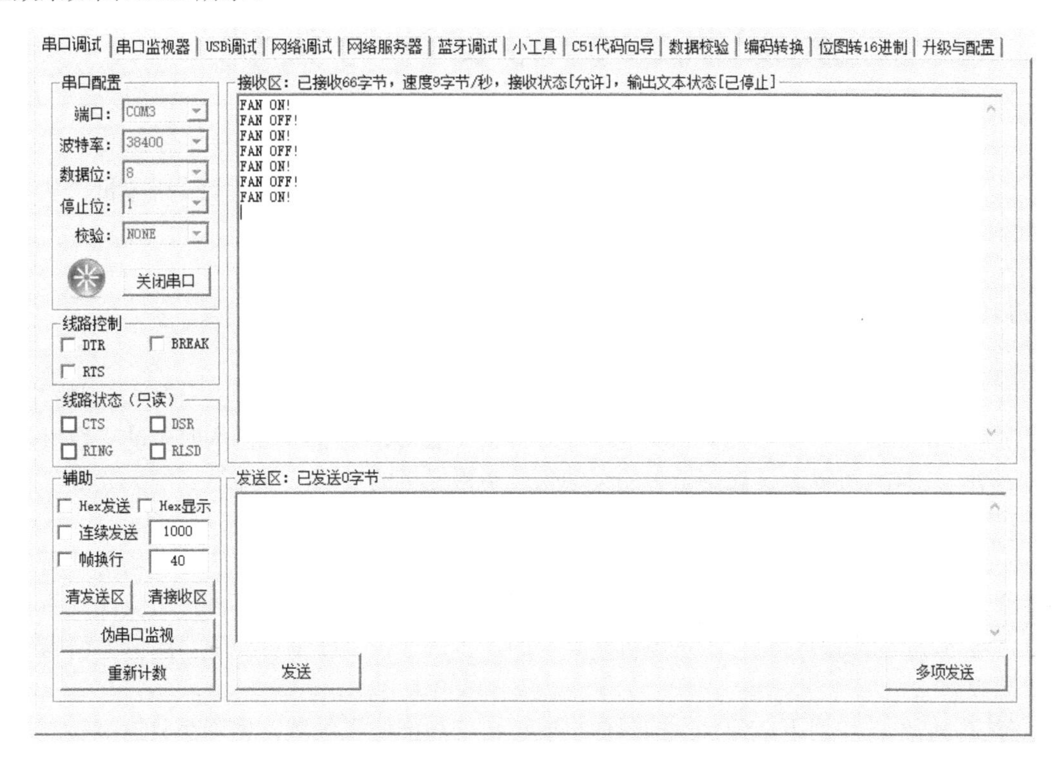

图26.12 验证效果图

26.6 任务小结

本任务介绍了轴流风机的使用，通过CC2530微处理器的GPIO来改变对轴流风机的控制。

26.7 思考与拓展

（1）轴流风机的工作、控制原理是什么？

（2）怎么控制轴流风机的转速？

（3）如何使用CC2530微处理器驱动轴流风机？

（4）轴流风机除了能够通过外接电路控制轴流风机的正常开关，还可以通过PWM精确地控制轴流风机的转速，如笔记本电脑散热器。请读者尝试模拟工业换气扇的功能，将轴流风机的转速分为三个等级，并使用LED1和LED2来表示，通过按键控制轴流风机的转速。

任务 27

摄像机云台的设计与实现

本任务重点学习步进电机的功能和基本工作原理，通过 CC2530 驱动步进电机，从而完成摄像机云台的设计与实现。

27.1 开发场景：如何实现摄像机云台

摄像机云台是一种安装在摄像机支撑物上的工作平台，用于摄像机与支撑物之间的连接，同时它具有水平运动和垂直运动的功能，在云台水平运动、垂直运动的同时带动摄像机做相同的运动，这样就可以通过控制云台的运动来控制摄像机的运动，从而达到扩大监视范围的目的。

云台分为固定云台和电动云台两类，目前这两类云台均广泛地应用于各种场所，固定云台适用于小范围的监视；电动云台适用于对大范围进行扫描监视，它可以扩大摄像机的监视范围。电动云台是由两台执行步进电机来实现的，步进电机接收来自控制器的信号精确地运行定位。

在控制信号的作用下，云台上的摄像机既可自动扫描监视区域，也可在监控中心值班人员的操纵下跟踪监视对象。步进电机作为云台的转动器件，其工作的可靠性直接影响到云台的质量。云台的性能指标有：云台的转动速度、云台的转动角度和云台的载重量。摄像头云台设备如图 27.1 所示。

图 27.1　摄像头云台设备

27.2 开发目标

（1）知识要点：步进电机的原理与应使用。

（2）技能要点：了解步进电机的原理结构；掌握步进电机的使用。

（3）任务目标：某安防公司的摄像机需要设计一个云台以实现水平视角的变化，要求通过微处理器控制步进电机。

27.3　原理学习：步进电机原理与应用

27.3.1　步进电机基本概念

步进电机又称为脉冲电机，可以自由地回转，其动作原理是依靠气隙磁导的变化来产生电磁转矩。20 世纪初，在电话自动交换机中广泛使用了步进电机，在缺乏交流电源的船舶和飞机等独立系统中也得到了广泛的使用。20 世纪 50 年代后期晶体管的发明后也逐渐应用在步进电机上，对于数字化的控制变得更为容易。到了 80 年代后，由于廉价的微型计算机以多功能的姿态出现，步进电机的控制方式更加灵活多样。常用的步进电机如图 27.2 所示。

图 27.2　常用的步进电机

步进电机相对于其他控制用途电机的最大区别是，它接收数字控制信号（电脉冲信号）并将其转化成与之相对应的角位移或直线位移，它本身就是一个完成数字模拟转化的执行元件，而且它可用于开环位置控制，输入一个脉冲信号就得到一个规定的位置增量。与传统的直流控制系统相比，其成本明显降低，几乎不必进行系统调整。步进电机的角位移量与输入的脉冲个数严格成正比，而且在时间上与脉冲同步，因而只要控制脉冲的数量、频率和电机绕组的相序，即可获得所需的转角、速度和方向。

从其结构形式上，步进电机可分为反应式步进电机、永磁式步进电机、混合式步进电机、单相步进电机、平面步进电机等多种类型，我国所采用的步进电机以反应式步进电机为主。

步进电机的运行性能与控制方式有密切的关系，从其控制方式来看，步进电机控制系统，可以分为开环控制系统、闭环控制系统、半闭环控制系统。目前，半闭环控制系统在实际应用中一般归类于开环或闭环系统中。

步进电机的相关参数如下。

1. 静态参数

（1）相数：产生不同对极 N、S 磁场的激磁线圈对数。

（2）拍数：是指完成一个磁场周期性变化所需脉冲数或导电状态，通常用 n 表示，或指步进电机转过一个齿距角所需的脉冲数。以四相步进电机为例，有四相四拍运行方式（即

AB-BC-CD-DA-AB）和四相八拍运行方式（即 A-AB-B-BC-C-CD-D-DA-A）。

（3）步距角：对应一个脉冲信号，步进电机转子转过的角位移用θ表示，即

$$\theta=360^\circ/（转子齿数×运行拍数）$$

以常规的二相/四相转子齿数为 50 的步进电机为例，四拍运行时步距角$\theta=360^\circ/(50\times4)=1.8^\circ$（俗称整步），八拍运行时步距角$\theta=360^\circ/(50\times8)=0.9^\circ$（俗称半步）。

（4）定位转矩：步进电机在不通电状态下，步进电机转子自身的锁定力矩（通常是由磁场齿形的谐波以及机械误差造成的）。

（5）静转矩：步进电机在额定静态电压作用下，步进电机不做旋转运动时，步进电机转轴的锁定力矩，此力矩是衡量步进电机体积的标准，与驱动电压及驱动电源等无关。虽然静转矩与电磁激磁安匝数成正比，与定齿转子间的气隙有关，但过分减小气隙，增加激磁安匝来提高静力矩是不可取的，这样会造成步进电机的发热及机械噪声。

2．动态参数

（1）步距角精度：指步进电机每转过一个步距角的实际值与理论值的误差，用百分比表示，即误差/步距角×100%。不同运行拍数其值不同，四拍运行时应在 5%之内，八拍运行时应在 15%以内。

（2）失步：步进电机运转时运转的步数，不等于理论上的步数，称为失步。

（3）失调角：指转子齿轴线偏移定子齿轴线的角度，步进电机运转必存在失调角，由失调角产生的误差，采用差分驱动是不能解决的。

（4）最大空载起动频率：步进电机在某种驱动形式、电压及额定电流下，在不加负载的情况下，能够直接起动的最大频率。

（5）最大空载的运行频率：步进电机在某种驱动形式、电压及额定电流下，步进电机不带负载时最高转速频率。

（6）运行矩频特性：步进电机在某种测试条件下，测得的运行中输出力矩与频率关系的曲线称为运行矩频特性，这是步进电机诸多动态曲线中最重要的，也是步进电机选择的根本依据。其他特性还有惯频特性、起动频率特性等。步进电机一旦选定，步进电机的静力矩确定，而动态力矩却不然，步进电机的动态力矩取决于步进电机运行时的平均电流（而非静态电流），平均电流越大，步进电机输出力矩越大，即步进电机的频率特性越强。要使平均电流大，尽可能提高驱动电压，采用小电感大电流的步进电机。

（7）步进电机的共振点：步进电机均有固定的共振区域，二相、四相感应子式的共振区一般在 180～250 pps 之间（步距角为 1.8°）或在 400 pps 左右（步距角为 0.9°），步进电机驱动电压越高，步进电机电流越大，负载越轻，电机体积越小，则共振区向上偏移，反之亦然，为使步进电机输出电矩增大、不失步和整个系统的噪声降低，一般工作点均应偏移共振区较多。

（8）步进电机正反转控制：当步进电机绕组通电时序为 AB-BC-CD-DA 时正转，通电时序为 DA-CD-BC-AB 时反转。

27.3.2　步进电机工作原理

虽然步进电机已被广泛应用，但步进电机并不能像普通的直流电机、交流电机那样在常

规下使用，它必须由双环形脉冲信号、功率驱动电路等组成控制系统方可使用，因此用好步进电机却非易事，它涉及机械、电机、电子及计算机等许多专业知识。步进电机作为执行元件，是机电一体化的关键产品之一，广泛应用在各种自动化控制系统中。随着微电子和计算机技术的发展，步进电机的需求量与日俱增，在各个国民经济领域都有应用。

1. 步进电机的基本原理

通常步进电机的转子为永磁体，当电流流过定子绕组时，定子绕组会产生一矢量磁场，该磁场会带动转子旋转一角度，使得转子的一对磁场方向与定子的磁场方向一致。当定子的矢量磁场旋转一个角度时，转子也随着该磁场转一个角度。每输入一个电脉冲，步进电机转动一个角度前进一步，它输出的角位移与输入的脉冲数成正比、转速与脉冲频率成正比。改变绕组通电的顺序，步进电机就会反转，所以可用控制脉冲数量、频率及步进电机各相绕组的通电顺序来控制步进电机的转动。

2. 步进电机结构及控制方式

步进电机主要由两部分构成，分别是定子和转子，它们均是由磁性材料构成的。以三相为例，其定子和转子上分别由 6 个和 4 个磁极。步进电机内部结构如图 27.3 所示。

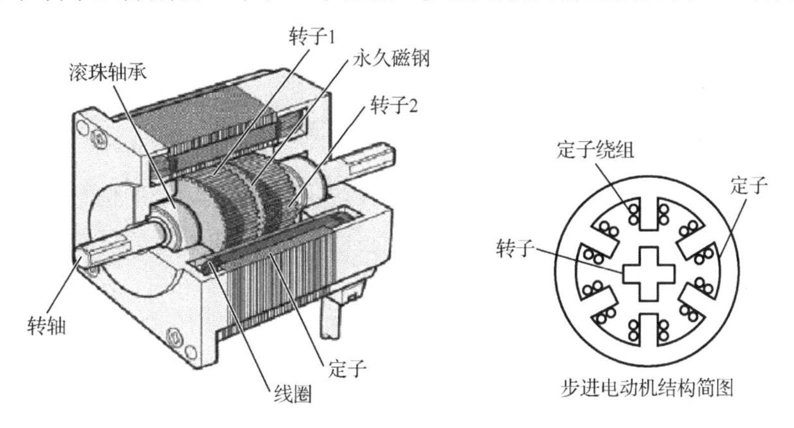

图 27.3　步进电机内部结构

通过对步进电机的结构进行简化，可将步进电机简化为定子、绕组和转子。定子的 6 个磁极上有三相控制绕组，每两个相对的磁极成一相。步进电机简化结构如图 27.4 所示。

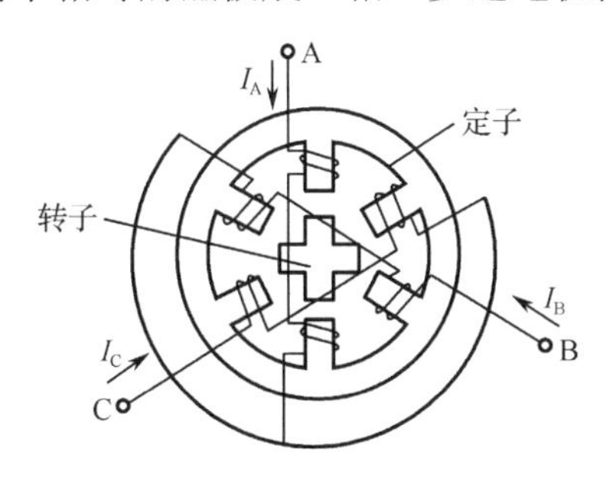

图 27.4　步进电机简化结构

步进电机工作流程如图27.5所示，A相通电时，A方向的磁通经转子形成闭合回路。若转子和磁场轴线方向原有一定角度，在磁场的作用下，转子被磁化，吸引转子，由于磁力线总是要通过磁阻最小的路径闭合，使转子转动，使得转子和定子的齿对齐停止转动。

图27.5　步进电机工作流程

27.3.3　步进电机控制方法

步进电机最简单的控制方式就是开环控制系统，其原理框图如图27.6所示。

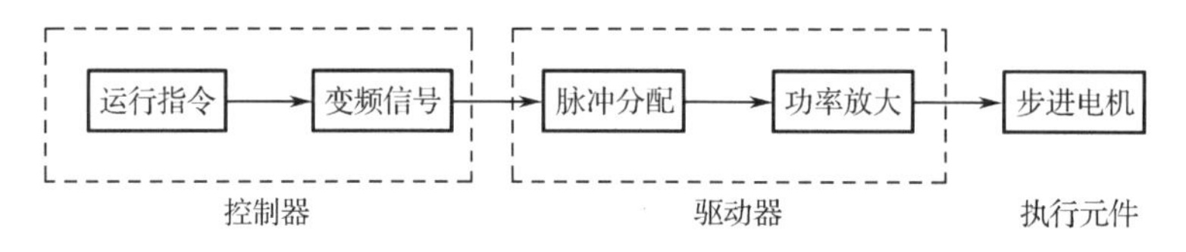

图27.6　开环控制系统原理框图

在这种控制方式下，步进电机控制脉冲的输入并不依赖于转子的位置，而是按一个固定的规律发出控制脉冲，步进电机仅依靠这一系列既定的脉冲而工作，这种控制方式由于步进电机的独特性而比较适合控制步进电机。

开环控制方式的特点是控制简单、实现容易，在开环控制中，负载位置对控制电路没有反馈，因此，步进电机必须正确地响应每次励磁的变化，如果励磁变化太快，步进电机不能移动到新的位置，那么实际负载位置与理想位置就会产生一个偏差，在负载基本不变时，控制脉冲序列的产生较为简单，但在负载的变化可能较大的场合，控制脉冲序列的产生就很难照顾全面，就有可能出现失步等现象。目前随着微处理器应用的普及，依靠微处理器可以实现一些复杂的步进电机的控制脉冲序列的产生。

步进电机是将电脉冲信号转变为角位移或线位移的开环控制电机，是现代数字程序控制系统中的主要执行元件，应用极为广泛。在非超载的情况下，步进电机的转速、停止的位置只取决于脉冲信号的频率和脉冲数，而不受负载变化的影响，当步进驱动器接收到一个脉冲信号，它就驱动步进电机按设定的方向转动一个固定的角度，称为步距角，它的旋转是以固定的角度一步一步运行的，可以通过控制脉冲个数来控制角位移量，从而达到准确定位的目的；同时也可以通过控制脉冲频率来控制步进电机转动的速度和加速度，从而达到调速的目的。

步进电机是一种感应电机，它的工作原理是利用电子电路将直流电变成分时供电的、多相时序控制电流，用这种电流为步进电机供电，步进电机才能正常工作，驱动器就是为步进电机分时供电的多相时序控制器。

27.3.4　四相五线步进电机

本任务使用的是 28BYJ48 型四相五线步进电机，如图 27.7 所示。

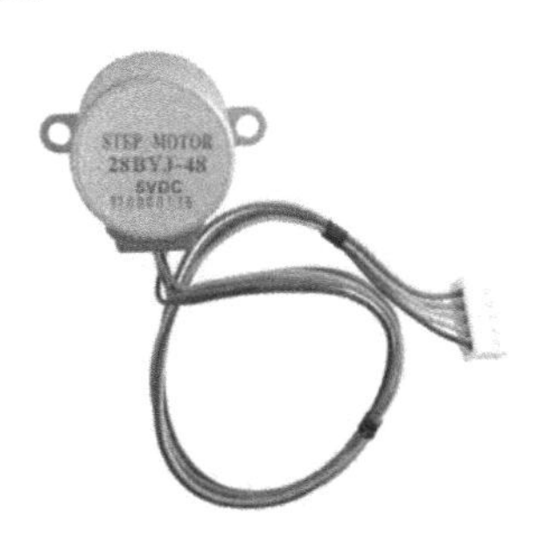

图 27.7　四相五线步进电机

步进电机是一种将电脉冲转化为角位移的执行机构，当步进驱动器接收到一个脉冲信号时，它就驱动步进电机按设定的方向转动一个固定的角度（即步进角）。可以通过控制脉冲个来控制角位移量，从而达到准确定位的目的；同时也可以通过控制脉冲频率来控制电机转动的速度和加速度，从而达到调速的目的。

28BYJ48 型步进电机电压为 DC 5～12 V。在对步进电机施加一系列连续不断地控制脉冲时，它可以连续不断地转动。每一个脉冲信号对应步进电机的某一相或两相绕组的通电状态改变一次，也就对应转子转过一定的角度（即一个步距角）。当通电状态的改变完成一个循环时，转子转过一个齿距。28BYJ48 型步进电机可以在不同的工作方式下运行，常见的工作方式有单（单相绕组通电）四拍（A-B-C-D-A）、双（双相绕组通电）四拍（AB-BC-CD-DA-AB）、八拍（A-AB-B-BC-C-CD-D-DA-A），如图 27.9 所示。

- 额定电压为 DC 12 V（另有电压 5 V、6 V、24 V）。
- 相数为 4。
- 减速比为 1/64（另有减速比 1/16、1/32）。
- 步距角为 5.625°/64。
- 驱动方式为 4 相 8 拍。

接线端序号	导线颜色	分配顺序							
		1	2	3	4	5	6	7	8
5	红	+	+	+	+	+	+	+	+
4	橙	–	–						–
3	黄		–	–	–				
2	蓝				–	–	–		
1	棕						–	–	–

4　2　5　3　M

励磁顺序

图 27.8　28BYJ48 型步进电机常见的工作方式

27.4　任务实践：摄像机云台的软/硬件设计

27.4.1　开发设计

1. 硬件设计

本任务主要介绍摄像机云台的设计，其硬件结构主要由 CC2530 微处理器、步进电机组

成。通过微处理器控制步进电机实现旋转角度的变化。步进电机项目框架图如图 27.9 所示。

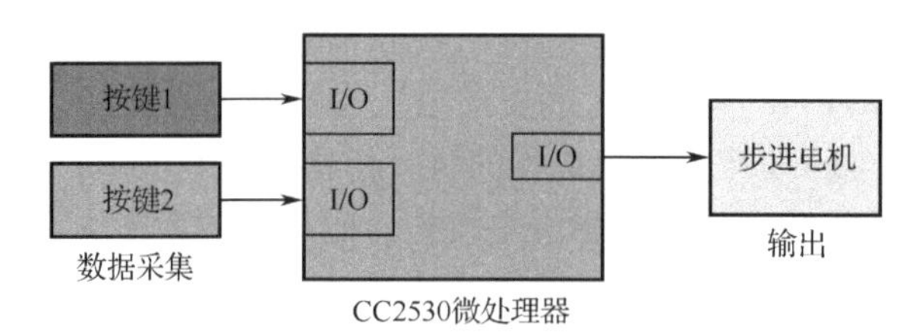

图 27.9 步进电机项目硬件框架图

步进电机是一种脉冲节拍控制的高效可控电机，为了增强步进电机的电流驱动能力，需要使用相应的驱动芯片来对步进电机进行控制，该电路使用了 A3967SLB 驱动芯片来驱动步进电机，步进电机就由节拍控制更改为了三线控制，即使能信号线（ENALBE 连接到 CC2530 的 P0_2 引脚）、方向控制线（DIR 连接到 CC2530 的 P0_1 引脚）和脉冲控制线（STEP 连接到 CC2530 的 P0_0 引脚）。步进电机接口电路如图 27.10 所示。

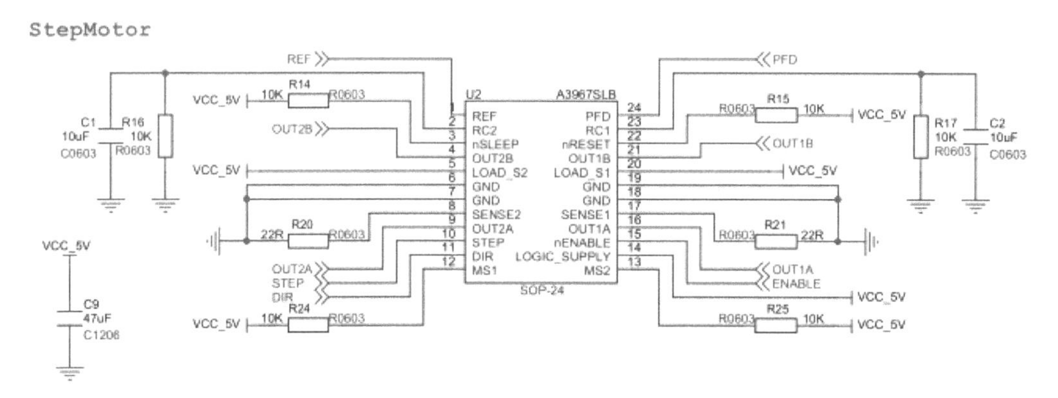

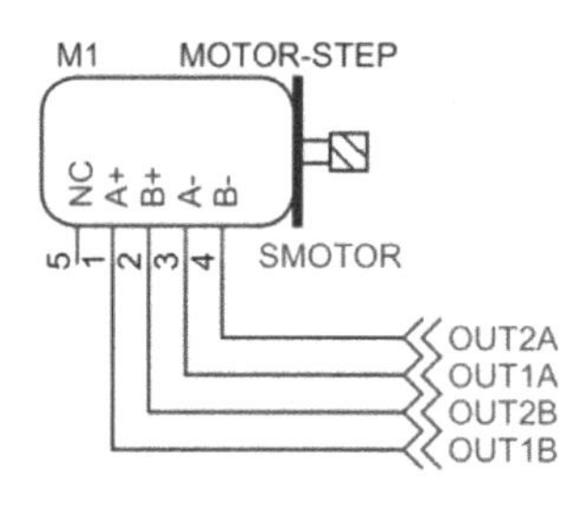

图 27.10 步进电机接口电路

2. 软件设计

要实现步进电机的控制，还需要有合理的软件设计，本任务程序设计思路如下：

（1）初始化系统时钟。

（2）初始化 LED。

（3）初始化步进电机。

（4）初始化串口。

（5）初始化按键。
（6）判断按键K1是否按下，如果是，执行步骤（7）；如果否，执行步骤（8）。
（7）步进电机正转。
（8）判断按键K2是否按下，如果是，执行步骤（9）；如果否，执行步骤（6）。
（9）步进电机反转，执行步骤（6）。
软件设计流程如图27.11所示。

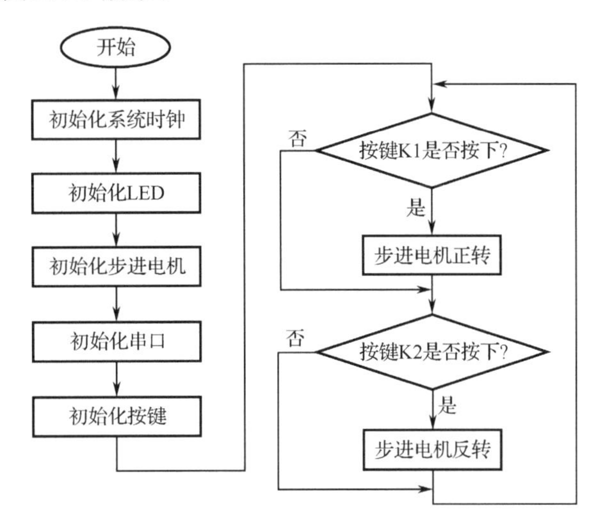

图27.11　软件设计流程图

27.4.2　功能实现

1．相关头文件模块

```
/*****************************************************************************
* 文件：led.h
*****************************************************************************/
#define D1        P1_1                        //宏定义D1灯（即LED1）控制引脚P1_1
#define D2        P1_0                        //宏定义D2灯（即LED2）控制引脚P1_0
#define ON         0                          //宏定义打开状态控制为ON
#define OFF        1                          //宏定义关闭状态控制为OFF
/*****************************************************************************
* 文件：key.h
*****************************************************************************/
#define K1          P1_2                      //宏定义按键检测引脚P1_2
#define K2          P1_3                      //宏定义按键检测引脚P1_3
#define UP           1                        //按键弹起
#define DOWN         0                        //按键被按下
```

2．主函数模块

```
void main(void)
{
    xtal_init();                                    //系统时钟初始化
    led_io_init();                                  //LED 初始化
    stepmotor_init();                               //步进电机初始化
    key_io_init();                                  //按键初始化
    while(1)
    {
        if(KEY1 == ON)                              //按键按下，步进电机正转
        forward(1);                                 //步进电机正转
        if(KEY2 == ON)                              //按键按下，步进电机反转
        reversion(1);                               //步进电机反转
    }
}
```

3．系统时钟初始化模块

CC2530 系统时钟初始化源代码如下。

```
/*********************************************************************************************
* 名称：xtal_init()
* 功能：CC2530 系统时钟初始化
*********************************************************************************************/
void xtal_init(void)
{
    CLKCONCMD &=  ~0x40;                            //选择 32 MHz 的外部晶体振荡器
    while(CLKCONSTA & 0x40);                        //晶体振荡器开启且稳定
    CLKCONCMD &=  ~0x07;                            //选择 32 MHz 系统时钟
}
```

4．步进电机驱动模块

```
/******************************************* 宏定义*********************************/
#define CLKDIV   ( CLKCONCMD & 0x07 )
#define PIN_STEP            P0_0
#define PIN_DIR             P0_1
#define PIN_EN              P0_2
/****************************************** 全局变量*********************************/
static unsigned int dir = 0;
/*********************************************************************************************
* 名称：stepmotor_init
* 功能：步进电机初始化
*********************************************************************************************/
void stepmotor_init(void)
{
    P0SEL &= ~0X07;                                 //配置 P0_0、P0_1、P0_2 为输出引脚
```

```
    P0DIR |= 0X07;
}
/*********************************************************************************************
* 名称：step(int dir,int steps)
* 功能：步进电机单步驱动
*********************************************************************************************/
void step(int dir,int steps)
{
    int i;
    if (dir)
    PIN_DIR = 1;                                        //步进电机方向设置
    else
    PIN_DIR = 0;
    delay_us(5);                                        //延时 5 μs
    for (i=0; i<steps; i++){                            //步进电机旋转
        PIN_STEP = 0;
        delay_us(80);
        PIN_STEP = 1;
        delay_us(80);
    }
}
/*********************************************************************************************
* 名称：forward()
* 功能：步进电机正转
*********************************************************************************************/
void forward(int data)
{
    dir = 0;                                            //步进电机方向设置
    PIN_EN = 0;
    step(dir, data);                                    //启动步进电机
    PIN_EN = 1;
}
/*********************************************************************************************
* 名称：reversion()
* 功能：步进电机反转
*********************************************************************************************/
void reversion(int data)
{
    dir = 1;                                            //步进电机方向设置
    PIN_EN = 0;
    step(dir, data);                                    //启动步进电机
    PIN_EN = 1;
}
```

27.5 任务验证

使用IAR开发环境打开任务设计工程，程序通过编译后，由SmartRF下载到CC2530微处理器中，运行程序。程序运行后，按下按键K1不放时步进电机正转，松开按键K1时步进电机停转；当按下按键K2不放时步进电机反转，松开按键K2时步进电机停转。

27.6 任务小结

通过本任务读者可学习步进电机工作原理和控制方法，通过CC2530微处理器和按键，来驱动步进电机，实现摄像机云台的设计。

27.7 思考与拓展

（1）步进电机的工作原理是什么？

（2）步进电机的控制方法有哪些？

（3）如何使用CC2530微处理器驱动步进电机？

（4）步进电机除了在民用领域有着广泛的应用，在工业领域也有着大量的应用。由于步进电机不但可以控制方向、转速，同时还可以控制旋转角度，这使得步进电机多应用在精细化控制领域，如机床、3D打印机、机器人等。请读者尝试模拟工业机床，用LED1和LED2表示步进电机的旋转方向，通过PC向单片机发指令的方式实现对步进电机旋转的方向和角度的控制，并将控制结果打印在PC上。

任务 28

声光报警器的设计与实现

本任务重点学习 RGB 灯的功能和基本工作原理，通过 CC2530 驱动 RGB 灯，从而实现声光报警器的设计。

28.1 开发场景：如何实现声光报警器

声光报警器（Audible and Visual Alarm）是为了满足安防需求的报警响度和安装位置的特殊要求而设置的，可以发出声、光两种报警信号，常用于钢铁冶金、电信铁塔、起重机械、工程机械、港口码头、交通运输、风力发电、远洋船舶等行业，是工业报警系统中的一个常用产品。

当生产现场发生事故或火灾等紧急情况时，火灾报警控制器送来的控制信号启动声光报警电路，发出声和光报警信号，完成报警目的。也可和手动报警按钮配合使用，达到简单的声、光报警目的。声光报警器如图 28.1 所示。

图 28.1 声光报警器

28.2 开发目标

（1）知识要点：声光报警器基本概念、用途；RGB 灯的工作原理。

（2）技能要点：了解声光报警器基本概念、应用场合；熟悉 RGB 灯的工作原理。

（3）任务目标：某公司要生产一款消防声光报警器，该设备使用 RGB 灯与蜂鸣器，微处理器接收到报警触发信号时，立即触发声光报警器。

28.3 原理学习：声光报警器和 RGB 灯

28.3.1 声光报警器

声光报警器是通过声音和各种光来向人们发出示警信号的一种报警信号装置，防爆声光报警器适用于爆炸性气体环境场所，还可应用于石油、化工等行业具有防爆要求的 1 区及 2 区防爆场所，也可以在露天、室外使用。非编码型声光报警器可以和国内外任何厂家的火灾警控制器配套使用，当发生事故或火灾等紧急情况时，火灾报警控制器送来的控制信号可启动声光报警电路，发出声和光报警信号，达到报警目的；也可和手动报警按钮配合使用，达到简单的声、光报警目的。

28.3.2 RGB 灯原理

RGB 灯的成像原理：RGB 灯是以三原色共同交集成像的。此外，还有蓝光 LED 配合黄色荧光粉，以及紫外 LED 配合 RGB 荧光粉，这两种都有其成像原理，但是衰减问题与紫外线对人体影响，都是短期内比较难解决的问题。

在应用上，RGB 灯明显比白光 LED 多元化，如车灯、交通号志、橱窗等，需要用到某一波段的灯光时，RGB 灯的混色可以随心所欲，相较之下，白光 LED 就比较单一；从另一方面上来说，在照明方面，RGB 灯却不占优势，因为照明方面主要是白光的光通量、寿命及纯色等，目前 RGB 灯主要用在装饰灯方面。

近几年来，随着 LED 照明技术的不断发展，LED 应用在建筑物外观照明、景观照明等商业用途越来越广泛。这一类的 LED 可以根据建筑物的外观进行设计，一般采用由红、绿、蓝三基色 LED 所构成的 RGB 灯作为基本照明单位，用于制造色彩丰富的显示效果。

三基色混光，指的是基于红、绿、蓝（RGB）的加性混光原理，三基色加性混光指利用红光、绿光和蓝光进行混光，产生各种照明色彩。根据国际照明委员会色度图可知，光的色彩与三基色 R、G 和 B 的光通量比例因子 f_R、f_G 和 f_B 有关，并且满足条件 $f_R+f_G+f_B=1$。调节 f_R、f_G 和 f_B 的值就可以调节最终输出光的色彩。因此，不仅能够通过脉宽调制方式在某段时间内对进行通断调节，也可以调节流过某颗 LED 的电流，从而调节亮度，同时调节三颗 LED 的电流即可调节输出光的颜色和亮度。

本任务使用蜂鸣器和 RGB 灯模拟声光报警器，其中蜂鸣器模拟喇叭，RGB 灯模拟彩灯。蜂鸣器和 RGB 灯如图 28.2 所示。

图 28.2　蜂鸣器和 RGB 灯

28.4 任务实践：声光报警器的软/硬件设计

28.4.1 开发设计

1. 硬件设计

本任务主要是实现声光报警器，硬件结构主要由 CC2530 微处理器、RGB 灯与蜂鸣器组成。声光报警器项目框架图如图 28.3 所示。

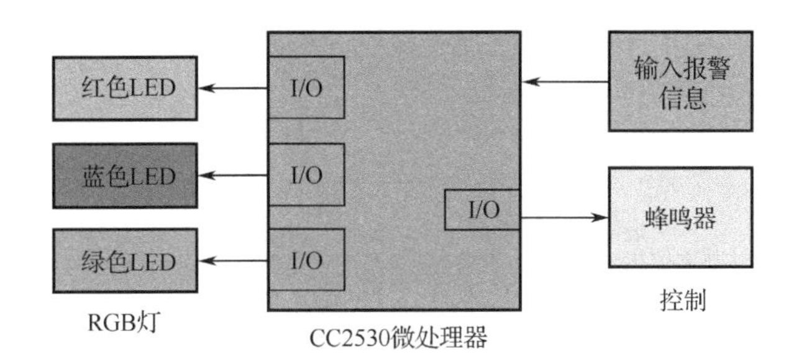

图 28.3 声光报警器项目框架图

RGB 灯接口电路如图 28.4，蜂鸣器接口电路如图 28.5 所示。

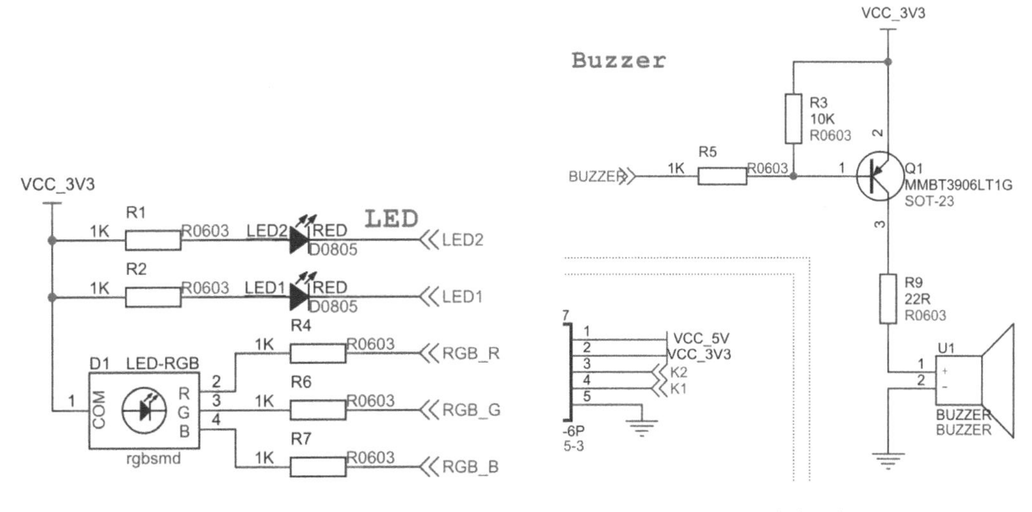

图 28.4 RGB 灯接口电路　　　　图 28.5 蜂鸣器接口电路

2．软件设计

要实现声光报警器，还需要有合理的软件设计，本任务程序设计思路如下：

（1）初始化报警标志位和计数。

（2）初始化系统时钟。

（3）初始化声光报警器。

（4）初始化串口。

（5）判断标志位是否为 1，如果是，执行步骤（6）；如果否，执行步骤（7）。

（6）反转 RGB_R，关闭 RGB_G 和 RGB_B，打开蜂鸣器，执行步骤（8）。

（7）关闭 RGB_G，关闭蜂鸣器。

（8）延时 250 ms，计数加 1。

（9）判断计数是否大于 20，如果是，反转标志位，计数清 0，执行步骤（10）；如果否，执行步骤（12）。

（10）判断标志位是否为 1，如果是，执行步骤（11）；如果否，执行步骤（5）。

（11）初始化串口，打印串口信息，初始化传感器，执行步骤（5）。

（12）初始化串口，打印串口信息，初始化传感器，关闭蜂鸣器，执行步骤（5）。

软件设计流程如图28.6所示。

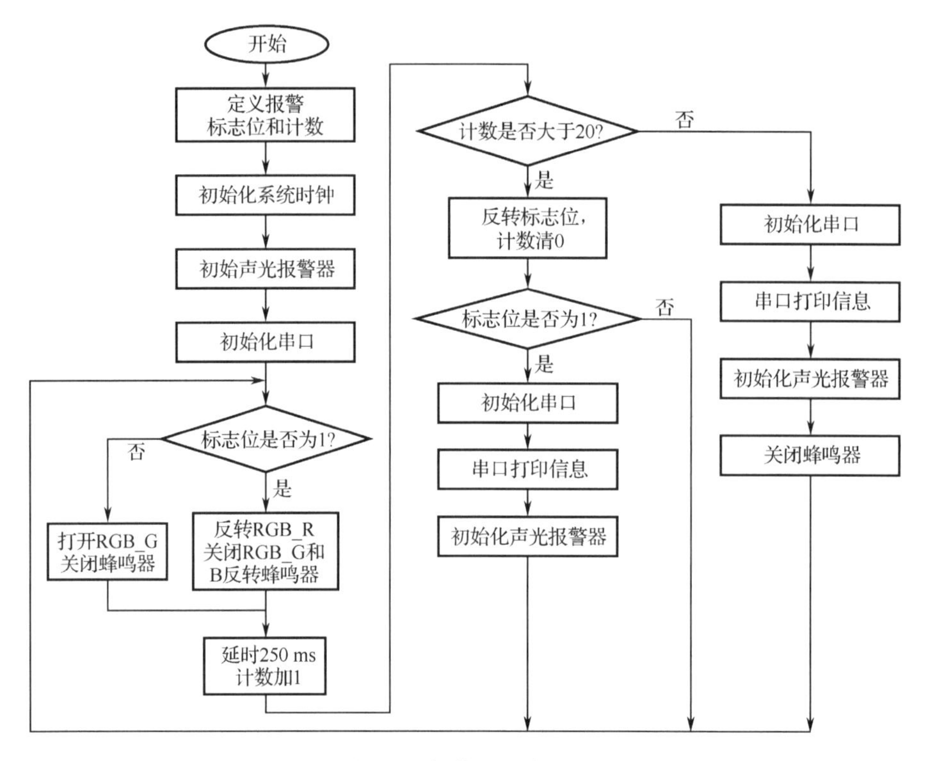

图28.6　软件设计流程图

28.4.2　功能实现

1．相关头文件模块

```
/*******************************************************************************************
* 文件：Alarm.h
*******************************************************************************************/
#define RGB_R       P0_0                    //红色RGB灯控制引脚
#define RGB_G       P0_1                    //绿色RGB灯控制引脚
#define RGB_B       P0_2                    //蓝色RGB灯控制引脚
#define BEEP        P0_3                    //蜂鸣器控制引脚
```

2．主函数模块

```
void main(void)
{
    unsigned char alarm_flag = 0;                   //报警标志位
    unsigned char num = 0;                          //计数
    xtal_init();                                    //系统时钟初始化
    alarm_init();                                   //声光报警器初始化
    uart0_init(0x00,0x00);                          //串口初始化
```

```
    while(1)
    {
        if(alarm_flag == 1){
            RGB_R = !RGB_R;                                 //红色 RGB 灯状态翻转
            RGB_G = OFF;                                    //绿色 RGB 灯关闭
            RGB_B = OFF;                                    //蓝色 RGB 灯关闭
            BEEP = !BEEP;                                   //蜂鸣器状态翻转
        }
        else{
            RGB_G = ON;                                     //绿色 RGB 灯打开
            BEEP = OFF;                                     //蜂鸣器关闭
        }
        delay_ms(250);                                      //延时 250 ms
        num++;                                              //计数
        if(num > 20){
            alarm_flag = !alarm_flag;                       //标志位翻转
            num = 0;                                        //计数清零
            if(alarm_flag == 1){
                uart0_init(0x00,0x00);                      //串口初始化
                uart_send_string("ALARM ON!\r\n");          //串口打印提示信息
                alarm_init();                               //声光报警初始化
            }
            else{
                uart0_init(0x00,0x00);                      //串口初始化
                uart_send_string("ALARM OFF!\r\n");         //串口打印提示信息
                alarm_init();                               //声光报警初始化
                BEEP = OFF;                                 //蜂鸣器关闭
            }
        }
    }
}
```

3. 系统时钟初始化模块

CC2530 系统时钟初始化源代码如下。

```
/*********************************************************************************************
* 名称：xtal_init()
* 功能：CC2530 系统时钟初始化
*********************************************************************************************/
void xtal_init(void)
{
    CLKCONCMD &=  ～0x40;                                   //选择 32 MHz 的外部晶体振荡器
    while(CLKCONSTA & 0x40);                                //晶体振荡器开启且稳定
    CLKCONCMD &=  ～0x07;                                   //选择 32 MHz 系统时钟
}
```

4．声光报警器初始化模块

```
void alarm_init(void)
{
    P0SEL &= ~0x0F;                                  //配置引脚为通用 I/O 模式
    P0DIR |= 0x0F;                                   //配置控制引脚为输入模式
}
```

5．串口驱动模块

串口驱动模块包括串口初始化函数、串口发送字节函数、串口发送字符串函数和接收字节函数，如表 28.1 所示，详细的源代码请参考任务 10。

表 28.1　串口驱动模块函数

名　称	功　能	说　明
char recvBuf[256];	定义存储接收数据的数组	无
int recvCnt	接收数据的数量	无
uart0_init(unsigned char StopBits,unsigned char Parity)	串口 0 初始化	StopBits 为停止位，Parity 为奇偶校验
void uart_send_char(char ch)	串口发送字节函数	ch 为将要发送的数据
void uart_send_string(char *Data)	串口发送字符串函数	*Data 为将要发送的字符串
int uart_recv_char(void)	接收字节函数	返回接收的串口数据

28.5　任务验证

使用 IAR 开发环境打开任务设计工程，程序通过编译后，由 SmartRF 下载到 CC2530 微处理器中，暂不运行程序。

使用串口线连接 CC2530 开发平台与 PC，打开串口调试助手并配置波特率为 38400、8 位数据位、无奇偶校验位、1 位停止位，取消十六进制显示，设置完成后运行程序。

程序运行后，首先进入正常状态，绿色 RGB 灯亮 5 s，同时 PC 串口调试助手的接收窗口打印“ALARM OFF!”；正常状态结束时关闭绿色 RGB 灯，程序进入报警状态，此时红色 RGB 灯闪烁，蜂鸣器跟着鸣响，同时 PC 串口调试助手的接收窗口打印“ALARM ON!”，程序将在正常状态与报警状态循环。验证效果如图 28.7 所示。

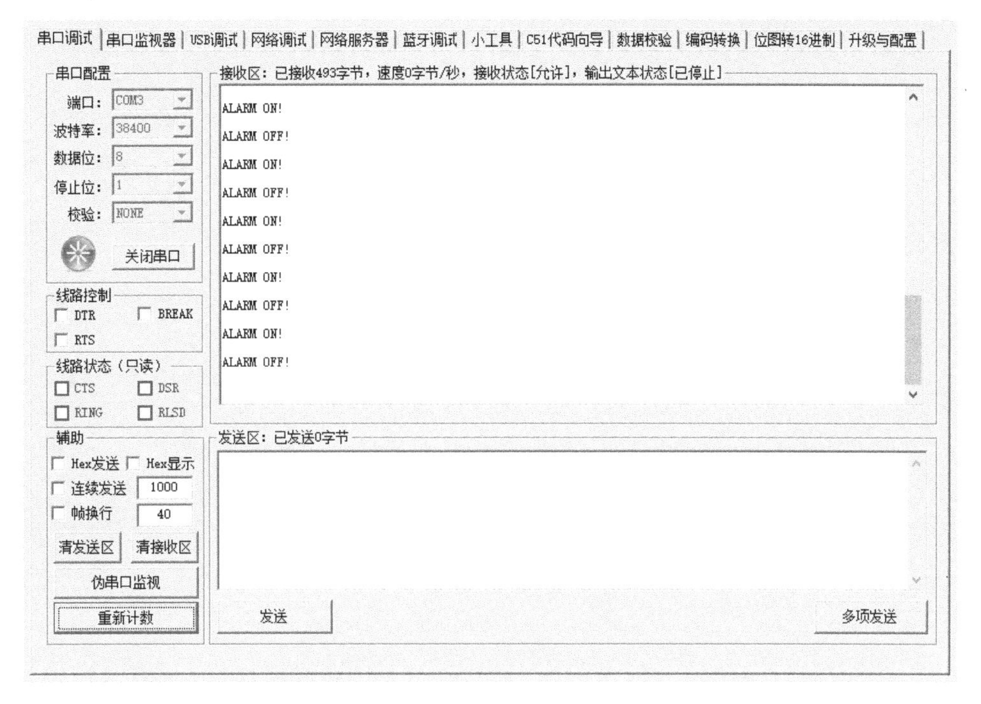

图 28.7　验证效果图

28.6　任务小结

通过本任务读者可学习 RGB 灯的工作原理，并通过 CC2530 微处理器的 GPIO 驱动 RGB 灯，实现声光报警器的设计。

28.7　思考与拓展

（1）声光报警器在日常生活的有哪些应用场景？

（2）声光报警器如何模拟不同的声光警示？

（3）如何使用 CC2530 微处理器驱动声光报警器？

（4）声光报警器主要用于对突发情况的预警，例如工厂中并不能将所有设备都信息化，很多时候出现重大事故时仍需要人工进行提醒，此时声光报警器的报警作用就变得尤为重要。读读者尝试模拟工业声光报警器，系统初始状态为绿色 RGB 灯闪烁，当按键 K1 按下时绿色 RGB 灯熄灭，蜂鸣器鸣响，红色 RGB 灯闪烁；当按键 K2 按下时解除报警，系统恢复初始状态。

第4部分

综合应用项目开发

本部分是综合项目，分别是任务29到任务31，共3个任务。任务29综合应用CC2530处理器、湿度传感器、继电器和LED完成农业大棚空气湿度调节系统的软/硬件设计，实现农业大棚湿度的自动调节；任务30综合应用CC2530处理器、人体红外传感器、语音合成传感器和LED完成智能语音门铃的软/硬件设计，实现人体识别和语音提示；任务31综合应用CC2530处理器、按键、步进电机、轴流风机和LED完成多功能晾衣架的软/硬件设计，实现升降、风干风扇的开启和关闭。

3个综合项目始终遵循系统开发原则，即任务需求分析、任务实践和任务验证来组织，首先进行任务需求分析，分别是项目解读、项目功能分解、功能技术化三个部分；然后进行任务实践，包括项目架构、硬件设计和软件设计；最后进行任务验证。通过完整的任务开发过程，实现系统功能，从而提高读者的设计和开发能力。

任务 29 农业大棚空气湿度调节系统的设计与实现

本任务综合应用CC2530处理器、湿度传感器、继电器和LED完成农业大棚空气湿度调节系统的软/硬件设计，实现农业大棚湿度的自动调节。

29.1 开发场景：如何实现空气湿度调节

现代化的农业生产越来越注重农业生产环境系统的自动调节，通过农业生产环境的自主调节避免自然界不确定环境因素对农业生产造成的影响。影响作物生长的环境因素有很多，如温度、湿度、光照度、土壤肥力、土壤酸碱度、土壤含水量等，先进的现代农业生产需要对这些环境因素进行自主控制。农业大棚可为大棚内的农作物提供良好的湿度环境，人为干预大棚湿度不仅控制不够准确，而且耗费人力，因此通常采用自动化和信息化的智能环境调节系统对大棚内的环境湿度进行调节。立体农业大棚如图29.1所示。

图29.1 立体农业大棚

29.2 开发目标

（1）知识要点：项目需求分析；系统硬件设计；系统软件设计。

（2）技能要点：掌握项目需求分析；熟悉系统硬件设计；掌握系统软件设计。

（3）任务目标：现需要为某农业大棚设计一套自动化的空气湿度调节系统，系统能够对大棚内湿度偏高和偏低的情况进行调节。

29.3　任务需求分析

项目的设计和实施通常有三个步骤，分别是项目需求分析、项目实施和项目测试。项目需求分析是指分析项目的设计细节，在获得项目技术细节后制订项目实施方案，然后根据项目实施方案实现项目的设计功能。在项目完成后需要根据项目的使用场景进行项目测试，通过测试排除设计中的技术漏洞，设备测试稳定后即可用于实践。

（1）项目需求分析。项目需求分析可分为三个部分，分别是项目解读、项目功能分解、项目技术化。

① 项目解读：将项目的内容描述由抽象的生活语言解读为项目实施的技术语言，通过这一过程实现项目的透明化。

② 项目功能分解：在项目解读完成后需要对项目进行功能分解，不同的功能需要不同的软/硬件来实现。

③ 项目技术化：将项目分解为一个一个的子功能后再对项目的各个子功能技术化，即向技术实现转化，这一转化实现了项目与项目实施的对应。

（2）项目实施。在项目实施过程中需要根据项目功能点的实现方式来编写项目子功能程序，完成项目子功能的程序设计后对项目的各个子功能进行整合，整合完成后项目程序就设计完成了。在项目程序设计完成后，就需要对项目程序进行测试。

（3）项目测试。需要将整个系统放置在项目设计的环境当中，在模拟的环境中测试程序的功能逻辑，找到程序中设计不合理和有漏洞的地方。程序更改完成后再从产品的角度验证项目产品的技术参数，为项目产品化提供数据支持。

通过以上三个步骤基本上就可以完成一个项目实例的开发与验证。

29.3.1　项目解读

本任务的目标是设计一套自动化的大棚空气湿度调节系统，能够对农业大棚内湿度的偏高和偏低的情况进行自动调节。

任务中需要实现的功能是大棚空气湿度调节，关键问题是如何调节农业大棚内部的湿度，调节的范围是多少，系统如何知道农业大棚的当前湿度是否适合，如何确定经过系统调节的农业大棚内的湿度是否系统需要的湿度。

农业大棚的湿度调节细节有三点，分别是农业大棚内湿度感知、农业大棚内湿度调节方式、农业大棚内湿度调节范围。项目任务要点解读如图 29.2 所示。

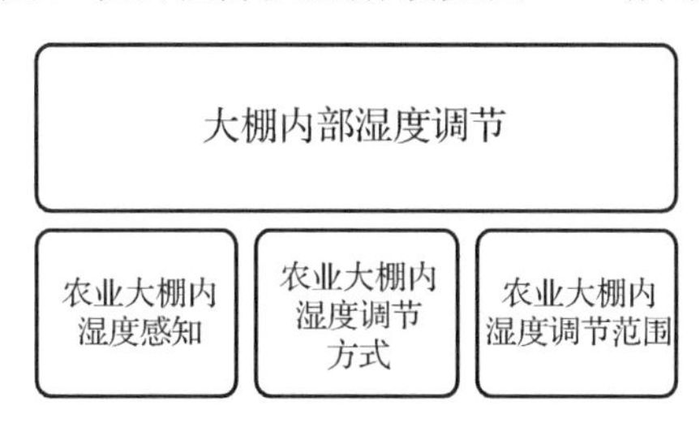

图 29.2　项目任务要点解读

获取了湿度调节细节后需要对细节进行解读。农业大棚湿度感知需要通过湿度传感器获取，通过获取农业大棚的湿度信息可以实现对大棚湿度的感知，并判断湿度的合理性。农业大棚湿度调节分为两种情况，一种是湿度过高，另一种是湿度过低，当湿度过高时需要使用除湿设备降低湿度，当湿度过低时需要使用加湿设备提高湿度。

湿度调节的合理范围是指农业大棚内作物生长的理想湿度范围，这个湿度范围有两个阈值，分别是理想湿度上限和理想湿度下限，系统需要维持农业大棚内的湿度在这两个阈值之间。项目任务细节解读如图 29.3 所示。

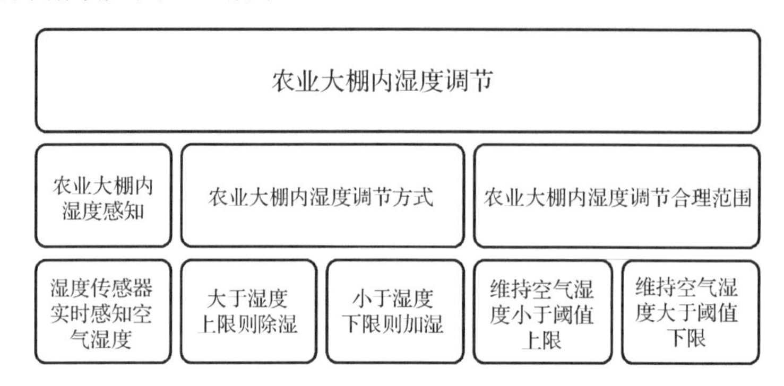

图 29.3　项目任务细节解读

农业大棚内空气湿度调节系统的目标解读为：通过湿度传感器感知农业大棚内的空气湿度信息，并将湿度与设定的湿度阈值进行比较，当空气湿度大于或小于阈值上限或下限时需要开启除湿或加湿设备，通过空气湿度传感器获取空气的湿度信息作为反馈，以获得农业大棚内空气湿度的调节结果，当空气湿度回到合理范围时则关闭相关空气湿度调节设备，完成农业大棚内空气湿度的调节。

29.3.2　项目功能分解

整个系统的工作流程就是采集湿度、判断湿度、对湿度进行调节的过程。这一过程只梳理出了项目的轮廓和部分细节，但项目的功能分解并没有完成。

项目功能分解是对项目本身进行模块的拆分与细化。在进行农业大棚内空气湿度调节系统的设计时，为了实现对空气实时湿度的采集、对空气实时湿度的判断、通过空气湿度调节设备对农业大棚内湿度进行调节的功能，需要有相关的模块来实现。

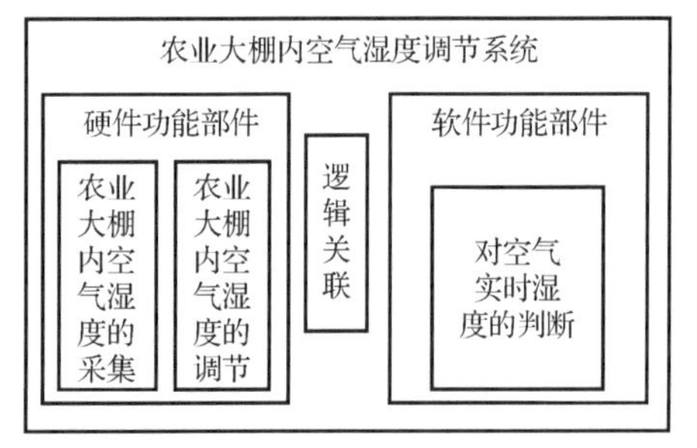

图 29.4　项目模块分解

在以上三个功能中，对农业大棚内空气湿度的采集和农业大棚内空气湿度的调节属于硬件功能模块，需要硬件的参与，而对空气实时湿度的判断是软件部分的功能模块，将硬件部分功能和软件部分功能进行有机结合就可以实现完整的系统功能。项目模块分解如图 29.4 所示。

因此系统的模块可以分解为：湿度采集模块、湿度控制模块（包含除湿与加湿）和条件输入/输出模块。

29.3.3　项目技术化

实现项目功能需要湿度采集模块、湿度控制模块（包含除湿与加湿）和条件输入/输出模块。但是仅仅知道模块的划分是远远不够的，这些模块需要运行在一个处理器平台上，如CC2530 微处理器。本任务使用 CC2530 微处理器实现对湿度调节系统的各个功能模块的实现。

（1）湿度采集模块。要实现系统的湿度采集模块需要使用湿度传感器，本任务中选择的湿度传感器为 DHTU21D，采用 I2C 总线通信，如果选择的平台上有 I2C 硬件外设，则需要将 DHTU21D 的通信引脚连接到平台的 I2C 硬件外设接口上；如果没有 I2C 硬件外设则需要程序模拟时序，因此引脚配置需要酌情设置。

（2）湿度控制模块。湿度控制模块又可分为两个部分，分别是加湿模块和除湿模块。在现实的农业设备实现中需要通过驱动继电器，然后继电器再驱动相关设备。本任务通过继电器来模拟加湿和除湿设备，为了能够指示两个设备的工作状态，需要状态指示灯指示这两个设备的工作状态。继电器和状态指示灯的设备引脚连接需要酌情设置。

（3）条件输入/输出模块。条件输入/输出属于软件模块，需要在软件中实现。本任务使用的 CC2530 微处理器是已经完善的最小系统。在真实的项目设计环境中，CC2530 微处理器还有一些辅助电路，如晶体振荡器、串口、电源、复位电路、程序下载电路等。项目技术化硬件分解如图 29.5 所示。

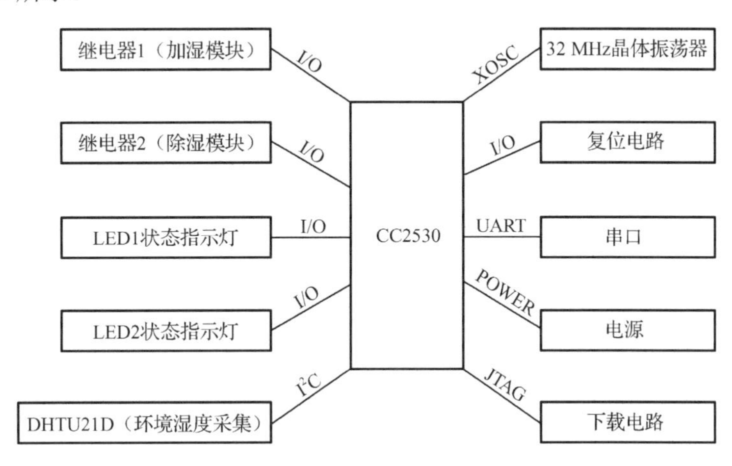

图 29.5　项目技术化硬件分解

29.4　任务实践：空气湿度调节系统的软/硬件设计

根据项目需求分析，可知项目的功能是：

（1）通过湿度传感器采集大棚的空气湿度，判断空气湿度是否处于合理范围，当湿度处于合理范围时，需要保持空气湿度稳定。

（2）当检测到空气湿度超出了农业大棚设定的最高阈值时，则开启除湿器降低大棚湿度，待湿度下降到正常范围后关闭除湿器。

（3）当检测到空气湿度低于农业大棚设定的最低阈值时，则需要开启加湿器增加空气湿

度，待湿度上升到正常范围后关闭加湿器。

本任务开发平台为CC2530微处理器平台，使用DHTU21D采集农业大棚内空气的湿度，CC2530微处理器通过I2C总线获取DHTU21D采集的湿度信息，然后判断农业大棚内空气的湿度是否处于合理范围，最后I/O接口控制继电器连接的外部设备来调节农业大棚内空气的湿度。

湿度值采集与加湿器和除湿器的控制关系用“Hum”表示湿度、湿度上限用“hum_T”表示，湿度下限用“hum_D”表示。湿度控制关系如表29.1所示。

表29.1 湿度控制关系

情况种类	湿度状态	加湿器状态	除湿器状态
状况一	Hum>hum_T	开	关
状况二	hum_D<Hum<hum_T	关	关
状况三	hum_D>Hum	关	开

为了保持农业大棚内的空气湿度的稳定，农业大棚内空气湿度调节设备默认均处于关闭状态。当检测到空气湿度低于湿度下限时开启加湿器，当空气湿度大于湿度上限时开启除湿器，当湿度处于合理区间时则关闭加湿器和除湿器。

29.4.1 项目架构

本任务通过CC2530微处理器的I2C总线接口与湿度传感器相连接，使用I2C总线协议实现对湿度传感器的数据获取；通过I/O口对加湿器和除湿器的控制继电器进行控制；通过串口将采集的湿度传感器数据打印在PC上。项目框架图如图29.6所示。

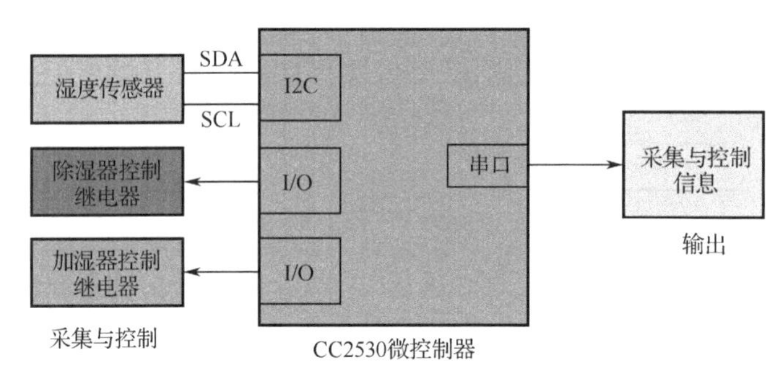

图29.6 项目框架图

29.4.2 硬件设计

1. 湿度模块硬件设计

湿度模块接口电路如图29.7所示。

DHTU21D湿度传感器采用I2C总线连接，I2C总线的SDA和SCL分别连接到CC2530微处理器的P0_0和P0_1。

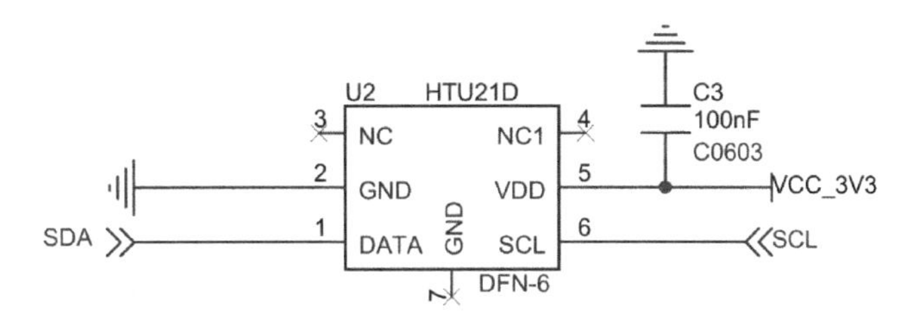

图 29.7　湿度模块接口电路

2. 继电器模块硬件设计

继电器模块接口电路如图 29.8 所示。

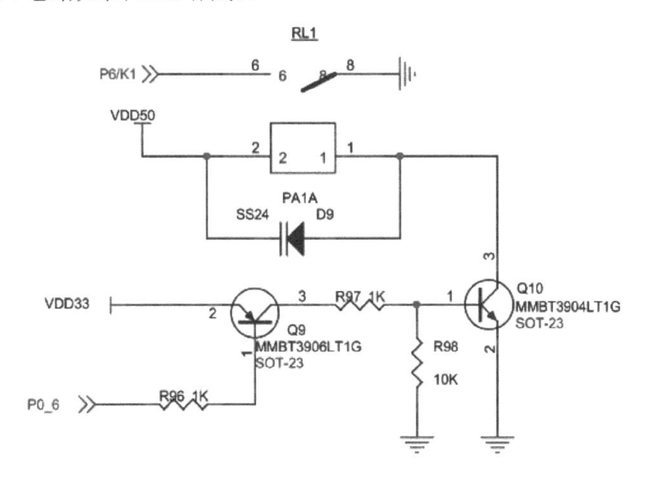

图 29.8　继电器模块接口电路

本任务需要使用到两个继电器，分别作为加湿器和除湿器的控制开关，继电器 1 和继电器 2 分别连接到 CC2530 微处理器的 P0_6 和 P0_7。

3. 指示灯模块硬件设计

指示灯模块接口电路如图 29.9 所示。

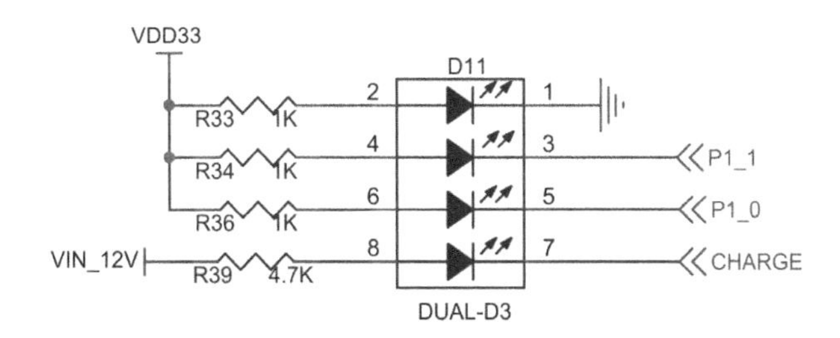

图 29.9　指示灯模块接口电路

为了及时了解当前系统所处的工作状态，需要两个 LED 灯来指示系统的加湿、除湿的工作状态，LED1 和 LED2 分别连接到 CC2530 微处理器的 P1_0 和 P1_1。

29.4.3 软件设计

本任务的程序设计可分为 CC2530 微处理器的初始化程序、传感器和控制设备的驱动程序、逻辑程序。

CC2530 微处理器的初始化实际是初始化单片机的相关接口参数，例如，湿度传感器 DHTU21D 初始化单片机引脚，并配置 I2C 总线协议和传感器的读写程序；系统要与 PC 实现数据通信就需要使用串口，使用串口就要配置单片机的串口参数；继电器则初始化单片机的继电器控制引脚等。

农业大棚内空气湿度调节系统的程序设计流程如图 29.10 所示。

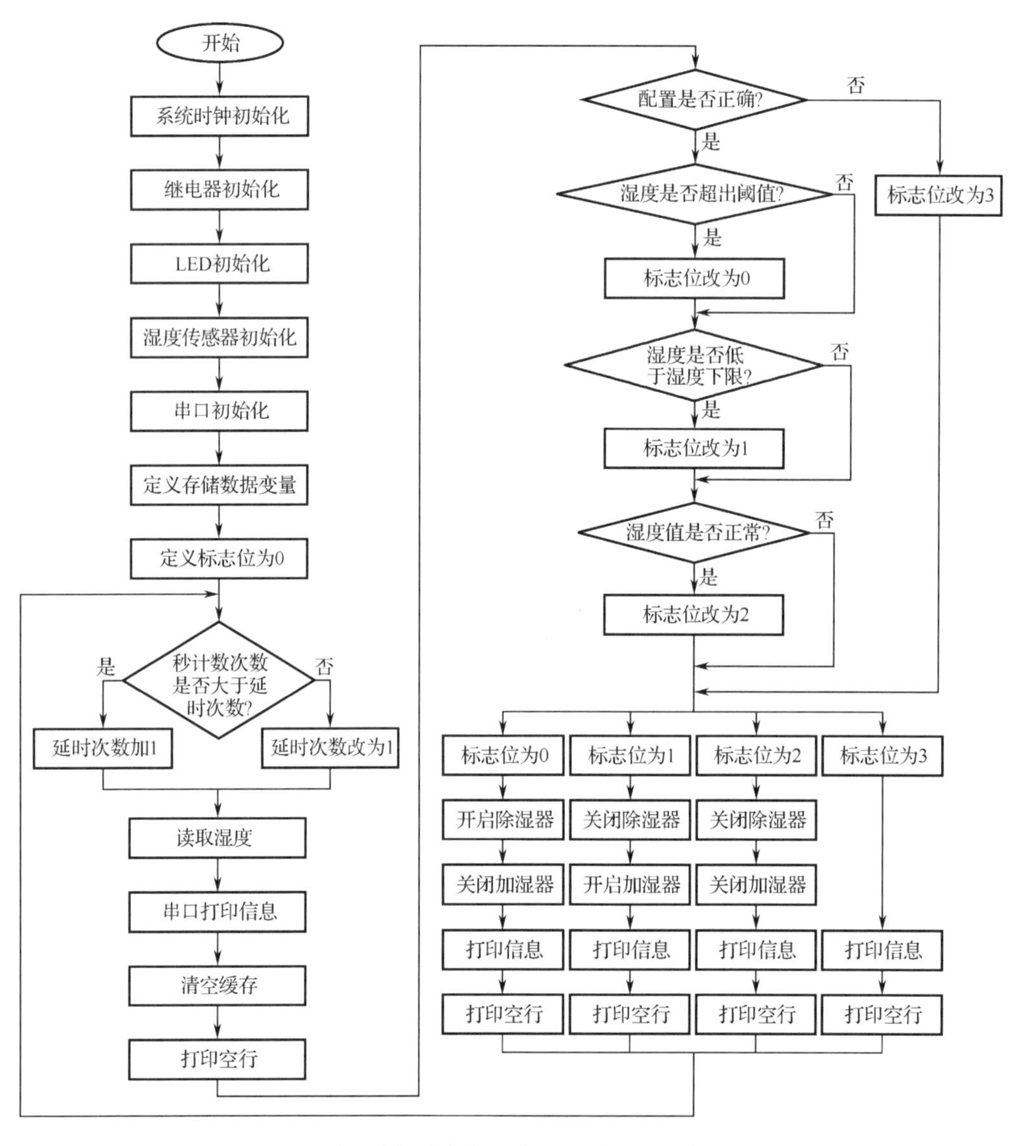

图 29.10　农业大棚内空气湿度调节系统的软件设计流程

软件设计流程与前文中项目分析和设计逻辑一致，相关软件设计模块分析如下。

1．相关头文件模块

```
/*********************************************************************************************
* 宏定义
*********************************************************************************************/
#define D1          P1_1                              //宏定义 D1 灯（即 LED1）控制引脚 P1_1
#define D2          P1_0                              //宏定义 D2 灯（即 LED2）控制引脚 P1_0
#define ON           0                                //宏定义打开状态控制为 ON
#define OFF          1                                //宏定义关闭状态控制为 OFF
#define RELAY1   P0_6
#define RELAY2   P0_7
```

2．主函数模块

```
/*********************************** 参数宏定义*********************************/
#define HUM_THRESHOLD_HIGH       40                  //湿度上限 40%RH
#define HUM_THRESHOLD_LOW         30                 //湿度下限 30% RH
#define DELAY_REPORT               5                 //延时上报 5 s
void main(void)
{
    xtal_init();                                      //系统时钟初始化
    relay_init();                                     //继电器初始化
    led_init();                                       //LED 控制引脚初始化函数
    htu21d_init();                                    //湿度传感器初始化
    uart1_init(0x00,0x00);                            //串口初始化

    float humidity = 0;                               //存储湿度数据
    float temperature = 0;                            //存储温度数据
    char tx_buff[128];                                //串口发送缓冲数组

    char ctrl_flag = 0;                               //设备控制标志位
    char circle_flag = 0;                             //延时计数标志位

    while(1){
        if(circle_flag < DELAY_REPORT){               //秒计数次数与延时次数比较
            circle_flag ++;                           //延时上报次数加 1
        }else{
            circle_flag = 1;                          //否则计数置 1，重新开始计数
        }

        delay_s(1);                                   //延时 10 ms

        //获取实时的湿度信息并打印
        humidity = htu21d_get_data(HUMIDITY)/100.0f;             //读取湿度值
        temperature = htu21d_get_data(TEMPERATURE)/100.0f; //读取温度值
        //将湿度信息以一定格式写入数组中
        sprintf(tx_buff,"humidity:%.2f%%RH\r\ntemperature:%.2f℃\r\n",
```

```
                                    humidity, temperature);
        uart1_send_string(tx_buff);                                   //串口湿度信息
        memset(tx_buff,0,128);                                        //清空缓存
        uart1_send_string("\r\n");                                    //打印空行

        //阈值正确性判断与实时湿度状态判断
        if(HUM_THRESHOLD_HIGH > HUM_THRESHOLD_LOW){   //判断湿度阈值配置是否正确
            //如果当前湿度超出湿度上限，标志位置 0
            if(humidity >= HUM_THRESHOLD_HIGH) ctrl_flag = 0;
            //如果当前湿度低于湿度下限，标志位置 1
            else if(humidity <= HUM_THRESHOLD_LOW) ctrl_flag = 1;
            else ctrl_flag = 2;                                       //如果当前湿度值为正常，标志位置 2
        }else ctrl_flag = 3;                                          //如果湿度阈值设置失常，标志位置 3

        //执行判断结果
        switch(ctrl_flag){
            case 0:                                                   //当标志位为 0 时
            D2 = RELAY2 = ON;                                         //开启除湿器
            D1 = RELAY1 = OFF;                                        //关闭加湿器
            //打印湿度过高和开启除湿器信息
            uart1_send_string("Message: humidity is too high! Dehumidification!\r\n");
            uart1_send_string("\r\n");                                //打印空行
            break;
            case 1:                                                   //当标志位为 1 时
            D2 = RELAY2 = OFF;                                        //关闭除湿器
            D1 = RELAY1 = ON;                                         //开启加湿器
            //打印湿度过低和开启加湿器信息
            uart1_send_string("Message: humidity is too low! Humidification!\r\n");
            uart1_send_string("\r\n");                                //打印空行
            break;
            case 2:                                                   //当标志位为 2 时
            if(circle_flag == DELAY_REPORT){
                D2 = RELAY2 = OFF;                                    //关闭除湿器
                D1 = RELAY1 = OFF;                                    //关闭加湿器
                uart1_send_string("Message: humidity is normal!\r\n");      //打印湿度正常信息
                uart1_send_string("\r\n");                                  //打印空行
            }
            break;
            case 3:                                                         //当标志位为 3 时
            //打印湿度阈值配置错误信息
            uart1_send_string("Message: THRESHOLD IS ERROR!\r\n");
            uart1_send_string("\r\n");                                      //打印空行
            break;
        }
    }
}
```

3．DUTU21D 湿度传感器模块

```
/****************************** 全局变量*******************************************/
unsigned char flag;
/*********************************************************************************
* 名称：htu21d_init()
* 功能：HTU21D 初始化
*********************************************************************************/
void htu21d_init(void)
{
    iic_init();                                          //I2C 总线初始化
    iic_start();                                         //启动 I2C 总线
    iic_write_byte(HTU21DADDR&0xfe);                     //写 HTU21D 的 I2C 总线地址
    iic_write_byte(0xfe);
    iic_stop();                                          //停止 I2C 总线
    delay(600);                                          //短延时
}
/*********************************************************************************
* 名称：htu21d_read_reg()
* 功能：HTU21D 读取寄存器
* 参数：cmd—寄存器地址
* 返回：data—寄存器据
*********************************************************************************/
unsigned char htu21d_read_reg(unsigned char cmd)
{
    unsigned char data = 0;
    iic_start();                                         //I2C 开始
    if(iic_write_byte(HTU21DADDR & 0xfe) == 0){          //写 HTU21D 的 I2C 总线地址
        if(iic_write_byte(cmd) == 0){                    //写寄存器地址
            do{
                delay(30);                               //延时 30 ms
                iic_start();                             //开启 I2C 总线通信
            }
            while(iic_write_byte(HTU21DADDR | 0x01) == 1);   //发送读信号
            data = iic_read_byte(0);                     //读取一个字节数据
            iic_stop();                                  //I2C 总线停止
        }
    }
    return data;
}
/*********************************************************************************
* 名称：htu21d_get_data()
* 功能：HTU21D 测量温湿度
* 参数：order—指令
* 返回：temperature—温度值，humidity—湿度值
*********************************************************************************/
```

```
int htu21d_get_data(unsigned char order)
{
    float temp = 0,TH = 0;
    unsigned char MSB,LSB;
    unsigned int humidity,temperature;
    iic_start();                                                    //启动 I2C 总线
    if(iic_write_byte(HTU21DADDR & 0xfe) == 0){                     //写 HTU21D 的 I2C 总线地址
        if(iic_write_byte(order) == 0){                             //写寄存器地址
            do{
                delay(30);
                iic_start();
            }
            while(iic_write_byte(HTU21DADDR | 0x01) == 1);          //发送读信号
            MSB = iic_read_byte(0);                                 //读取数据高 8 位
            delay(30);                                              //延时
            LSB = iic_read_byte(0);                                 //读取数据低 8 位
            iic_read_byte(1);
            iic_stop();                                             //I2C 总线停止
            LSB &= 0xfc;                                            //取出数据有效位
            temp = MSB*256+LSB;                                     //数据合并
            if (order == 0xf3){                                     //触发开启温度检测
                TH=(175.72)*temp/65536-46.85;                   //温度：T=-46.85+175.72×ST/2^16
                temperature =(unsigned int)(fabs(TH)*100);
                if(TH >= 0)
                flag = 0;
                else
                flag = 1;
                return temperature;
            }else{
                TH = (temp*125)/65536-6;
                humidity = (unsigned int)(fabs(TH)*100);        //湿度：RH%=-6+125×SRH/2^16
                return humidity;
            }
        }
    }
    return 0;
}
```

4．LED 控制模块

```
/*********************************************************************************************
* 名称：led_init()
* 功能：LED 控制引脚初始化
*********************************************************************************************/
void led_init(void)
{
    P1SEL &= ～0x03;                              //配置控制引脚（P1_0 和 P1_1）为通用 I/O 模式
```

```
    P1DIR |= 0x03;                                //配置控制引脚（P1_0 和 P1_1）为输出模式

    D1 = OFF;                                     //初始状态为关闭
    D2 = OFF;                                     //初始状态为关闭
}

/*********************************************************************************************
* 名称：signed char led_on(unsigned char led)
* 功能：LED 控制打开函数
* 参数：led，在 led.h 中宏定义为 D1 和 D2
* 返回：0 表示打开 LED 成功，-1 表示参数错误
* 注释：参数只能填入 D1，D2，否则会返回-1
*********************************************************************************************/
signed char led_on(unsigned char led)
{
    if(led == D1){                                //如果要打开 D1
        D1 = ON;
        return 0;
    }

    if(led == D2){                                //如果要打开 D2
        D2 = ON;
        return 0;
    }

    return -1;                                    //参数错误，返回-1
}

/*********************************************************************************************
* 名称：signed char led_off(unsigned char led)
* 功能：LED 控制关闭函数
* 参数：LED，在 led.h 中宏定义为 D1、D2
* 返回：0 表示关闭 LED 成功，-1 表示参数错误
* 注释：参数只能填入 D1，D2，否则会返回-1
*********************************************************************************************/
signed char led_off(unsigned char led)
{
    if(led == D1){                                //如果要关闭 LED1
        D1 = OFF;
        return 0;
    }

    if(led == D2){                                //如果要关闭 LED2
        D2 = OFF;
        return 0;
    }
```

```
        return -1;                                  //参数错误，返回-1
    }
```

5．继电器控制模块

```
/*********************************************************************************************
* 名称：relay_init()
* 功能：继电器初始化
*********************************************************************************************/
void relay_init(void)
{
    P0SEL &= ~0xC0;                                 //配置引脚为通用 I/O 模式
    P0DIR |= 0xC0;                                  //配置控制引脚为输入模式
}
```

6．I2C 驱动模块

I2C 驱动模块包括 I2C 专用延时函数、I2C 初始化函数、I2C 起始信号函数、I2C 停止信号函数、I2C 发送应答函数、I2C 接收应答函数、I2C 写字节函数和 I2C 读一个字节函数，如表 29.2 所示，详细的源代码请参考任务 10。

表 29.2　I2C 驱动模块函数

名　称	功　能	说　明
void　iic_delay_us(unsigned int i)	延时函数	i 为延时设置
void iic_init(void)	I2C 初始化函数	无
void iic_start(void)	I2C 起始信号	无
void iic_stop(void)	I2C 停止信号	无
void iic_send_ack(int ack)	I2C 发送应答	ack 为应答信号
int iic_recv_ack(void)	I2C 接收应答	返回应答信号
unsigned char iic_write_byte(unsigned char data)	I2C 写一个字节数据，返回 ACK 或者 NACK，从高到低，依次发送	data 为要写的数据，返回：写成功与否
unsigned char iic_read_byte(unsigned char ack)	I2C 读一个字节数据，返回读取的数据	ack：应答信号。返回：采样数据

7．串口驱动模块

串口驱动模块包括串口初始化函数、串口发送字节函数、串口发送字符串函数和接收字节函数，如表 29.3 所示，更详细的源代码请参考任务 10。

表 29.3　串口驱动模块函数

名　称	功　能	说　明
char recvBuf[256];	定义存储接收数据的数组	无
int recvCnt	接收数据的数量	无

续表

名　称	功　能	说　明
uart0_init(unsigned char StopBits,unsigned char Parity)	串口 0 初始化	StopBits 为停止位，Parity 为奇偶校验
void uart_send_char(char ch)	串口发送字节函数	ch 为将要发送的数据
void uart_send_string(char *Data)	串口发送字符串函数	*Data 为将要发送的字符串
int uart_recv_char(void)	接收字节函数	返回接收的串口数据

29.5　任务验证

29.5.1　项目测试

项目测试主要测试系统的各个功能是否完整。在进行项目测试时可以采用分总的形式，即先测试程序各个模块的功能是否正常，再整体测试系统功能是否完整。测试流程如图 29.11 所示。

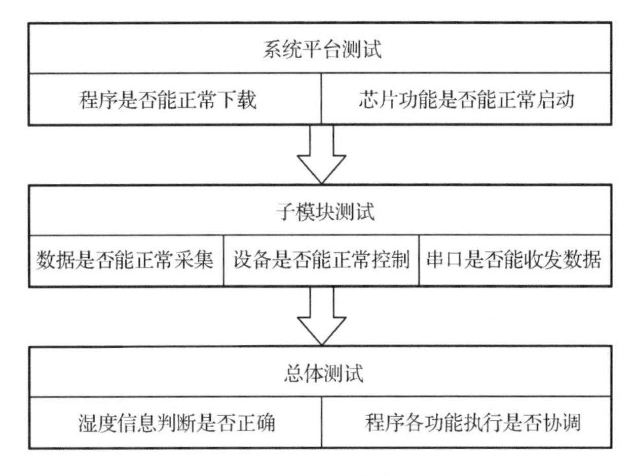

图 29.11　测试流程

29.5.2　项目功能验证

项目功能验证与项目功能测试有所不同，项目功能测试是测试项目系统的整体运行是否完整，功能是否能够正常实现；而项目功能验证则是验证项目的系统功能是否能够实现设定的功能。

农业大棚内空气湿度调节系统的项目功能验证包括：验证系统能否实现农业大棚内空气的湿度调节，并保证农业大棚内空气的湿度始终保持在系统设定的合理湿度区间范围之内。

农业大棚内空气湿度调节系统在进行功能验证时，需要在农业大棚或者模拟的环境中进行验证。在实际的情况中需要考虑系统的最大湿度调节能力，以及在有效湿度调节时可辐射的农业大棚最大面积。

（1）最大湿度调节能力是指在农业大棚的面积一定时，农业大棚内空气湿度调节受自然

界湿度的影响程度，当系统的湿度调节能力弱于自然界的湿度变化影响时，农业大棚内空气湿度调节系统的湿度调节将失效，这时就需要人为地进行干预了。

（2）有效农业大棚辐射面积是指在较为稳定的农业大棚湿度变化下，空气湿度调节能力会随着农业大棚面积的增加而不断降低，当农业大棚面积增加到临界值时，空气湿度调节能力将失效。有效农业大棚辐射面积指湿度调节系统所能够调节的农业大棚最大的面积。

29.5.3 验证效果

使用 IAR 开发环境打开任务设计工程，程序通过编译后，由 SmartRF 下载到 CC2530 微处理器中，暂不运行程序。

使用串口线连接 CC2530 开发平台与 PC，打开串口调试助手并配置波特率为 38400、8 位数据位、无奇偶校验位、1 位停止位，取消十六进制显示，设置完成后运行程序。

程序运行后，PC 串口调试助手的接收窗口上每秒打印一次湿度信息，并将当前湿度和设定的湿度阈值进行比较，并给出结果。当湿度大于湿度上限时，继电器 2 打开，PC 串口调试助手的接收窗口打印“Message: humidity is too high! Dehumidification!”；当检测到当前湿度处于系统设定的合理湿度范围内，则 PC 串口调试助手的接收窗口每 5 秒打印一次正常消息“Message: humidity is normal!”；当湿度小于湿度下限时，继电器 1 打开，PC 串口调试助手的接收窗口打印“Message: humidity is too low! Humidification!”。异常消息每一秒打印一次，当系统设定的环境湿度上下限不合理时，PC 串口调试助手的接收窗口会打印“Message: THRESHOLD IS ERROR!”提示信息。验证效果如图 29.12、图 29.13 和图 29.14 所示。

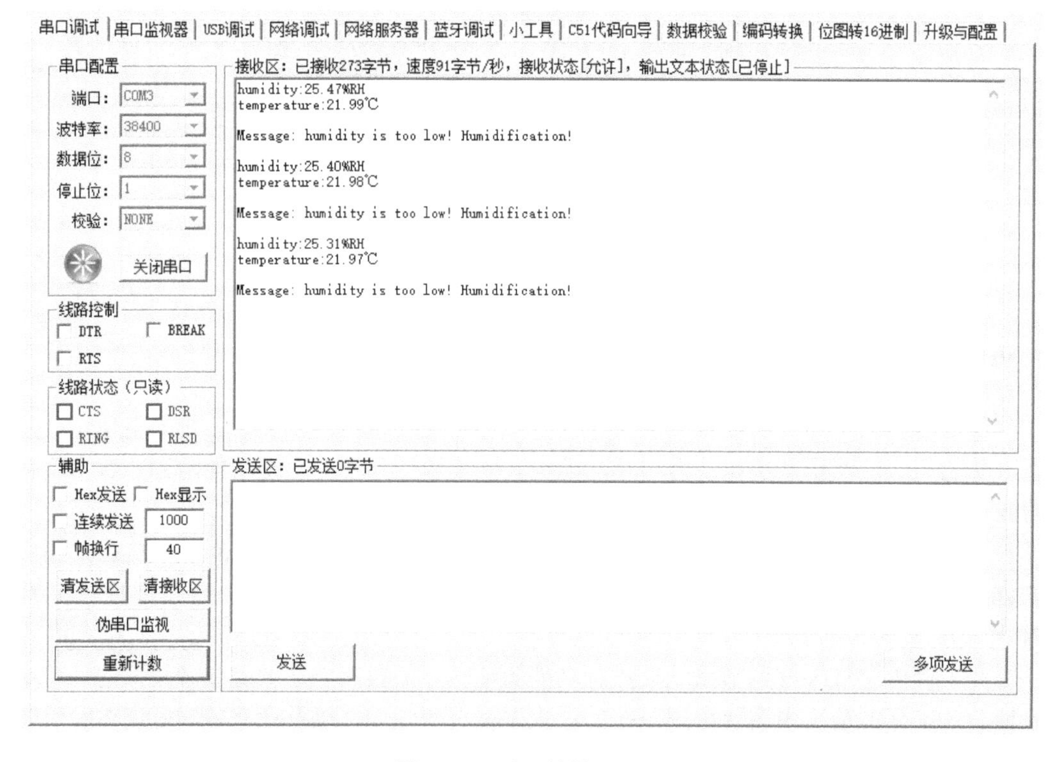

图 29.12　验证效果（一）

图 29.13　验证效果（二）

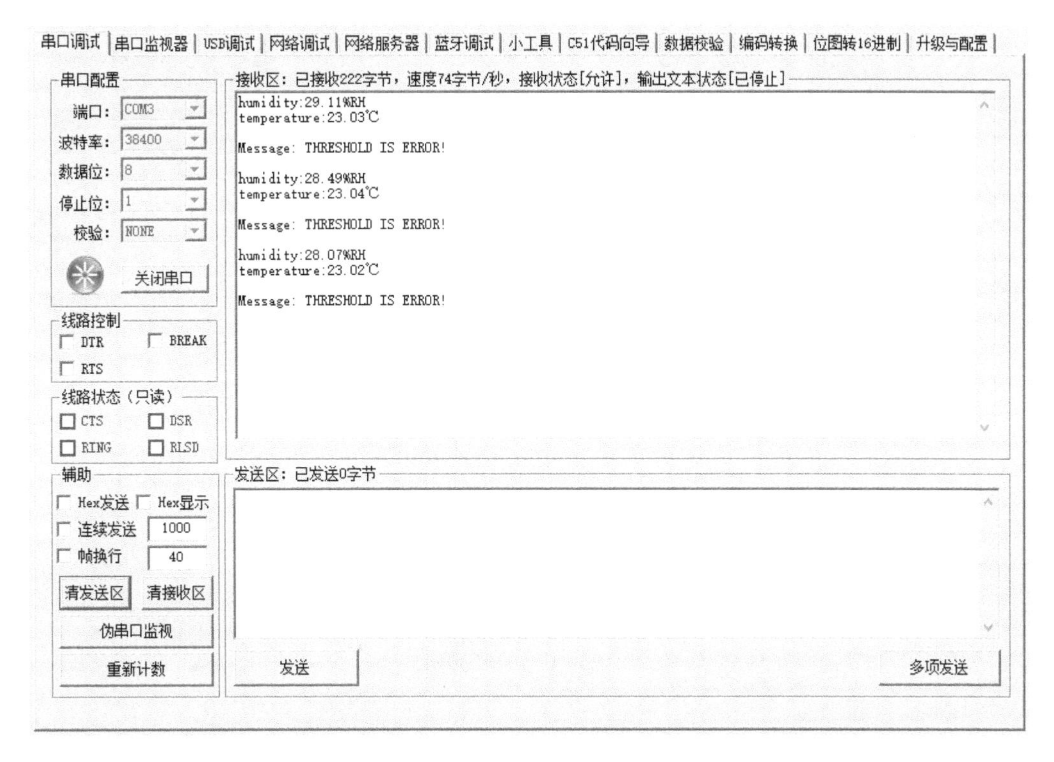

图 29.14　验证效果（三）

29.6 任务小结

通过本任务读者可通过 CC2530 微处理器驱动湿度传感器、继电器和 LED，熟悉从项目到实现的基本流程，实现农业大棚内空气湿度调节系统的设计。

29.7 思考与拓展

（1）如何使用 CC2530 微处理器驱动湿度传感器、继电器和 LED？

（2）项目从设计到实现需要经过哪些过程？

任务 30

智能语音门铃的设计与实现

本任务综合应用 CC2530 处理器、人体红外传感器、语音合成传感器和 LED 完成智能语音门铃的软/硬件设计，实现人体的识别和语音提示。

30.1 开发场景：如何实现智能语音门铃

随着微电子技术的不断发展，越来越多的电子产品用于商业服务，例如，商场超市的收银系统、服装鞋帽店的防丢失磁贴设备、精选店有商品导购系统等，针对小型店铺也有相应的服务电子设备。小型店铺顾客的进进出出具有随机性，有时顾客进店时会因店员不能及时提供帮助而错失生意，所以为解决这样的问题需要设计一种店铺人员进入辅助提示系统，用于提示店员有人员进出店铺。店铺语音提示器如图 30.1 所示。

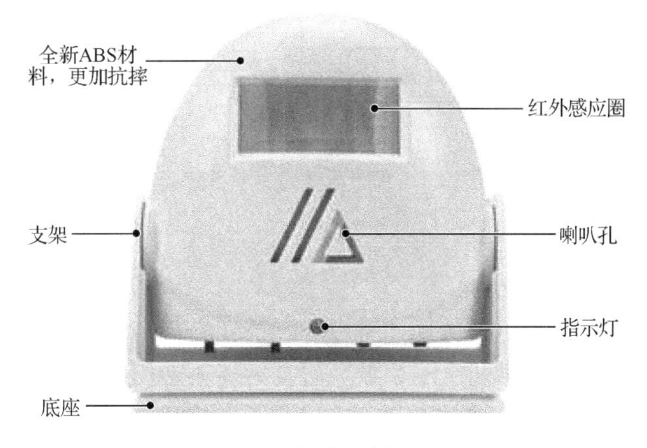

图 30.1 店铺语音提示器

30.2 开发目标

（1）知识要点：项目需求分析；系统硬件设计；系统软件设计。

（2）技能要点：掌握项目需求分析；熟悉系统硬件设计；掌握系统软件设计。

（3）任务目标：现需要设计一款智能语音门铃，用于店铺的人员进出提醒和防盗。当有顾客进入店铺时该提示器能够发出“欢迎光临”的声音来提示有客人进入，以便店员及时提供帮助，同时可以防盗。

30.3 任务需求分析

项目的设计和实施通常有三个步骤，即项目需求分析、项目实施和项目测试。项目需求分析是指分析项目的设计细节，在获得项目技术细节后制订项目实施方案，然后根据项目实施方案实现项目的设计功能。在项目完成后需要根据项目的使用场景进行项目测试，通过测试排除设计中的技术漏洞，设备测试稳定后即可用于实践。

其中项目需求分析分为三个部分，分别是项目解读、项目功能分解、功能技术化。

30.3.1 项目解读

本任务的目标是设计一款智能语音门铃，用于店铺的人员进出提醒和防盗。当有顾客进入店铺时该提示器能够发出“欢迎光临”的声音来提示有客人进入，以便店员及时提供帮助，同时可以防盗。

分析智能语音门铃的任务目标可以知道，智能语音门铃的具体工作流程为：智能语音门铃检测到有人出入时，会发出“欢迎光临”的声音。

智能语音门铃的核心功能就是检测是否有人进入和发出“欢迎光临”的声音，所以可将智能语音门铃解读为人员出入检测与提示音发声两个功能之间的相互关联。智能语音门铃项目解读如图 30.2 所示。

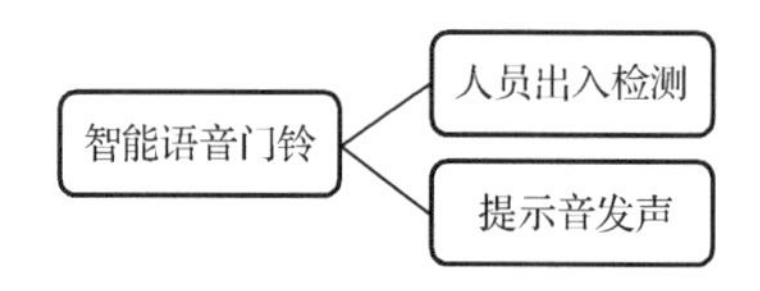

图 30.2　智能语音门铃项目解读

30.3.2 项目功能分解

通过了解项目的内容并分析其特性，可以将智能语音门铃系统拆分为两个子系统，分别是人员出入检测和语音提示发声两个子系统。根据智能语音门铃的功能说明，当系统检测到有人出入时系统将发出提示音，因此人员出入检测子系统和语音提示发声子系统虽然是两个独立的子系统，但在整个系统中则是通过相关的逻辑控制子系统进行连接的，所以智能语音门铃系统还隐藏了一个逻辑控制子系统。可以将智能语音门铃系统理解为：逻辑控制子系统在接收人员出入检测子系统的输出信号，当检测到有人员出入时，逻辑控制子系统就调用语音提示发声子系统使其发出提示音。智能语音门铃的功能框图如图 30.3 所示。

图 30.3　智能语音门铃的功能框图

智能语音门铃系统可分为三部分，人员出入检测子系统和语音提示发声子系统作为整个系统的输入子系统和输出子系统，而逻辑控制子系统则为整个系统的控制核心调度输入子系统和输出子系统，从而实现系统功能。

30.3.3　项目技术化

本任务采用的平台为 CC2530 微处理器，整个系统都运行在这个平台上。除了逻辑控制子系统属于软件系统外，人员出入检测子系统和语音提示发声子系统都使用了相应的硬件设备。人员出入检测子系统使用的是 AM312 人体红外传感器，当检测到有人时会改变相应的控制信号。语音提示发声子系统使用的是 SYN6288 语音合成模块，当向模块发送文本信息时，SYN6288 将执行文本的语音内容，实现语音提示。实际的硬件连接中需要将传感器的控制引脚与 CC2530 微处理器相对应的引脚一一连接并正确配置。

除了这些较大的模块系统，还有用于对人体红外检测结果的状态指示灯，以及确认系统正常运行的系统运行指示灯等。

条件输入/输出属于软件模块，需要在程序中实现。

本任务使用的 CC2530 微处理器是已经完善的最小系统，在真实的项目设计环境中，CC2530 微处理器还有一些辅助电路，如晶体振荡器、串口、电源、复位电路、程序下载电路等。项目技术化硬件分解如图 30.4 所示。

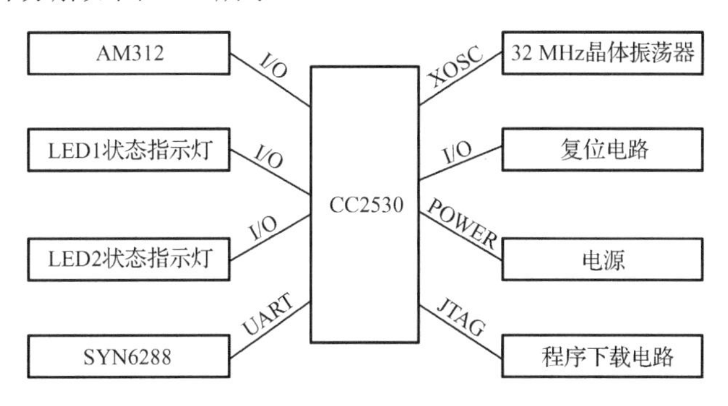

图 30.4　项目技术化硬件分解

30.4　任务实践：智能语音门铃的软/硬件设计

智能语音门铃通过人员出入检测子系统检测人员出入，通过语音提示发声子系统发出提示语音，通过逻辑控制子系统整合两者的功能。

在硬件设计时，人员出入检测子系统使用 AM312 人体红外传感器检测人体红外信号，使用 LED1 来指示人体红外传感器的信号检测结果。语音提示发声子系统使用 SYN6288 语音合成芯片来产生语音信息。而逻辑控制部分属于软件功能部分，以程序的形式在 CC2530 微处理器上运行。

整个系统是否正常是通过 LED2 的稳定闪烁来显示指示的，如果 LED2 长时间常亮或熄灭，则说明程序跑飞，这时就需要重启设备。CC2530 微处理器系统的外接辅助电路直接由核心板上的电路提供。

智能语音门铃的控制逻辑如表 30.1 所示。

表 30.1 智能语音门铃的控制逻辑

情况种类	人体红外传感器	忙状态	语音合成
状况一	Infr = 0	Busy = 0	Speak = 0
状况二	Infr = 0	Busy = 1	Speak = 0
状况三	Infr = 1	Busy = 0	Speak = 1
情况四	Infr = 1	Busy = 1	Speak = 0

其中 Infr 为人体红外输入信号（0 表示无人，1 表示有人），Busy 为语音合成忙状态检测信号（0 表示空闲，1 表示繁忙），Speak 为语音合成信号（0 表示不执行语音合成，1 表示可以执行语音合成）。

智能语音门铃正常工作时，人体红外检测与语音合成的关系为：当人体红外传感器没有检测到人体红外信号时，语音合成不工作且不受忙状态的影响；当检测到有人体红外信号时，如果语音合成模块为不忙，则执行语音合成程序，否则等待语音模块的忙状态解除后再执行语音合成程序。

30.4.1 项目架构

本任务设计采用 CC2530 微处理器的 I/O 接口来实现对人体红外传感器信号的采集，通过使用 I/O 接口对两个 LED 的开关状态进行控制。SYN6288 语音合成芯片则是通过 CC2530 微处理器的串口实现连接的，通过向 SYN6288 语音合成芯片发送数据来实现语音提示功能。项目框架图如图 30.5 所示。

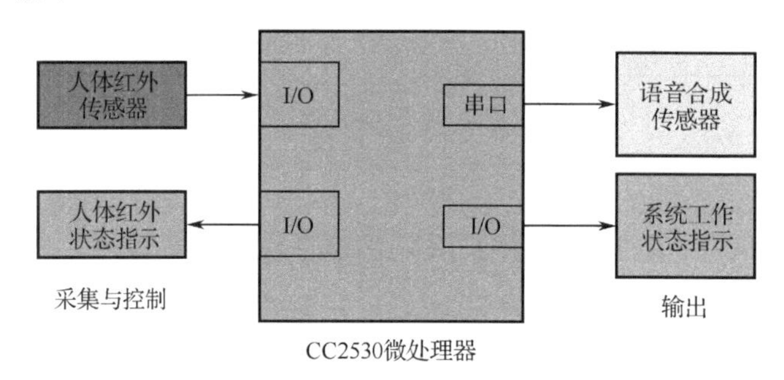

图 30.5 项目框架图

30.4.2 硬件设计

1. 人体红外传感器硬件设计

人体红外传感器的接口电路如图 30.6 所示。

AM312 人体红外传感器是一种信号输出型传感器，当检测到人体红外信号发生变化时，其输出端电平发生相应变化，INF 的信号引脚连接在 CC2530 微处理器的 P0_0 口。

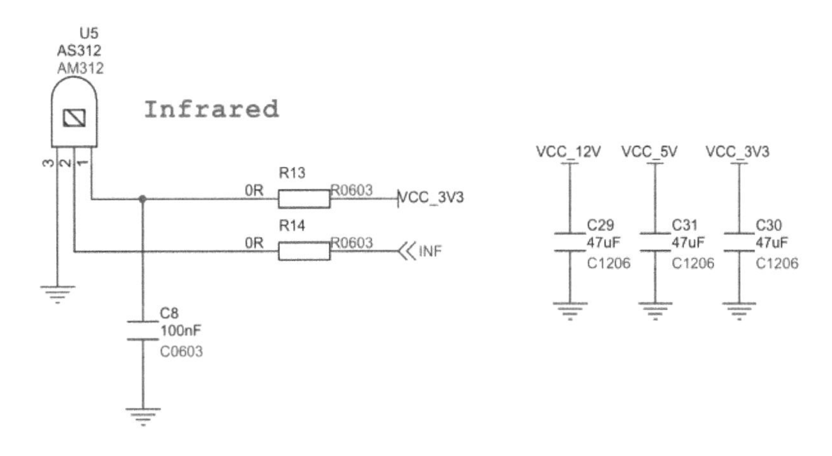

图 30.6　人体红外传感器的接口电路

2. SYN6288 语音合成模块硬件设计

SYN6288 语音合成模块的结构如图 30.7 所示。

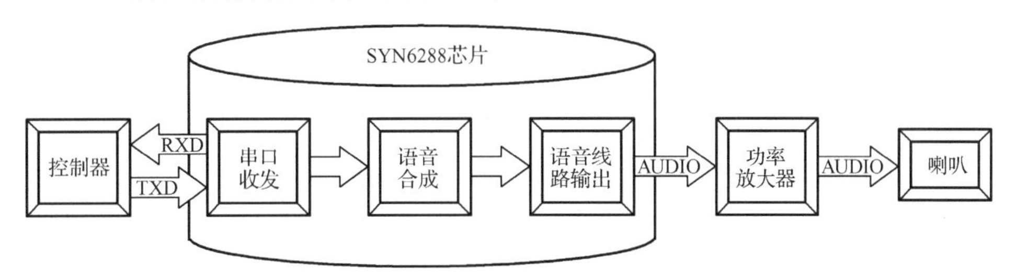

图 30.7　SYN6288 语音合成模块的结构

SYN6288 语音合成模块接口电路如图 30.8 所示。

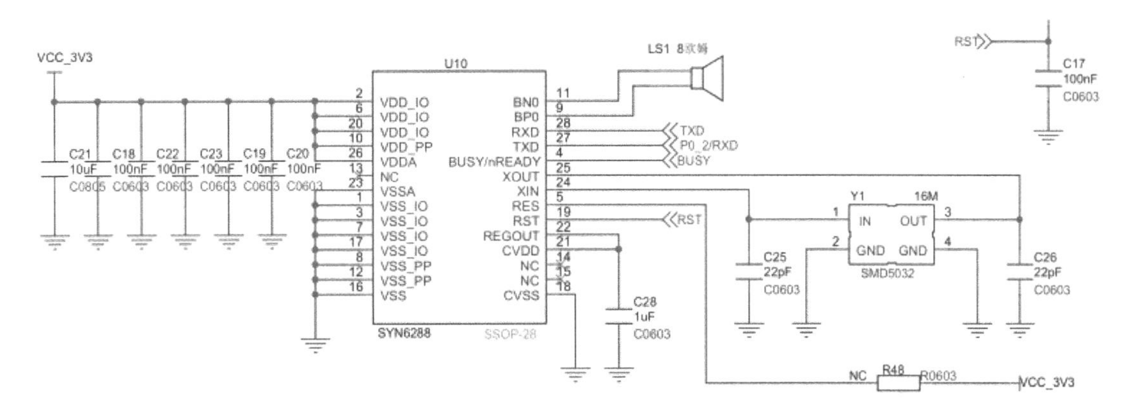

图 30.8　SYN6288 语音合成模块接口电路

SYN6288 是一款数字芯片，语音合成是由芯片来完成的。SYN6288 的实际控制线有 4 条，分别为 TXD、RXD、BUSY、RST 信号线。其中 TXD 和 RXD 属于串口的通信信号线，分别

连接在 CC2530 微处理器的 P0_2 和 P0_3 上；BUSY 是芯片的忙信号检测线，当芯片正处于语音转换状态时 BUSY 为高电平，BUSY 线连接在 CC2530 微处理器的 P0_1 信号线上；RST 信号线是置位/重置信号线，当输入为高电平时芯片工作，当输入为低电平是芯片停止工作，该信号线由硬件拉高，默认状态为使能。

（1）通信方式。SYN6288 提供一组全双工的异步串行通信（UART）接口，可实现与微处理器或 PC 的数据传输。SYN6288 利用 TxD、RxD 和 GND 实现串口通信，其中 GND 作为地信号。SYN6288 芯片支持 UART 接口通信方式，通过 UART 接口接收上位机发送的命令和数据，允许发送数据的最大长度为 206 B。串口的通信配置要求如表 30.2 所示。

表 30.2　串口的通信配置要求

序　号	功　能	说　明
1	波特率	9600 bps
2	起始位	1
3	数据位	8
4	校验位	无
5	停止位	1
6	流控制	无

串口波特率设置命令如表 30.3 所示。

表 30.3　串口波特率设置命令

帧结构	帧头	数据区长度	数据区			
			命令字	命令参数	待发送文本	异或校验
数据	0xFD	0x00　0x03	0x31	0x00		0xCF
数据帧	0xFD 0x00 0x03 0x31 0x00 0xCF					
说明	设置波特率为：9600 bps					
帧结构	帧头	数据区长度	数据区			
			命令字	命令参数	待发送文本	异或校验
数据	0xFD	0x00 0x03	0x31	0x01		0xCE
数据帧	0xFD 0x00 0x03 0x31 0x01 0xCE					
说明	设置波特率为：19200 bps					
帧结构	帧头	数据区长度	数据区			
			命令字	命令参数	待发送文本	异或校验
数据	0xFD	0x00 0x03	0x31	0x02		0xCD
数据帧	0xFD 0x00 0x03 0x31 0x02 0xCD					
说明	设置波特率为：38400 bps					

（2）通信协议。芯片支持“帧头 FD+数据区长度+数据区”的格式，如表 30.4 所示（最大 206 B）。

表 30.4　帧格式

帧结构	帧头（1 B）	数据区长度（2 B）	数据区（≤203 B）			
			命令字（1 B）	命令参数（1 B）	待发送文本（≤200 B）	异或校验（1 B）
数据	0xFD	0xXX 0xXX	0xXX	0xXX	0xXX	0xXX
说明	定义为十六进制 0xFD	高字节在前低字节在后	长度必须和前面的数据区长度一致			

注意：数据区（含命令字、命令参数、待发送文本、异或校验）的实际长度必须与帧头后定义的数据区长度严格一致，否则芯片会报接收失败。

SYN6288 芯片支持的控制指令如表 30.5 所示。

表 30.5　SYN6288 芯片支持的控制指令

数据区（≤203 B）							
命令字（1 B）		命令参数（1 B）				待发送文本（≤200 B）	异或校验（1 B）
取值	对应功能	字节高 5 位	对应功能	字节低 3 位	对应功能		
0x01	语音合成播放命令	0、1、…、15	（1）0 表示不加背景音乐；（2）其他值表示所选背景音乐的编号	0	设置文本为 GB2312 编码格式	待合成文本的二进制内容	之前所有字节(包括帧头、数据区字节)进行异或校验得出的字节
				1	设置文本为 GBK 编码格式		
				2	设置文本为 BIG5 编码格式		
				3	设置文本为 UNICODE 编码格式		
0x31	设置通信波特率命令（初始波特率为 9600 bps）	0	无功能	0	设置通信波特率为 9600 bps	无文本	
				1	设置通信波特率为 19200 bps		
				2	设置通信波特率为 38400 bps		
0x02	停止合成命令	无参数					
0x03	暂停合成命令						
0x04	恢复合成命令						
0x21	芯片状态查询命令						
0x88	芯片进入睡眠模式命令						

3. 指示灯模块硬件设计

指示灯模块接口电路如图 30.9 所示。

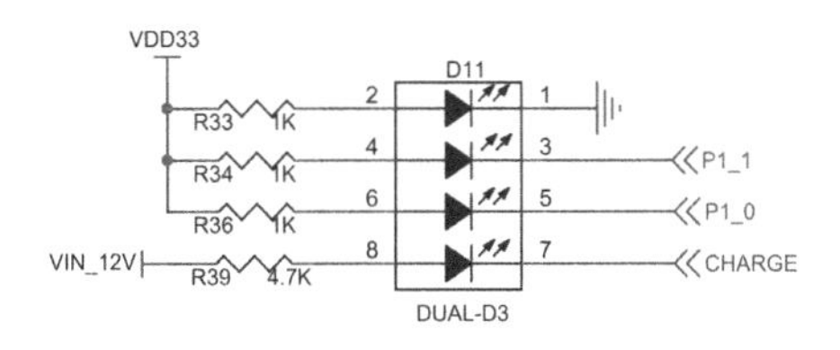

图 30.9　指示灯模块接口电路

任务开发中需要使用到两个 LED 灯，分别作为人体红外传感器的信号检测状态指示和系统的工作状态指示，LED1 和 LED2 与 CC2530 微处理器的 P1_0 和 P1_1 连接。传感器引脚汇总如图 30.10 所示。

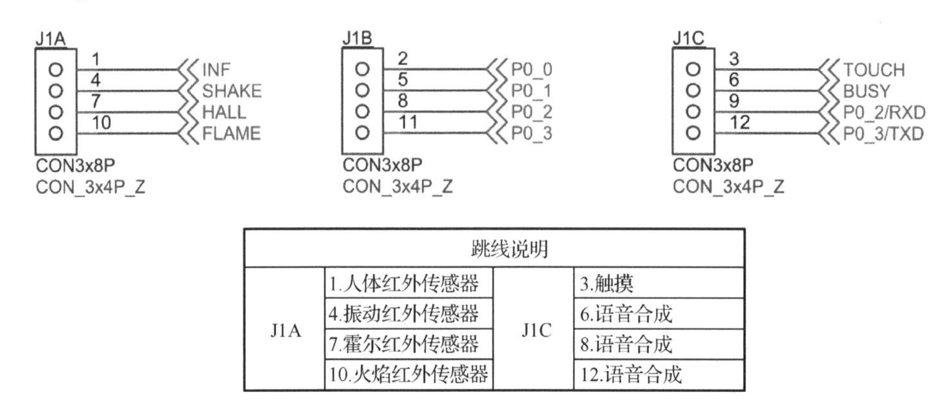

跳线说明			
J1A	1.人体红外传感器	J1C	3.触摸
	4.振动红外传感器		6.语音合成
	7.霍尔红外传感器		8.语音合成
	10.火焰红外传感器		12.语音合成

图 30.10　传感器引脚汇总

30.4.3　软件设计

人体红外传感器和 LED 灯的控制虽然使用的都是通用 I/O 的功能，但属于不同的功能部分，接收脉冲信号和控制 LED 亮灭的逻辑有所不同。

SYN6288 芯片采用串口控制，由于 SYN6288 芯片的语音合成需要一个过程的，因此对芯片进行操作时需要进行相关的检测。需要根据芯片设定的协议进行通信交互，因此程序在实现过程中首先需要保证相关设备传感器的驱动代码的正确性。在正确性的基础上建立程序控制逻辑，即实现逻辑控制的功能。

基于 CC2530 平台的智能语音门铃程序设计流程如图 30.11 所示。

软件设计与前文中项目分析和设计逻辑一致，其中传感器的驱动编程属于项目开发流程中的重要环节，开发 SYN6288 芯片的驱动程序是此次任务开发的重要内容。本任务的各种模块开发如下。

1. 相关头文件模块

```
/*********************************************************************************************
* 宏定义
*********************************************************************************************/
#define D1                    P1_1                 //宏定义 D1 灯（即 LED1）控制引脚 P1_1
#define D2                    P1_0                 //宏定义 D2 灯（即 LED2）控制引脚 P1_0
#define ON                     0                   //宏定义打开状态控制为 ON
#define OFF                    1                   //宏定义关闭状态控制为 OFF
#define INFRARED_CHECK   P0_0                 //宏定义人体红外信号引脚
```

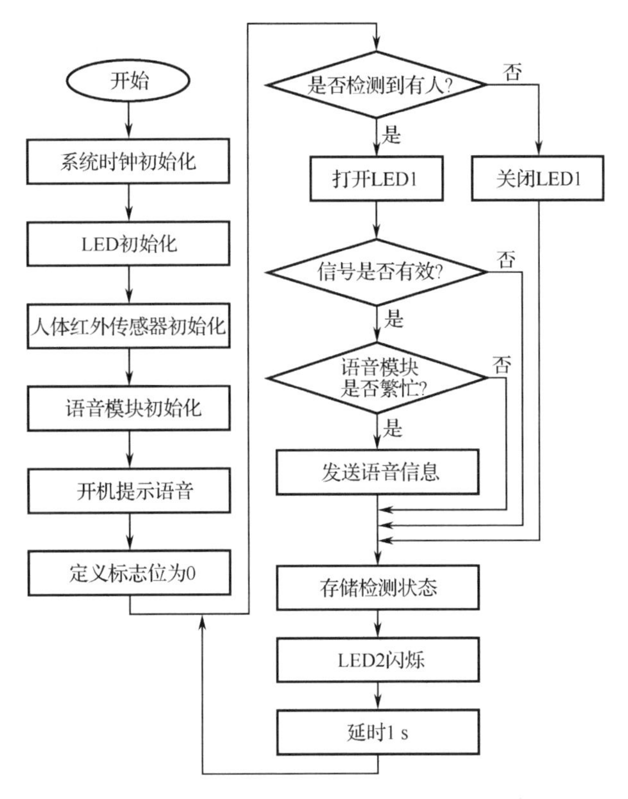

图 30.11　基于 CC2530 平台的智能语音门铃软件设计流程

2．主函数模块

```
void main(void)
{
    xtal_init();                                            //系统时钟初始化
    led_init();                                             //LED 控制引脚初始化
    infrared_init();                                        //人体红外传感器初始化
    syn6288_init();                                         //语音模块初始化
    syn6288_play_GB2312("欢迎使用语音门铃");                 //设备开机提示语
    char infrared_status = 0;                               //人体红外传感器检测状态标志位

    while(1){                                               //主循环体
        if(INFRARED_CHECK){                                 //如果人体红外传感器检测到有人
            D1 = ON;                                        //人体红外信号指示灯状态指示
            if(INFRARED_CHECK != infrared_status){          //如果红外信号跳变则信号有效
                if(syn6288_busy() == 0){                    //如果语音模块繁忙
                    syn6288_play_GB2312("欢迎光临");         //发送语音信息
                }
            }
        }
        else
        D1 = OFF;                                           //人体红外信号指示灯状态指示
```

```
            infrared_status = INFRARED_CHECK;               //存储当前检测状态
            D2 = ～D2;                                      //状态指示灯闪烁
            delay_s(1);                                     //延时 1 s
        }
}
```

3．语音模块

```
/*********************************************************************************************
* 名称：syn6288_init()
* 功能：SYN6288 初始化
*********************************************************************************************/
void syn6288_init()
{
    uart0_init(0x00,0x00);                                  //初始化串口
    P0SEL &= ~0x01;                                         //初始化 Busy 为通用 I/O
    P0DIR &= ~0x01;                                         //配置 Busy 为输入模式
    P0INP &= ~0x01;                                         //配置输入为上下拉模式
    P2INP |= 0x40;                                          //配置 Busy 为下拉模式默认低电平
}

/*********************************************************************************************
* 名称：syn6288_busy()
* 功能：SYN6288 忙状态检测
* 返回：P0_1 表示状态，为 0 时空闲，为 1 时繁忙
*********************************************************************************************/
char syn6288_busy(void)
{
    return SYN6288_BUSY;                                    //返回检测状态
}
/*********************************************************************************************
* 名称：syn6288_play_GB2312()
* 功能：发送 GB2302 格式的语音合成码
* 参数：s—数组名
*********************************************************************************************/
void syn6288_play_GB2312(char *s)
{
    int i;                                                  //定义临时变量
    int len = strlen(s);                                    //获取字符串数据长度
    char check = 0;                                         //定义异或校验变量
    unsigned char head[] = {0xFD,0x00,0x00,0x01,0x00};      //数据包头
    head[1] = (len+3)>>8;                                   //获取数据长度高 8 位
    head[2] = (len+3)&0xff;                                 //获取数据长度低 8 位
    for (i=0; i<5; i++){                                    //数据头发送循环体
        uart_send_char(head[i]);                            //逐位发送数据头
        check ^= head[i];                                   //执行异或校验计算
    }
```

```
    for (i=0; i<len; i++){                                  //语音数据发送循环体
        uart_send_char(s[i]);                               //逐位发送语音数据
        check ^= s[i];                                      //执行异或校验计算
    }
    uart_send_char(check);                                  //发送异或校验码
}

/*********************************************************************************
* 名称：syn6288_play_unicode()
* 功能：发送 Unicode 格式的语音合成码
* 参数：s—数组名
*********************************************************************************/
void syn6288_play_unicode(char *s)
{
    int i;                                                  //定义临时变量
    int len = strlen(s);                                    //获取字符串数据长度
    char check = 0;                                         //定义异或校验变量
    unsigned char head[] = {0xFD,0x00,0x00,0x01,0x03};      //数据包头
    head[1] = (len+3)>>8;                                   //获取数据长度高 8 位
    head[2] = (len+3)&0xff;                                 //获取数据长度低 8 位
    for (i=0; i<5; i++){                                    //数据头发送循环体
        uart_send_char(head[i]);                            //逐位发送数据头
        check ^= head[i];                                   //执行异或校验计算
    }
    for (i=0; i<len; i++){                                  //语音数据发送循环体
        uart_send_char(s[i]);                               //逐位发送语音数据
        check ^= s[i];                                      //执行异或校验计算
    }
    uart_send_char(check);                                  //发送异或校验码
}
```

4. LED 初始化模块

```
/*********************************************************************************
* 名称：led_init()
* 功能：LED 控制引脚初始化
*********************************************************************************/
void led_init(void)
{
    P1SEL &= ～0x03;                        //配置控制引脚（P1_0 和 P1_1）为通用 I/O 模式
    P1DIR |= 0x03;                          //配置控制引脚（P1_0 和 P1_1）为输出模式

    D1 = OFF;                               //初始状态为关闭
    D2 = OFF;                               //初始状态为关闭
}
```

5. 串口驱动模块

串口驱动模块包含串口初始化函数、串口发送字节函数、串口发送字符串函数和接收字节函数，如表 30.6 所示，详细的源代码请参考任务 10。

表 30.6 串口驱动模块函数

名　称	功　能	说　明
char recvBuf[256];	定义存储接收数据的数组	无
int recvCnt	接收数据的数量	无
uart0_init(unsigned char StopBits,unsigned char Parity)	串口 0 初始化	StopBits 为停止位，Parity 为奇偶校验
void uart_send_char(char ch)	串口发送字节函数	ch 为将要发送的数据
void uart_send_string(char *Data)	串口发送字符串函数	*Data 为将要发送的字符串
int uart_recv_char(void)	接收字节函数	返回接收的串口数据

30.5 任务验证

30.5.1 项目测试

项目测试主要是测试系统的各个功能是否完整。在对项目进行测试时可以采用分总的形式，即先测试程序各个功能模块的功能是否正常，再整体测试系统功能是否完整。项目测试流程如图 30.12 所示。

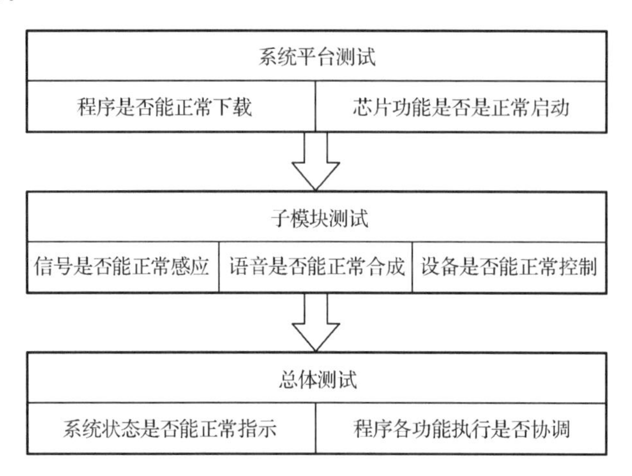

图 30.12 项目测试流程

30.5.2 项目功能验证

智能语音门铃的项目功能验证分为两部分，分别是对系统各个子模块的功能验证和对应用的功能验证。任何系统的功能验证都需要在真实或者模拟的情况下来进行，智能语音系统的测试验证也同样如此。由于智能语音门铃系统应用于店铺，所以可以将其置身于真实或模拟的店铺环境中进行验证。

1．将整个系统置于模拟环境中进行以下测试

（1）测试人体红外传感器是否能够正确检测到人体红外信号，人体红外检测信号的状态用指示灯的亮灭反映是否正常。

（2）通过向语音合成模块发送语音信息，查看语音系统是否能够正常合成声音。

（3）最后进行系统的综合检测，检测系统状态指示灯闪烁是否正常，检测综合功能是否正常。

2．将整个系统置于真实环境中对产品属性进行验证

（1）人体红外传感器的检测范围有多大，即系统在多大范围上能够使检测到人员的出入。如果过于灵敏则会造成系统工作的杂乱性，即行人经过店铺门口时也会触发系统。针对系统过于灵敏的问题需要降低系统的灵敏度，使灵敏度在合理的范围。

（2）提示音的可编辑性，如果要将此系统应用于更多的场合，原本的“欢迎光临”就无法满足要求了，这就需要提供用户自主配置语音内容的功能，作为一个多功能产品，这样的功能是必不可少的。

30.5.3　验证效果

使用 IAR 开发环境打开任务设计工程，程序通过编译后，由 SmartRF 下载到 CC2530 微处理器中并运行程序。

程序运行后系统首先发出“欢迎使用语音门铃”的语音信息，然后 LED2 开始闪烁，表示系统正常运行，当人体红外传感器检测到有红外信号时 LED1 点亮，同时语音模块发出“欢迎光临”的语音信息；当人体红外传感器没有检测到红外信号时，LED1 熄灭，系统保持安静。

30.6　任务小结

通过对智能语音门铃系统项目的学习与开发，读者可掌握通过 CC2530 微处理器驱动人体红外传感器、语音合成芯片和 LED 的方法，熟悉项目的需求分析，掌握从项目到实现的基本流程，从而实现智能语音门铃系统的设计。

30.7　思考与拓展

（1）如何使用 CC2530 微处理器驱动人体红外传感器、语音合成芯片和 LED？

（2）智能语音门铃的项目如何分解？

（3）语音模块的 RST 引脚有何作用？

（4）SYN6288 语音合成芯片采用的数据格式是什么？

任务 31

多功能晾衣架的设计与实现

本任务综合应用 CC2530 处理器、按键、步进电机、轴流风机和 LED 完成多功能晾衣架的软/硬件设计，实现升降、风干风机的开启和关闭。

31.1 开发场景：如何实现多功能晾衣架

如今很多家庭晾晒衣物通常是在室内阳台的吊顶进行的，由于衣服晾在室内，所以衣服晾干的速度会大大降低。同时固定的晾衣杆通常悬在高处，所以衣物的挂取也很不方便。为了方便家庭的衣物挂取和加快风干的速度，需要使用功能更加全面的晾衣架来解决问题。多功能晾衣架如图 31.1 所示。

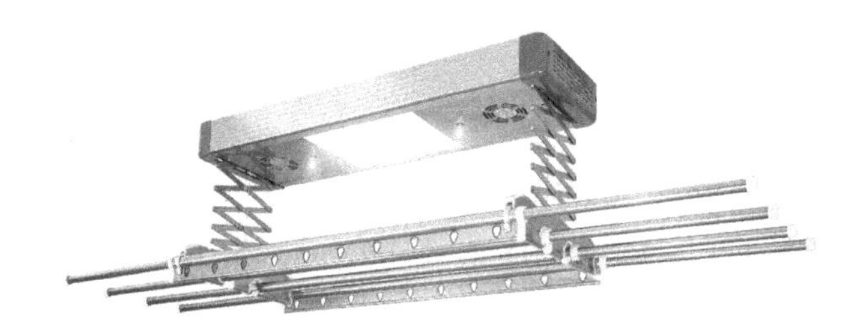

图 31.1　多功能晾衣架

31.2 开发目标

（1）知识要点：项目需求分析；系统硬件设计；系统软件设计。

（2）技能要点：掌握项目需求分析；掌握系统硬件设计；掌握系统软件设计。

（3）任务目标：现需要设计一款吊顶多功能晾衣架，该晾衣架能够实现晾衣杆的升高与降低，同时有风干风扇增加衣物晾干的速度且风速可调。操作时通过开关放下晾衣杆，挂好衣物后通过开关升起晾衣杆，风干风扇由开关控制开启和关闭。

31.3 任务需求分析

项目的设计和实施通常有三个步骤，即项目需求分析、项目实施和项目测试。项目需求分析是指分析项目的设计细节，在获得项目技术细节后制订项目实施方案，然后项目实施方案实现项目的设计功能。在项目完成后需要根据项目的使用场景进行项目测试，通过测试排除设计中的技术漏洞，设备测试稳定后即可用于实践。

31.3.1　项目解读

本任务的目标是设计一款吊顶多功能晾衣架，该晾衣架能够实现晾衣杆升高与降低，同时有风干风扇增加衣物晾干的速度且风速可调，操作时通过开关放下晾衣杆，挂好衣物后通过开关升起晾衣杆，风干风扇由开关控制开启和关闭。

多功能晾衣架在功能上需要有晾衣杆的升降功能、风扇风干功能和按键控制功能，在使用时通过开关放下晾衣杆，挂好衣物后再通过开关升起晾衣杆，风干风扇由开关控制开启和关闭。主要的输入为按键输入，输出为晾衣杆、风干风扇的设备状态输出，它们之间的逻辑关系为晾衣杆和风干风扇都受到按键的控制，所以最终可将多功能晾衣架系统解读为按键输入控制风干风扇的转动和晾衣杆的升降。项目功能分解如图 31.2 所示。

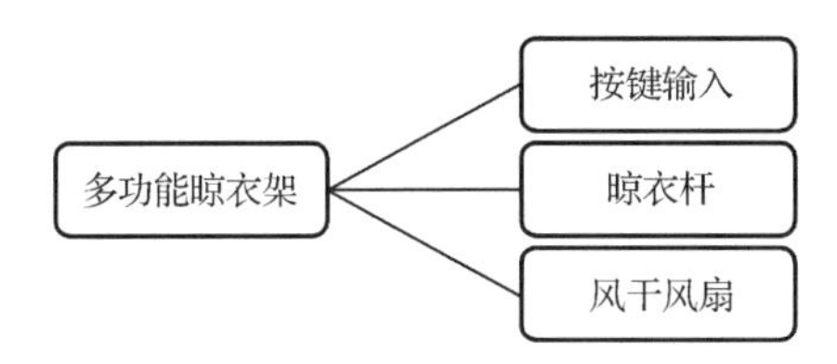

图 31.2　项目功能分解

31.3.2　项目功能分解

通过了解项目的内容并分析其特性，可以将多功能晾衣架拆分为三个系统，即按键系统、晾衣杆系统和风干风扇系统。

按键系统、晾衣杆系统和风干风扇系统看似独立，实则各有各的特性，按键系统不仅需要控制晾衣杆的升降，还需要控制风干风扇的开关和风速，由于系统只提供两个控制开关，那么按键系统的设计就具有了一定的复杂性。此外晾衣杆和风干风扇又各有特点，比如晾衣杆需要控制上升和下降的高度，风干风扇需要控制转速，以及晾衣杆在上升和下降过程中风干风扇的并行操作等。

除了上述的硬件系统，还有综合的逻辑控制系统。多功能晾衣架的功能框图如图 31.3 所示，逻辑控制系统接收按键动作信息，然后控制风干风扇的风速和晾衣杆的升降，整个硬件系统的运作受逻辑控制系统控制。

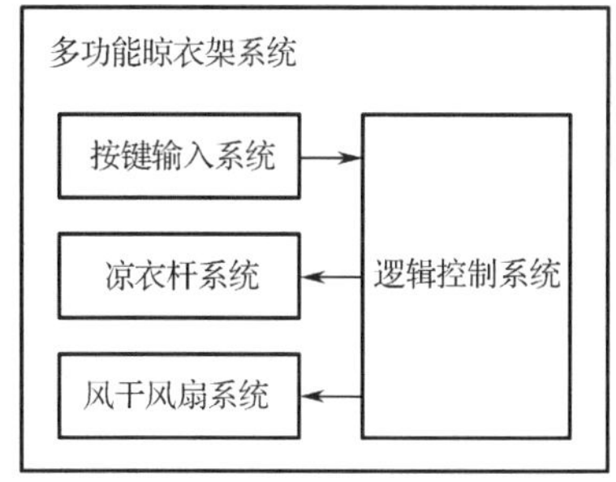

图 31.3　多功能晾衣架的功能框图

31.3.3　项目技术化

本任务将多功能晾衣架系统分解为按键输入系统、风干风扇系统、晾衣杆系统和逻辑控制系统，然而将整个系统分解为了这四个系统后并不能实现整个系统的实际功能，还需要在一定的平台上执行这套系统，才能实现实际的系统功能。

本任务采用的平台是 CC2530 微处理器，整个系统都运行在这个平台上。除了逻辑控制系统属于软件系统，按键输入、风干风扇和晾衣杆系统都使用了相应的硬件设备。按键输入

系统使用 K1 和 K2 两个功能按键，按键 K1 用于控制晾衣杆的升降，按键 K2 用于控制风干风扇的风速调节。风干风扇使用的是小型轴流风机，可以通过 PWM 波进行风扇转速的调节。晾衣杆系统由步进电机控制，通过控制相应的驱动控制芯片可实现步进电机的固定周期旋转，从而实现晾衣杆的上升和下降。

除了这些较大的模块系统，还有用于反映风扇开关状态的状态指示灯。本任务使用的 CC2530 微处理器是已经完善的最小系统，真实的项目设计环境中，CC2530 微处理器还需要一些辅助电路，如晶体振荡器、串口、电源、复位电路、程序下载电路等。项目技术化硬件分解如图 31.4 所示。

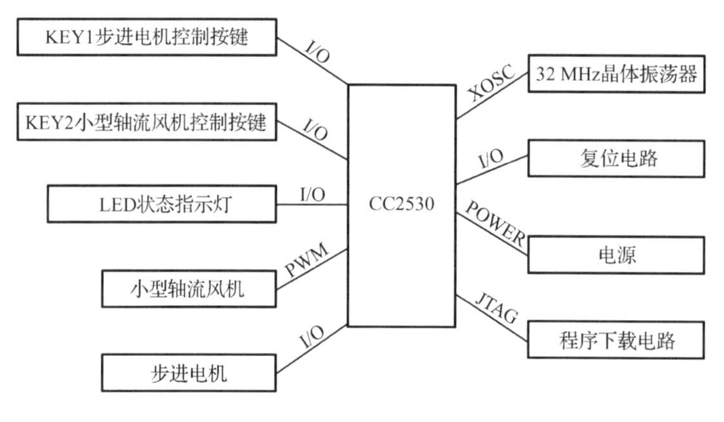

图 31.4　项目技术化硬件分解

31.4　任务实践：多功能晾衣架的软/硬件设计

多功能晾衣架需要设计的功能是，通过按键控制多功能晾衣架的晾衣杆的升降，方便挂取衣物；通过按键控制风干风扇的开关和风速达到加快晾干衣物的目的。需要根据项目的功能描述来完成程序逻辑的设计。项目设计首先需要保证项目所使用的硬件功能完好，再开发基于 CC2530 微处理器平台的设备和传感器驱动开发程序，最后将开发的各个设备通过逻辑控制系统联系整合起来。

在硬件连接上，轴流风机需要使用 PWM 波控制，因此需要选择具有定时器脉冲输出的功能引脚；而步进电机的控制需要三根信号线，分别为使能、控制、脉冲信号线，脉冲信号可使用定时器生成，也可使用软件模拟；为保证按键输入的实时性，按键检测需使用外部中断。

31.4.1　项目架构

本任务采用 CC2530 微处理器的通用 I/O 输入检测功能实现对用户操作意图信号的采集，通过使用 I/O 的输出功能对步进电机的正反转进行控制，通过使用定时器的脉冲宽度调制输出 PWM 波实现对轴流风机的开关与转速控制，并由 LED 的亮灭反映风干风扇的开关状态。项目框架图如图 31.5 所示。

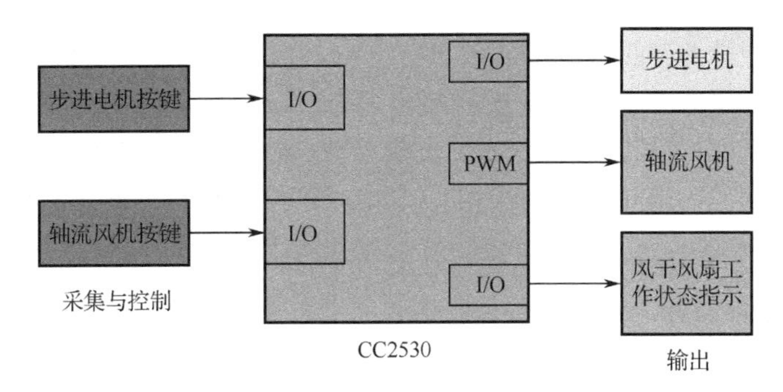

图 31.5　项目框架图

31.4.2　硬件设计

1．步进电机硬件设计

步进电机的接口电路如图 31.6 所示。

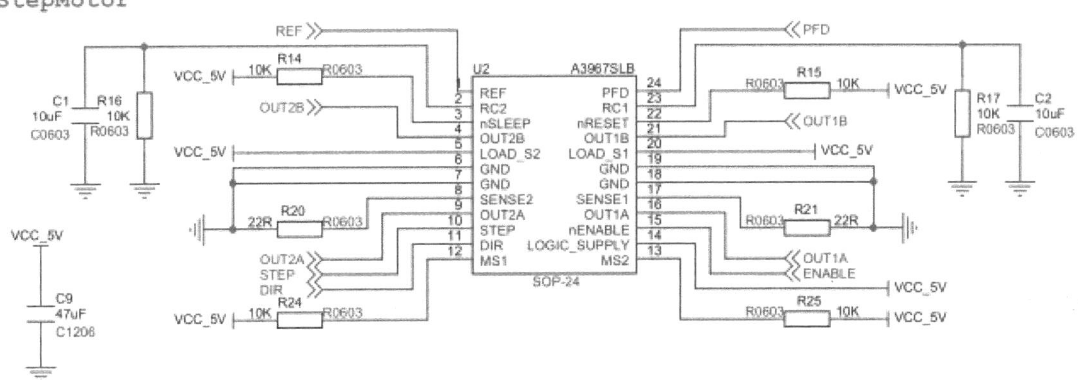

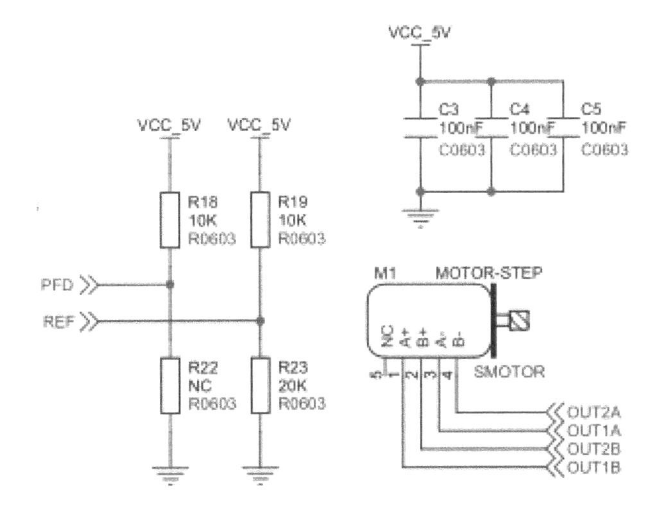

图 31.6　步进电机的接口电路

步进电机是一种脉冲节拍控制的高效可控电机，为了增强步进电机的电流驱动能力，需要使用相应的驱动芯片来对步进电机进行控制，因此电路使用了 A3967SLB 驱动芯片来驱动步进电机，步进电机就由节拍控制更改为了三线控制，即使能信号线（ENALBE 连接到 CC2530 的 P0_2 引脚）、方向控制线（DIR 连接到 CC2530 的 P0_1 引脚）和脉冲控制线（STEP 连接到 CC2530 的 P0_0 引脚）。

2. 轴流风机硬件设计

轴流风机的接口电路如图 31.7 所示。

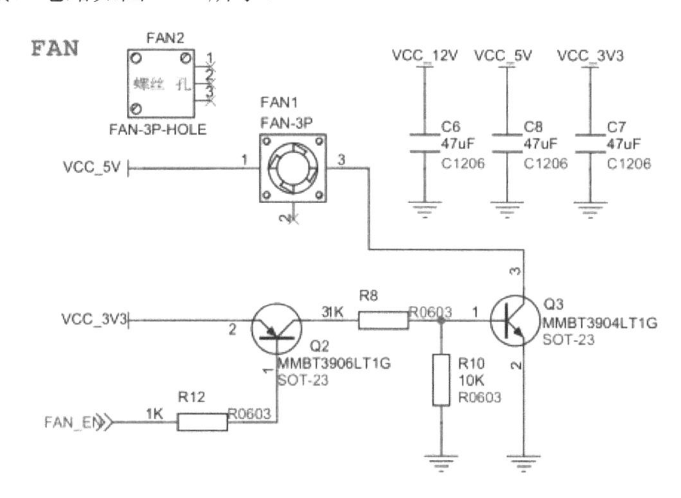

图 31.7　轴流风机的接口电路

轴流风机的电路使用了两级控制电路，一级为图中的 Q3 作为轴流风机的一级开关，Q2 作为轴流风机的二级开关，用于对一级开关进行控制。一级开关 Q3 使用的是 NPN 管，当基极为高电平导通。如果 Q3 需要高电平那么 Q2 就必须导通，而 Q2 使用的是 PNP 管，当基极为低电平导通，因此轴流风机的控制信号是低电平有效的，其控制引脚为 P0_3。

3. 按键硬件设计

按键原理图如图 31.8 所示。

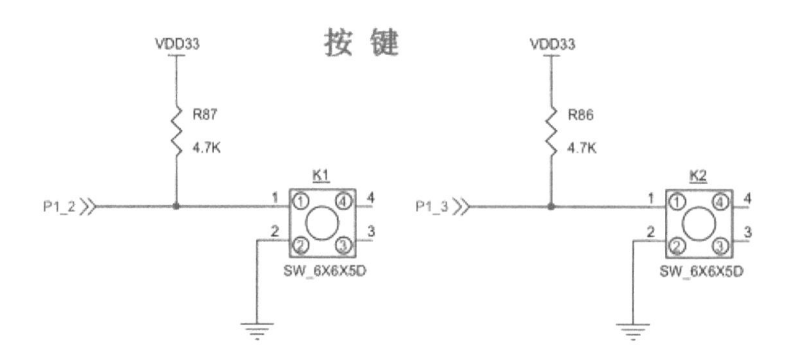

图 31.8　按键的接口电路

由于多功能晾衣杆只有两个开关，K1 需要控制步进电机的正反转，K2 需要控制风干风扇的开关和风速，所以每个按键都有自己的检测和控制逻辑。按键 K1 与 K2 连接在 CC2530 微处理器的 P1_2 和 P1_3 引脚上。

4．指示灯硬件设计

指示灯模块的接口电路如图 31.9 所示。

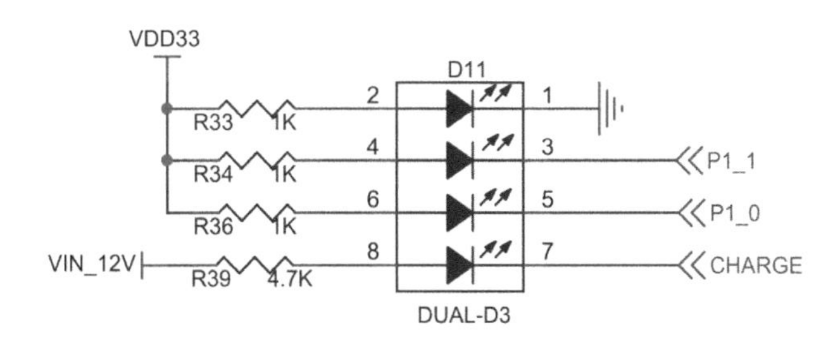

图 31.9　指示灯模块的接口电路

本任务使用 LED1 灯指示风干风扇的开关状态，当风干风扇开启时 LED1 点亮，当风干风扇关闭时 LED1 灯熄灭，LED1 连接在 CC2530 微处理器的 P1_0 引脚。

传感器引脚汇总如图 31.10 所示。

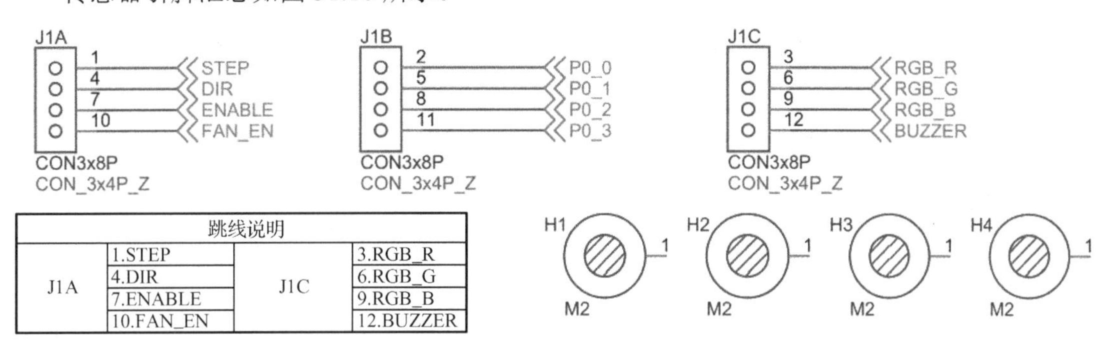

图 31.10　传感器引脚汇总

5．硬件逻辑控制

步进电机的开关控制逻辑如表 31.1 所示。

表 31.1　步进电机的开关控制逻辑

情况种类	K1	电机旋转方向	输出脉冲数
状况一	按下次数%2 = 0	正转	10000
状况二	按下次数%2 = 1	反转	10000

通过检测按键按下次数的奇偶来判断当前步进电机的动作状态，当按键按下次数为偶数时步进电机正转（放下晾衣杆），当按键按下次数为奇数时步进电机反转（升起晾衣杆）。

风干风扇的控制开关和风干风扇控制逻辑如表 31.2 所示。

表 31.2 风干风扇的控制开关和风干风扇控制逻辑表

情况种类	K2	风速	风扇状态
状况一	按下次数%4 = 0	—	关闭
状况二	按下次数%4 = 1	一级风	开启
状况三	按下次数%4 = 2	二级风	开启
状况四	按下次数%4 = 3	三级风	开启

风干风扇并不是只有开关两种状态，同时还具有风速调整的功能，为了实现一个按键多种功能的效果，需要对按键的按下次数赋予不同的功能。在实际的逻辑设计中，风扇的控制为四次一个循环，即停止、一级风、二级风、三级风。通过判断按键按下次数的 4 的余数可以判断当前风干风扇状态和要操作的状态。

为了在对设备操作时实现快速响应，对按键的检测需要在中断中进行，但 P0 口的外部触发中断只有一个，在按下 K1 和 K2 时都会触发外部中断，那么就需要在中断触发时通过相关的标志位来对按键的位进行检测，以识别按键的键位。

31.4.3 软件设计

在项目实施过程中，不同的传感器设备性质不同，如轴流风机需要通过 PWM 波信号来进行风速调节，为了保证轴流风机的正常运转，需要系统持续的输出已调制过的 PWM 波信号，在对轴流风机进行调速时需要对 PWM 波的占空比进行配置，同时不能对系统的其他部分造成影响，这就需要使用定时器的高级功能。

为了简化步进电机的使用，需要在硬件上设置驱动芯片，通过驱动芯片对步进电机进行控制，那么系统就从控制步进电机转变为控制驱动芯片，通过步进电机驱动脉冲的输出频率则需要由步进电机的控制频率来调制。

系统的按键输入功能由两个按键来配合完成，在使用外部中断时如何判断是哪个按键被按下了，同时如何解决按键按下时电平抖动的问题，这些都是在项目设计时要考虑的问题。

基于 CC2530 平台的多功能晾衣架软件设计流程如图 31.11 所示。

软件设计与前文中项目分析和设计逻辑一致，相关软件设计模块分析如下。

1. 相关头文件模块

```
/*********************************************************************************************
* 文件：led.h
*********************************************************************************************/
#define D1          P1_1                    //宏定义 D1 灯（即 LED1）控制引脚 P1_1
#define D2          P1_0                    //宏定义 D2 灯（即 LED2）控制引脚 P1_0
#define ON           0                      //宏定义打开状态控制为 ON
#define OFF          1                      //宏定义关闭状态控制为 OFF
/*********************************************************************************************
* 文件：key.h
*********************************************************************************************/
#define K1          P1_2                    //宏定义按键检测引脚 P1_2
#define K2          P1_3                    //宏定义按键检测引脚 P1_3
```

```
#define UP              1                          //按键弹起
#define DOWN            0                          //按键被按下
```

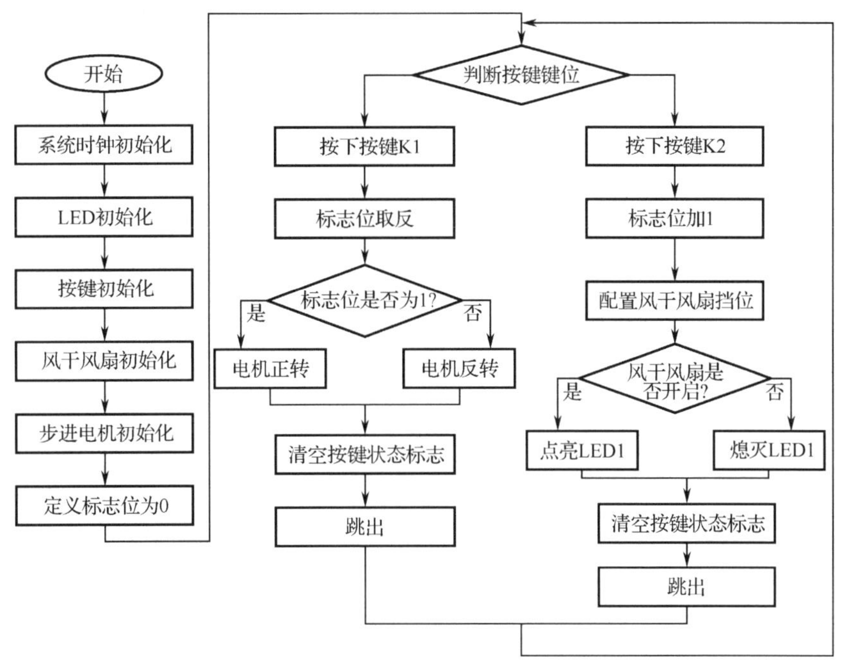

图 31.11　基于 CC2530 平台的多功能晾衣架软件设计流程

2．主函数模块

```
void main(void)
{
    char fan_status = 0;                           //定义风干风扇状态标志位
    char motor_status = 0;                         //定义步进电机状态标志位

    xtal_init();                                   //系统时钟初始化
    led_init();                                    //LED 初始化
    key_init();                                    //按键初始化
    fan_init();                                    //风干风扇初始化
    stepmotor_init();                              //步进电机初始化

    while(1){                                      //循环体
        switch(key_flag){                          //判断按键键位
            case 1:                                //对步进电机执行控制
            motor_status = ～motor_status;         //状态标志位取反
            if(motor_status)
            reversion(10000);                      //执行步进电机反转操作
            else
            forward(10000);                        //执行步进电机正转操作
            key_flag = 0;                          //清空按键状态标志
            break;                                 //跳出函数
```

```
            case 2:                              //对风干风扇进行控制
            fan_status ++;                       //标志位加 1
            fan_adjust(fan_status % 4);          //对风干风扇挡位进行配置
            if(fan_status % 4)
            D1 = ON;                             //如果风干风扇开启，指示灯 LED1 亮
            else
            D1 = OFF;                            //如果风干风扇关闭，指示灯 LED1 灭
            key_flag = 0;                        //标志位清 0
            break;                               //调试函数
        }
    }
}
```

3. 时钟初始化模块

CC2530 系统时钟初始化源代码如下。

```
/*********************************************************************************************
* 名称：xtal_init()
* 功能：CC2530 系统时钟初始化
*********************************************************************************************/
void xtal_init(void)
{
    CLKCONCMD &= ~0x40;                          //选择 32 MHz 的外部晶体振荡器
    while(CLKCONSTA & 0x40);                     //晶体振荡器开启且稳定
    CLKCONCMD &= ~0x07;                          //选择 32 MHz 系统时钟
}
```

4. 电机驱动模块

```
/**************************************** 宏定义*******************************************/
#define CLKDIV   ( CLKCONCMD & 0x07 )
#define PIN_STEP            P0_0
#define PIN_DIR             P0_1
#define PIN_EN              P0_2
/**************************************** 全局变量*****************************************/
static unsigned int dir = 0;
/*********************************************************************************************
* 名称：stepmotor_init
* 功能：步进电机初始化
*********************************************************************************************/
void stepmotor_init(void)
{
    P0SEL &= ~0X07;                              //配置 P0_0、P0_1、P0_2 为输出引脚
    P0DIR |= 0X07;
}
/*********************************************************************************************
* 名称：step(int dir,int steps)
* 功能：步进电机单步驱动
```

```
*******************************************************************************************/
void step(int dir,int steps)
{
    int i;
    if (dir)
    PIN_DIR = 1;                                        //设置步进电机方向
    else
    PIN_DIR = 0;
    delay_us(5);                                        //延时 5 μs
    for (i=0; i<steps; i++){                            //步进电机旋转
        PIN_STEP = 0;
        delay_us(80);
        PIN_STEP = 1;
        delay_us(80);
    }
}
/*******************************************************************************************
* 名称：forward()
* 功能：步进电机正转
*******************************************************************************************/
void forward(int data)
{
    dir = 0;                                            //设置步进电机方向
    PIN_EN = 0;
    step(dir, data);                                    //启动步进电机
    PIN_EN = 1;
}
/*******************************************************************************************
* 名称：reversion()
* 功能：步进电机反转
*******************************************************************************************/
void reversion(int data)
{
    dir = 1;                                            //设置步进电机方向
    PIN_EN = 0;
    step(dir, data);                                    //启动步进电机
    PIN_EN = 1;
}
```

5. 风干风扇驱动模块

风干风扇初始化源代码如下。

```
/*******************************************************************************************
* 名称：fan_init()
* 功能：风干风扇初始化
*******************************************************************************************/
void fan_init(void)
```

```
{
    P0SEL |= 0x08;                          //配置引脚为外设功能
    P0DIR |= 0x08;                          //配置控制引脚为输出模式

    P2SEL |= 0x08;                          //配置定时器 1 优先
    P2DIR |= 0x80;                          //配置定时器通道 1，通道 2 优先
    PERCFG &= ~0x40;                        //配置定时器 1 的 I/O 位置为备选位置 1
    T1CC0L = 0xA0;
    T1CC0H = 0x0F;                          //配置 T1CC0 为 400

    T1CCTL1 |= 0x2C;                        //配置比较模式为向上比较设置输出

    T1CC1L = 0x10;
    T1CC1H = 0x00;                          //配置定时器 1 比较输出位置 T1CC1

    T1CTL |= 0x06;                          //配置定时器 8 分频，计数方式为模模式
}

/*********************************************************************************************
* 名称：fan_adjust()
* 功能：风干风扇风速调节函数
* 参数：fan_status—风速级
*********************************************************************************************/
void fan_adjust(char fan_status)
{
    switch(fan_status){
        case 0:
        T1CC1L = 0x10;
        T1CC1H = 0x00;                      //风干风扇关闭
        break;
        case 1:
        T1CC1L = 0x14;
        T1CC1H = 0x05;                      //一级风
        break;
        case 2:
        T1CC1L = 0xBE;
        T1CC1H = 0x0A;                      //二级风
        break;
        case 3:
        T1CC1L = 0x3C;
        T1CC1H = 0x0F;                      //三级风
        break;
    }
}
```

31.5　任务验证

31.5.1　项目测试

项目测试主要是测试系统的各个功能是否完整，在对项目进行测试时可以采用分总的形式，即先测试程序各个功能模块的功能是否正常，再整体测试系统功能是否完整。测试流程如图 31.12 所示。

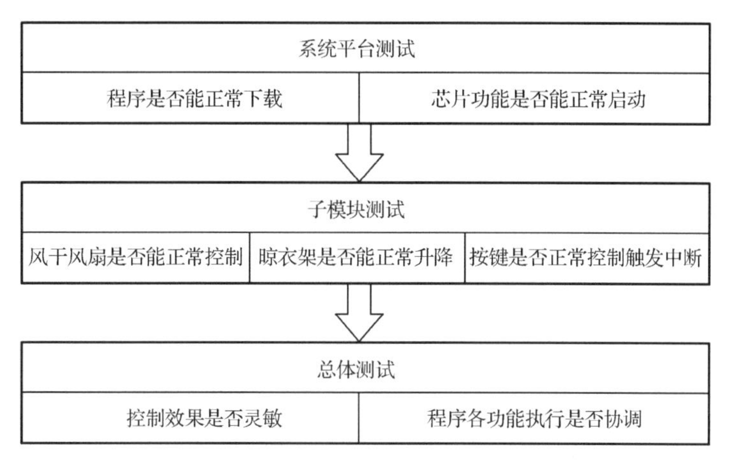

图 31.12　测试流程

31.5.2　项目功能验证

经过了项目测试，在确认项目功能完整，且各个功能模块之间可以协调工作之后，就需要对项目产品进行实际的性能验证，主要有以下几方面的测试。

（1）作为多功能晾衣架，首先要保证能够晾晒衣物，这就需要验证晾衣杆的承重能力，承重能力的上限是多少，将承重能力折合成衣物是个什么概念。

（2）对晾衣杆的升降能力进行测试，整个升降系统可以吊起多重的衣物，如果起吊能力低于设计值，那么就需要修改步进电机的参数或对硬件结构进行更改以满足设计要求。

（3）针对风干风扇的测试属于效能测试，如风干风扇的功耗、送风量等，如果送风量过小，则达不到加速衣物风干的效果，那么就需要更换风干风扇，提高风干风扇的输出功率，达到加快衣物晾干的效果。

31.5.3　验证效果

使用 IAR 开发环境打开任务设计工程，程序通过编译后，由 SmartRF 下载到 CC2530 微处理器中，并运行程序。程序运行后系统处于静止状态，按下按键 K1 时步进电机正转，再次按下按键 K1 时步进电机反转。按下按键 K2 时风干风扇开启处于一级风状态，再次按下按键 K2 时风干风扇处于二级风状态，再次按下按键 K2 时风干风扇处于三级风状态，再次按下按键 K2 时风干风扇关闭。当风干风扇开启时点亮 LED1，当风干风扇关闭时熄灭 LED1。

31.6 任务小结

通过本任务读者可掌握 CC2530 微处理器驱动按键、步进电机、轴流风机和 LED 的方法，熟悉项目的需求分析，掌握从项目到实现的基本流程，从而实现多功能晾衣架的设计。

31.7 思考与拓展

（1）如何使用 CC2530 微处理器驱动按键、步进电机、轴流风机和 LED？

（2）多功能晾衣架硬件分为哪几个部分？

（3）风干风扇的风速是如何调节的？

（4）按键联动步进电机和轴流风机是如何实现的？

参 考 文 献

[1] 刘云山．物联网导论．北京：科学出版社，2010．

[2] 何立民．物联网概述第 4 篇：物联网时代嵌入式系统的华丽转身[J]．单片机与嵌入式系统应用，2012，12(01):79-81．

[3] 工业和信息化部．信息化和工业化深度融合专项行动计划（2013—2018）．工信部信[2013]317 号．

[4] 工业和信息化部．工业和信息化部关于印发信息通信行业发展规划（2016—2020 年）的通知．工信部规[2016]424 号．

[5] 国家发展改革委、工业和信息化部等 10 个部门．物联网发展专项行动计划．发改高技[2013]1718 号．

[6] 李新慧，俞阿龙，潘苗．基于 CC2530 的水产养殖监控系统的设计[J]．传感器与微系统，2013,03:85-88．

[7] 廖建尚．物联网＆云平台高级应用开发．北京：电子工业出版社，2017．

[8] 廖建尚．物联网平台开发及应用——基于 CC2530 和 ZigBee．北京：电子工业出版社，2016．

[9] 廖建尚．物联网开发与应用——基于 ZigBee、Simplici TI、低功率蓝牙、Wi-Fi 技术．北京：电子工业出版社，2017．

[10] 廖建尚，卢斯．基于 Android 系统智能网关型农业物联网设计和实现[J]．中国农业科技导报，2017,19(06):61-71．

[11] 廖建尚．基于物联网的温室大棚环境监控系统设计方法[J]．农业工程学报，2016,32(11):233-243．

[12] 廖建尚，曹成涛，杨志伟．高速公路视频监控下 RX-8025 实时时钟系统研究与设计[J]．电子设计工程，2015,23(19):188-192．

[13] 廖建尚．基于 CC2530 和 ZigBee 的智能农业温湿度采集系统设计[J]．物联网技术，2015,5(08):25-29．

[14] 廖建尚，曹成涛．基于 DM368 的高速公路高清视频监控系统研究[J]．公路，2015,60(03):46-51．

[15] 廖建尚，陈益民，曹成涛．基于 ARM 和 Linux 的智能嵌入式网络监控系统[J]．电子科技，2013,26(07):59-62+66．

[16] 廖建尚．ARM9 和 Linux 的 DS18B20 驱动程序研究[J]．单片机与嵌入式系统应用，2013,13(04):53-56．

[17] 李法春．C51 单片机应用设计与技能训练．北京：电子工业出版社，2011．

[18] 高伟民．基于 ZigBee 无线传感器的农业灌溉监控系统应用设计[D]．大连理工大学，2015．

[19] 云中华，白天蕊．基于 BH1750FVI 的室内光照强度测量仪[J]．单片机与嵌入式系统应用，2012,12(06):27-29.

[20] 朱磊，聂希圣，牟文成．光敏传感器 AFS 在汽车车灯上的应用[J]．汽车实用技术，2016,(02):78-79.

[21] 黎贞发，王铁，宫志宏，等．基于物联网的日光温室低温灾害监测预警技术及应用[J]．农业工程学报，2013,4:229-236.

[22] 王蕴喆．基于 CC2530 的办公环境监测系统[D]．吉林大学，2012.

[23] 倪天龙．单总线传感器 DHT11 在温湿度测控中的应用[J]．单片机与嵌入式系统应用，2010,6:60-62.

[24] 蔡利婷，陈平华，罗彬，等．基于 CC2530 的 ZigBee 数据采集系统设计[J]．计算机技术与发展，2012,11:197-200.

[25] 张强，管自生．电阻式半导体气体传感器[J]．仪表技术与传感器，2006(07):6-9.

[26] 张清锦．离散半球体电阻式气体传感器的研究[D]．西南交通大学，2010.

[27] 舒莉．Android 系统中 LIS3DH 加速度传感器软硬件系统的研究与实现[D]．国防科技大学，2014.

[28] 李月婷，姜成旭．基于 nRF51 的智能计步器系统设计[J]．微型机与应用，2016,35(21):91-93+97.

[29] 周大鹏. 基于 TI CC2540 处理器的身姿监测可穿戴设备的研究与实现[D]. 吉林大学，2016.

[30] 晏勇，雷航，周相兵，等．基于三轴加速度传感器的自适应计步器的实现[J]．东北师大学报（自然科学版），2016,48(03):79-83.

[31] 韩文正，冯迪，李鹏，等．基于加速度传感器 LIS3DH 的计步器设计[J]．传感器与微系统，2012,31(11):97-99.

[32] 刘超．基于红外测距技术的稻田水位传感器研究[D]．黑龙江八一农垦大学，2016.

[33] 刘竞阳. 基于红外测距传感器的移动机器人路径规划系统设计[D]. 东北大学，2012.

[34] 李等．基于热释电红外传感器的人体定位系统研究[D]．武汉理工大学，2015.

[35] 邵永星．基于热释电红外传感器的停车场智能灯控系统设计[D]．河北科技大学，2013.

[36] 李方敏，姜娜，熊迹，等．融合热释电红外传感器与视频监控器的多目标跟踪算法[J]．电子学报，2014,42(04):672-678.

[37] 闫保双，戴瑜兴．温湿度自补偿的高精度可燃气体探测报警系统的设计[J]．仪表技术，2006(01):20-22.

[38] 杨超. 可燃气体报警器传感器失效诱因以及预防措施研究[D]. 东北石油大学，2016.

[39] 陈迎春．基于物联网和 NDIR 的可燃气体探测技术研究[D]．中国科学技术大学，2014.

[40] 闫保双．可燃气体探测报警系统的研究与设计[D]．湖南大学，2005.

[41] 王瑞峰，米根锁．霍尔传感器在直流电流检测中的应用[J]．仪器仪表学报，2006(S1):312-313+333.

[42] 张璞汝，张千帆，宋双成，等．一种采用霍尔传感器的永磁电机矢量控制[J]．电源

学报，2017,15(1):1-8.

[43] 张潭．开关型集成霍尔传感器的研究与设计[D]．电子科技大学，2013.

[44] 万柯，张海燕．基于单片机和光电开关的通用计数器设计[J]．计算机测量与控制，2015,23(02):608-610.

[45] 石蕊，高楠，梁晔．基于单片机的包装业流水线产品计数器的设计[J]．中国包装工业，2016(02):27-28.

[46] 谭晓星．基于光电传感器的船舶轴功率测量仪的研制[D]．武汉理工大学，2012.

[47] 厉卫星．紫外火焰检测器原理、调试及安装故障分析[J]．化工管理，2017(17):16.

[48] 喻兴隆．智能消防炮控制系统设计[D]．西华大学，2011.

[49] 孙杨，张永栋，朱燕林．单层 ITO 多点电容触摸屏的设计[J]．液晶与显示，2010,25(04):551-553.

[50] 张毅君．电容触摸式汽车中控面板的关键技术[D]．上海交通大学，2014.

[51] 李兵兵．电容式多点触摸技术的研究与实现[D]．电子科技大学，2011.

[52] 郭建宁．基于汽车应用的电容式触摸开关[D]．厦门大学，2008.

[53] 黄凯，李志刚，杨屹．电磁式继电器电寿命试验系统的研究[J]．河北工业大学学报，2008(02):1-6.

[54] 郭骥翔．电磁式继电器寿命预测参数检测系统的研究[D]．河北工业大学，2015.

[55] 叶学民，李鹏敏，李春曦．叶顶开槽对轴流风机性能影响的数值研究[J]．中国电机工程学报，2015,35(03):652-659.

[56] 张鹏．轴流风机结构参数优化设计[D]．燕山大学，2016.

[57] 万福．轴流风机扇叶的仿真与分析[D]．电子科技大学，2007.

[58] 李平，李哲愚，文玉梅，等．用于低能量密度换能器的电源管理电路[J]．仪器仪表学报，2017,38(02):378-385.

[59] 李飞．便携式设备电源管理及低功耗设计与实现[D]．湖南工业大学，2015.

[60] 耿凡娜，张富庆．单片机应用系统设计中的看门狗技术探究[J]．科学技术与工程，2007(13):3269-3271.

[61] 廖建尚．基于 I2C 总线的云台电机控制系统设计[J]．单片机与嵌入式系统应用，2015,15(02):67-70.

[62] http://www.sz-wuyanjie.com/serviceinfo_chuangmxn.html.

[63] http://www.salor.cn/case/military-case.html.

[64] 张金燕，刘高平，杨如祥．基于气压传感器 BMP085 的高度测量系统实现[J]．微型机与应用，2014,(06):64-67.